江西八字嘴枢纽智慧水电站设计研究

中水珠江规划勘测设计有限公司
吴国颖 智勇鸣 凌耀忠 高 琳 赵玉忠 著

U0227242

黄河水利出版社
·郑州·

内 容 提 要

本书对国内外智慧水电站的发展现状进行了总结,对我国智慧水电站发展方向进行了系统论述;广泛收集了国内外有关资料,对当前智慧水电站的新技术、新应用进行了系统阐述;全面总结了江西八字嘴枢纽智慧水电站设计及实施经验,从设计研究、实施方案两个方面进行了系统性的分析论述。全书图文并茂、内容丰富。主要内容包括智慧水电站概况、我国智慧水电站发展方向、智慧水电站新技术、江西八字嘴枢纽智慧水电站设计研究、江西八字嘴枢纽智慧水电站实施方案等。

本书可供从事水利水电规划设计、开发、应用和运行管理等专业的工程技术人员使用,也可供大中专院校相关专业的师生参考使用。

图书在版编目(CIP)数据

江西八字嘴枢纽智慧水电站设计研究/吴国颖等著
.—郑州:黄河水利出版社,2022.4
ISBN 978-7-5509-3274-6

Ⅰ.①江…　Ⅱ.①吴…　Ⅲ.①智能技术-应用-水力发电站-设计-研究-江西　Ⅳ.①TV73

中国版本图书馆 CIP 数据核字(2022)第 071020 号

出 版 社:黄河水利出版社　　　　　　　　　　　　　网址:www.yrcp.com
　　　　地址:河南省郑州市顺河路黄委会综合楼14层　　邮政编码:450003
发行单位:黄河水利出版社
　　　　发行部电话:0371-66026940、66020550、66028024、66022620(传真)
　　　　E-mail:hhslcbs@ 126.com
承印单位:广东虎彩云印刷有限公司
开本:787 mm×1 092 mm　1/16
印张:25.5
字数:600 千字
版次:2022 年 4 月第 1 版　　　　　　　　　　　　　印次:2022 年 4 月第 1 次印刷

定价:240.00 元

前　言

　　水电站智能化建设和改造是智能电网发电环节建设的重要组成部分。我国水电站的智能化建设进程相对于智能电网来讲是比较滞后的。发电环节涉及的设备与系统更多、更复杂,智能化建设遇到的问题技术难度更大。随着智能电网建设的深入,对智能化水电站建设的要求也越来越紧迫,给水电工作者,尤其是水电站设计工作者带来很大的压力和全新的挑战。

　　江西八字嘴航电枢纽是一个以航运为主,兼有发电等综合利用要求的航电枢纽工程。水电站部分由中水珠江规划勘测设计有限公司设计。采用"一个平台,一个中心"的思路对信江智慧水电站运维一体化管理平台进行总体设计。通过基于标准的通信协议,构建统一的数据交互中心,实现多系统有效联动、智能协同;通过业务整合,实现数据的有效汇聚;通过流程优化,实现工作效率的有效提升;通过全枢纽数据资源的统一管理,应用大数据分析工具及各种智能分析模型,实现"数据平台一体化,生产运维智能化"为核心的智慧航电枢纽管理。

　　本书对国内外智慧水电站的发展现状进行了总结,对我国智慧水电站发展方向进行了系统论述;广泛收集了国内外有关资料,对当前智慧水电站的新技术、新应用进行了系统阐述;全面总结了江西八字嘴枢纽智慧水电站设计及实施经验,从设计研究、实施方案两个方面进行了系统性的分析论述。全书图文并茂、内容丰富,对工程设计人员具有很强的指导性和实用性。

　　本书撰写过程中,江西信江航运枢纽工程项目建设管理办公室作为项目业主单位,给予了大量的支持与指导;北京中水科水电科技开发有限公司、北京中元瑞讯科技有限公司、金思维信息技术有限公司作为项目实施单位,提供了大量的实施方案素材;欣皓创展信息技术有限公司在监测、诊断和水利信息化等方面给予了技术支持;辽宁科技大学应用技术学院在技术理论方面给予了技术支持;深圳市恒力电源设备有限公司在人工智能巡检、数据融合等方面给予了技术支持;山东威纳电气有限公司在电机设备维护、事故抢修、状态检修等方面给予了技术支持。另外,特别感谢以上单位的王玉林、艾志华、邓小刚、王齐领、于博文、彭恒义、林春丽、胡健哲、闵凡彩等行内专家的专业技术支持。

　　在此谨向以上各单位及关心、帮助本书出版的同志一并表示致谢!

　　由于编写人员水平和经验有限,错误和不足之处,敬请广大读者批评指正。

作　者

2022 年 3 月

目　录

第一章　智慧水电站概况

第一节　国外现状

　　智慧水电站是在自动化的基础上,利用物联网的技术和设备监控技术,加强信息管理和服务;清楚掌握发电流程、提高发电过程的可控性、减少人工干预、及时正确地采集发电过程数据,从而科学地制订发电计划,构建高效节能、绿色环保、环境舒适的人性化工厂。

　　智慧水电站是一种先进的自动化系统,具有可靠性高、节能性好、环保性强、集成度高等诸多特点。现阶段,基于网络通信技术的快速发展,智能化水电站在高速网络通信平台的基础上,自动智能地完成一系列功能,实现水电站的实时在线调节。智慧水电站把VR、大数据等运用到工业领域,方便监控现场、事故预报与诊断,实现了从数字化到智慧化的跨越,改变了以往的运行管理模式,实现了从人工决策到类机器决策的过程。

　　国外的西屋公司等多家公司在智能水电站的建设、水电站监测与分析系统方面展开了研究,早在20世纪80年代初期,就针对在线监测和诊断方面开展了多项工作,首先研究了一个小型的电机诊断系统,并将其应用于工业运行。然后从电站人工智能专家故障诊断系统方面着手,针对大型电站建立了在线监测诊断系统,同时沃伦多故障诊断中心也被建立起来。在故障预防性维修技术方面,作为拥有领先地位的IRD公司成功研发了互联网机械状态监测系统和旋转机械诊断系统,并在美国十几个电机组进行多种参数的监测工作,同时分析其性能,对故障进行报警。

第二节　国内现状

　　水电站智能化建设和改造是智能电网发电环节建设的重要组成部分,在发电环节,智能化建设还处于初始阶段,我国水电站的智能化建设进程相对于智能电网来讲是比较滞后的。发电环节涉及的设备与系统更多更复杂,技术标准与规范还需完善,智能化建设遇到的问题技术难度更大。国内在智能化水电站自动化技术方面的研究还处于起步阶段,智能化水电站的概念、目标、功能、系统配置、数据模型及系统间互动等方面均需进一步研究明确。由于目前水电站智能化建设技术标准与规范还不够完善,技术发展方向还缺乏共识,同时还缺少适合水电站的大量一次智能设备,这些都决定了开展发电环节智能化建设、研制关键设备和系统将需要一个相当长的时期。可以看出,随着智能电网建设的深入,对智能化水电站建设的要求越来越紧迫,给水电工作者,尤其是水电站设计工作者带来很大的压力和全新的挑战。

我国水电站自动化建设经过三十多年的发展,各项技术都已经比较成熟,目前新建的大水电站和绝大部分经过改造的老水电站都已全部采用基于计算机的自动监控系统。我国三峡、二滩、龙滩、葛洲坝等大型水电站均已实现"无人值班,少人值守"。随着流域梯级开发和计算机监控技术的成熟、自动化组件智能化的提高,呈现出流域梯级电站集中调度与水电站"无人值班"运行模式相结合的发展态势。传统水电站所采用的二次设备或状态监测智能电子设备之间的信息数据交换的通信接口与协议缺乏统一的建模和数据定义标准及规范,使得我国水电站使用的通信规约种类繁多,各种自动化系统相互之间信息的收集、处理及传送十分困难,且站内许多信号为模拟信号,监控系统仍然会不时受到电磁干扰,影响水电站的安全运行。为了解决通信问题,国际电工委员会(IEC)第57技术委员会(TC57)制定了有关自动化系统通信的国际标准 IEC 61850"电力公用事业自动化用通信网络和系统",并将 IEC 61850 标准应用于水电站自动化。

智慧水电站应当建立在可靠、高速的通信网络基础上,通过应用先进的传感和测量技术、稳定的设备、可靠的控制方法及智能化的决策支持技术,实现水电站的可靠、经济、高效、环境友好和使用安全的目标。智慧水电站的建设包含计算机监控、机组状态监测、大坝安全监测、水情调度、继电保护、水电计量、运行管理监控一体化等。

一、计算机监控概况

(一)水电站计算机监控系统的发展概况

早在20世纪60年代,计算机技术已开始渐渐应用于水电站,起先用于工况的监测,到了后来,开始进入控制领域。计算机技术的应用改变了水电站中控室的面貌。计算机显示器替代了以往巨大的显示屏;运行人员过去操作的把手、按钮开关等变成了计算机键盘和鼠标。周期性的监测和控制调节工作都由计算机系统去完成。这样一来,运行值守人员的劳动强度大大减轻,也不再需要大量的人力支持,并由此出现了"无人值班,少人值守"的水电站。

(二)计算机监控系统的作用

水电站计算机监控技术的应用,大大改变了水电站的值守方式,使水电站从此实现了自动化,减轻了运行人员的劳动强度,减少了水电站的运行人员数量,运行人员对设备的操作工作量大大减少,使水电站实现了"无人值班,少人值守"。水电站运行人员减少的同时,也减少了水电站的运行费用及发电成本,达到减员增效的目的。

水电站计算机监控系统的实现,使得水电站值守人员的职能发生了转变,把运行人员从对水电站设备的操作向对水电站设备的管理进行转化,这样一来电站值守人员有更多的时间和精力花在水电站设备的维护保养上,保证水电站设备的可用性、安全性及完好性,延长水电站设备的检修周期及使用寿命,水电站设备的一些调节、重复操作、运行状态及参数的记录则由计算机监控系统自动完成而不需人为干预。水电站实现计算机监控后,电站的工作人员可将节省下来的时间用来提高自己的技能,以提高对电站的运行管理水平。

计算机监控系统基本功能:信息采集和监视,机组顺序控制及非正常条件的闭锁,综合量计算,报警,温度监视,事件记录,有功、无功功率调节,一览表、报表、历史曲线查询与保护,自动及监控系统的通信功能。

(三)计算机监控系统的硬件配置

1.上位机设备

计算机监控系统通常以应用程序服务器或主计算机为主机,用于运行与监控系统相关的所有驱动程序、实时数据处理及 AGC/AVC 等软件,完成历史数据查询、数据备份等。

1)操作员站

操作员站是监控系统的运行控制台,完成实时监视和实时控制工作。操作员站通常都有语音报警和打印历史数据的功能。

2)工程师工作站

工程师工作站用于修改定值、程序,增加和修改画面,并可进行系统维护、软件开发工作及远程诊断等。培训工作站,可用于离线设置,对运行人员进行监控仿真培训。工程师工作站和培训工作站均可作为操作员站,可实现操作员站的所有功能。

3)厂内通信服务器

厂内通信服务器用于完成与厂内 MIS 系统、水情系统、大坝观测系统、消防系统及工业电视的接口。

4)通信工作站

通信工作站用于完成与省调、集中控制中心的通信。

5)GPS 对时系统

GPS 对时系统用于整个监控系统的卫星同步对时。

2.下位机设备

现地控制单元(LCU),可实现对各个生产对象的监控。它们分别是机组 LCU、一套开关站 LCU、一套大坝 LCU、一套厂用电公用 LCU。LCU 采用智能分布式现地控制装置,每套 LCU 上的人机接口界面采用触摸屏实现对生产对象的监控。LCU 可独立运行使用,操作人员可在 LCU 当地实现对被控对象的全部操作。它们通过网络与上位机系统通信。

(四)计算机监控系统的软件配置

1.人机接口软件

读取不同的图形文件并用各种方式显示实时数据,可完成对生产对象的控制和调节功能,通过简报窗口和语音报警实现报警功能,通过光字查询窗口提供光字报警功能。

2.网络通信软件

用于判断各个节点的运行状态,并完成各个节点间的数据交换和对时。

3.历史数据库软件

用于历史数据的保存,并可以通过一览表、报表和历史曲线查询。

4.LCU 驱动软件

负责与 LCU 通信,完成报警、数据采集、控制信号发送等基本处理。

5.数据库软件

完成数据库语言定义的语法检查和数据的加载,处理对于数据库数据的存取请求。针对数据库中具有不同功能要求的数据进行运算处理,使数据库成为一个实时变化的信息库。

6. 外部通信软件

完成与外部设备的通信,并进行相应的处理。

计算机监控系统提供了实时高效、安全可靠的监控内核,功能强大、实用方便的组态工具,精细美观的图形界面,符合国际标准的数据接口,紧贴水利水电用户和梯级集控调度应用需求的各种常规及高级功能。

二、机组状态监测概况

(一)水电机组状态在线监测系统构成

水电机组状态在线监测系统大多由传感器、数据采集单元、服务器及相关网络设备、软件等组成。系统采用分层分布式结构,按层次多分为电站层(上位机系统)和现地层两级。

电站层设备包括状态数据服务器、Web/应用服务器、工程师工作站、网络设备、打印机等。

现地层设备包括机组现地在线监测数据采集单元、各种传感器、通信接口、附件设备等。每台机组现地层设备设一个数据采集站,每个数据采集站设备集中组屏在一面标准控制盘内,控制盘布置在发电机层机旁。电站层设备和现地层设备之间采用环形网络结构,网络介质为光纤。

水电机组状态在线监测系统可以实时采集、显示稳定性数据(振动、摆度、压力脉动、抬机量、噪声)和气隙数据变化,也可以显示工况参数,如机端电压、电流、有功、无功等。

(二)在线监测系统的重要意义

1. 安稳运行重要手段

水电机组状态在线监测系统具有以下五大功能,保障机组安全、稳定、经济运行。

1) 实时监测功能

以各种直观易懂的图形或曲线实时显示稳定性数据变化、气隙数据变化,便于运行人员或检修人员实时了解机组各部件运行状态,随时确保机组状态良好。

2) 预警报警功能

根据主机厂提供的性能参数值和现场运行调试经验,建立各工况下的报警定值和样本数据,自动实时判断机组运行状态,当状态发生变化时,及时发出报警和预警信号,便于值班人员第一时间掌握机组异常信息并采取相应措施。

3) 性能评估功能

自动生成检修前、后各种状态报告,通过对比历史数据、曲线趋势,以评价检修效果;分析瞬态过程和热稳态过程气隙变化数据,指导机组安装和优化设计、辅助分析机组的异常振动和摆度。

4) 远程分析与诊断功能

利用电厂局域网构建厂级机组状态监测网,设备管理工程师在网络可及的范围内,即可实现机组的在线监测分析和诊断,随时掌握机组的状态。

5) 优化运行功能

利用状态在线监测系统自动积累的数据,建立机组稳定运行工况库和不稳定运行工况区,提醒值班人员避免或缩短机组在不稳定工况下运行的时间,指导机组尽量在稳定工况运行,优化机组效率,指导机组经济运行。

2. 行业发展的需要

相对火电厂来说,水电站生产环节简单、设备较少、自动化水平较高,更有利于开展机组状态在线监测系统。

水轮机组的振动、摆度,多是水力、电磁、机械等因素耦合作用的结果,振动机制比较复杂,直观判断和简单测试,很难找到本质原因;有些故障与运行参数有关,出现的偶然性较大,数据不易捕捉。因此,急需该系统及时记录故障信息,以便分析并找出产生振摆异常的本质原因。

在新投产水电机组的稳定性、变转速、变励磁、变负荷、启停机、甩负荷等试验中,该系统能够自动记录各种试验数据并对其进行分析处理,形成相关试验曲线和报告,既可以检验机组的安装质量,又能通过调整机组使其在最优状况下运行。

水电机组在电网调度中调峰、调频的作用日益凸显,这就要求水轮发电机组在其整个出力范围内具有充分的可用性,值班人员必须准确了解和掌握机组的真实运行工况和运行性能。

3. 指导机组状态检修的重要技术基础与依据

水电机组状态在线监测系统不但可以利用自带的各种分析诊断工具,对机组异常信息进行深入分析,辅助发现异常原因,指导机组检修工作;同时,也是未来机组状态检修的技术核心,充当设备健康状况诊断医生的重要角色,其最终目的是为机组状态检修服务提供依据、技术支持,根据状态在线监测系统获得的机组特征信号,准确掌握设备状态情况,合理安排机组小修、大修和扩修。

4. "三化"发展的选择

随着水电行业不断向前发展及水电站"无人值班,少人值守"等值班模式的转变,在现有监测系统基础上,发展更加成熟、可靠的机组状态在线监测系统,建立预测维护理论系统与维护实施系统,实现水电站运行设备监测、维护、高效管理和水电站信息化、数字化、智能化的发展,是十分迫切的任务。

5. 管理模式改进的必然

水电站大多位于深山峡谷之间,地处偏远山区。为了解决员工因工作长期无法回家的现实问题,国内水电站已经陆续开始实施"无人值班,少人值守"的值班模式,建立流域远程集中控制中心或梯级调度中心实现对水电机组的远程控制。同时,水电站现场运行、维护人员可以分为两班,每班人员在现场工作半个月,休息半个月。这样高效的值班模式要求水电站具有很高的自动化水平、信息化水平,需要发展更加成熟、可靠的机组状态在线监测系统,建立预测维护理论系统与维护实施系统,实现水电站运行设备监测、维护、高效管理。

三、大坝安全监测概况

水电站大坝的安全,不仅直接关系到水电站自身发、供电效益的发挥,还与上、下游人民的生命财产、国民经济建设命脉乃至生态环境密切相关。与世界上所有建筑物一样,水电站大坝有一个建成使用、渐趋老化直至消亡的过程,人们奋斗的目标就是对这一过程实行有效的控制,延长大坝的正常使用年限,防止大坝溃决失事造成巨大灾难。

大坝安全稳定运行是水电站智能化的基础,大坝安全信息管理与分析评估系统实现了无人值守下的分布式数据采集、集中统一管理和安全评估。建立对大坝安全监测各项指标的评价标准,并在此基础上对大坝进行综合评价,回答大坝安全与否这一关键问题。另外,实现对各类监测数据自动采集和实时处理,根据监测数据和评价结果对大坝安全状态进行实时预警。将牵涉大坝安全的各类数据通过构建统一的数据库进行存储,并通过统一的系统进行调用和管理。

基于此,目前国内针对水库砌石拱坝这一特定坝型,在大坝安全智能监测系统中,补充完善水库大坝坝前水温、坝体位移、大坝应变等监测设施,实现数据实时采集处理,并能进行实时分析,实时评价水库大坝,实现水库大坝安全监测信息化、智能化的要求。同时,针对砌石拱坝这一特定坝型的大坝完全监测问题,综合拟定坝体监测项目的监控指标,对大坝实时运行情况进行动态评估,评价内容包括位移测值、趋势判断、裂缝计开度变化等控制指标,通过对异常项数的统计给出大坝整体的安全度评价标准,并可按时、按需输出系统监测报告,建立一套适合本工程的大坝安全综合评价系统。

四、水情调度概况

水电站水情调度主要是指在确保大坝等主要水工建筑物的安全和满足规定的综合利用要求的原则下,合理利用水资源,发挥水电站水库的发电、防洪、灌溉、航运、供水等综合效益,执行水库调度计划,合理调配水资源的技术措施。有调节水库的水电站,水库拦蓄汛期洪水,补充枯水期流量,通过水库调节,使河川径流实现流量再分配。

(一)水情调度的种类

根据水情调度工作的特点,一般可以分为洪水调度和电力(兴利)调度。洪水调度:在确保工程安全的前提下,对调洪和兴利的库容进行合理安排,充分发挥水情的综合利用效益。电力(兴利)调度:主要是利用水情的蓄水调节能力,重新分配河流的天然来水,使之符合电力系统的发电用水要求和下游农业灌溉用水需求。

(二)水情调度的基本任务

水情调度的基本任务有如下三项:一是确保水情大坝安全,并承担水情上、下游的防洪任务;二是保证满足电力系统的正常用电和其他有关部门的正常用水要求;三是在保证各用水部门正常用水的基础上,尽可能充分利用河流水能多发电,使电力系统供电更经济。

(三)水情调度的基本原则

水情调度必须遵循的基本原则是:在确保水电站水情大坝工程安全的前提下,分清发电与防洪及其他综合利用任务之间的主次关系,统一调度,使水情综合效益尽可能最大;当大坝工程安全与满足供电、防洪及其他用水要求有矛盾时,应首先满足大坝工程安全的要求;当供电的可靠性与经济性有矛盾时,应首先满足可靠性的要求。

(四)水情调度的目的和意义

水电站水情调度的目的是根据规划设计的意图和规定,结合实际情况,充分利用库容,调节水源,在满足工程安全的前提下,妥善处理蓄泄关系,充分发挥水利资源的综合利用效益。水电站水情调度既能使水情更好地为国民经济服务,又能正确解决防洪与兴利之间的矛盾,切实做到有计划地充蓄和消落、有目的地拦蓄与泄放,充分利用水情库容,确保水情安全、经济地运行。

(五)水情合理调度的方法

实现水情合理调度的方法主要分为常规调度和优化调度两种。常规调度是借助于常规调度图进行水情调度,而常规调度图则是由根据实测的径流时历特性资料计算和绘制的一组调度线及由这些调度线和水情特征水位划分的若干调度区组成的。它是水情调度工作的原则和依据,它以月份为横坐标,以库水位为纵坐标,包含防弃水线、上调度线、下调度线等几条指示线划分出的正常工作区、防弃水区、加大出力区、降低出力区等指示区的曲线图。

(六)水情调度的工作内容

(1)编制年、季、月、旬、日发电量计划。

(2)编制水情调度方案和汛期洪水调度方案。

(3)水文气象预报。

(4)日常工作,如每天(周、季、月)的报表、监视并收集上游雨情水情、机组运行工况、协调下游水管部门的用水、进行流域平均雨量的计算、水情水量平衡的计算、编制洪水预报和泄洪方案等。

(5)对外联系(中调、水管部门、防洪办、上下游电站等)汛前、汛中、汛后检查。

(6)汛后总结。包括当年各个时期发生的一些大的事情或问题、存在问题的整改、仍存在问题的整改计划、将预报与实况进行比较、进行预报精度的统计分析、遥测系统畅通率及可用度统计分析、调度计划执行情况、主要的经验教训、水情调度指标,尤其是经济指标的资料整编及当年的水情实测资料等。

(7)水情运行参数的复核。当水电站投入运行后,随着时间的延续,原来据以规划、设计选择水电站及其水情参数的一些基本资料、条件和任务等,将会发生这样或那样的变化(上游建电站、人类活动、电力系统需求、农灌、自身设备等),这些变化直接影响水电站及水情的运行方式和效益。为了使运行调度方案、计划更符合实际情况,必须对水电站、水情的一些参数进行复核和修正。

水情监测与调度管理主要是针对水电站所控流域水位和流量情况进行综合地监测与实时动态分析,为水电站运行提供有效的调度运行管理支撑、提供必要的水情数据,为水情波动及异常变化情况提供及时的水调预警及辅助分析功能。水情的实时数据由硬件采集设备提供,零星信息由人工收集,对外部接口数据进行抽取、查询、显示通过流量计和水位计自动采集水情信息。

水情调度采用梯级优化调度的方式,为保证电网安全、发挥水电站经济效益、提高防洪减灾能力及发挥节能减排作用提供了重要支撑。

水情调度主要包括水情监测、水文预报、调洪演算、水电优化调度、水库调度风险分析、水库三维展示及应用等内容。

五、继电保护概况

(一)水电站继电保护的概念

对于水电站电力系统来说,不管是哪个设备或者是哪条线路出现问题,都会对其正常运行造成不良影响。因此,要尽可能缩短输电线路,降低设备故障的频率,有效保证电力系统正常运行。继电保护是对电力系统中发生的故障或异常情况进行检测,从而发出报警信号,或直接将故障部分隔离、切除的一种重要措施。

继电保护常涉及以下两项任务:

(1)如果电器设备无法正常运行,要根据设备运行和事故发生的实际情况进行判断,当继电保护装置能够及时发出报警信号时,值班人员可以自主进行调整,降低事故发生率。

(2)当水电站在运行中出现短路故障时,继电器能进行自动处理,能够通过断路器跳闸、切断电力系统等措施,使电力系统在较短时间内恢复正常,避免故障线路引发严重后果。

(二)水电站继电保护的基本要求

继电保护装置有十分重要的作用,是保障水电站电力系统安全运行的基本前提。因此,继电保护装置必须满足以下要求。

1. 速动性

速动性是指继电保护装置能够快速排除故障,故障切除时间必须符合继电保护动作时间和断路器固有跳闸时间的要求,为后续故障处理节约更多时间,最大限度地减少继电保护装置的人为延长时间。

2. 敏感性

水电站在正常运行时需要继电保护装置,其需要具备较高的灵敏性,要快速找到故障位置并做出科学判断。

3. 选择性

继电保护装置出现故障时,要有选择性地清除故障元件。

4. 可靠性

可靠性是指继电保护装置在不使用时不会发生误动作,一般来说,保护装置越简单,其可靠性越高。

(三)水电站继电保护的结构

继电保护装置是水电站最重要的二次设备,属于数字保护装置,主要采用分层分布式结构。水电站继电保护系统复杂,与断路器和保护设备有关,而且涉及的二次系统也是一个完整的子系统,能够与内部结构互相连接,也与电气一次设备和其他二次设备相关。因此,为了提升水电站的安全性与稳定性,人们有必要了解继电保护的系统结构。水电站继电保护系统结构主要包括直流电源、交流电源、被保护设备、继电保护屏、CT、PT、断路器、监控系统、远方系统和励磁控制系统等。在水电站运行的过程中,继电保护装置主要以保护屏的形式存在,这类似于高效的机电保护做法,主要利用继电保护测试仪单独测试每一个屏的功能。

目前,我国水电站继电保护工作仍然存在较多的不足,如管理落空、制度过于形式化、高层和基层人员都没有意识到继电保护的重要性等,仍然存在较严重的懈怠现象,不管是对前期的安装建设工作还是后期的维护工作,都存在不到位的现象。因此,完善与建立继电保护安全管理机制就显得尤为重要,水电站内部的所有部门都要加强对继电保护的安全管理机制建设,要逐渐地完善继电保护机制。这样的制度是可以包含很多方面的,从元件的采购,到设备的安装调试,再到后期维护,都需要进行严格管理,其中包括对施工人员的选拔等。这样才能切实地保护继电保护的安全性与稳定性,保障水电站安全稳定运行。

六、水电计量概况

随着社会不断进步,电力技术的飞速发展,计量设备不断的升级更新,以及水电计量采集系统的上线运行,对水电计量的要求也不断增多。电能计量装置是确保公平准确计量的唯一设备,水电计量是发电企业和供电企业间进行经济结算的重要依据。水电计量管理直接关系到企业的经济效益,加强水电计量管理,提高水电计量质量是目前电力企业管理工作中的一项重要工作,也是推行先进标准化管理提出的一种管理模式。它是相应条件下对电能计量系统管理的完善,是达到上网满足水电计量的要求。所以说,研究如何加强水电站水电的计量管理是非常重要的,这会成为一个研究的热点问题。对于水电站这一类的发电企业来说,要想提高水电站的发电效益,除要从水电站水库的合理调度,最大限度地利用水资源和设备安全、稳定、经济运行外,还得加强水电站的水电计量管理。

对于水电计量管理设备,应当选用先进、性能好、准确等级高的计量装置,具有满足 I 类计量装置的电能表,具有双向有功四象限测量功能;具有较宽的动态范围,要求电能表在潮流较低时也能满足计量准确度的要求;具有失压计时和报警功能。

水电计量系统包括电能计量装置、电流互感器、电压互感器、电能计量表、电量数据采集终端、电能计量站与通信通道。电量数据采集终端、电能计量站与通信通道组成了远程抄表系统,是电能计量装置读数的延伸,确保水电站可以安全地进行作业。应加强运行中的计量装置巡视,监视电量数据采集装置的运行状态,一旦出现"水电计量系统故障或报警",应立即通知有关人员查明原因。电量统计人员应每月对发电量与上网电量进行比对、校核,发现较大的偏差,应立即向有关领导反映,并组织分析。

七、运行管理监控一体化概况

随着现代科学技术的发展,水电站的设备得到了优良的改进及发电技术水平大幅度提高,基于此,当前大多数水电站的管理模式已经难以适应其发展和运营。不仅如此,我国目前的水电站管理制度中还存在很多阻碍其改善的因素。因此,采用一套科学的管理模式——水电站运行管理监控一体化模式可以更有效地改善水电站的管理模式,促进水电站的发展运营,提高市场竞争力,保证水电站设备的安全稳定运行,提升水电站的社会效益和经济效益。

各个地区水电站运行中环境情况存在较大差异,水电站运行管理中存在较多问题。当水电站在运行中遇到恶劣的自然条件时,水电站管理人员要合理选取对应的控制措施,节约水源。如果自然降水较少,为了保障水电站能正常运维,需要从水库中调取相应水源,拟定规范化的调度制度,保障水电站正常运维。在水电站运维一体化管理中,要处理好发电与存水之间的关系,强化责任意识,管理好水电站。

(一)水电站管理中存在的各项问题

在社会发展新时期,我国逐步加快水电事业发展改革步伐,现阶段诸多区域水电站管理不能有效适应我国水电事业全面发展的基本要求。当前我国诸多地区水电站发展建设安全质量问题突出,对水电站日后运行管理会产生较大的负面影响。各项数据资料显示,虽然水电站施工效率较高,要求尽快竣工投入应用,但是未能分析水电站建设的资源节约性。在水电站运行过程中单方面重视经济效益对施工流程重要性存在较大忽视性,此类问题将导致水电站投入运行之后出现较多的管理问题,浪费较多资源。

现阶段,我国诸多水电站专业化管理人员不足,管理部门也未能定期对水电站员工展开专业化培训。随着我国诸多地区水电站快速发展,专业化管理人员分布不足,管理问题较多,将会对水电站稳定运行产生较大的负面影响。我国诸多区域水电站发展速度较快,但是在设定的管理制度中存在较多问题。水电站监管不合理,未能结合水电站运行现状拟定对应的监管原则,从而导致水电站管理效率降低。在水电站管理过程中制定的各项应急处理措施不合理,各项运行管理措施将导致水电站管理较为混乱。所以,设置规范化的管理体系,能有效预防各项突发问题。

水电站建成之后对流域上下游生态环境会产生较大影响。水电站下游水流量逐步降低,下游运行环境会受到较大影响。如果下游水位变低,对水电站设备运行安全会产生较大影响。如果对此类问题不能有效控制与处理,将会对水电站稳定运行产生较大影响,逐步激化社会矛盾。部分水电站建设中对设备选取不合理、设计建设方案有待完善,需要重点分析各项建设问题,对资源合理应用,避免水电站后续运行产生较多问题。

(二)水电站管理对策分析

当前水电站管理部门要合理处理好水电站与社会和国家之间的关系。水电站在建设过程中要做好水库检测工程各项操作,保障水电站运行及水库管理能适应水电站管理基本要求。水电站在运行过程中要对水资源应用进行控制,分析水电站产生的综合效益。要保障水电站水资源合理应用,对农业生产与用水之间的关系进行划分,提升水电站发展效益。水电站在运行过程中对各项管理技术提出了较多、较高的要求。为了保障水电站更好地应对水电站市场发展环境,当前水电站要强化各项管理,提升人员综合素质。管理人员要整合人力资源,建立完善人才培养制度,引导广大人员在水电站建设中提高重视度。

管理部门可以实施公平性较高的人才竞争制度,扩大员工工作积极性,对企业管理活动进行规范化管理。水电站管理部门要定期开展人才培训工作,在较短时间内能强化个人技能发展水平。企业要实现合同规范化管理,优化员工福利待遇,设定规定的奖惩制度。水电站在管理过程中要全面落实岗位职责,对人员定期进行考核,优化人员素质以提升水电站管理质量。鼓励管理人员走出企业学习更多管理技术与管理经验,缩小各个水电站之间的差异。水电站发展过程中如果具备充足资金,可以招聘更多经验丰富的管理人员来强化水电站管理效率,对新员工进行培训,强化人员综合素质。

(三)水电站设备的有效维护

1.强化水电站设备维护

当前要想全面提升水电站运行效率,相关管理人员要扩大水电站设备运行巡视次数,还要对水电站设备进行有效养护,提升水电站运行管理效率。在水电站安全问题控制中,由管理人员进行合理组织安排。水电站管理人员要定期开展设备维护工作,整合设备运行中存在的各项问题,发现问题之后要及时拟定针对性的措施进行处理,在最短时间内对设备问题进行控制。管理人员要强化水电站设备巡视管理工作,记录设备存在的各项安全隐患,保障设备能稳定运行。相关检修人员还要着重提升设备检修工作效率,完善各项检修技术,保障设备有效检修之后不会存有较多安全问题。

2.水电站加强管理监督工作

水电站管理部门要更加重视人才管理工作,在水电站运行初期阶段,要采取科学化措施进行实验管理,能防止水电站存在较多安全问题。水电站运行中要强化技术监督,通过综合管理提升水电站运行先进性。管理人员对水电站中的水表要及时进行检修,提升水表数据精确性。水电站要对水资源合理应用,创造更高的社会效益与经济效益,结合实际运行情况,管理部门要完善水工设备体制建立,避免水电站水工设备在运行过程中出现较大的负面问题。

3.监控各项设备,拟定维护制度

水电站各个水电设备运行维护的重要作用也要强化重视,对设备维护情况进行合理记录。在水电站运行过程中要合理组织技术人员进行巡视,确保设备不存在任何安全问题。在巡视过程中要对设备卫生情况进行检测,定期清理卫生,还要在设备中按时注入黄油进行保养,使得设备应用寿命有效延长。掌握仪表设备与继电器保护情况,确定水电站和电力系统之间的管理关系,做好设备检修与线路检修。在对设备运行状态进行监控时,要明确电力系统与水电站之间的关系,做好设备检修和线路检修。当设备运行达到危险点时要及时拟定应急处理措施。在各项运行技术管理过程中,运行日志等各项方法应用价值较高,能为设备后续运行提供参照资料。

水电站在长期运行过程中会发生较多突发事件,所以水电站管理部门要结合不同的突发问题制定应急制度。这样当问题发生之后,管理人员能有条不紊地应对各项安全问题,保障水电站能稳定运行,扩大水电站运行经济效益。水电站各个突发事故的合理处理,对水电站后续长远发展具有重要促进作用。所以,当前管理部门要从不同事故处理中找寻经验,完善各项事件处理方案,制定预防控制措施。

在运行管理监控系统的设计中需要根据水电站的具体需求,以水电站视频监控系统建设为主体,对人员和设备进行实时监控和录像管理,与生产管理系统实行点对点的联动,实现运行管理监控一体化的目标。

第二章　我国智慧水电站发展方向

我国的水电站已经开始进入智能化与数字化的发展阶段,这种发展的一个关键环节就是智能监测系统的应用,对监测系统进行信息建模需要以 IEC 61850 标准作为基础,通过被明确规定的语法与结构建立起能令不同设备彼此操作、访问的信息模型;并且以 IEC 61850 标准为基础的信息建模技术能够有效建起智能化、科学化、现代化的监测系统,推进水电站整体的智能化建设,这与我国水电站的发展方向是相一致的。

第一节　信息标准化

一、信息标准

我们将对象的具体功能通过虚拟化转换变为抽象服务,即信息模型,以 IEC 61850 标准为基础建立这种信息模型的手段就是信息建模技术,以上两者作为核心支撑起了 IEC 61850 标准的应用化。水电站需要建立的信息模型具有结构化特征,包括设备、服务、通信设备等不同类型,这些信息模型都要以面向对象这一方法来建立,而 IEC 61850 标准对该过程做出了专门的规定,尤其是有关水电站监测用的通信系统与通信网络方面,IEC 61850 标准的规定是相当详细的。这种规定的细化主要体现在兼容逻辑节点类别上,下文将对重要节点做出简要说明。

（一）通用过程的输入节点或输出节点（GGIO）

该类逻辑节点能够为装置过程（未定义）建模,建模方法选择通用方法即可,使用的逻辑节点组类别包括 S、T、X、Y、Z,具体来说,故障录波装置与技术供水系统都适用于这种逻辑节点。

（二）水力发电机组在轴承部位的节点（HBRG）

该类逻辑节点能实现对轴承类的物理设备的描述,包括推力轴承、水导轴承与上导轴承。

（三）进水口闸门处的节点（HITG）

该类逻辑节点同样用于物理设备的描述,适用的物理设备类型为进水口闸门及其相关设备,最典型的例子是快速闸门。

（四）机械制动节点（HMBR）

该类逻辑节点所描述的物理设备仅限以机械方式进行制动的设备,典型例子为风闸。

（五）水电机组节点（HUNT）

该类逻辑节点可以描述水电厂中的最主要设备——水力发电的生产设备,水轮机和发电机都属于此列。

(六) 机组转子电气的测量节点(MMXN)

因为单相系统自身具备一定的特征——电压与电流不和相别发生关系, 所以该类节点需要用于计算电压、电流、阻抗、功率四种参数。以功能性来说, 这类逻辑节点的功能体现在运行使用上。

(七) 机组定子电气的测量节点(MMXU)

与上述用于转子的逻辑节点不同, 这类节点的计算是针对三相系统的, 计算的参数同样为电压、电流、阻抗、功率四种。主要用途集中在运行使用的供给上。

(八) 变压器的节点(YPTR)

水电站的监测系统中变压设备是必不可少的, 该类逻辑节点专用于对变压器设备进行建模。

以上简单的举例说明了各种逻辑节点类别, 当然仍需要搭配监测系统所提供的数据库的点表信息, 以及集成的各种配置门限、阈值, 这样一来, 节点的实例化就能实现。另外, 需要确定逻辑节点的数据属性、数据对象这两大特征, 该工作不只要结合节点实际情况, 还要与前述实例化同时进行。

该标准并非不变, 随着时代的进步与发展, 该标准的指导和针对性越来越强。因此, 在进行监测系统的开发与研究中, 分析其中针对各方面的更新与变化, 确保最新的最具适应性的监测系统研发, 让智能化建设更进一步。

二、服务标准

近年来, 随着调度环境日益复杂, 一方面, 调控操作多级协调不畅、倒闸跟踪与安全校验缺失、单调重复的工作流程禁锢值班人员的工作效率与安全质量, 均容易引发严重安全事故。一些地形复杂的山区更是存在强直弱交, 异步联网特殊交流网, 让调度工作更具难度。另一方面, 为适应水电站智慧调度的需求, 实时调度任务需统筹兼顾防洪、航运、生态、发电等多目标调度, 迫切需要对现有的"调控一体化"业务进行全覆盖、多维度、全流程的智慧调控建设的分析和探索实践。以下是应当做到的服务标准:

面对电网操作调度管理模式的变革和挑战, 为确保调度指令、检修工作、发电计划等业务由电网到梯调, 再到厂站全线多维度的安全可控; 用智能化手段筑牢安全调度运行防线, 坚决杜绝误下指令, 误操作的调度风险。系统应包含多方人员协调上下级可以做到同时效性, 确保全程安全操作, 并且基于网络安全防护的基础上, 研究一种适用于各水电站的网络发布系统, 包括新系统总体架构、应用架构、硬件拓扑图等。

(一) 调度指令执行与管理功能设计

关于调度指令执行与管理功能, 深入挖掘倒闸智能成票策略, 设计网络调控电厂各项操作, 全方位、无死角防误闭锁等高级应用。重点研究了操作命令票智能成票库, 满足不同调度环境下, 包括基础拟票、套用历史票拟票、套用典型命令票拟票、设计图形状拟票、据电网操作命令票与检修申请单拟票等多种智能方式生成调度操作票, 同步提升拟票的准确率和操作效率。另外, 对预令执行与管理流程, 特别考虑在拟票环节及审核预令、下发预令环节, 均要求"双签"才能下达执行的安全要求及还考虑了交接班、转电话下令等特殊情况的执行流程。

（二）适应于"调控一体化"智能化防误操作应用设计

关于同步提出适应于"调控一体化"智能化防误操作应用的研发方向，缔造调度操作"浸泡"式防误的安全调度环境，在集控中心远程操作上下功夫，做到检修申请单与操作命令票护卫闭锁防误，关键调度业务节点不同源"双确认"防误、监控系统操作防误闭锁、重要危险点提示等一系列智能化操作应用的研发。

（三）检修工作管理功能的设计

设计新系统内检修工作管理功能以电网侧与梯度侧的检修工作、操作命令、许可命令及电站设备状态间互为联动的建设为主线，在不同层级调度发令系统建立信息联系，实现调度数据源统一，衍生数据共享与交互及联动与闭锁效应，减轻调度值班人员压力，同时提高工作效率。具体包括厂站检修申请单拟定提交、调度人员审核、水资源部会商、向电网对应系统申报、电网对应系统批复。调度人员批准停电申请、开工条件核实、开工、延期、完工、归档等执行流程。

（四）事故处置快速指引应用

实时应急调度中，大量水电数据"融合交互，水电合一"模式引发水电联动，应急调度不能仅停留在凭团队业务能力或个人经验，人工判断事故类型，组织人员处置阶段。因此，迫切需要对事故处置建立标准化、系统化、智能化辅助指引应用，梳理监控系统海量报警信号，组成事故判断库，同时研究事故语音报警策略，第一时间语音报警提示值班人员。研究建立事故处置指引库，事故发生时按重要性、时停性对值班人员处置行为分阶段进行提示，即研究建设事故处置快速指引应用，另外关联快速事件报告、事故报告库模板、典型操作命令票库、紧急抢修申请单模板等内容，便于值班人员可以迅速调取使用。

（五）发电计划执行智能监控应用

发电计划正确执行是电网安全稳定运行的基础。在实时调度业务中，从调控数据平台中抽取发电计划曲线、单机负荷上下限、机组状态等信息，根据机组稳定运行曲线及各项边界条件要求，对发电计划智能实时计算，包括测算最优开机台数与电网要求开机是否匹配、旋转备用容量、冷备用机组与其容量、运行机组最小发电能力、实时发电负荷与计划信差情况等，最终实现智能提醒，包括计划开、停机前 10 min 提醒调度人员，实时为值班人员提供备用负荷、备用机组相关数据，发电负荷偏差提醒与建议等。另外，计算结果亦可共享至水电联动、事故处置，指引其他应用。智能监控与辅助调控人员严格执行发电计划，避免辅助服务考核风险，实现最优质、最具有发电效益的运行方式。

第二节　系统平台化

目前，水电站的系统平台研发处于探索阶段，具有很大的发展空间。现有的解决方案偏向于设备故障诊断、办公信息化管理等，没有统一的发展方向。

一、平台化要点

（一）站控层

系统中配备一体化数据平台，利用 IP/TCP 协议将已有数据直接引到一体化平台中，再对数据进行集中存储和展示。在平台应用中可推行部分高级应用,常见应用内容包括系统联动报表、系统决策要求、综合数据汇总表格等。在一体化数据平台部署处理的过程中,对其进行分开布置,设置不同的安全区域对系统运行状态进行保护,同步系统运行过程中的相关信息,提升系统运行过程的安全性。

(二)间隔层

合理设置间隔层,在不同自动化系统中设置子系统的过程中,需要建立单独运行的信息交互通道,依托现有协议完成数据信息的上传、接收。在间隔层的设置过程中,需要依托相互间关联件对其进行分隔,相应数据对应到系统中,使其成为单独的管理块,在一体化平台下达控制命令后,应将其直接转发到相关单元,由对应单元完成指定操作,已有的模块结构在设置过程中,其建立的通信体系保持不变的状态,不断提高间隔层运行状态的稳定性。

(三)过程层

基于现有的运行管理经验,水电站自动化系统的应用基础可在电缆节点的基础条件下,使用可靠的通信方式完成数据采集,采集数据可通过通信工程传输到间隔层、站控层,配备动态监控、实时状态监控、智能化调控设备监控设备运行整个过程,确保数据可视化。

(四)系统层

系统层需要进行模块的划分,可分为若干个应用模块(如信息采集系统、传输系统、反馈系统等),每类系统可借助通信工程进行关联,确保共享信息的传输速度。

系统层需要增加云平台存储,可以建立紧凑型数据平台。在该平台的应用过程中,可将已经划分好的应用操作系统作为独立运行单位,并对单元模块进行梳理分析,不断提升系统运行期间的可靠性。

二、一体化水平

需要建立统一的数据信息管理模型,进行运行信息的采集、整理、交互、存储等,且需要在信息整理过程中做好潜在价值数据的挖掘工作,使其具备良好的应用价值。

根据实际情况做好安全部署工作,参考站控层的管理方式,将系统划分为若干个安全管理分区,做好监控任务的细化处理,及时采集相应的安全运行数据,为安全系统的不断完善奠定可靠基础。

不断完善综合管理平台,优化信息管控平台,在管理过程中需要对总线任务进行梳理。可将总线任务分为服务类任务、传输类任务、存储类任务等,满足不同条件下的运行要求,提升系统运行期间的可靠性。

第三节　决策与数据处理智能化

随着变电环节有了大的突破,智能化变电站的建设已进入应用阶段。智能电网的研究、建设工作较为注重电网的输电、送电、配电和用电环节,在发电环节水电站的智能化建设相对比较滞后,仍处于不成熟的阶段,需要我们不断去探索、完善。系统的平台化路程需要持续不断地探索和投入。

一、智能化应用

智能化应用,在系统运行过程中,需要在综合管控平台上使用,借助海量数据完成支撑服务,以满足系统稳定运行的基础要求。在对数据进行综合性分析处理后,需要对潜在的价值数据进行深入挖掘,得到有价值的数据。在此基础上建立专家系统库,库内会对系统生产过程的基础状态进行智能监测,及时发出预警,并借助数据模型完成状态数据分析。可补充相应的高级应用,以减少维护工作的工作量,降低机组非故障停机频率,提升机组运行带来的经济价值。

二、智能调度设计

水电站在运行期间,易出现空载的情况,造成资源浪费。智能调度系统的设计,可对水电站平均工作效率进行统计,将水轮机组划分为若干个工作模块,根据实际需求调度水轮机组数量,确保发电过程的稳定性,减少空载情况。在智能调度过程中,若机组出现故障,应安排其他机组进行补偿做功,减少系统故障带来的经济影响。

三、工程管理现代化

在学习借鉴工程建设管理理论和实践成果的基础上,推进数字技术与工程建设管理的深度融合,以全面全过程地把握工程建设的脉搏和节奏,在有效解决工程建设技术与管理问题的过程中提升建设水平,实现建设目标,并促进数字化时代工程建设管理理论的提升。

(一)智能建造管理

在传统管理理论基础上,智能建造管理理论旨在利用新兴信息技术,实现建造过程中对成本、效率、质量、安全及环保等各方面目标的全面管控和提升。建筑项目的信息化管理需要系统工程思维,秉承集约管理理念和闭环控制理论,关注精益管理与信息化技术的交互,以实现全生命周期一体化的智能管理。

建立信息化管理系统时,需要采用系统工程思想,以提供满足所有利益相关方需求的高质量产品为目标,重点关注前期开发阶段定义用户要求,综合考虑质量、成本、进度等内容,从整体的角度出发进行系统分析管理,提高项目利益相关方协作效率。

集约化管理和精益管理与信息技术的交互高效整合、集成并优化配置资源,减少浪费,降低成本,持续改进,以实现规模经济从前期规划、设计、施工到运营维护各阶段项目参建方之间的良性闭环,有效控制建筑资源浪费,减少因粗放管理造成的进度延误与返工,提高项目管理水平;智能建造闭环控制理论遵循感知、分析、控制和持续优化过程,通过智能建造技术和管理的融合,实现智能建造与价值创造。

(二)智能建造管理技术

智能建造管理技术融合信息化和智能化技术,加快了相关技术在土木及水电等基础设施建造行业的发展。BIM、大数据、云计算、地理信息系统(GIS)、GPS定位、传感、物联网、移动互联网和人工智能等技术逐渐应用于建设行业,为智能化项目管理提供了技术支持。

（1）BIM技术适用于大型复杂建筑的信息化和数字化精益管理，提高利益相关方的协作效率。

（2）人工智能技术能够通过算法提出复杂工程建设问题的技术解决方案，提升项目进度、安全和成本等管理绩效，将成为建筑智能化管理的重要趋势。例如，进度优化算法可以为项目交付提供多种可选方案，提高项目计划的可行性；图像识别和分类技术能够评估施工现场的视频数据，通过机器学习训练不安全行为的检测算法，快速识别建筑工人不安全的作业行为，为安全培训提供参考；预测性人工智能能够对项目风险、技术方案结构稳定性和可施工性等方面进行预测，有效节约建设成本，提高决策的科学性和准确性。然而，由于人工智能技术的应用需要投入大量专业人才、资金和设备等资源，建筑行业应用机器学习、自然语言处理和机器人等人工智能技术的程度仍然很低。3D打印技术又可称为增材制造技术，目前应用于建筑领域的3D打印方法主要有3种，D-Shape打印工艺、轮廓工艺、混凝土打印。但在大型建筑项目的适用性、建筑信息建模的发展、大规模定制的要求程度，以及三维打印建筑产品/项目的生命周期成本等方面，还需要加强设备、材料、工艺、软件等的进一步开发创新。

（3）水电工程工艺过程智能控制关键技术包括智能碾压、智能温控、智能安全及智能灌浆技术等。智能碾压技术在水电交通等领域应用广泛，在被碾压物自动化监测、无人驾驶及ACE、BVC、AutoPave、MDP控制系统等方面取得一定进展。智能灌浆技术发展于数字化灌浆技术。商用灌浆监测系统、灌浆监测、数字钻孔摄像技术、三维云图体、基于B/S结构的三维交互式灌浆可视化系统等数字化技术在一定程度上实现了灌浆的可视化。灌浆效果智能分析及反馈控制、等效灌浆压力向量、灌前多尺度建模理论为智能灌浆闭环控制理论打下基础，早期的智能通水温控系统在溪洛渡等水电工程中实现了通水数据的自动化采集、分析与反馈控制。建立智能通水温控系统，进一步突破了现场复杂环境的多源数据感知和控制技术难点。智能安全技术包括定位及电子围栏技术、隐患排查、数据挖掘等。水电领域对坝面、廊道及隧洞等多场景人、机、物、料等进行智能安全管控可以有效地减少工人可能受到的伤害。

（三）智能建造工程实践

工程建设管理在运用系统论、控制论、信息论等基本管理理论，遵循PDCA过程管理等基本模型中，注重数字仿真技术、信息通信技术及BIM技术等解决工程管理的安全、质量、进度等专业问题。从网络进度计划、数字仿真技术、管理信息系统到三维设计协同和多源多维多要素耦合分析与集成管理等，工程管理尤其是标志性的大型工程建设管理一直承担着与现代科学技术进步相互促进的重要角色，也在不同管理特色的项目管理知识体中发挥着重要作用。随着工程建设规模加大，大型水电工程建设过程中会源源不断地产生大量多源数据和管理挑战，传统的项目管理模式无法实现精细化管理，容易出现管理失控的现象，亟需融合新技术的管理方法创新。近期的文献、科技奖励与管理奖励及发明专利等成果，呈现出数字技术、物联移动技术与工程建设技术及工程管理密切融合的趋势，更呈现出工程建设精细集约管理的颗粒度深化细化的趋势，如依托定位技术的资源要素、工艺过程、业务流程的实时交互可视管理，呈现出工程管理面向目标的各类问题的闭合控制响应更加紧密且持续动态优化迭代更加快速，在增强工程管理的现实感、交互性、针对性、时效性上,提升了复杂变化环境下的工程建设管理能力。所以,信息化、数字化、智能化等技术与项目管理深度融合是未来工程建造管理的发展趋势。在数字技术支持下的大量工程管理实践将积累大量的基础数据,充分发挥这些数据的作用,将使工程智能管理进入一个新的阶段,将出现工程建设管理模式和组织架构的重大变化,在精准实时动态协同共享中展现智能管理的价值和生命力。

四、生产自动化的应用

在我国经济迅速发展的背景下,水电工程的发展水平不断提高,其作为利国利民的基本工程,对保障居民生活和工业生产有序稳定进行具有十分重要的意义。将自动化技术应用于水电工程中,可有效解决部分地区供电困难问题,但目前很多地区对自动化技术的应用仍没有做到足够重视,在应用过程中仍存在一定阻碍,需进一步解决,以推动我国水电工程自动化进程。

水电工程中的自动化系统是以电气自动化系统作为基础,具备完善的自动化运营模式。其中,包括智能检测技术、传感器技术、信息技术、编程技术、继电保护设备等。自动化系统是一种开放式的系统,采用的是分层式结构,不同的水电工程结合其自身实际需要,可将自动化系统的功能进行拓展和延伸,针对不同的监控对象设计具有差异性的功能。因此,自动化系统具备高度灵活性、分散性的特点,将其应用于水电工程中可有效提升工程的稳定性和安全性。在大多数水电工程中采用的是冗余配置装备,这种配置具有人机接口,工作人员可非常方便灵活地掌握自动化系统。

(一)水电工程自动化的意义

1. 提高水电工程的工作效率

自动化技术应用于水电工程中,可提高工作效率及水电工程运行稳定性及可靠性,保障供电质量。此外,可有效改善工作环境,在一定程度上减轻工作人员的工作压力,降低工作人员的劳动强度。利用自动化技术,可对水电工程的运行信息和数据进行有机的整合、分析和处理,找到其在运行中的薄弱环节,工作人员针对薄弱环节采取针对性的措施不断对水电工程进行改善,有效提高工作效率。

2. 监控水电工程的运行状态

将自动化系统应用到水电工程中可及时了解其运行状态,一旦发电机组出现故障,自动化系统可在很短时间内检测发现并发出预警信号,可有效减少维修人员的故障排查时间,并采取有效的维修措施,避免由于故障而导致水电工程的运行不稳定,避免产生经济损失。

3. 提升水电工程的运行效益,减少资源浪费

在传统水电工程运行过程中,会由于技术、信息不匹配等问题造成水资源、煤炭资源的浪费,不仅会降低运行效益,对自然资源也是一种浪费。将自动化系统引入到水电工程中可有效减少自然资源的浪费现象,还可实现对信息的检测和收集,减少人为因素对水电系统运行的影响,帮助技术人员找到水电工程存在的故障隐患。

(二)水电工程中的不足之处

1. 水电工程的信息共享程度不高

水电工程的信息共享可带来许多便捷,但受制于我国目前水电工程的发展现况,信息共享仍具有一定的难度。信息共享对于设备的要求较高,但我国目前水电自动化发展程度较低、发展时间较短,相关的设施体系建设都不够完善;水电工程的服务目标范围较为狭窄,致使水电系统的工作开展具有明确的针对性,呈现不够兼容的状态。整个水电管理应用体系不够完善。在信息共享管理上也存在着许多的矛盾。由于许多数据库是针对特定领域而设定的专项化数据库,因此具有服务范围较为狭窄的现象,且数据库的建档不够健全,致使共享资源质量价值不高,造成了资源共享方面的难度。

2. 水电工程在信息化应用和开发方面不够成熟

在信息化应用开发方面基础不够强大,信息技术是实现水电工程自动化的一个重要原因,目前许多水电数学模型缺乏对现实工作的实际指导,致使水电工程的开发利用效果较低,造成了一定程度上的资源浪费。目前,我国许多水电工程的自动化技术远没达到相关的指标和要求,与自动化程度较高的水电工程差距较大,所以在信息化应用和开发方面不够成熟。

(三)自动化在水电工程中的应用

1. 强化实时监控在水电工程中的比例

水轮发电机在水电工程中承担着重要的责任,而针对于东北冬季的气候,水力发电只有在夏季进行运作的可能,这就需在对工程实施的过程中应对其灵活性进行有效的提升,而实时监控功能就是一种很好的方法。

如技术人员可先利用相应的计算公式对水电工程进行有效的模拟。通过软件的作用来对水的流向及流速进行监督,具体来说组态软件就是一种很好的软件,通过组态软件的使用可对发电机组及其他部分进行有效监测,对保证发电机组及其组件的运用具有较为积极的作用,同时如果发电机出现一定程度的故障,那么通过软件的作用也能及时发现故障。而当有故障发生时,水轮发电机将会有相应的警报来对技术人员进行有效提醒,因此可为抢修提供充分的时间,有助于维修人员抢先一步抵达事故地点对其进行维修。这样可有效促进发电机组的有序进行,保证生产的效率。

在现实情况下,对水电工程进行分析发现,针对不同工作所需利用的发电机组有着很大区别,这就导致了如果想要更好地完成工程建设工作,就需要对当前的水电工程进行有效分析,再依照现有标准对所需机器进行挑选,让不同的机器都可得到充分利用,以便于提升工程整体效率。这样就能使机器最大化地在工程中发挥其应有的效率,也可使工程整体的安全性和适应性得到应有的提升。

2. 提升水电设备的稳定性应用

为有效提升水电工程建设质量,使水电设备保持高效率的运转状态,可将电气设备与水电工程进行有效适配,让两者间产生很好的关联性,这对于水电设备的整体性提升来说具有积极意义。

如工程技术人员需对水电设备的稳定性进行有效的认识,设备的稳定性就显得十分重要。所以,要对电气设备在水电设备中的使用价值进行有效提升,那么就应对电气设备的稳定性进行有序的提升。同时,在对电气设备进行选择时,还需对其效益及成本的因素集中进行考虑,对工程的建设需要和应用特点进行有效的探究,再根据所有情况进行具体策略的有效制定,可让不同的基础数据得到更加明确的分析,这对于电气设备的使用成本进行测算具有十分积极的意义,通过成本的核算将电气设备的选择进行更加综合的判断,在保障其稳定性的基础上也要对整个工程的安全性进行考虑,同时以此为基础才可以对经济成本进行分析,争取以最大效益充分进行工程的建设,从而使得电气设备可以有针对性地在水电领域进行利用。

对于水电工程中的电气设备来说,最重要的应是对造成其故障的因素进行有效判定,并对其进行更加充分的分析,提升对工程事故影响因素的判定,同时将资源的消耗量进行更加可靠的分析,通过建立数据模型的方法来对电气自动化技术的消耗量进行模拟。以此来对工程技术的长期发展提供技术资料积累,在不断地创新发展中对电气自动化技术进行更加有效的升级,从而对水利水电技术的稳定性发展起到更加有力的促进作用。

3. 注重水电设备机组的运行情况分析

如果可将电气自动化设备很好地在水电工程中进行有效利用,那么就能更加有效地对其工程的水平进行提升。同时,提升自动化设备的使用效率对于建设水利水电设备的智能化管理有着极其重大的意义,既可对原有工作效率进行有效提升,又可使人工的压力得到一定程度降低,对于水电工程的进一步发展具有极其重大的意义。

如技术人员应加强自动化设备在工程中的利用比例,让自动化系统独立自主地对相应的问题进行有效的解决,而且还需自动化系统能有效根据当前情况下的工作进行更加明确的选择,从而有效地完成工作。同时,其还可将设备的情况与当前系统的工作情况进行更为合理的分析,进一步集中电气生产所需的能耗,使生产效益得到最大化提升。如果在固定的时间将不同的设备关闭则可对设备的效率进行提升,那么针对这种情况可对所有设备进行集中化综合型的调控,最大化地对非工作状态的设备进行关闭,使得相同的基础可有效发挥出更出色的工作效率。

针对已被损坏设备,通过相应监控系统应及时对其进行维修保养,最重要的是要对其进行更换,让工程在不受影响的情况下有序进行。在设备维修后应对其进行充分的验证试验,让设备的可靠性得到进一步的保障,再将设备安装到整体的工程中使用。设备的良好运行才是水电工程得以顺利进行的重要措施,因此如发现设备产生异样,一定要对其进行详细而又全面的检查,而检查的最好阶段首先是工程进行之前,通过对设备的初步检查保证其对于工程的有效进行并没有特别大的问题出现,检查最重要的就是要在设备运行的过程中,通过对运行良好时设备状态的充分比对来有效地对设备当前情况进行判断,从而保障工程的安全性。

4. 提高水电工程的管理水平是重要保障

在进行水电工程的管理时需成立专门的监督管理机构,配套完善的法律法规,运用责任制的方式,能够在发生问题时责任到人,实现对项目的科学管理,尤其是在水电工程自动化建设过程中涉及众多先进设备的使用,这些设备需花费大量的成本,对于各种技术设备的使用进行严格的检查、监督能延长其使用寿命,降低项目建设的整体成本,提高水电工程的自动化程度。

五、加强工作人员的整体素质是有力环节

工作人员是保证水电工程落实的重要基础,需要加强相关工作人员对于水电工程新技术的应用能力,提高工程的自动化水平,在团队范围内可开展项目培训,加强工作人员对于新技术新应用的理解。

例如,可开展水电工程自动化技术应用知识讲座、水电新原料新设备知识分享会,水电工程在现代化的发展背景下,还需能够联合线上培训,打造线上、线下一体化的培训策略。线上培训能打破时间及空间的限制,可以对更多的人员普及水电工程的自动化信息技术。而运用线上培训能促进理论和实践的结合,给相关工作人员实践的机会,加强其对于新技术的应用能力。利用培训会的方式可有效提高工作人员的整体质量和水平,在进行工作人员管理的过程中,还需提高工作人员对于新技术的重视,引导工作人员加强自我建设,这样有利于为企业发展注入源源不断的活力。

还可通过绩效考核的方式,加强对于员工工作能力及自动化新技术应用落实状况的监督,每个月月末进行两两对比,结合新技术培训会表现状况、自动化技术应用落实状况、责任制管理表现状况,以及犯错状况、额外奖励状况多个角度进行横向和纵向的对比。两位员工中较为优秀的一方可以记一分,员工都两两对比过后,累计得分最高的即为优秀员工,可获得一定程度精神上或物质上的奖励。加强对于工作人员新技术落实能力的监督,激发工作人员的工作积极性,提高水电工程的自动化水平,促进我国工业现代化。

水电工程对人们的生产生活具有重要的影响,将自动化技术应用到水电工程中可有效提高整体工作效率,使水电工程为企业和居民的供电变得更加稳定可靠,节约大量的人力资源,实现对电力系统的自动化控制,为水电工程带来更多的经济效益。在应用过程中需结合水电工程的规模大小合理选择设备型号,对水轮发电机组的运行及设备进行检测与控制,充分发挥自动化技术的价值。

六、三维可视化的应用

可视化技术就是针对人类大脑中某种图像的心智处理过程,通过可视化技术能够将计算机中的数字信号进行转换,并形成图形及图像,从而让使用者能够更加直观地进行观察,了解到以往无法真正看到的可视化技术。

在可视化技术中,以计算机可视化为核心的三维可视化可以利用三维的方式对客观事物进行准确判断,因此在科学领域中能够发挥出非常重要的作用。三维可视化建模在使用过程中,可以为对应学科提供非常多的帮助。例如,在交通运输、建筑工程、电商、房企、影视等领域,通过三维可视化能够为决策者提供数据信息上的支持,从而降低决策风险。而在动画设计中利用三维可视化,则能够有效提高视觉冲击力,从而为提高动画效果提供非常多的帮助。

在工程开展实体建模时,其主要方式通常可以分为如下几种:

(1)空间分割。通过将简单物体进行黏合后,就可以产生全新的构造体,其中能够黏合的物体是基本体素,基本体素正是建模中的基础。

(2)实体几何方式。实体几何的原理与空间分割的方式大体相同,即利用工程实体

来完成元素组合的构建,但是几何方式使用中往往需要开展更加复杂的计算。

(3)边界表示。无论工程实体如何,都需要与边界始终保持对应关系,因此通过描述实体边界便能够表达出实体的含义,水电工程中的建模模型通常可以分为几何、形象建模及三维显示。建模期间需要将 GIS 作为开发平台,然后结合 CAD 等软件,最终形成三维建模。

(一)枢纽几何建模技术

在开展几何建模时,需要结合实体特征点数据来得出法向量并生成三维几何模型,在水电工程中可以结合不同类型的建筑来使用不同的建模方式,以此来完成三维仿真模型的构建。

1. 简单建筑的三维模型

在大比例尺的环境下,房屋及圆形管道建模属于较为简单的建筑三维建模,例如:在房屋建模中三维建模就是由屋顶面及外墙形成的简单模型;而圆形管道模型则是由外壁、开关闸两者结合而成的简单模型。

2. 同高程水域平面模型

对面状水系要素通常具有明确的边界条件,而且其可视范围内的高程值几乎不会出现变化。除此之外,还可以把水平面看作高程平面,并且平面对比时间范围将会更大,多余的位置因为能够被地形覆盖,所以模型可以保证与地形之间相吻合。

(二)参数化实体建模

参数化实体建模就是通过将几何关系重新组合,然后利用数据参数对特征部件进行控制的几何模型。在开展模型设计时可以通过代数方程来合理实现约束,通过代数方程能够把模型中的几何形状重新定为特征点,其中约束则属于特征点中的各种坐标,并且特征点还可以在建模期间当作变元。而且约束模型还能够在体现出几何信息的同时表现约束关系。通常情况下,结构、尺寸约束是最为常见的几何约束形式,其中结构约束属于隐式条件,因此并不能当作变动对象。然而,尺寸约束则可以在使用中确定不同几何元素相互之间的位置情况,因此能够在建模期间作为变动对象。在开展参数化设计时,可以将变化参数几何模型当作设计核心,以此来保证参数设计质量。

在对水电工程中的溢洪道、道路进行三维建模时,可以利用参数化建模来构建模型。在构建模型期间需要优先定义全局及局部变量信息,其中全局变量的主要作用就是让实体中所有部分都能够及时对变化进行响应,而局部变量则只能够针对指定部分进行控制。在开展程序编写时,需要调动属性参数来确定控制点及形体参数,然后结合绘图函数来完成模型拟建。在进行建模时,如果设计方案中途产生了变化,则只需要通过对全局、局部变量进行适当调整,然后重新生产几何模型便可以完成建模。

(三)特征建模

特征建模在使用过程中,需要结合预定特征并在系统内形成特征库与分类,然后形成具有层次化的结构。在设计期间,用户需要结合实际需求输入特征,然后加入约束来完成模型的构建与求解。通常情况下,特征建模可以在主体工程建筑中得到使用,例如引水洞、导流洞就可以通过特征建模的方式来实现可视化建模,在模型设计期间主要结合实际形状特征来完成分类,然后根据特征构建特征模型库,并编写子程序,子程序所利用的关键点会根据隧洞类型的改变而出现变化。

在绘制隧洞模型时,通过输入其相对应的尺寸参数调动对应特征中的子程序,便能够成功构建出该段落的实体模型。通过对具有相关特征的模型进行组合,就可以得到最终的实体模型,例如在面对洞型隧洞时,就可以将其对应的子程序调用出来,在输入各项控制参数后,程序便可以自动生成对应的隧洞模型。

除此之外,附属建筑物模型的作用是营造出虚拟环境,强化模型效果,这部分建筑物虽然并没有固定的位置与尺寸,但是同样可以利用特征建模的方式来完成可视化模型的构建。

综上所述,视觉上三维模型营造出的模拟环境和实际数据流的结合,不仅可以提高水电工程质量,还能提前了解工程开展每个节点应注意的问题,实时的数据,更能结合场景第一时间分析得出整个工程运行的健康状态,更能对不可预料的突发情况做出第一反应并精确定位。

第三章　智慧水电站新技术

第一节　智慧水轮发电机组诊断监测系统

一、系统简介

智慧水轮发电机组诊断监测系统是对水轮发电机组进行以振动为主的连续在线状态监测、数据存储、分析和故障诊断，利用对振动和相关参数的监测掌握设备运行状况，对异常设备进行安全性评估，及时给出运行和处理意见，为设备状态检修提供数据和分析结论。

二、系统功能及组成

（一）系统设计原则

为了适应水电站智慧化管理的需要，进一步挖掘水电机组的潜在容量，提高企业的经济效益，必须对水轮发电机组实现状态检修。机组状态检修的必要条件就是对机组进行在线监测与故障诊断，对水电机组的状态进行在线监测，能够实时了解机组的运行参数、当前工作状况，及时发现事故隐患，并能进行报警监测和事故追忆，更能高速瞬时保存大量异常信息，便于进行事故分析和故障诊断。

水轮发电机组状态监测与故障诊断系统的设计应遵循以下原则。

1. 可靠性

系统的可靠性是机组在线状态监测分析系统能否真正发挥作用的前提，因此在系统的设计、设备选型及工程实施上，需要特别重视系统的可靠性，以保证系统各部分均能分别进行检查、更换或者维护。

2. 实用性

在线监测系统在软件功能模块上做了许多针对现场需要的设计，可以使用用户了解机组的运行性能，及时发现缺陷和故障，为状态检修提供系统的、直接的技术数据和报告，提供在线领域知识帮助软件和操作帮助软件，便于用户方便地使用本系统。

3. 开放性

任何系统的设计都不可能一开始就考虑得很完善，由于各种因素，系统的规模、功能配置不可避免地发生变化，因此要求系统具有良好的扩展性，便于系统升级和扩展，同时系统具有良好的兼容性，可以与水电站 MIS 等系统进行通信，实现数据共享。

4. 针对性

对系统的总体设计、传感器选型、硬件和软件的设计和配置，都进行了针对性的考虑和设计，重视新机组在试运和运行初期运行数据的积累，进行数据分析，生成各种需要的图表，统计不同工况下的监测数值，优化机组运行，设置预警和报警值，特别是针对特定工况的样本数据管理功能,实时监测机组在各工况下的运行状态,及时发现机组各种潜在缺陷及故障。

(二)系统主要功能

智慧水轮发电机组诊断监测系统主要功能应该包含以下几个方面。

1.数据采集和处理功能

采集机组运行中的各种模拟量、开关量、脉冲量(包括各监测点的幅值、频率等),按要求将需要处理的数据进行各种变换,以便提取信号特征进行故障分析与诊断。常用的信号处理方法有时域分析、频域分析、幅值域、倒谱分析、时差域、时序建模、特征分析、轴心轨迹分析、实测整形分析与动画显示等。

2.状态监视功能

系统可以对水轮发电机组运行工况进行全方位的监测和集合分析,根据采集的数据和已确定的状态变化标志,系统将通过更新智慧水轮发电机组诊断监测软件画面的实时数据、概率监测点变化趋势等手段来进行机组运行状态监测,并提供所有在线实时监测量随时间变化的趋势图。当在线实时监测量超过其相应的门槛值时,故障分析和处理系统以声音和闪烁的灯光标志进行报警,当在线监测系统的测点有报警显示后,点击测点可以出现相关部件的视图和资料。

3.数据库管理功能

数据库具有自动生成、数据导出、数据自动更新、检索等功能,并能支持综合报表、自动诊断的数据调用,以及专家系统智能软件的知识库和输入格式,实现可按时间、操作人员进行查询的追记功能,详细记录推理、诊断及用户处理故障的安全过程,并对追记结果提供打印功能,为用户提供对过程数据、历史数据的查询功能,并可打印查询结果。

4.故障分析和处理功能

系统可根据监测的数据对机组规律性的故障进行综合的分析处理,根据各频率分量结合工况智能给出诊断结果,并形成结论供运行管理单位参考。当机组发生报警之后,软件可根据采集的数据进行智能诊断,生成案例及诊断报告的条文。为防止出现不常见的故障和误判,还有专门的人工专家对故障进行诊断分析。人工专家对已检测到的数据进行诊断分析之后,会上传详细的分析报告,包含故障原因、分析频谱、分析结论。把报告及时反馈给用户,那么用户也可以看到专家的分析结论,方便对泵站故障进行确认维修。

5.通信功能

系统内实现与网络各节点计算机的通信,采用开放系统通信规约,实现与远程故障诊断专家系统的通信,采用串行通信或计算机局域网或远程网的方式,具体通信方式视通信条件而定。

三、系统应用情况

目前,智慧水轮发电机组诊断监测系统已成功在某水电站进行应用。该系统上线运行后成功发现了该水电站某台机组转轮掉块的异常情况,取得了一定成果。

2017年6月13日7时左右,故障诊断系统"顶盖水平振动转频分量特征值"和"顶盖水平振动转频分量时变化率"两项特征指标分别为24和0.32,超过预警阈值而发出"转轮不平衡"故障预警,当时受调度运行方式影响,电厂申请停机检修未能获准,机组被迫坚持运行。在运行至 6 月 16 日 12 时左右,故障诊断系统"顶盖水平振动转频分量特征值"和"顶盖水平振动转频分量时变化率"两项特征指标分别达到 44 和 0.47,发出"转轮不平衡"红色紧急故障报警,提示故障原因为转轮叶片脱落,面对该情况,电厂进一步积极协调调度,说明问题的严重性,最终申请检修获准,在进行过流部件检查时,发现转轮确有掉块现象,随即对机组进行了转轮更换检修工作,避免了更严重后果的发生。

现阶段该电站已开发上线运行监视应用 26 个、状态检测应用 32 个、运转特性应用 13 个、故障诊断应用 17 个,故障诊断应用包含转子回路异常、推力瓦受理不均、上导瓦间隙不匀、上导瓦支撑松动、推力瓦支撑松动、下导瓦间隙不匀、下导瓦支撑松动、水导瓦间隙不匀、水导瓦支撑松动、空冷器异常、油盆冷却器渗漏、油盆渗漏油、转轮不平衡、转子不平衡、水力不平衡、主轴弯曲故障等,覆盖了大部分水轮发电机组的关键部件。

通过该系统的应用,除实现对水轮发电机组进行故障诊断外,还为该水电站管理人员提供了检修决策依据,为开展检修工作和优化运行等方面提供了技术指导,一定程度上降低了运维成本,取得了较好效果。

第二节　智慧机组辅助设备监测系统

一、系统简介

水电站辅助设备监测系统是水电站实现"无人值班,少人值守",实现智慧化管理运行必不可少的一部分。

二、系统功能及组成

智慧机组辅助设备诊断监测系统主要功能应该包含以下几个系统。

(一)机组压油装置监测系统

系统各设备的运行状态、故障信号及压油罐压力、液位等在现地盘上均有显示,机组油压装置控制系统与机组 LCU 进行通信,通信内容包括压油罐的实时压力及油位、回油箱的实时油位、每台油泵电动机运行状态(包括电机状态和启动次数累计)及系统的故障信号等。

(二)机组技术供水监测系统

系统各设备的运行状态、阀门过转矩、滤水器差压过高等故障信号及蜗壳前水压、冷却供水总管水压、冷却水流量等在现地盘上均有显示。

机组技术供水控制系统与机组 LCU 进行通信,通信内容包括机组总冷却水流量、压力,各冷却器进出水管路冷却水压力,各冷却器进出水管路示流信号,滤水器、双向供水转阀、电动蝶阀运行状态信号及系统的故障信号等。

(三)中压空压机监测系统

系统各设备的运行状态、故障信号及减压阀前、后气压等在现地盘上均有显示。

中压空压机控制系统与油水气及公用设备 LCU 进行通信,通信内容包括减压阀前后的实时压力及每台空压机的运行状态(包括所有故障状态和启动次数累计)及系统的故障信号等。

(四)低压空压机监测系统

系统各设备的运行状态、本体故障、压力异常等故障信号及制动供气总管、检修供气干管气压等在现地盘上均有显示,低压空压机控制系统与油水气及公用设备 LCU 进行通信,通信内容包括制动供气干管和检修供气干管的实时压力及每台空压机的运行状态(包括所有故障状态和启动次数累计)及系统的故障信号等。

三、系统应用情况

青海省内拉西瓦水电站为全地下厂房结构,中控室设置在电站生活区(距地下厂房约 7 km)。电站安装 6 台 700 MW 的水轮发电机组,采用两回 800 kV 出线接入西北电网。拉西瓦水电单机容量大、系统地位重要、运行方式复杂的特点对电站综合自动化水平的可靠性、灵活性和快速反应能力提出了很高的要求。拉西瓦水电站辅助设备控制系统主要包括机组辅助及全厂公用设备控制系统、闸门控制系统、通风控制系统三大部分。

智慧机组辅助设备监测系统在拉西瓦水电站得到很好的应用,拉西瓦水电站机组技术供水、检修排水、渗漏排水、低压空压机系统中的电动机使用 6.3 kV 中压软启动器为主要电气元件。机组技术供水、检修排水、低压空压机三个系统中电动机采用中压软启动器一拖一方式,渗漏排水辅助系统中电动机采用中压软起动器一拖二方式,电站高、中、低压气系统的控制系统中,每台空压机除设置本体控制盘独立完成单体空压机自动启/停、故障保护、信号监视的任务外,另行设置各气系统成组控制盘,依据气系统供气干管(或总管)的压力信号自动启/停工作机和备用机及主/备自动轮换,接受相应空压机本体控制盘的上传信号并下发成组控制指令。同时,各气系统成组控制盘可与计算机监控系统公用 LCU 进行数据交换,实现对各个辅助设备的监测。

第三节 智慧发电控制系统

一、系统简介

智慧发电控制系统应具有全站联合有功成组调节功能,每台机组可以由操作员设定是否参与成组调节,操作员可以将每台机组以单机方式或成组方式"提交"调度层,站控层 AGC 比调度层 AGC 具有更高的优先权。

监控系统按照电力系统提供的容量及负荷曲线、远方调度实时给定或运行人员即时给定的负荷值,控制机组的启停,避开机组振动、气蚀等约束条件,计算电站的机组最优的运行数量,以及机组间负荷良性调整。

水电站自动发电的控制功能大致可分为 4 种,即功率控制功能、调频功能、按给定水头发电功能和机组功率经济分配功能,这 4 种功能中功率控制是其核心所在,自动发电控制系统就其本质而言就是对发电厂机组发电有功功率的调整与分配。因此,自动发电控制系统最核心、最关键的功能就是对功率的控制。

二、系统功能及组成

智慧水电站自动发电控制程序的总流程示意图如图 3-1 所示。按照水电站的自动发电控制功能进行分类，自动发电控制程序中的发电方式共有 3 种，分别是调频发电子程序、按给定水头发电子程序及按给定功率发电子程序。在水电站实际运行中，3 个子程序均会在相应模式下对发电机组运行所应该分配的发电厂 AGCP 即自动发电控制有功功率值进行运算，相应的运算结果会被送入机组功率经济分配程序中加以核算，选择最优的分配方式，并将各个机组应负责的有功功率数值发送到各机组的控制程序加以执行。除此之外，在主要运行程序之外，还应有诸多关键辅助程序，诸如水头报警辅助程序、水头测量辅助程序等。当发电站的自动发电控制程序进行第一次运行时，电站工程师应先将各个机组的特性输入到控制系统数据库中，这些数据包括发电厂水轮机组台数、各个机组的发电功率范围、各机组的振动区、气蚀区及水头范围、自动发电控制系统运行时间等。此外，小型水电厂自动发电控制系统在运行的每个周期都必须从数据采集与监测控制系统中对自动发电控制系统所需要的各种电厂运行状态信息进行实时读取，诸如各个机组运行状态及当前发电功率、当前发电模式、水头实时值等，从而确保自动发电控制程序进行实时调整。

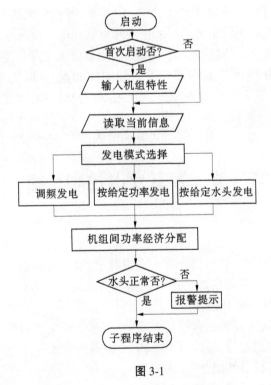

图 3-1

三、系统应用情况

小浪底水电站的智慧发电控制系统（AGC）是相对独立于监控系统硬件配置基础上

的单独模块,运行过程中,AGC 接受来自河南电网调度中心的负荷数据信息,参与控制电网潮流和维持联络线功率,并保证在规定的范围内传送。AGC 可接受来自河南电网调度中心的总有功负荷设定,也可接受来自小浪底电站的总有功负荷设定,这取决于不同的控制模式,然后分别在指导方式和自动方式下执行负荷的分配。机组 AGC 的调节方式有调频、调峰、有功设定 3 种方式。

（一）调频模式

调频模式,也叫周期设定模式。机组接受网调频率调节系统每隔 8 s 发出有功设定值,以维持电网频率恒定,此时操作员需输入频率变化延时调节时间和负荷改变的幅宽,以避免机组频繁调节。

（二）调峰模式

调峰模式,也叫日负荷曲线方式。先由河南电网调度中心预先下达 24 h 的负荷曲线,然后 SQL 服务器将该负荷曲线存储,再由 AGC 主要程序从中读取数据,以跟踪调节某一时刻的负荷量。该模式下,机组根据操作员给出的有功负荷曲线进行调节,操作员也可随时改变曲线上各点的负荷设定。

（三）有功设定模式

有功设定模式以数值方式直接接受河南电网调度中心或者小浪底水电站设定的全厂总有功,机组将根据操作员给出的有功设定值自行调节。该模式下具有跟踪功能,可跟踪河南电网调度中心实时下发的负荷值。

第四节　智慧生产管理系统

一、系统简介

生产管理信息系统以设备管理为核心,包括从设备投运到设备退役的全过程闭环管理。建设思路:从基于中心及中心驱动的基本设计思想出发,PMS 被设计成一个由五大中心及围绕五大中心分布的众多外围应用组成的有机体,见图 3-2。五大中心如下:

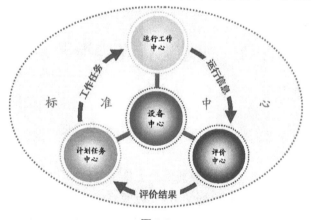

图 3-2

(1)设备中心。代表了整个电厂生产管理的核心对象、基本出发点和最终目标。

(2)计划任务中心。代表了整个电厂生产管理的工作方式和组织策划。

(3)运行工作中心。代表了整个电厂生产管理的执行过程、工作内容及工作结果。

(4)评价中心。代表了整个电厂生产管理的评估监督和价值取向。

(5)标准中心。代表了整个电厂生产管理的规范化和标准化力度和水平。

二、系统功能及组成

站控层要进行电厂运行工况计算、建立主辅设备运行档案等,并向电站 MIS 系统传输统计和报表等所有数据。至少具有以下功能:

(1)按时计算各机组的发电效率和电站运行效率。

(2)统计机组正常及事故停运时间、检修次数及时间,并进行任意时间段可靠性统计计算。

(3)统计主变压器、500 kV GIS、厂用变压器、断路器等主设备运行时间、动作次数,统计各电压等级断路器切断故障电流次数及相应的故障电流,当超过限制次数时应自动报警提示。

(4)电气设备的参数修改记录及一些运行管理数据的持续记录,如继电保护装置或自动装置的各类动作记录,并按月、年进行分类统计等。

三、系统应用情况

澜沧江发源于青海省玉树藏族自治州的杂多县吉富山,是中国西南地区的大河之一。澜沧江流域水电站利用智慧运行管理系统,按日/周/月计算各机组的发电效率,形成报表,直观展示水电站的经济效益。此外,统计机组正常及事故停运时间、检修次数及时间,并进行任意时间段可靠性统计计算,统计主变压器、500 kV GIS、厂用变压器、断路器等主设备运行时间、动作次数,统计各电压等级断路器切断故障电流次数及相应的故障电流,电气设备的参数修改记录及一些运行管理数据的持续记录,同时配合使用相适应的梯级水电站管理模式实现流域的防洪、航运和发电的联合调度,为流域梯级电站安全、可靠、经济运营提供必要的保证,实现经济效益和社会效益的最大化。

第五节　智慧运行寻优指导系统

一、系统简介

智慧运行寻优指导系统是指通过采集机组实时在线监测数据建立智慧运行优化管控体系,寻找最优运行策略,给出指导建议。

具体来说,采集机组实时在线监测数据和大量历史数据,并利用机组的设计参数和现场试验数据,应用机制模型辨识、机器学习、大数据分析等技术,对机组复杂非线性系统的全工况精确状态重构,建立包含混杂数据预处理、能耗决策规则与知识提取,实际可达优化目标值确定与在线诊断应用的智慧运行优化管控体系。

二、系统功能及组成

智慧运行寻优指导系统由生产事件寻因、效率运行优化、负荷优化分配三部分组成。

（一）生产事件寻因

采用机制模型加数理模型相结合的方法，有效挖掘和利用水电站机组运行过程积累的海量数据，基于工况分析的机组运行寻因方法，该方法是基于多参数稳态指数，选取机组稳定工况下运行的数据作为分析对象，建立生产事件寻因模型。利用模糊算法实现机组工况划分，对不同工况下的数据进行提取分析，建立分类数据处理模型，得出有效结论，从而提供稳态历史寻优指导方法，实现机组运行经济性全面节能诊断评价与优化。

（二）效率运行优化

机组效率曲线是水电站优化调度计算的主要参考数据。此类数据的管理需重点考虑以下两个方面的问题：

一是机组性能曲线的存储。在计算机系统中，这些数据存储的主要方式是曲线拟合与离散点存储，曲线拟合的方式有利于模型计算，离散点存储方式需结合插值法计算，相对而言更能接近散点附近的理论值。

二是机组性能曲线的率定问题。机组的性能曲线一般采用装置模型试验数据，但与实际装置性能曲线有一定的误差，因此有必要利用精确的测流技术与轴功率测定技术率定实际装置性能曲线，搭建机效监测试验平台，监测水电机组效率变化。

基于试验平台利用设计参数和试验数据，建立水电机组效率模型，在线进行水电机组能耗实时计算，提供最优效率运行曲线。性能曲线拟合分析系统模型软件系统结构示意见图3-3。

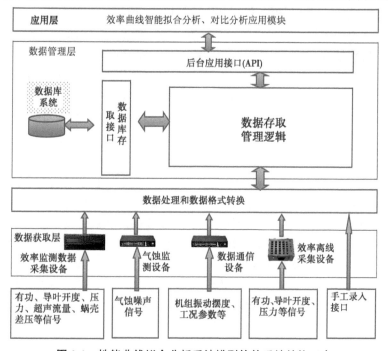

图 3-3　性能曲线拟合分析系统模型软件系统结构示意

(三) 负荷优化分配

水电站厂内负荷优化分配属于复杂的多约束混合整数非线性规划问题,求解此问题的传统方法主要有传统的等微增率法、线性规划法、拉格朗日松弛法、分支定界法、混合整数线性规划法和动态规划法等。

近年来,随着智能算法的迅速发展,许多学者将智能算法引入此类问题的求解,如混沌优化、遗传算法、免疫算法和粒子群算法等各类智能算法。现行的厂内负荷优化分配问题的研究,主要集中在水力结构简单、机组独立引水的各类电站系统的模型构建和求解方法上,但随着系统水力结构的复杂化和系统规模的扩大,后效性和维数灾问题就凸显出来。

智能算法有其求解非线性多约束不连续问题的先进性,但同时也存在物理机制不明晰、理论上难以证明最优性、容易收敛早熟陷入局部最优解、公式复杂参数过多、求解缓慢等(物理意义、收敛性及求解性能)问题。

同时,受社会经济的快速发展和气候变化的影响,近年来许多水库在水量出现富余的情况下不断增加或扩容机组,造成水电站引水系统管网具有复杂的水量和水力联系,导致厂内负荷优化分配数学模型更加复杂。

对于复杂引水系统水电站负荷优化分配问题,其建模和运用优化技术(包括现代智能算法)求解过程均会受到系统水力联系复杂、结构不明晰的制约。

因此,对于具有复杂引水系统水电站,亟待探索科学合理的、通用的、算法稳定且简单高效的厂内负荷优化分配方法。

运用分解聚合原理,开展复杂引水系统水电站厂内负荷优化分配方法及其应用研究,以达到提出普适性的方法、实现提高机组效率和高效利用水能的目的。

通过绘制水力联系结构与动力指标要素图,以分流结点为依据进行系统分解,简洁清晰地描述系统层次结构,建立全面完整的全站负荷分配优化数学模型。

以相同机组段水头(或流量)为依据,应用系统聚合原理,可将子系统内并(串)联机组段聚合成并(串)联"等效机组";基于系统结构层次关系绘制"等效机组"聚合关系图,明晰不同层次"等效机组"的聚合关系,实现将总模型有机分解为不同层次的子模型、应用传统优化技术求解的目的。

三、系统应用情况

金沙江中下游12级梯级水电系统随机优化调度研究及其效益评价,以我国十三大水电梯级中规模最大的金沙江中下游梯级水电站系统为例,以系统发电量和保证出力为优化目标,建立并求解梯级中长期确定性优化调度模型,作为随机模型的训练样本。运用改进支持向量机方法对系统调度规则制定,并模拟系统1989年、2000年运行过程。另基于多元逐步回归法制定调度规则并仿真,将同期确定性优化调度结果及两种仿真结果进行对比。对仿真结果的发电量、发电过程、保证出力等方面进行对比,分析仿真结果的效益和可靠性。

第六节　智慧巡检机器人系统

一、系统简介

当前,我们正处于一个快速发展的时代,人工智能、大数据、物联网、云计算等一大批新兴技术层出不穷,让人目不暇接。自 2008 年"智慧地球"的概念被提出来以后,"智慧城市""智慧工厂""智慧物流"等智慧产业相继诞生,顿时,智慧的浪潮风起云涌。水电站作为中国水电企业发展的核心,要在如此复杂多变的大环境下屹立向前,必然会面临新的挑战和机遇,由传统的机组检修向智慧检修转型便成了必然的发展趋势,水轮发电机组智慧检修建设也将迎来黄金时期。

智慧巡检机器人主要是通过对水电站机组设备的自动巡检、采集数据并分析预警,判断出设备的健康状态和对故障分析,实现对水电站设备的动态监测,从而为我们的智慧检修发展奠定坚实基础。系统流程图见图 3-4。

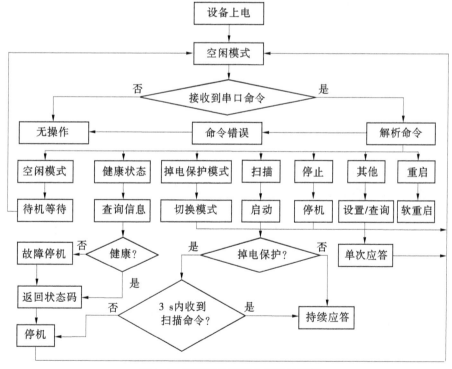

图 3-4　智慧巡检机器人系统流程图

二、系统功能及组成

智慧巡检机器人是数字化网络、计算机云平台及机器人集群系统一体化的智慧系统。它是以特种智能机器人融合大数据交互引擎技术构建的综合运维管理平台,这个平台就类似于一个物联网。它主要分为两部分,一部分为智慧管网-应用网络网关;另一部分是智慧管网-传感器网络。机器人的前端主要由管廊轨道路基通信单元、机器人单元、防火门管理单元、自适应充电单元组成,可根据管廊区域分布进行配置,实现机器人的集群化管理。车体由动力仓和搭载仓构成,实时和轨道路基通信系统进行数据交互。可通过平台设置多种巡检模式,快速对水电站运行设备进行实时的自主巡检、动态监测、数据采集分析和灾害预警。

对比传统的机器人,智慧巡检机器人的优势在于:它不仅可以对地面的设备进行巡检,还可以凭借自身搭载的机械臂伸长至高空对人工不能达到的死角区域(比如大岗山电站 500 kV 出线场、高压电缆竖井)进行巡检监测,彰显了智慧检修的精准水平。通过大数据分析,科学判断设备性能裂化状况及发展趋势,确保在故障发生前提前治理,通过优化管理,也避免对健康设备进行重复检修造成资源浪费。

(一)精准导航

采用 3D 激光导航传感器,非接触式,高精度,它具有结构坚固、设计紧凑、分辨率高、测量精度高等特点,是小型化尺寸和小重量的产品设计。产品几乎可以测量任何材料,它不受物体表面材料、颜色及发射光源的影响,且具有强大的抗干扰能力,能够在高温、烟尘、强干扰环境下稳定工作,适用范围极广,生成场站 3D 信息的导航地图,大幅提高定位精度。

(二)远程操作监控

基于智能任务规划系统,自动生成监控所需的巡检任务并下发给机器人,完成远程操作。

借助于远程监控可以将水电厂内部各个巡查角落与控制网有效地连接起来,实现对水电厂运行情况的随时掌握,从而实现水电厂的综合自动化,可以建立网络范围内的监控数据和知识资源库。通过远程监控可以实现现场运行数据的实时采集和快速集中,获得现场监控数据,为远程故障诊断技术提供了物质基础。通过远程监控,技术人员无须亲临现场或恶劣的环境就可以监视并控制生产系统和现场设备的运行状态及各种参数,使受过专业训练的人员虚拟地出现在许多监控地点,方便地利用本地丰富的软硬件资源对远程对象进行高级过程控制,以维护设备的正常运营,从而减少值守工作人员,最终实现远端的无人或少人值守,达到减员增效的目的。

(三)数字化巡检

检测传感器模块化,在标配的可见光、红外双光云台的基础上,通过扩展紫外、局放、噪声检测等多种检测手段,将智慧巡检系统涉及的设施资源全部数字化,管理者能够精确地了解整体设施的布局、建设、维护,巡检机器人通过机身携带的多传感器终端进行信息采集,见图 3-5。节省了大量人力资源及宝贵的时间,大大减轻了管理层的工作量,极大地提高了管理效率和管理自动化水平。

(四)高危替代

将巡检机器人引入水电站,实施范围优先锁定日常人工巡检易引发高职业健康风险区域,以及周期巡检、维护检修、应急工作所不能够实现的死角区域。利用定位等技术为工作人员提供中央控制式可视化的资源巡检系统,实现电站内部资源远方智能化管理,构建智慧检修、安全运维管理平台。

图 3-5

(五) 智能任务规划

根据预先配置的巡检策略,可设置最短巡检路径,行进中遇障可自动重新规划巡检路径,另支持任务优先级、定时、周期等高级设置,动态获得发电机组、组合电器、电动机、主变、刀闸等关键设备的高清视频、工作温度,并对异常现象进行统计和报警,生成报表,从而及时发现设备缺陷和危及线路安全的隐患,提出检修内容,以便及时消缺,预防事故发生,保证电力安全生产和稳定。

三、系统应用情况

当前,智慧巡检机器人被推广应用在大渡河公司大岗山水电站 500 kV 出线场,在人行通道的下方架设巡检机器人。

天生桥二级水电站引水隧洞检测也推广采用智慧巡检机器人,该机器人系统顺利完成天生桥二级水电站引水隧洞及压力钢管检测,实现了建厂近 30 年来一直无法检测的垂直压力钢管段检测。此次检测工作在 1 号引水单元内开展实施,分别对调压井下游压力钢管和上游引水隧洞进行了检测,通过声呐成像和光学观测对重点部位进行了检测,并在上游距阻抗孔约 1 900 m 处使用自主返航功能,机器人载体在没任何水面控制信号的情况下,完成了 1 900 m 的自主返航,成功回到了入水点。

第七节　智慧检修管控系统

一、系统简介

传统的水电检修管理中以各工种为界限,划分不同的专业班组,检修期通过各班组完成各专业子项目实现整个项目的完工,检修工程中各专业人员的抽调、工作安排、奖励分配管理权限在各班组,各班组管理相对独立运行。但在竞争激烈的市场环境中,传统检修模式已不能适应目前水电检修的高速发展,在检修项目繁杂、人力资源短缺及市场竞争压力下,每个检修项目需要对作业人员、工作安排、奖励机制形成统一高效管理,以便企业能在市场环境中生存。

水电机组智慧检修系统建设的内容主要涵盖了数据采集、数据传输、数据处理与数据识别等功能体系的构建,通过流域多机组运行参数对水电机组的实际运行状况进行集中检测与诊断,并基于特定的算法对数据进行解析,便能够使水电机组的运行质量与效果得以较全面的保障。从技术性的角度来看,智慧检修系统的构建无疑能够显著增强机组检修工作的管控水准。

二、系统功能及组成

水电机组智慧检修建设主要是建立和完善状态监测分析诊断平台,实现流域多机组运行参数集中监测和分析、诊断,通过特定算法对历时大数据的挖掘和分析诊断,给出机组运行状态的发展趋势,对可能发生的故障早期预警,确定机组故障的具体原因,给出具有针对性的检修策略。实施智慧检修需要三大支持系统,即设备健康状态评价系统、检修决策系统和生产管理系统。

(一)设备健康状态评价系统

传统的计划检修按一定时间周期对水电机组进行例行维护,未充分考虑机组当前综合状态,增加了不必要的维护费用,提高了泵站运行成本。为实现泵站机组的预知维护,推动机组检修策略从计划检修过渡到状态检修,需要设计更为科学的机组综合状态评估指标体系。

机组设备的综合状态评估是指用一系列的技术手段和相关工具方法来对运行设备的当前健康状态进行评估,并对可能出现的故障情况进行预测,给设备运行管理单位提供合理建议,以进行合理的处置,减少设备故障的出现。

为了实现机组准确高效的综合状态评估,该方法包括:

(1)机组每次结束运行后,系统根据运行情况,自动统计运行数据并进行分析,对其健康评价结果进行更新;建立符合工程实际的机组运行状态多重指标体系。

(2)分项评分按权重因子进行打分制,总分100分,分值越高,设备健康状态越好。

(二)检修决策系统

具体的模块构成如下:

(1)检修记录生成模块。其主要核心包含设备与检修人员关联关系、预设模板、系统数据自动提取、日期输出、设备检修记录表单、设备检修全过程记录与回顾,按照等级检修标准提供修前、修中、修后计划检修全过程管理;检修计划填报、审核、变更管理,也包括标准检修工期管理。

(2)基本信息区域。主要包括设备检修人员任务执行实录、执行人信息、检修设备信息、检修流程信息、检修台账的统一管理和全局搜索。

(3)任务管理。主要包括项目任务单管理、当日工作任务管理。质量管理,主要针对设备检修质量验收、技术监督、检修技术记录、设备检修质量鉴定、是否完成机组检修质量任务目标。

（4）工期管理。主要涉及设备检修浏览器矢量图设计、整体项目设备不同层级工期网络图，以及进度控制管理和工期临时变更管理。

（5）智慧决策。自动生成检修方案，进行检修决策、方案审定、调配物资、工器具及备品备件，集控检修管理工作，实现人与机、人与人互联。

（三）生产管理系统联动

通过健康状态评价系统、检修决策系统、水电站视频系统与生产管理系统进行联动，通过 IEC 61850 规约（GOOSE、MMS、CDT 等多种报文）实现与 SCADA 系统、微机五防系统无缝对接，从而保证对电力生产过程中发生的事故进行报警联动及智能工作操作过程中的可视化辅助功能，对操作进程每一步骤远程视频确认、实时录像及跟踪，为事中监督分析、事后查询提供了依据，最大程度地避免了因人为操作失误造成的财产损失，见图 3-6。

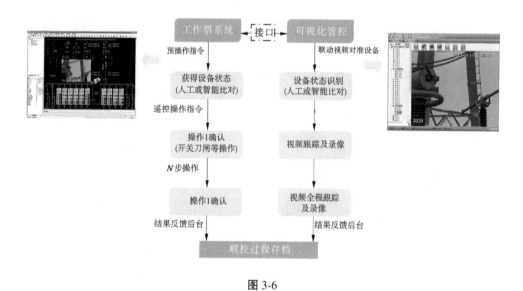

图 3-6

三、系统应用情况

目前，在深溪沟电站检修过程中，通过智慧检修手段开展机组检修工作，主要的应用为生产管理系统。生产管理系统针对机组检修的主要应用有人力资源管理、缺陷管理、工作票管理、检修作业跟踪管理、项目进度管理、项目验收管理等，实现检修项目管理新模式。

第八节　智慧安防管控系统

一、系统简介

智慧安防管控系统是基于企业对安全生产管理的需求，利用高精度定位技术、三维可视化技术、智能信息处理技术等手段开发的安全管控系统。它将企业对安全生产管理的技术手段从被动式监控全面升级为主动式监控,实现全自动、全天候覆盖、全目标覆盖的主动式安全控制模式,使作业人员在复杂的机组检修作业环境中也能完成精准的监控、定位和智能提醒。

智慧安防管控系统结构分为三层:中心层、厂站层、现地层。中心层包括数据中心和功能中心。数据中心由数据库服务器组成,数据库服务器提供数据缓存和调用服务。数据中心主要提供智慧管控系统需要的数据存储和调用公司其他信息系统数据的服务。数据存储主要包括三维建模数据、视频监控数据、图像识别数据、人员定位数据、电子地图数据、报警记录数据等。功能中心由功能服务器组成,该层主要提供的功能包括 Web 服务、手机 APP(应用程序)服务、三维电子地图的管理、现场人员定位管理、电子围栏管理、图像识别管理、现场照度检测与提醒、现场广播和电子警示牌管理、报警信息管理、人员违章处理管理、外包单位和人员管理、数据通信、短信发送、组织机构和用户管理、信息安全加密等功能。

厂站层主要提供人员定位数据解算引擎、现场视频数据存储、面向多终端的流媒体服务、现场图像预处理和预识别、现场广播和电子警告牌数据输出等功能。

现地层主要由室内定位基站、集成在安全帽上的室内定位标签、在检修生产现场临时布置的高清视频监控设备、现场报警灯和广播喇叭、电子警告牌等组成。

智慧安防管控系统结构如图 3-7 所示。

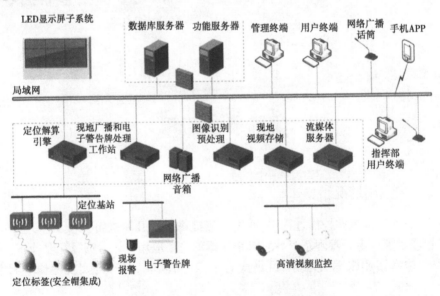

图 3-7　智慧安防管控系统结构图

二、系统功能及组成

(一) 人员定位和电子围栏子系统

该系统通过在机组检修现场各高程安装的定位基站和集成在现场工作人员安全帽上的定位标签,实现检修现场各高程的人员定位。在实现人员定位的基础上,可在不同高程作业面的三维电子地图上设置电子围栏,设置人员进出权限,有人员违规进入时向广播和电子警告系统发出报警信息,并激活该人员定位标签的提醒功能。另外,在发电机组各高程入口处,使用单台基站实现现场工作人员的身份识别。

(二)图像识别子系统

图像识别是指利用计算机对图像进行处理、分析和理解,以识别各种不同模式的目标和对象的技术。计算机图像识别与处理技术是通过智能化手段将图像类型的信号,转化为数字类型的信号。利用计算机将数字图像灰度化、数字图像二值化、数字图像的平滑处理、数字图像形态学处理等。以前,数字视频监控技术和图像识别技术各自独立,随着计算机、通信技术的进步,两者开始结合,图像识别和分析处理的技术和算法已经非常成熟,在医学、军事、交通、安防、检测等领域都发挥着重要作用。

当前多数水电站现场都安装有远程数字视频监控系统,可实时监控现场及运行设备,但仅仅具备视频监控功能,而不能对视频图像加以识别。所以,将图像识别技术引进到水电站监控系统,能够对现场情况做进一步分析,从而更好地解决问题。图像识别与处理可作为被监控对象自动识别与分析的手段,进行水电站运行智能化的应用,其适用的场景有以下几个方面。

1.安全提醒

通过在机组检修现场各高程安装的高清摄像头,获得机组各高程的高清图像;通过机器视觉处理和人工智能识别,实现对现场出现的不安全孔洞、未佩戴安全帽和吸烟等违章行为进行识别抓拍。识别出孔洞后可自动提醒作业人员添加安全措施。若确认为临时孔洞,可通过人员随身佩戴的定位标签震动及电子警告系统实现人员靠近时智能提醒,以最大限度减少人员高处坠落伤害。通过红外摄像头对现场的照度进行判断,部分区域照明不足可通过自动检测后及时传送给系统平台,提醒检修人员增加光源布设。

2.水位的自动识别

利用摄像头监控水电站上下游水尺的实时图像,通过计算机软件进行图片比对区域和灰度的处理,将水位液面在水尺的刻度位置进行识别,通过与水尺刻度图片模型库中进行比对的结果和分析计算,可识别出当前水尺测量水位的实际刻度,并将得到的结果反馈到计算机监控系统的监测画面中显示。当水位传感器出现故障时,可通过此技术自动判断水位的变化情况,也可以减少水位传感器的使用,降低运行维护的成本。

3.水面漂浮物识别

水面漂浮物识别主要是用于对水电站进水侧的水面情况进行识别,来判断清污机进行启动工作的条件。通过摄像头实时监测的图像信号进行水面的监控,当水电站进水侧的漂浮物的数量或覆盖面积达到一定边界值时,视频信号会触发设定好的预警信号,并将信号上传到计算机监控系统,通过控制程序进行清污机的远程自动启停,来减少运行人员的投入和工作强度。

4.污染扩散范围识别

通过对视频监控水域范围的视频和图像获取,进行图像的三色处理,来判断该水域水质污染的情况,并产生相应的报警信号,告知计算机监控系统和运行人员,以便及时发现并处理水域的污染问题。

(三)视频记录和流媒体服务子系统

系统可以保存 30 d 视频监控记录,现场的实时监控记录可以通过专用流媒体服务器,将连续视音频经压缩编码、数据打包后连续实时地传送给接收设备,实现流畅的视频播放,以保证中心层实时查看生产现场全方位作业状况及某个监控点的历史视频记录,见图 3-8。同时,现场视频监控的布设给作业人员以威慑,杜绝了现场人员作业时习惯性违章的侥幸心理。

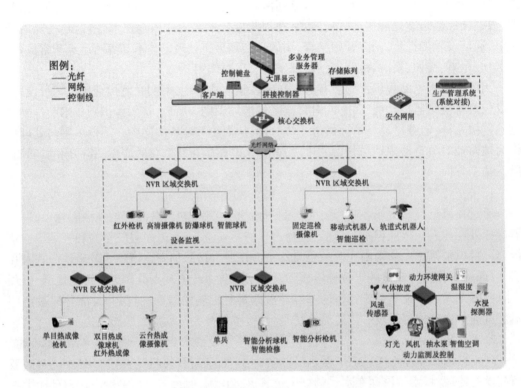

图 3-8　视频监控系统拓扑图

(四)广播和电子警告子系统

当系统出现报警信息时,点亮现场的报警灯,通过现场喇叭广播报警信息,并在 LED 电子显示屏上显示,激活现场工作人员安全帽上定位标签的震动功能,通过多重方式向作业人员实施提醒或警告,向相关人员的手机 APP 发送报警信息。

(五)手机 APP 子系统

为实现全员监督安全生产的目标,在发电厂检修作业过程中全厂推行"安全隐患随手拍""安全积分制"等活动,通过手机 APP 端实现上传、审核、发布等流程,检修作业人员积分情况统计查阅,报警信息推送及现场信息手机端查阅等功能。

(六)外包单位安全管理

外包单位安全管理包括外包单位和人员的安全管理,内容包括企业资质、管理人员资质、项目组织机构设置、外包人员合规避检查(年龄、特种作业证有效期、安全教育和考试情况)等。针对外包工程项目人员流动频繁的特点,通过调用电子围栏子系统,实现人员准入制度。通过手机 APP 违章随手拍功能(内部员工进行拍摄)及图像识别子模块,对外包单位和外包工进行安全积分管理,通过积分实现对外包单位从准入-服务过程-退出(淘汰)的全过程、多维度、可量化的考评管理。

三、系统应用情况

卡洛特水电站主要施工区域临近旁遮普省和巴控克什米尔地区交界山区,通往营地和施工区的道路由内外部行人和车辆共用,属于半开放式区域,交通情况复杂。巴基斯坦军方在通向施工区主道路入口两端设置了两个检查站,通过人工检查的方式进行人员身份排查,准确性和效率较低,存在很大安保风险,保护人员安全成为生产安全的关键。

在卡洛特水电站施工区建设一套包括人脸识别预警子系统、通行管理子系统、人形识别子系统、车辆识别子系统、视频监控子系统的智能安防系统,成为项目建设的重中之重。各个子系统由智能安防统一管理平台管理,实现对各子系统功能、信息、统计数据的操作与呈现。

运用大数据分析演算,解决卡洛特水电站建设区域人员及车辆的实时有效监管与控制问题。该套系统于 2019 年成功上线,截至 11 月月底,共安装摄像头 92 个、智能安防系统 1 套、智能门禁系统 4 套。

第九节　智慧水电站一体化管控平台

一、系统简介

传统水电站生产运行管理主要依托计算机监控系统和水调自动化系统。其中,计算机监控系统采集和存储各水电站机组和闸门运行的实时信息和历史信息,并实现水电站自动发电控制、自动电压控制和流域经济调度控制等自动优化控制功能。

水调自动化系统采集和存储流域范围内各水文监测站雨情和水情的实时信息和历史信息,并实现水文预报、水库调度等流域优化调度决策支持功能。相应地,电力运行人员仅关注计算机监控系统,侧重于电力运行过程的安全控制,对水资源的充分合理应用考虑不足;水库调度人员则仅关注水调自动化系统,侧重于水资源的合理调度,编制发电计划(尤其是短期发电计划)时对机组运行特性及电力系统的负荷需求考虑不足。智慧水电站经济运行系统改变传统电力运行和水库调度分散管理和独立优化的模式,统筹考虑流域水电站群的水资源利用需求及电力调度需求,进一步强化各模块之间的协同优化机制,提高系统的整体性和一致性。

为了实现这一目标,首先需要突破传统水电站计算机监控系统和水调自动化系统的局限性,研究水电公共信息模型、标准通信总线、全景数据监视及业务集成管控四项关键技术,构建全站统一的一体化管控平台。其次基于该一体化管控平台,建立水电动态耦合机制,完善预报、调度、运行模型体系,在模型基础上开发全面的业务支持功能,并实现预报、调度、运行业务的友好互动,最终构建闭环的调度运行体系。

智慧水电站经济运行系统设计思路见图3-9、图3-10。

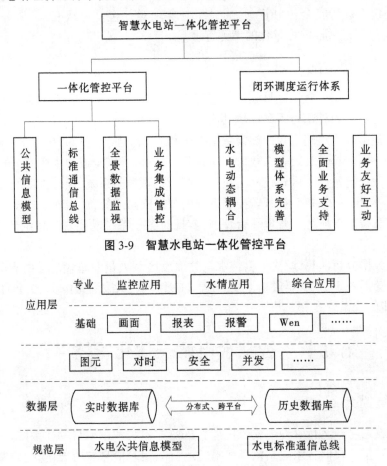

图3-9　智慧水电站一体化管控平台

图3-10　一体化管控平台软件架构

二、系统功能及组成

(一)运行调度耦合

智慧水电站经济运行系统在传统水电站水调自动化系统中长期发电调度嵌套短期发电调度的基础上,扩展建立短期发电调度与流域经济调度控制(EDC)和水电站自动发电控制(AGC)的耦合机制,构成以中长期发电调度、短期发电调度、流域经济调度控制(EDC)和水电站自动发电控制(AGC)为主体的闭环调控一体化技术体系。由于目前流域集控中心或梯调中心尚未纳入电力调度体系,大型流域梯级水电站群暂时还不具备开展经济调度控制(EDC)的基础条件,因此运行调度耦合机制必须具备足够的灵活性,支持短期发电调度与水电厂自动发电控制(AGC)的直接耦合。

运行调度耦合机制主要包括三个方面,分别是优化策略、数学模型和定值参数。在优化策略方面,运行调度过程中各环节的选定优化策略应保持一致或均服从于同一个总体目标,避免出现同一时间各环节优化策略相悖的情况。在数学模型方面,短期发电调度、流域经济调度控制(EDC)和水电站自动发电控制(AGC)的模型在基础约束条件和优化算法(如机组启停算法、机组负荷优化分配算法)上应最大程度地保持一致性。在定值参数方面,应利用数据同步机制确保同一参数(如机组负荷波动惩罚系数)在不同模型中始终保持相同的定值。

此外,对流域水电站群而言,由于区间入库流量和有功电力负荷具有随机变化特性,流域经济调度控制(EDC)应将实时的短期水文预报数据和有功负荷预测数据纳入模型中,利用与预报模型耦合的原理对 EDC 模型进行改进,实现基于预测技术的精确化前馈控制,减少水电机组频繁的启停、负荷波动及穿越振动区,进一步缩小由于内部模型耦合性不足而造成的内生性执行偏差。

(二)流域经济调度控制

流域经济调度控制(EDC)产生于流域水电站群调控一体化理念日益推广的背景下,解决流域水电站群实时总有功负荷在电站间的优化分配问题及最优库水位组合的动态控制问题,在线协同水电站自动发电控制(AGC),共同完成流域水电站群实时总负荷在各梯级水电站之间及在同一水电站不同机组之间的优化分配。

流域经济调度控制(EDC)应提供最大蓄能量模型和最小耗能量模型,在实现过程中应该充分考虑与短期发电优化调度的模型耦合问题,在实现形式上可将基础的机组启停算法和负荷分配算法以动态链接库(DLL)的形式同时供 EDC 模型和短期发电调度模型共享。

由于区间来水具有随机性,不可能完全准确地预测,实际执行过程中无法彻底避免库水位超出限定范围的情况。此外,上下游电站施工、航运等因素也会对梯级水电站的水位控制提出要求。因此,流域经济调度控制(EDC)还必须提供最小水位越限、目标水位控制模型,在满足电网下达的流域总有功负荷指令的前提下,对流域水电站群的水位进行优化控制。

根据上述分析,流域经济调度控制(EDC)应提供两类模型,一类是追求发电效益最大的模型,包括最大蓄能量模型和最小耗能量模型;另一类是对库群水位进行优化控制的模型,包括最小水位越限模型和目标水位控制模型。两类模型的目标不一致性及区间来水的随机性,必然会导致实际运行过程中可能出现在两类模型之间来回频繁切换,以满足在限定水位范围内的效益最优化目标。为了解决该问题,必须采取以下两个措施:第一个措施是将预报的区间入库流量和电力有功负荷纳入数学模型中,通过建立前馈控制机制降低库水位越限的概率;第二个措施是借鉴多目标优化的思想,对数学模型的目标进行修改完善,在追求发电效益最大化的同时兼顾水位控制目标。

(三)短期发电优化调度

以往我国发电优化调度研究重点集中在中长期优化调度方面,很少考虑机组运行特性及电网的电力负荷需求特性。随着计算机性能的提高和优化算法研究成果的日益完善,已经具备了解决高维、非线性、多约束且具有时段相关性的短期发电优化调度问题的能力。近年来,短期发电优化调度已逐渐成为水库优化调度领域的研究热点。

作为智慧水电站经济运行系统的重要内容,短期发电优化调度是衔接水库调度和电力运行的最重要的一个环节,需要与流域经济调度控制(EDC)和水电站自动发电控制

(AGC)在优化策略、数学模型和参数定值三个方面均实现耦合。为此,短期发电优化调度模型必须考虑机组不可运行区、频繁启停、频繁穿越不可运行区、大规模负荷转移、机组检修计划、分时电价等与机组运行相关的约束条件,还应考虑电网负荷需求特性,使得制定的出力计划更好地符合电网的电力需求过程。此外,短期发电优化调度模型还需考虑梯级水电站之间的水流时滞因素,并解决由此带来的时段后效性问题。上述大量约束条件的引入将使得短期发电优化调度的计算量呈指数级增长,很容易发生"维数灾"问题,可通过虚拟机组和最优运行总表方法解决该问题。

(四) 精细化闸门优化调度

传统的流域洪水优化调度研究大多局限于泄洪设施的整体泄流特性层面。部分研究虽然考虑了闸门的特性,但也仅能根据给定的闸门操作指令集推算泄洪过程,需要依托丰富的调度经验对闸门操作指令集进行频繁地尝试性调整,才能获得比较理想的优化洪水调度过程。这种调度方式对调度员的技能水平要求很高,且制定优化调度过程效率较低,与洪水调度需要快速决策的需求存在明显的不适应。此外,该方式得到的调度方案仅仅是较优解而非最优解。

智慧水电站经济运行系统应该考虑闸门允许开度集、闸门操作水位、闸门启闭顺序、闸门开度组合等限制条件,建立基于可变规则的大规模闸门群实时优化调度模型,并提出闸门优化调度实时求解算法,根据给定的预报入库洪水过程自动制订闸门优化操作过程方案。在闸门优化调度的基础上,依据水电站当前及洪水期内运行特性,动态评判面临洪水过程对水库后续运行状况的影响,从而提前预判出相应于水库当前运行状况的洪水风险级别,并与现有的削峰、预泄调度、错峰调度等洪水调度方法相结合,实现自适应洪水分级调度,在确保安全蓄泄洪水的同时实现洪水资源的合理化利用。

建立考虑机组运行的精细化洪水优化调度模型。在大规模闸门群下泄洪水过程中,下游水位的抬升将降低机组发电水头,导致机组过流能力的下降,而机组过流量的下降会再次影响闸门水头和闸门泄洪流量。可利用机组过流量下降的特性及洪水削平头原理,在不增加洪水期间最大削峰流量的原则下,有目的地适度加大闸门开度和下泄流量,降低水电站洪水期间的风险。

三、系统应用情况

瀑布沟水电站通过智慧水电站建设实践,逐步形成了符合水电站生产管理特点的智慧水电建设模式,全面提升了水电站生产管理的智能化水平,各项智慧建设成果在实际应用中也取得了显著的社会效益和经济效益。

第十节　电动机绝缘检测智能诊断装置

一、系统简介

齐浩高压电动机绝缘检测智能诊断装置,是基于云平台和无线物联网的智能检测系统,取代传统的人工检测方法,提高了工作效率;避免频繁操作高压开关设备、降低对高压设备的机械损伤,为实现工业领域的智能检测提供了解决方案。

根据高压电动机维护规程,需要定期进行绝缘测试。目前,高压电动机绝缘测试需要进行烦琐的开关柜机械操作,容易造成机械结构的损伤,降低设备绝缘性能;长此以往,将会存在巨大的设备和人员安全隐患。

安装该装置,能避免在绝缘检测过程中因电气误操作造成的设备和人身安全事故,可延长开关柜使用寿命。对事故的发生做到:早预防、早发现、早处理!

原理:在 A、B、C 其中一相馈出线和大地之间施加一个直流 2 500 V 的电压信号,测量绝缘电阻值。分别在 15 s、60 s、600 s 三个时刻测量一个数值,60 s 的值除以 15 s 的值为吸收比,600 s 的值除以 60 s 的值为极化指数。极化指数低于 1.5 提示报警,吸收比低于 1.3 提示报警。通过显示单元设置自动测量间隔、测量时间等参数,按照设置自动测量。有手动测量按钮,方便人为及时测量,每个事件发生及测量结果都有记录。具备 485 通信口、网口及 4G 通信,方便上传数据到系统主站。系统主站可接入用户的主站,也可接系统的配套服务器。

该装置还可以应用到低压电动机的绝缘检测。同样的接线方式、检测原理,只需要将输出的 2 500 V 电压改为 500 V。低压版的,也可以计算吸收比和极化指数。低压电动机数量较多,人工检测,时间成本高;步骤烦琐,测试风险也大。采用齐浩品牌系列的低压电动机绝缘检测装置,可大大降低人工操作的风险,极大地提高工作效率。

二、系统功能及组成

(一) 系统功能

(1)对冷、热备用的高压电动机进行绝缘检测,发现绝缘存在问题及时处理,使电动机始终保持在一个良好的绝缘状态。

(2)系统主站可以兼容振动检测、温湿度检测、电流检测等数据的融合。

(3)多种组网方式可选,适用于不同用户不同场所。

(4)安全措施到位,具有测量完成放电功能,二次掉电保护功能等。

(二) 结构组成

装置结构如图 3-11 所示,包含带电指示器、检测单元、显示单元、隔离单元、隔离电阻、现场检测主站、后台云服务器、后台显示部分。

五层保护:45 MΩ 高性能隔离电阻杜绝线路接地短路;高压真空接触器/高压真空继电器,对运行时的线路进行良好的隔离;检测单元中设置干簧继电器及高压硅堆,防止倒电;设计二次掉电保护功能,二次回路掉电时,能够及时切断输出,防止误操作带来的风险。

隔离单元采用两种方式:

第一种,选用进口高压真空接触器,适用于交流 50 Hz,额定工作电压 12 kV,额定工作电流 630 A 的电路中,提供远距离接通和分断电路,频繁启动和控制阻性、感性及容性负载等场合。适用于需要单机控制的电气场合,具有合闸速度快,运行可靠、寿命长、使用安全等特点,具体参数及外形如表 3-1、图 3-12 所示。

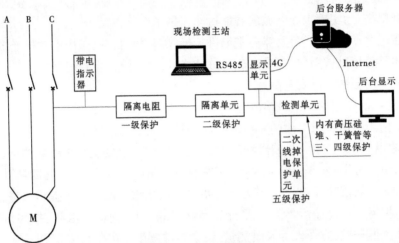

图 3-11　系统结构图

表 3-1　高压真空接触器主要技术参数

参数	数值			
额定电压	12			
额定频率	50			
额定电流	160 A、250 A、400 A、630 A			
1 min 工频电压	420 kV			
雷电冲击耐压	750 kV			
额定关合能力	$\cos\varphi = 0.35$ 时，$10L_e$ 100 次			
额定开断能力	$\cos\varphi = 0.35$ 时，$8L_e$ 25 次			
极限分段能力	4 kA	4 kA	5 kA	6.3 kA
4 s 稳定	1.6 kA	2.5 kA	4 kA	6.3 kA
额定开距	5.5 mm±0.5 mm			
超行程	≥1.5 mm			
合闸弹跳时间	≤3 ms			
回路电阻	120 μΩ			
机械寿命	500 万次			
电寿命	25 万次			
控制电路电压	AC/DC 220 V			
质量	10.8 kg			
外形尺寸/mm	152×235×500			
安装尺寸/mm	204×115(4-11×14)			

第二种,选用专用的配套隔离单元,内含高压真空继电器,组成配件的具体参数及外形如表 3-2、表 3-3、图 3-13、图 3-14 所示。

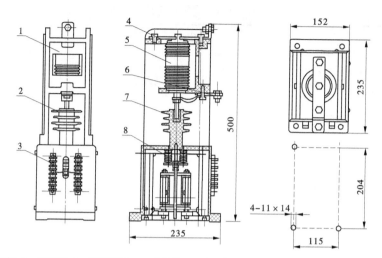

1—框架;2—绝缘子;3—接线端子;4—进线排;5—真空管;6—出线排;7—触头弹簧;8—反力弹簧。

图 3-12 高压真空接触器外形尺寸 （单位:mm）

表 3-2 WNJPK-23/059 高压真空继电器主要技术参数

格号		WNJPK-23/059
触点组合形式		1Z
试验电压(直流或 50 Hz 交流峰值)/kV		17
额定工作电压 (峰值) /kV	DC/AC 50 Hz	12
	AC2.5 MHz	
	AC16 MHz	
	AC32 MHz	
额定承载电流 (有效值) /A	DC/AC 50 Hz	30
	AC2.5 MHz	
	AC16 MHz	
	AC32 MHz	
接触电阻(最大)/Ω		0.025
分布电容 /pF	断开的触点间	0.52
	触点与外壳间	1
绝缘电阻 /MΩ	断开的触点间	10 000
	触点与外壳间	10 000
	线圈与外壳间	1 000
动作时间(最大)/ms		18
释放时间(最大)/ms		9
温度范围/℃		−55~+125
冲击级别(11 ms,半正弦波,波峰)/G's		50
振动频率(正弦,55~500 Hz,波峰)/G's		10
机械寿命/×10^6		1
标称质量/g		74

表 3-3　WNJPK-23/059 高压真空继电器线圈参数

线圈参数					
标称电压(DC)/V	12	24	27	110	220
吸合电压(最大)/V	8	16	16	70	150
释放电压(最小)/V	0.5	1.5	1.5	2	10
线圈电阻/Ω,±10%	48	180	270	3 500	10 000

注:以上数据在25 ℃海平面条件下测得。

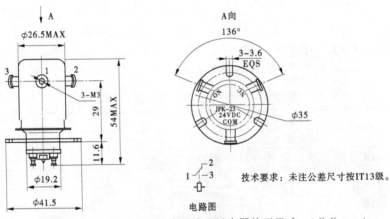

图 3-13　WNJPK-23/059 高压真空继电器外形尺寸　(单位:mm)

图 3-14　WNJPK-23/059 高压真空继电器外观

WNJPK-23/059 高压真空继电器外观产品的特点如下:

(1)耐磨钨触点,适用于频繁负载操作。

(2)真空介质,负载下断开能够有效灭弧。

(3)可更换线圈,使产品功能实现多样化。

　　高压连接方式选用耐压 10~30 kV 的十字形香蕉插头/插座,具有安装体积小,连接可靠的特点,具体外形尺寸及安装焊接方式如图 3-15 所示。

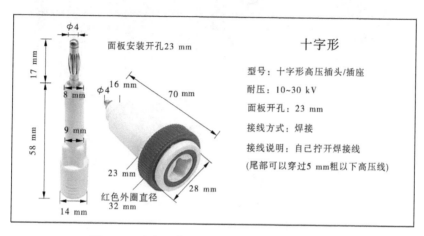

图 3-15　十字形高压香蕉插头/插座外形尺寸图

　　隔离单元,可通断 12 kV 线路,体积小巧、机械寿命长、安全性好。合闸时,红色指示灯亮起;分闸时,红色指示灯熄灭,整体外形图如图 3-16 所示。

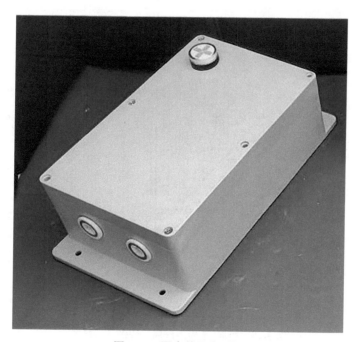

图 3-16　隔离单元外形图

　　高压电动机绝缘检测智能诊断装置主要包括:隔离单元、显示单元、检测单元、隔离电阻,如图 3-17 所示。

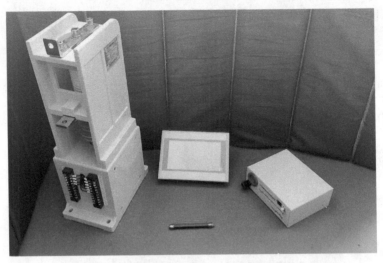

图 3-17　电动机绝缘监测智能诊断装置产品实物图
（左一：隔离单元；右一：检测单元；中后：显示单元；中前：隔离电阻）

安装方式分为以下两种：分布式安装，即每台检测单元对应一台显示单元，安装在需要检测的电动机的出线柜上；集中显示安装，多台检测单元对应一台显示单元，安装在特定的标准二八柜中，如图 3-18 所示。

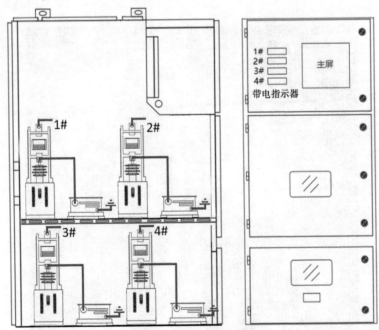

图 3-18　标准 28 柜组屏成系统安装示意图

三、系统应用情况

（1）南水北调某泵站系统应用情况见图 3-19～图 3-23。

图 3-19

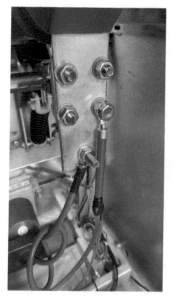

图 3-20

图 3-21

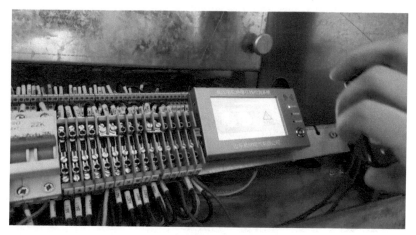

图 3-22

图 3-23

（2）山东某单位系统应用情况见图 3-24。

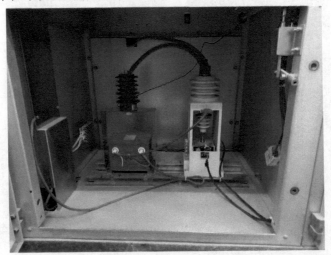

图 3-24

（3）某泵站试验现场系统应用情况见图 3-25、图 3-26。

图 3-25

图 3-26

第十一节　智慧配电设备诊断检测系统

一、系统简介

经过若干年的发展及研发,设备物联技术已经从传统的数据检测及显示发展到集大数据、区块链、专家系统、智能研判、人工智能等技术为一身的综合系统阶段。它通过少量非接触传感器(如电流、电压、波形、声频、环境等传感器)及准确的系统模型实现设备状态判别。

随着非介入式传感器技术、非接触式状态计算技术、边缘计算技术、人工智能技术、数字孪生技术的不断提升,未来的物联系统将逐渐发展成具备双体运行功能的实体与数字孪生体一体化的监控阶段。

限于篇幅,本书对传统及已经在工程中大量应用的系统不做赘述,只对智能程度较高且具备技术代表性的集成系统进行阐述。

参考调研结果并结合深圳市恒力电源设备有限公司工程应用情况,认为现阶段设备诊断系统至少应具备八大功能,分别是电参数监测、环境状况监测、设备运行录波监测、设备绝缘监测、声频监测、设备全周期状态评估、故障智能预测、故障研判。将先进的信息通信技术融入系统的各个环节,通过智能化管控、定制化应用和服务化延伸,充分发挥管控系统基础支撑作用,为规划建设、生产运行、企业管理、供电可靠性提供数据支持,提升配电设备的数字化、信息化、智能化水平,强化状态全面感知能力,改善设备本质安全及管理质效,实现能源、业务、数据的"三流合一",构建枢纽型、平台型、共享型管控系统生态体系。

二、系统组成及功能

(一) 系统组成

系统总体构架多采用"能源互联网"理念构筑端云融合、边缘计算、端自治相结合的智能体系,基于智能物联终端,采用硬件平台化、功能模块化方式及人工智能技术,对配电设备信息进行全面采集,通过边缘计算及内置专家系统对配电设备进行本地化分析与决策,实现"端""边""云"协同配合。设计系统总体架构如图3-27所示。

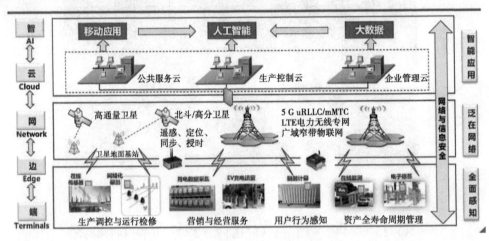

图 3-27

1. "智"

"智"一般是指"云""网""边""端"的综合判断平台,是整个系统的"家长",负责通过下层的全部数据及分析结果判断整个系统的运行状态,具备系统运行决策、系统状态预测等功能。同时,提供大数据可视化平台,实现全系统大数据急速查询。

2. "云"

"云"泛指基于系统私(公)有大容量数据中心配置的云服务平台,实现能源互联网架构下的配电系统全面信息化、智能化和微服务化,满足需求快速响应、应用弹性扩展、资源动态分配、系统集约化运维等要求。

3. "网"

"网"泛指为"智""云""边""端"数据提供数据传输的通道,采用混合 MESH 通信网的技术架构,完成电网海量信息的高效传输及存储,根据物联网"智云边端"的整体架构,配电物联网通信整体架构主要包括:"边"与"云"之间的通信,"端"与"边"之间的通信,"端"与"云"之间的通信,"云"与"智"之间的通信,"云"与"云"之间的通信,"端"与"端"之间的通信六大类。

4. "边"

"边"即边缘计算节点,采用"硬件平台+内置专家系统+边缘计算框架+多功能数据筛选"的技术架构,融合网络、计算、存储、分析、应用核心能力,通过边缘计算技术提高业务处理的实时性及便捷性,降低主站通信和计算的压力。

在物联网系统架构中,边缘计算节点是"终端数据自组织,端云业务自协同"的载体和关键环节,实现终端硬件和软件功能的解耦。对下,边缘计算节点与智能感知设备通过数据交换完成边端协同,实现数据全采集、全感知、全掌控、全分析、全预测;对上,边缘计算节点与物联管控平台实时全双工交互关键运行数据完成边云协同,发挥云计算和边缘计算的专长,实现合理分工。

5."端"

"端"层是物联网架构中的感知层和执行层,实现配电网的运行状态、设备状态、环境状态及其他辅助信息等基础数据的采集分析、设备状态的分析、边缘计算、设备未来故障概率,并执行决策命令或就地控制,同时完成与电力客户的友好互动,有效满足电网生产活动和电力客户服务需求,如图 3-28 所示。

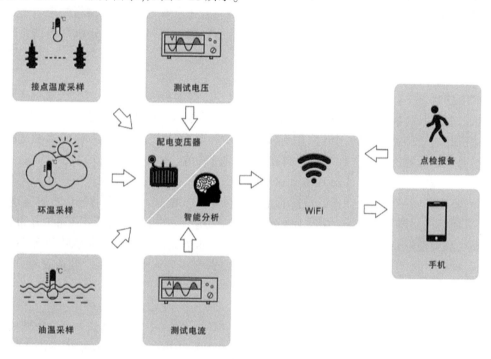

图 3-28

(二) 系统功能

1. 全面感知

一般而言,系统应具备全面感知功能,即多维度的信息感知能力。例如,电参数感知,一般包含电压采集、电流采集、有功功率、无功功率、视在功率、畸变功率因数、瞬时功率因数、K 因素、电压谐波畸变率、电流谐波畸变率、2~35 次电压谐波值、2~35 次电流谐波值、谐波有功功率、谐波无功功率等;非电量感知,一般包括天文时钟、地理位置、终端环境温湿度、空气质量、声音状态、震动状态、局部位移状态、绝缘状态等。

2. 纵向大数据分析处理

纵向大数据终端分析功能,即将重要馈线回路的全部场景感知历史数据组成纵向数据链进行终端在线分析。实现重要馈线回路的数据分析,具备单点历史大数据的分析判别能力。实现重要馈线回路运行状态动态评级(优、良、及格、差)及自适应巡检计算,并自动生成状态评估报告及存储。评价时间精度一般不小于 1 个月。

3. 人工智能在线分析

系统一般具备重要配电设备状态判别专家智能模型,具备人工分析理论模型,可进行类人分析,具备重要馈线回路在线状态分析及判别功能,并输出报告。可通过传感器网络实现数据的分析及结果上传,可通过自身集成的专家分析系统将变压器及开关柜等被检测器件的设备状态进行分析并得出结论。

4. 未来状态预测

系统具备通过以往的数据进行规律分析得出重要馈线回路的未来运行状态的功能,可计算得出未来设备出现故障的计算概率。具备双层未来预测功能,即 MEMS 预测功能及控制云预测功能。其中,MEMS 预测功能负责将设备的单场景数据预测结果上传至云服务平台中,控制云预测功能则负责将全体设备的判断结果进行综合分析并得出系统结论。

5. 多渠道互联

智能物联终端具备 WiFi、LORA、4G(可扩展 5G)等多种通信手段,可执行数据点对数据总站、数据点对数据子站、数据点对手机、数据点对点的通信功能,可实现终端间的智能设备组网。一般情况,通信网络采用有线和无线冗余设计方案,包含一种或多种通信功能,实现数据的稳定通信。部分设备具备 Mesh 通信功能、自动孤岛避除功能。

6. 分布式故障录波及波形故障自识别

现阶段系统一般具备完善的故障追溯即故障识别功能,一般以波形分析方式实现,可实现重要馈线回路故障录波功能(如短路、接地、过电压、过电流、负荷不平衡、分布式波形拾取、故障波形自识别等),可以实现故障点扩散同步触发功能,记录系统故障前后过程的各种电气量的变化情况。具备采样掉线及电源电线波形录制功能。具备故障点波形自动识别分析及故障判别功能。

7. 人机交互

系统一般可通过手机 APP、触摸屏、PC 机三种方式显示,并通过这三种方式对智能物联终端进行参数设置、联动控制,系统具备接入电站集控一体化平台系统的能力,实现数据交互共享,考虑到网络安全,数据检测及智能运算在智能物联终端内进行,人机交互界面无须具备数据检测及智能运算能力。

8. 大数据存储

大数据存储一般按照秒级数据颗粒度下存储时间 5~10 年设计,采用数据阵列+数据索引双硬件方式执行。存储容量一般不小于 64 TB,部分系统存储容量可达 256 TB 及以上。具备区块链交互功能。具备数据安全及鉴权服务功能。

三、系统应用情况

八字嘴航电枢纽包括信江东大河的虎山嘴枢纽和西大河的貊皮岭枢纽,在东、西大河中部岛上设有枢纽管理区及枢纽变电站。虎山嘴枢纽电站装机 2 台,单机容量 2.8 MW,电站总装机容量为 5.6 MW;貊皮岭枢纽电站装机 2 台,单机容量 3.5 MW,电站总装机容量为 7.0 MW。共安装开关柜物联终端 39 套(含 3 套备用)。每套终端含无线温度传感器等;变压器物联终端 4 套,大数据及组网设备一套(34 TB×3 存储容量,独立数据索及区块链数据链接);巡检 APP 软件 1 套;独立云管控软件 1 套。现场布点如图 3-29 所示。云控软件界面图如图 3-30 所示。巡检 APP 界面图如图 3-31 所示。

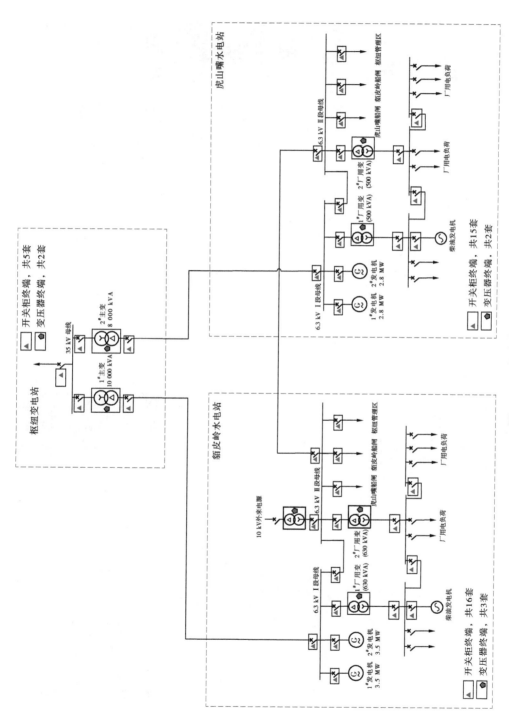

图 3-29　现场布点图

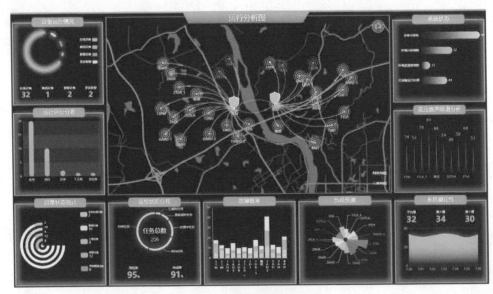

图 3-30　云控软件界面图

图 3-31　巡检 APP 界面图

(d)

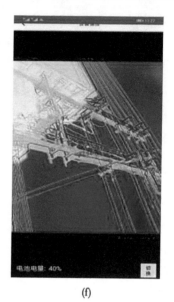

巡检报告

过负荷次数	5
最大过负荷值	1.21
温升超限	2次
温升原因	过负荷
异常温升	无
电压考核	
电压合格率	98.65%
高电压超限次数	15
低电压超限次数	125
变压器运行状态	良

(e)

电池电量：40%

(f)

续图 3-31

第四章　江西八字嘴枢纽智慧水电站设计研究

第一节　工程概况

信江流域位于江西省东北部,西滨鄱阳湖,北以怀玉山脉与饶河流域分界,南隔武夷山脉与福建省接壤,东以丘陵与浙江省毗邻。信江发源于玉山县境浙赣边界怀玉山的玉京峰,上饶市以上称玉山水,丰溪河汇入后始称信江。干流自东向西蜿蜒而下,横贯江西省东北部,在余干县大溪渡附近分为东西两支,分别于珠湖山、瑞洪注入鄱阳湖。信江全流域面积为 16 890 km²,其中江西省内面积 15 871 km²,约占全省面积的 9.5%,干流河道全长 328 km。

八字嘴航电枢纽是一个以航运为主,兼有发电等综合利用要求的航电枢纽工程。

本工程貊皮岭船闸与虎山嘴船闸建设规模均为 3 级,貊皮岭船闸有效尺度为 180 m×23 m×3.5 m(长度×宽度×门槛水深);虎山嘴船闸有效尺度为 180 m×23 m×4.5 m(长度×宽度×门槛水深)。

本工程貊皮岭电站与虎山嘴电站的总装机容量为 12.6 MW,多年平均发电量 4 312 万 kW·h。其中,虎山嘴电站装机容量为 5.6 MW,机组台数 2 台;貊皮岭电站装机容量为 7.0 MW,机组台数 2 台。

本工程貊皮岭和虎山嘴泄水建筑物分别由 20 孔和 12 孔泄水闸组成,貊皮岭和虎山嘴泄水闸结构形式相同。

根据本工程防护区内不同的地形地势情况,防护区治涝规模为:新、重建电排站 8 座。

第二节　智慧水电站设计思路

一、一个平台,一个中心

为实现多系统有效联动、智能协同,数据的有效汇聚,工作效率的有效提升,“数据平台一体化,生产运维智能化”为核心的智慧电站管理,在原有电站、库区等计算机监控系统设计基础上,进一步优化提升,加强智慧管理功能设计,采用“一个平台,一个中心”的思路对信江智慧电站运维一体化管理平台进行总体设计。

“一个平台”即信江智慧水电站运维一体化管理平台,包括综合展示系统、电站及库区智慧监控系统,如图 4-1 所示;“一个中心”即电站及库区智慧监控中心。

电站及库区智慧监控中心设置在貊皮岭水电站,部署电站及库区智慧监控系统;综合展示系统部署在八字嘴枢纽办公楼。

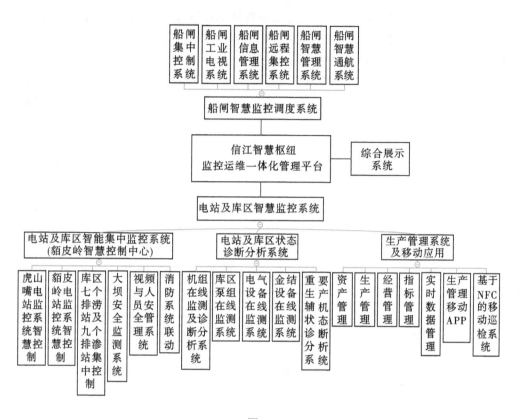

图 4-1

二、综合展示系统

综合展示系统实现电站、库区的综合信息展示,是一个具有将各类数据资源以直观的图文并茂的表现方式进行展现的综合服务功能模块。系统通过综合信息展示功能,向用户全面地展示各类数据资源建设成果,使用户能方便、快捷、全面地掌握数据库综合信息,包括实时监控信息。考虑到 70%~80% 的枢纽数据是空间数据或者与空间数据有关联,因此可以采用空间信息作为基础,采用 WebGIS 技术、B/S 结构,基于"一张图"服务,提供各类基础数据和专业数据的展现、查询及应用服务。

三、电站及库区智慧监控系统

电站及库区智慧监控系统主要完成以下建设内容。

(一)建设现地监控监测系统

建设信江八字嘴航电枢纽工程的电站监控系统、泄水闸监控系统、泵站监控系统、视频监视系统、安全监测系统、机电设备状态监测系统、水库泄洪预警系统等,实现电站、泵站机电设备的状态监测与控制,实现工程关键部位的安全监测,实现工程典型部位的水情测报,实现工程重要部位的视频图像监视等。

(二)建设基础支撑系统

建设整个工程的通信网络系统、计算机网络系统,建设电源与防雷、光缆工程等基础支撑系统,为各现地测控系统与一体化运维管理系统提供安全、高效、可靠的信息数据交互通道,保障现地测控系统、一体化运维管理系统及通信网络系统设备的可靠运行。

(三)建设电站及库区一体化智慧监控应用系统

建设电站及库区一体化智慧监控应用系统,系统采用一体化设计,在一个平台上实现电站、泄水闸、泵站的集中监控;实现视频、安全监测、机电设备状态监测;实现状态诊断分析系统、生产管理系统、移动应用系统等综合应用。

1. 综合监测监控系统

综合监测监控系统包括电站(含泄水闸)监控、泵站监控、水雨情监测、工程安全监测、状态监测、视频监视等应用模块,实现对本工程工情、工程安全、状态监测、视频监视等各类信息的实时监测监控,实现对电站、泄水闸、泵站等关键工程部位的远程监测及控制。

2. 状态诊断分析系统

状态诊断分析系统可对实时及历史数据库记录的大量设备运行状态数据进行分析和追忆,对各种设备进行集中监测与数据诊断分析,可为设备检修提供丰富的状态信息,及早发现设备中的隐患,将故障消灭在萌芽状态。同时,系统能够深入开发、利用、挖掘各设备数据,在线智能感知设备状态,通过对大量设备运行数据的挖掘、建模,实现设备健康感知、安全感知、性能感知及预测分析。

3. 生产管理系统

以资产管理为核心、设备运维为主线,采用现代信息技术,将生产管理所涉及的人力、物资、技术、安全、成本等信息关联起来,实现资产全生命周期的信息管理,实现生产管理的科学化、规范化、标准化。生产管理系统主要包括以下功能:设备管理、工单管理、运行管理、安全管理、项目管理、物资库存及采购管理、集控中心运行管理、IT运维管理、计划合同管理、技术监督管理、技术经济分析管理、文档管理、报表定制等。

4. 移动应用系统

移动应用系统作为综合监控系统的补充,通过对综合监控系统"移动化",将部分设备站点监测和信息查询展示等功能迁移到移动平台上,使得用户不受时间、场地的限制,可以随时随地查询和获取各类监测信息。用户在接收到预警消息时,可以在消息内容的基础上,查询更详细更全面的信息内容,帮助用户及时准确地了解当前情况。

第三节　智慧水电站建设目标与任务

一、建设目标

总体目标:通过基于标准的通信协议,构建统一的数据交互中心,实现多系统有效联动、智能协同;通过业务整合,实现数据的有效汇聚;通过流程优化,实现工作效率的有效提升;通过全枢纽数据资源的统一管理,应用大数据分析工具及各种智能分析模型,实现"数据平台一体化,生产运维智能化"为核心的智慧航电枢纽管理。

平台整合目标:着重解决枢纽工程的各自动化系统、信息系统建设过程中因缺乏统一的接口标准和规范,导致各系统接口种类繁多、互不兼容、数据共享互动困难等问题。建立跨安全分区的一体化平台,遵循统一的接口标准和信息模型规范,解决设备和系统信息建模和互操作问题,实现各生产自动化系统、管理信息化系统数据的无缝连接互动、信息共享与综合应用,实现对智能化高级应用功能的支撑。

智能化决策目标:基于一体化平台开展数据挖掘、大数据分析与智能高级应用,实现生产决策支持与设备管理的智能化,有效提升航电枢纽工程生产运行管理的智能化水平,提高设备故障诊断水平以及设备安全运行的可靠性,减少运行维护及检修成本,全面提升经济效益。

二、建设任务

本次运维管理系统建设主要包括以下任务。

(一)建设现地监控监测系统

建设信江八字嘴航电枢纽工程的电站监控系统、泄水闸监控系统、泵站监控系统、视频监视系统、安全监测系统、水情测报系统、机电设备状态监测系统、水库泄洪预警系统等,实现电站、泵站机电设备的状态监测与控制,实现工程关键部位的安全监测,实现工程典型部位的水情测报,实现工程重要部位的视频图像监视等。

(二)建设基础支撑系统

建设整个工程的通信网络系统、计算机网络系统,建设电源与防雷、光缆工程,建设集控中心等基础支撑系统,为各现地测控系统与一体化运维管理系统提供安全、高效、可靠的信息数据交互通道,保障现地测控系统、一体化运维管理系统及通信网络系统设备的可靠运行。

(三)建设运维管理系统

在集控中心建设一体化运维管理系统,系统采用一体化设计,在一个平台上实现电站、泄水闸、泵站的集中监控;实现视频、安全监测、机电设备状态监测、水情的集中监视监测;实现综合数据中心、综合大屏展示系统、移动应用系统、人员安全系统、仿真培训系统等综合应用。

三、建设原则

从智能化建设实际需求出发进行总体设计,以系统安全、可靠为基础,兼顾经济性,突出实效性与实用性。尽量以简化的系统结构实现智能化要求,更加便于设备运维,减轻运维量,不一味追求新颖与独到。既要满足枢纽工程智能化运维管理的要求,又要具有广泛的适应性和可推广性,为枢纽工程智能化建设树立典范。总体设计原则可归纳为如下几个主要方面。

(一)先进性与安全可靠性统一

追求技术先进和一定的超前性,但不盲目追求先进性而损害安全可靠性。智能化建设在采用先进技术和智能设备的同时,应立足枢纽工程智能化技术发展的实际情况,充分考虑其在成熟稳定性方面的不足,采取一定的后备冗余措施,实现技术的先进性与生产的安全可靠性的合理平衡。

(二)全面覆盖与重点突出统一

智能化枢纽工程没有先例可借鉴,工作量大,涉及面广,在覆盖枢纽工程生产运行管理各个环节的同时,应充分考虑实际应用需求,合理划分层次,突出重点,寻找突破口,积极稳妥,逐步展开,取得实效。

(三)系统开放和接口标准的统一

遵循标准先行的原则,采用开放和标准的网络、操作系统、数据库系统和应用软件系统平台,以国际、国内、行业等各类标准规范为基础,实现通信接口、信息模型、服务规范的统一,并尽量采用通用标准化产品,主要系统和设备应选用国内外知名厂商的开发产品,以方便备品备件及后续升级。

(四)可管理性和可维护性统一

枢纽工程信息化系统中信息源点多、软硬件系统庞大,这要求其网络设备、操作系统、数据库系统和应用软件具有良好的可管理性,提供统一图形界面的系统维护及管理工具,这是维护一体化系统正常运行的关键。

第四节　智慧水电站需求分析

一、功能需求

(1)实现基于移动网的枢纽数据采集体系。

工程管理人员可以通过桌面及移动终端,随时随地以数字和图表的形式实时掌握水情、安全等工程运行的各类数据,并可通过地图服务直观地把握工程运行数据的时空分布,对超限情况进行实时推送预警,方便管理人员及时掌握工程运行情况。

(2)实现基于自动化模式的泵站、电站监控体系。

通过完善自动化控制系统的建设,主要工程设备在实时监测的同时实现自动化控制,基本达到实现"无人值班,少人值守"运行方式,形成自动化模式的泵站、电站监控体系。

(3)实现统一平台模式下的标准化运管体系。

把枢纽工程的监测监控、预警预报、调度运行、维修养护和监督检查、考核评估整合在同一信息化平台上,使用移动采集技术、地理信息系统等信息化技术打通工程管理的各个环节,为工程观测、调度运行、维修养护、设施管理等工程管理业务提供现代化管理手段,保障工程运行安全,减轻工作强度,提高工程管理水平。

(4)实现精益生产的管理体系。

二、性能需求

(一)可靠性

系统运行安全可靠,故障率不能影响调度控制,系统应有足够的备用措施,全部设备和软件系统 7×24 h 不间断运行。具体指标为下:计算机及磁盘设备 MTBF>20 000 h;系统可利用率≥99.96%;设备平均故障排除时间<0.5 h;控制、调节正确率100%。

（二）可维护性

能够方便地进行用户管理，方便地定义任意用户的功能模块访问控制，能够方便地进行各类资源的统一管理，主要包括服务器、计算机终端、各类数据、各类软件资源等，能够方便地进行各类升级。

（三）可用性

按照需求实现全部调度控制作业及相关作业功能，并计算无误。

（四）扩展性

能够适应未来需求的变化，方便灵活地增加新功能模块，最大限度地保护现有投资，最大限度地延长系统生命周期，最大限度地保护系统投资，充分发挥投资效益。具体指标为：CPU 的平均负载率不应超过 30%；CPU 事故负荷率小于 50%；网络正常负荷率不应超过 20%；网络事故负荷率小于 40%；用户所能使用的存储容量不应少于全部容量的 50%。

（五）灵活性

现有功能可重组生成新业务功能，当某些业务需求变化时，能够方便地进行业务流程定义和重组。

（六）易用性

适应各类用户和各业务特性，界面友好，尽可能地提供可视化操作界面，对于某些用户信息界面能够自组织定义。

（七）应用系统其他性能需求

（1）要求系统功能齐全，响应速度快，人机界面友好，易操作，易维护，具有较强的容错能力，与相关系统、平台、数据等的接口设计全面清晰，系统运行稳定、安全可靠。

（2）考虑到工程管理后期的发展，系统应具有良好的可扩展性。

（3）工程人员多、系统庞大，为了提高系统的性能，系统能够进行灵活的资源管理、功能访问权限管理、身份统一认证等。

（4）系统运行需要获取外部各种数据，同时需要向外部提供各种信息，系统应具有高度的信息共享能力，能够转换使用各种异构数据资源。

（5）应用系统可跨平台运行。

三、安全需求

当前，网络系统所面临的安全威胁与日俱增，安全威胁的来源也日益广泛，包括利用计算机欺诈、窃取机密、计算机病毒、恶意诋毁破坏等行为及火灾或水灾，其中利用计算机进行的安全攻击行为呈蔓延之势，而且手段更加复杂。本工程运维管理系统是实时作业运行系统，需具备一定的安全保障，主要包括：

（1）应用安全需求

各应用系统应具有很高的安全性，具有系统级容灾措施。

（2）数据安全需求

具有各层次的数据安全需求，尤其是数据存储过程、数据访问、数据传输等方面具有很高的安全需求。

（3）运行软硬件安全需求

各层的操作系统、中间件系统应具有很高的安全需求,各类系统软件需要经过安全认证;系统运行硬件环境要求有很高的可靠性;集控中心关键设备热备份。

（4）网络安全需求

满足国家网络安全规定,保障系统无故障运行,保障系统免受各种攻击。

（5）通信安全需求

满足国家有关安全规定,保障系统正常运行,保障系统免受各种攻击。

（6）现场设备安全需求

系统数据采集主要依靠现场设备的正常运行,数据是整个系统运行的关键基础;自动化监控设备虽然部分在室内,但同样需要巡查维护人员密切注意维护设备的安全。

第五节　智慧水电站系统总体设计

一、系统总体框架

通过系统需求分析,根据系统总体方案的基本设计思路,系统开发建设应采用先进的、科学的信息技术,搭建系统总体框架,尽可能地避免未来的重复建设,为系统开发建设和运行维护打下坚实的基础。系统逻辑构成包括应用系统、应用支撑平台、数据资源管理平台、数据采集及交换平台、计算机网络系统、通信系统、安全体系、标准规范体系、建设运行管理体系、系统实体运行环境等十部分。

智慧监控系统的组成与架构见图4-2。

图 4-2　智慧监控系统的组成与架构

（一）应用系统

应用系统包括综合监控监测系统、综合展示系统、生产管理系统、状态诊断分析系统、移动应用等各类应用等内容。

(二)数据采集交换平台

数据采集交换平台是管理信息系统的基础,包括各类信息从采集、传输、加工处理、存储和管理,它包括自动采集、人工上报、外系统数据接入的各类信息。

(三)数据资源管理平台

数据资源管理平台的主要作用是满足海量数据的存储管理要求;整合系统资源,避免或减少重复建设,降低数据管理成本;整合数据资源,保证数据的完整性和一致性。通过数据的容灾备份,保证数据的安全性;数据资源管理平台主要由各类数据库、数据库管理系统及数据备份系统三部分组成。

(1)数据库包括应用系统需要的实时、历史、文件数据库及元数据库。

(2)数据库管理系统主要是对各类数据库和元数据库进行管理。

(3)数据备份系统主要功能有数据存储管理、数据本地安全备份与恢复、数据的远程容灾备份与恢复等。

数据库面向各个应用系统的数据服务是通过应用支撑平台来实现的。

(四)应用支撑平台

应用支撑平台是连接数据中心和业务应用的桥梁,其作用是实现资源的有效共享和应用系统的互连互通,为应用系统的功能实现提供技术支持、多种服务及运行环境,是实现应用系统之间、应用系统与其他平台之间进行信息交换、传输、共享的核心。应用支撑平台主要包括数据处理、权限、日志、数据查询、图形、报表、综合报警、综合展示、跨区同步等服务或组件。

(五)通信网络系统

计算机网络系统承载在通信传输系统上,即由通信传输系统为计算机网络系统提供组网链路。在计算机网络与通信传输网之间依据不同层次和带宽需求采用不同的接口连接。

(六)标准规范体系

电站及库区智慧监控系统是一项大型综合性信息化工程,涉及学科门类繁多,覆盖范围广阔,建设周期相对较长,需要多家建设单位相互协作共同完成。有的系统甚至需要多家公司共同承建,某类设备也可能涉及不同厂家的产品和技术,因此制定相应的标准体系,是规范、统一系统建设管理和运行管理的重要基础,也是系统信息和软硬件资源共享、系统有效开发和顺利集成、系统安全运行和平稳更新完善的重要保证。

(七)安全体系

为了满足最根本的安全需求,需要建设主动、开放、有效的系统安全体系,实现网络安全状况可知、可控和可管理,自动化远程监控安全防护,形成集防护、检测、响应、恢复于一体的安全防护体系。

(八)建设运行管理体系

在项目建设前要做好工程设计、技术标准、操作规程制定等工作,在项目建设期要保障所需经费投入。同时,还应对工程建设的管理从制度上和组织上给予落实,建立严密的工程建设组织管理体系、工程运行维护管理体系和人才培训与引进机制。要按照基本建设管理的有关规定,实施计划进度管理和过程控制。要建立和采用完善的标准体系,在系统设计开发和运行维护的各个阶段,严格按照有关标准进行,保证工程建设和运行的规范化和标准化。

二、系统总体结构

本工程电站及库区智慧监控系统采取纵向分层、横向分区的系统结构。

(一)纵向分层

纵向上,分为三层。

第一层:现地层,设备布置在工程现地。

第二层:站控层,设备布置在虎山嘴电站、貉皮岭电站及各 10 kV 泵站中控室。

第三层:集控层,设备布置在集控中心,集控中心拟布置在貉皮岭电站。

(二)横向分区

横向上,按安全等级的不同分为内网和外网,内网在逻辑上进一步划为管理区和控制区。

内网的管理区内分布的是本工程生产管理类的业务应用,而内网的控制区内分布的则是本工程运行监控类的生产应用,后者的安全级别高于前者,因此两区需通过物理隔离装置进行隔离,以避免低安全区系统影响高安全区系统的正常运行。

在内网控制区设控制专网,用于承载实时性要求最强、安全性要求最高的监控信息、监测信息。

在内网管理区设信息内网,用于承载仿真培训、人员安全、移动应用等相关的各项业务应用系统的信息。考虑到信息内网上承载的部分业务系统需要与控制专网上承载的监控系统信息进行一定的数据交互,因而在控制专网与信息内网之间通过单向隔离设备进行联通,严格控制区间流量的信息交换,保证控制安全。

信息外网主要提供互联网接入业务,用于日常办公下载文件、网上信息查询等。纵向各级用户通过集控中心提供的 Internet 三层交换机访问互联网,外网与内网的管理区接口,但通过配置防火墙等设备,以确保各类监控系统的安全。Internet 接口由集控中心统一接入。

三、系统划分

根据本工程电站及库区智慧监控系统的建设目标与任务,系统主要由以下部分组成。

(一)基础支撑系统

基础支撑系统包括通信系统、计算机网络系统、大屏幕显示系统、电源与防雷等。

(二)现地监控监测系统

现场监控监测系统包括电站监控系统、泄水闸监控系统、泵站监控系统、视频监视系统、安全监测系统、机电设备状态监测系统、水库泄洪预警系统。

(三)应用系统

应用系统包括综合监控监测系统、综合展示系统、生产管理系统、状态诊断分析系统、移动应用。

第六节　感知系统设计

一、电站监控系统

本工程包括东大河的虎山嘴电站和西大河的貊皮岭电站,采用"无人值班,少人值守"的运行值班方式,电站监控系统采用全计算机监控的模式。

(一)电站计算机监控系统

电站计算机监控系统主干网采用分层分布开放式结构的以太网,设置中央控制级和现地控制级,主干网络采用双星型以太网结构,通信规约采用标准的 TCP/IP。计算机监控系统进行机组的启停及并网操作、机组有功及无功调整、开关设备、闸门设备及机组辅助设备和全厂公用设备的控制操作等。

1. 中央控制级

电站中央控制级设备布置在中央控制室。主要功能为数据采集与处理、控制操作、运行监视、事件处理、自检功能等。

中央控制级配置如下:

(1)2 台工业级微机操作员兼主机工作站,具有图形显示、全站运行监视、操作控制、自动发电控制(AGC)、自动电压控制(AVC)、实时数据库、数据统计处理、专家系统等功能。

(2)1 台工程师兼厂内通信工作站,具有系统开发、编辑和修改应用软件、建立数据库、系统初始化和管理、检索历史记录、系统故障诊断及培训等功能,并具有与站内其他系统通信的功能。

(3)1 套语音报警工作站,用于启动语音报警,将事故情况通知运行人员。

(4)2 套不间断电源(UPS),为电站中央控制级设备提供可靠的电源。

(5)2 套网络设备,网络设备包括工业级核心以太网交换机和附属设备。

(6)1 套打印机。

(7)2 套时钟同步系统。

(8)1 套五防系统。

2. 现地控制级

虎山嘴电站现地控制级由现地控制单元(LCU)组成。包括:每台机组设置一套机组LCU、中低压设备及全厂公用油气水系统设备设置一套公用 LCU、各闸门设备设置一套闸门 LCU。机组 LCU 布置在机旁,公用 LCU 布置在继保室,闸门 LCU 布置在坝顶配电房。

现地控制单元(LCU)由工业级微机 PLC 组成,主要功能:数据采集与处理、数据发送和过程调节、现地控制操作、运行监视、事件处理、自检功能等。

机组 LCU 具有以下控制和调节功能:机组开机/停机顺序控制、紧急停机控制;机组的有功功率、无功功率调节指令脉冲发出或整定绝对值发送;出口断路器等的合闸/分闸操作;机组辅助设备的远方控制;同期现地、远方切换及同期装置的控制与操作等。

公用 LCU 具有以下控制和调节功能:中压系统断路器等的合闸/分闸操作;低压厂用

电系统断路器等的合闸/分闸操作;公用辅助设备的远方控制等。

闸门 LCU 具有以下控制和调节功能:实现对各闸门的远方控制。

(二)接入智慧监控应用系统建设内容

电站监控系统与智慧监控系统一起招标,中标单位应完成电站监控系统的集成。主要建设内容包括:

(1)应建设"电站站控层-集控中心"数据传输通道,确保电站的各类信息能上传至集控中心,在集控中心能够下发指令对电站设备远程控制。实现集控中心对电站的统一监视和控制。

(2)按照统一网络规划及功能需求,对电站站控层进行设置,设置"站控层/集控中心"控制权限软切换等功能,确保站控层与集控中心之间权限能正确切分。

(3)统筹电站现地控制系统生产设计,确保远程控制的可靠性和稳定性。

(4)在 PLC 中增加流程控制信息,在指令未能执行时,及时反馈给集控中心。

二、泵站监控系统

本工程在防护区共建设有 7 个电排站、7 个排渗站。其中,楼埠村下站、楼埠村上站等 2 个电排站的大水泵电机选用 10 kV 电机,为 10 kV 泵站;蔡家洲站、大埠村站、陈家村站、下南源站、杨埠村站等其余 5 个电排站的水泵电机选用 0.4 kV 低压电机,为 0.4 kV 泵站;下采吴家排渗站、大溪排渗站、蔡家洲排渗站、大埠排渗站、程家排渗站、下南源排渗站、杨埠排渗站等 7 个排渗站的水泵电机选用 0.4 kV 低压电机,为 0.4 kV 泵站。

本工程泵站采用"无人值班,少人值守"的运行值班方式。

(一)泵站计算机监控系统

泵站监控系统采用开放式的系统结构。泵站监控系统不配置上位机,不设置中央控制级,全部监控信号在公用 LCU 触摸屏上显示操作,并由集控中心实现远方集中控制。

1. 10 kV 泵站现地控制级

10 kV 泵站现地控制级主要由泵组 LCU、公用 LCU 组成,每台泵组配置 1 套泵组 LCU,泵站配置 1 套公用 LCU。

泵组 LCU 主要功能包括采集水泵出口流量、水泵进出口压力、水泵转速、水泵电机定子温度、水泵电机轴承温度、水泵轴承温度、水泵振动参数、电机冷却通风管流量开关状态等信号,实现泵组的一步化开停。泵组一步化开停设备包括水泵电机、水泵进出口阀门、水泵通风风机等。

公用 LCU 主要功能包括:对泵站主变压器保护、线路保护运行参数监控;泵站平面内进水总管及取水总管流量,压力、液位等工艺参数的监测;泵房、配电间内环境通风设备、泵站平面内的总管阀门等设备的运行监控。

2. 0.4 kV 泵站现地控制级

0.4 kV 泵站现地控制级主要由公用 LCU 组成,泵站配置 1 套公用 LCU。

公用 LCU 主要功能包括:对泵站主变压器保护、线路保护运行参数监控;泵站平面内进水总管及取水总管流量,压力、液位等工艺参数的监测;0.4 kV 水泵的运行参数及泵房、配电间内环境通风设备、泵站平面内的总管阀门等设备的运行监控。

（二）接入智慧监控应用系统建设内容

泵站计算机监控系统由第三方单位中标建设,在本次智慧监控系统建设过程中,需要原第三方中标单位配合本系统中标单位对原系统进行统筹以完成泵站监控系统的集成。主要建设内容包括:

（1）确保"现地站-集控中心"数据传输通道稳定可靠。

（2）按照统一网络规划及功能需求,对现地控制单元进行设置,设置"现地/远方"控制权限切换功能,确保现地站与集控中心之间权限能正确切分。

（3）在 PLC 中增加流程控制信息,在指令未能执行时,及时反馈给调度中心。

三、泄水闸监控系统

本工程虎山嘴泄水闸系统位于虎山嘴枢纽中部,采用驼峰堰,堰顶高程为 9.0 m,闸顶高程 27.0 m。共设置泄水闸 12 孔,孔宽 14.0 m,每孔设一扇平面工作闸门及其启闭设备;在工作闸门上游设有检修闸门及其启闭设备,在工作闸门下游设有检修闸门及其启闭设备。泄水闸系统共设置闸门 16 扇,门槽埋件 36 套,固定卷扬机 12 台（套）,单向门机 1 台（套）,检修桥机 1 台（套）,移动式直联启闭机 1 台（套）,金属结构设备工程量约 2 513 t。

本工程貊皮岭泄水闸系统位于貊皮岭枢纽中部,采用驼峰堰,堰顶高程为 9.0 m,闸顶高程 27.0 m。共设置 20 孔泄水闸,孔宽 14.0 m,每孔设一扇平面工作闸门及其启闭设备;在工作闸门上游设有检修门槽,因下游水位较高,在工作闸门下游设有检修门槽。泄水闸系统共设置闸门 24 扇,门槽埋件 60 套,固定卷扬机 20 台（套）,单向门机 1 台（套）,检修桥机 1 台（套）,移动式直联启闭机 1 台（套）,金属结构设备工程量约 3 960 t。

（一）泄水闸监控系统

泄水闸监控系统主干网采用分层分布开放式结构的以太网,设置中央控制级和现地控制级,主干网络采用双星型以太网结构,通信规约采用标准的 TCP/IP。

1. 中央控制级

泄水闸计算机监控系统与电站计算机监控系统共用中央控制级。

2. 现地控制级

现地控制级主要由泄水闸 LCU、闸门现地控制 PLC 组成,配置 1 套泄水闸 LCU,每个闸门配置 1 套现地控制 PLC（启闭机厂家成套配置）。

（二）接入智慧监控应用系统建设内容

泄水闸监控系统与智慧监控系统一起招标,中标单位应完成电站监控系统的集成。泄水闸监控系统与电站监控系统共用站控层。主要建设内容包括:

（1）应建设"电站站控层-集控中心"数据传输通道,确保电站的各类信息能上传至集控中心,在集控中心能够下发指令对电站设备远程控制。实现集控中心对电站的统一监视和控制。

（2）按照统一网络规划及功能需求,对电站站控层进行设置,设置"站控层/集控中心"控制权限软切换等功能,确保站控层与集控中心之间的权限能正确切分。

（3）统筹电站现地控制系统生产设计,确保远程控制的可靠性和稳定性。

（4）在 PLC 中增加流程控制信息,在指令未能执行时,及时反馈给集控中心。

四、安全监测系统

八字嘴航电枢纽工程等别为Ⅱ等,主要建筑物级别为3级,主要建筑物由泄水闸坝段、厂房、船闸和连接坝段等建筑物组成。枢纽各建筑物的安全直接影响到水库及下游广大人民的生命和财产的安全。因此,必须对主要建筑物进行安全监测。

本工程安全监测系统设备构成两层组织结构:现地层、中央控制层。

(一)安全监测系统

1. 系统结构

根据八字嘴航电枢纽工程的总体布置、工程安全监测仪器的布置情况及监测自动化仪器设备的工作特点和要求,拟定采用分布式自动化监测系统加远程通信管理方案。自动化系统采用基于"以太网络"的分层分布开放式结构,设置中央控制单元和现地控制单元。

2. 现地层

1) 变形监测

(1) 表面变形监测

表面变形监测包括闸坝、闸室、厂房及连接段的水平位移、垂直位移等。

a. 水平位移监测

水平位移监测采用视准线法、引张线法、边角交汇法和GPS法相结合,在貊皮岭和虎山嘴泄水闸顶,各布置一条视准线和一组引张线,视准线观测墩46个测点,工作基点4个,校核基点4个,两组引张线测点分别为18个和10个,引张线两端布置4座倒垂作为校核基点。厂房下游尾水平台和船闸闸室外侧闸墙部位布置28个测点采用边角交会法监测,共用视准线校核基点,新增4个校核基点。枢纽配备4台GPS接收机用于工作基点的测量,以及和全站仪测量数据进行比对。共74个测点,4个工作基点,8个校核基点,2套引张线,4座倒垂。全站仪精度满足测角0.5″,测距精度1 mm+1.0×10⁻⁶×D,GPS仪测量精度满足水平精度:±(3+0.5×10⁻⁶×D) mm,垂直精度:±(5+0.5×10⁻⁶×D) mm。

b. 垂直位移监测

布设高程监测网为枢纽各建筑物垂直位移监测点提供工作基点。该网共布基准点1组,水准基点布置在坝址下游约1.5 km处的左岸山坡上,由1个钢管标组成,4个水准工作基点分别布置在貊皮岭和虎山嘴泄水闸左、右两侧边闸墩。坝址下游左岸沿河布置1个水准点往返观测组成闭合水准线路,总长约3 km。水准点和水准工作基点为基岩标。采用二等水准测量。按《国家一、二等水准测量规范》(GB 12897—91)中二等水准测量的有关要求施测。二等水准线路其水准测量精度要求每千米水准测量的偶然中误差 M_Δ 不超过1 mm,每千米水准测量的全中误差 M_w 不得超过2 mm。水准基点和工作基点采用钢管标,水准点采用基岩标。

水准测点和水平位移测点同标布置,共74个测点。在貊皮岭和虎山嘴泄水闸顶布置2套静力水准仪,测点数分别为18个和10个。

(2) 接缝和裂缝监测

a. 泄水闸扬压力监测

在每座泄水闸设置3个典型剖面,泄水闸与消力池的连接处设置3支测缝计,在泄水闸两坝段间设置 3 支测缝计,监测泄水闸与消力池及泄水闸坝段间的连接情况。

为了监测泄水闸与厂房及连接坝段的连接情况,在两岸连接处各布置 2 支测缝计。

共设置测缝计 20 支。

b. 厂房扬压力监测

为监测厂房接缝开合度,2 座厂房各布置 1 个监测断面,在厂房基岩上下游趾槽部位各安装 2 支测缝计,共 4 支测缝计。

c. 船闸扬压力监测。

在每座船闸上、下闸首的 2 个监测剖面上各埋设 2 支测缝计,闸墙两边各布置 3 支,共 20 支测缝计,以了解船闸接缝变形情况。

2) 渗流监测

(1) 坝基扬压力监测

扬压力监测对象包括泄水闸、厂房、船闸。

a. 泄水闸扬压力监测

泄水闸扬压力监测,2 座泄水闸选择 8 个监测断面,其中 5 个断面采用渗压计监测,每个断面布置 3 支渗压计,监测泄水闸扬压力,另外 3 个断面采用测压管与渗压计相结合的方式,增加自动化测量数据和人工测量数据的比对,每个断面设置 3 支测压管、3 支渗压计。共 9 根测压管和 24 支渗压计。

b. 厂房扬压力监测

厂房扬压力监测,每座厂房布置 1 个典型断面,沿机组底板顺水流中心线位置,各布置 4 支渗压计,监测厂房基础扬压力变化,共 8 支渗压计。

c. 船闸扬压力监测

船闸基岩部位渗压计,布置在船闸上闸首及闸室,每座船闸 6 支,共埋设 12 支渗压计。

(2) 土坝渗透压力监测

在两岸和中间土坝段共设置 6 个监测断面,每个监测断面设置 3 根测压管,为实现自动化监测,每个测压管内投入 1 支渗压计,接入自动化观测系统进行自动观测。共 18 根测压管和 18 支渗压计。

(3) 绕坝渗流及地下水位监测

为了解枢纽坝肩的绕坝渗流情况及两岸的地下水位,在左、右岸沿流线方向各布置 1 个监测断面,每个断面上设 3 根测压管,既作为绕坝渗流监测孔,同时也作为地下水位长期观测孔。共 6 根测压管和 6 支渗压计。

(4) 渗流量监测

在厂房的渗漏水汇集区安装量水堰监测渗流量,共 2 座量水堰,2 支堰位计。

3) 环境量监测

环境量监测项目为上下游水位、气温、降水量。同时,环境量监测可结合水情自动测报系统进行。

(1) 上下游水位

根据要求分别在船闸上下闸首、厂房的外侧设置水尺及自记水位计观测上下游水位。

（2）气温和风力

在坝址设置百叶箱和风速仪,进行气温、湿度和风力观测。

（3）降水量

在坝址设置自记雨量计观测降水量,该仪器与水力学观测共享。

4）水力学监测

根据八字嘴航电枢纽总体布置情况及泄水建筑物的运行调度方式,水力学监测主要进行水流流态、水面线等项目的监测。

（1）水流流态监测

水流流态监测包括以下 3 个方面：

泄水、发电、通航建筑物进口水流侧向收缩、回流范围、漩涡漏斗大小和位置、波浪高度、水流分布情况等；

泄水建筑物出口水流上下游水面衔接方式、挑流消能工流态观测；

下游河道水流流向、洄流形态和范围、冲淤区、波浪及水流分布对岸边和其他建筑物的影响等。

水流流态采用文字描述、摄影、录像进行记录,也可采用地面同步摄影测量方法进行观测。

（2）水面线监测

沿泄水闸闸墩、消力池侧墙设置水尺观测水位,水尺高程范围依各水尺断面水位变幅大小设置,共 4 条。泄洪时采用望远镜或全站仪进行观测。

5）巡视检查

根据《混凝土坝安全监测技术规范》（SL 601—2013）,大坝从施工期到运行期,需定期进行巡视检查,发现问题及时上报,并分析其原因。

工程施工期及水库蓄水期的巡视检查工作包括:日常巡视检查、年度巡视检查和特殊情况下巡视检查。本工程安全监测设计仅提出原则性意见,具体工作与安排由监理单位组织设计、施工和监测单位共同研究确定和实施。

工程运行期的巡视检查工作,由枢纽管理部门根据有关规范的规定和工程的具体情况及安全监测的需要研究确定。

（1）日常巡视检查

根据工程的实际情况,按照监理、设计、施工和监测部门共同制订的日常巡视检查程序,对所有建筑物、机电设备、岩土工程等进行例行检查。

（2）年度巡视检查

年度巡视检查应在每年汛前、汛后及高水位、低气温时,按规定的所有检查项目,对整个枢纽工程进行较为全面的检查。

（3）特殊情况下巡视检查

在坝区（或在其附近）发生有感地震、大坝遭受大洪水或库水位骤降、骤升,以及发生其他影响大坝安全运用的特殊情况时,需立即组织巡视检查。必要时,还需对可能出现险情的部位实施昼夜监视。

3. 中央控制层

中央控制层设备布置在虎山嘴电站中控室内,包括数据库服务器、操作员工作站、以太网交换机等硬件和监测管理软件,对现地测量单元(MCU)及各类传感器进行自动监测控制,对观测数据进行处理和管理。

现地测量单元(MCU)采用 RS485 通信方式采集各类传感器数据,采用无线通信方式传输数据至分中心层设备。

(二)接入智慧监控应用系统建设内容

安全监测系统由第三方单位中标建设,在本次智慧监控系统建设过程中,需要原第三方中标单位配合本系统中标单位对完成安全监测数据的接入。主要建设内容是按照统一网络规划及功能需求,对安全监测系统的构架、网络结构、应用平台等进行统筹维护。

五、视频监视系统

为了直接观察到电站、泵站、泄水闸等各个场所及各主要设备的运行状态和工作环境,同时也为了指挥现场操作并作为重要操作的录像资料,设置视频监视系统。

(一)电站及泄水闸视频监视系统

电站及泄水闸视频监视系统采用网络化监视系统,是基于 TCP/IP 的全数字结构系统,前端采用 IP 摄像机采集图像后直接数字化,并通过标准网络协议进行传输。

视频监视系统设计总体上既要满足各相关部门的使用要求、注重实效,又要做到稳定、可靠,操作简单,维护方便。根据系统的实际管理情况,构成两层组织结构:现地层、中心层。

现地层主要由网络摄像机及线缆、安装杆件等组成。

中心层实现视频图像的存储与显示,主要由图像监视中心、视频工作站及网络交换机等设备组成。

(二)泵站视频监视系统

泵站视频监视系统采用网络化监视系统,是基于 TCP/IP 的全数字结构系统,前端采用 IP 摄像机采集图像后直接数字化,并通过标准网络协议进行传输。

视频监视系统设计总体上既要满足各相关部门的使用要求、注重实效,又要做到稳定、可靠,操作简单,维护方便。根据系统的实际管理情况,构成两层组织结构:现地层、分中心层。

现地层主要由网络摄像机及线缆、安装杆件等组成。

分中心层实现视频图像的存储与显示,主要由网络视频录像机、管理工作站等设备组成。

经初步统计,在每个 10 kV 泵站配置 10 个监视点,在每个 0.4 kV 泵站配置约 5 个监视点。

(三)接入智慧监控应用系统建设内容

视频监视系统与智慧监控系统一起招标,中标单位应完成电站监控系统的集成。主要建设内容是按照统一网络规划及功能需求,对视频监视系统的构架、网络结构、应用平台等进行统筹维护。

六、机电设备状态监测系统

(一)电站状态监测系统

1. 机组在线监测系统

机组在线状态监测系统包括振动摆度采集装置、气隙监测装置、传感器、中心服务器等内容的硬件设备和计算、分析、判断等软件,以及检测元件布置及安装、电缆布置及连接和现场调试等。系统同时联合电站计算机监控系统的监测信息,利用各种分析、诊断策略和算法,针对本水电站的每台机组,建立功能全面、适用性强的跟踪分析系统,提供监测、报警、状态分析、故障诊断等一系列工具和手段,实时掌握机组的健康状态,为机组安全运行、优化调度及检修指导提供有利的技术支持,为状态检修提供辅助决策并实现与其他系统的信息共享。

系统具有以下信号的监测处理功能:①稳定性信号,包括机组的摆度、振动、流道压力脉动信号;②发电机空气间隙信号;③机组运行工况和过程参数辅助信号,包括机组的导叶、桨叶开度、上下游水位及运行水头信号,发电机有功、无功,定子电流、电压,励磁电流,轴承瓦温、油温及油位等。

2. 电气设备在线监测系统

1)干式变压器及开关柜在线监测

为响应 2019 年国家电网公司"两会"做出全面推进"三型两网"建设要求,建设世界一流能源互联网企业的新时代战略目标,配合电站集控一体化平台系统建设,建设智能化现代工程,为干式变压器及开关柜配置电力设备大数据智能物联管控系统终端。

2)主变压器在线监测

本工程主变压器采用油浸式变压器,包括:1 台 35 kV 10 MVA 三相双绕组无励磁调压升压变压器、1 台 35 kV 8 MVA 三相双绕组无励磁调压升压变压器。由于变压器容量较小,因此不单独设置油中故障气体在线监测系统。变压器设置油位、温度、气体、压力等监测装置,监测信号传输至平台状态诊断分析系统。

3. 金结设备在线监测系统

(1)现地层。由振动传感器、转速传感器、位移传感器配合数据采集站完成数据采集。

(2)中央层。通过放置在控制室的服务器内置的分析软件,可以完成数据的实时查看、诊断分析,设备出现异常的实时报警。

(二)泵站状态监测系统

针对库区 40 台泵组加设振动摆度及泵组正反转监测,数据上传至综合展示系统平台,实时监测报警及趋势分析,含数据采集装置及现地显示。

泵组状态监测系统的监测内容和测点配置见表4-1。

(三)接入智慧监控应用系统建设内容

(1)机组在线监测系统、金结设备在线监测系统由第三方单位中标建设,在本次智慧监控系统建设过程中,需要原第三方中标单位配合本系统中标单位完成在线监测数据的接入。主要建设内容是按照统一网络规划及功能需求,对在线监测系统的构架、网络结构、应用平台等进行统筹维护。

表 4-1 泵站状态监测系统的监测内容和测点配置

编号	项目名称	项目特征描述	数量	单位	说明
1	振动传感器	每台泵组设置机架水平 X、Y 向，垂直 Z 向低频振动传感器	40	套	
2	摆度传感器	每台泵组设置大轴 X、Y 向电涡流传感器	40	套	
3	正反转监测	每台泵组设置大轴正反转装置及传感器用于监测泵组的正反转	40	套	

（2）电气设备在线监测系统、泵站状态监测系统与智慧监控系统一起招标，中标单位应完成在线监测系统的集成。主要建设内容是按照统一网络规划及功能需求，对在线监测系统的构架、网络结构、应用平台等进行统筹维护。

第七节　通信网络系统设计

一、通信系统

通信网络作为各项业务开展的基础网，主要为智慧监控集控中心、八字嘴枢纽综合楼、现地站之间的数据、视频等各种信息提供高速可靠的传输通道。

（一）通信系统设计原则

为完成系统建设的任务，根据已有工程的实际情况，本工程通信系统的设计应遵循以下原则：

（1）通信系统必须安全可靠、技术先进、投资合理，保证各类信息传输畅通无阻、准确无误。

（2）全线统一采用数字通信制式，话路统一管理、合理分配。

（3）通信业务类别有数据、图像及可实现计算机联网。

（4）通道容量除应满足近期各系统信息传输要求，还需为今后通信业务的发展留有充分的余地。

（5）通信网络的结构依据现阶段所规划的工程管理机构设置而定。现代通信技术手段非常多，可以根据需要，结合不同段的具体情况和投入的资金数量，采用不同的通信方式，或者将多种通信方式组合应用。

（二）通信系统设计方案

（1）集控中心与八字嘴枢纽综合楼之间采用自建光纤以太网通信。

（2）集控中心与虎山嘴电站、貊皮岭电站之间采用自建光纤以太网通信。

（3）集控中心与楼埠村下站、楼埠村上站、蔡家洲站、大埠村站、陈家村站、下南源站、杨埠村站等电排站之间各租用 3 条网络专线：2 条 6 M 网络专线用于传输控制区自动化监控等数据（不同运营商，互为冗余），1 条 40 M 网络专线用于传输管理区视频数据等。

（4）集控中心与下采吴家排渗站、大溪排渗站、蔡家洲排渗站、陈家村排渗站、程家排渗站、下南源排渗站、杨埠排渗站等排渗站之间各租用 3 条网络专线：2 条 6 M 网络专线用于传输控制区自动化监控等数据（不同运营商，互为冗余），1 条 20 M 网络专线用于传输管理区视频数据等。

二、计算机网络系统

计算机网络系统整体采用层次化设计，分为二层：集控中心作为核心节点，电站站控层及分散泵站站点作为接入节点。整个网络具有便于管理、易于扩展、方便故障定位等特点。

（一）系统组网方案设计

本系统拟采用分区网络划分原则，即分为内网和外网，其中生产控制区、管理区属于内网，但管理区与外网通过防火墙连接，控制区和管理区则通过强隔离装置隔离。

控制区承载和枢纽监控与生产密切相关的业务，主要包括电站监控、闸泵监控、安全监测、状态监测等实时性要求比较高的业务。各个业务之间应采用 VLAN 进行网络划分，以显示各个业务之间的隔离。

管理区承载非生产核心业务，如视频监视系统、生产管理系统等。各个业务之间应采用 VLAN 进行网络划分，以现实各个业务之间的隔离。

外网用于系统的办公管理区接入 Internet 网。

控制区网络和管理区网络之间通过专用物理装置进行隔离；管理区网络与外网之间完全独立，没有相互联系。外网通过防火墙接入。

1. 控制区网络设计

控制区与管理区网络做了相互物理隔离，控制区部署与生产运行相关的核心业务，主要包括电站监控、闸泵监控、安全监测、状态监测等，控制区根据业务划分在不同的以太网端口上面，使整个控制区的交换机网络根据业务不同，划分成多个 VLAN，做相互的逻辑隔离。同时，为保障控制区的网络可靠性，控制区均采用双网配置，各站点通过配置 2 台交换机组成双网方式。

在控制区中，不与管理区及外网对接，所以控制区是一套独立的、自封闭的交换网络。

2. 管理区网络设计

管理区网络与控制区网络采用相互独立的系统。管理区网络主要完成辅助生产性的任务、管理区的网络硬件主要完成视频监视系统、生产管理系统等。同时，管理区的网络还划分出专门的 VLAN 通道给外网使用。管理区均采用单网配置，各站点通过配置 1 台交换机组成单网方式。相对于控制区网络设计，管理区网络需要和外网对接，在出口处部署一台防火墙，用于网络安全防护。

3. 外网网络设计

站点业务：分别部署二层至三层交换机。管理区为三层设备。交换机具有全程网管、划分 VLAN 等功能。根据不同业务网段，把网络划分为管理区网段、外网网段等不同功能段。

外网的实施主要依托于管理区展开，由管理区专门划分出以供外网使用的 VLAN 网段。

（二）网络信息安全

1. 网络安全风险分析

本工程按第三级安全保护等级进行集控中心网络安全设计。

本工程主要包括控制区、管理区和外网,外网与管理区相连接,与控制区无联系。控制区与管理区通过物理隔离装置进行隔离,保证两个网络相互隔离。

1) 控制区

控制区是一个独立的自成系统的网络,主要包括运行 UNIX/Linux 的服务器,运行 Windows 操作系统的工作站等计算机终端;包括路由器、交换机等网络设备;控制区主要运行电站监控、闸泵监控、安全监测、状态监测等生产业务类应用系统。

控制区的主要安全威胁来自以下几个方面:

(1)操作系统安全隐患,数据库系统安全隐患,应用系统安全隐患,误操作,非法授权访问。

(2)系统升级维护时,数据通过介质导入、导出,发生数据丢失和泄密。

(3)病毒侵害。

2) 管理区

管理区也是一个独立自成系统的网络,主要包括服务器、工作站等计算机终端;包括路由器、交换机等网络设备;管理区主要运行视频监控、生产管理等管理类应用系统。

管理区的主要安全威胁来自以下几个方面:

(1)操作系统安全隐患,数据库系统安全隐患,应用系统安全隐患,误操作,非法授权访问。

(2)系统升级维护时,数据通过介质导入、导出,发生数据丢失和泄密。

(3)病毒侵害。

(4)各客户端计算机的恶意攻击和非法访问。

2. 安全系统设计原则

为了有效地提高本工程监控网络的系统安全,遵循以下设计原则:

(1)安全但不影响性能。许多应用数据具有时延的敏感性,所以任何影响性能的安全措施将不能被接受。

(2)全方位实现安全性。安全性设计必须从全方位、多层次加以考虑,来确保安全。

(3)主动式安全和被动式安全相结合。主动式安全主要是主动对系统中的安全漏洞进行检测,以便及时地消除安全隐患;被动式安全则主要被动地实施安全策略,如防火墙措施、ACL 措施等。只有主动与被动安全措施的完美结合,方能切实有效地实现安全性。

(4)切合实际实施安全性。必须紧密切合要进行安全防护的实际对象来确保实施安全性,以免过于庞大冗杂的安全措施导致性能下降。所以,要真正做到有的放矢、行之有效。

(5)易于实施、管理与维护。整套安全工程设计必须具有良好的可实施性与可管理性,同时还要具有尚佳的易维护性。

(6)具有较好的可伸缩性。安全工程设计,必须具有良好的可伸缩性。整个安全系统必须留有接口,以适应将来工程规模拓展的需要。

3. 网络安全部署

控制区、管理区的风险各不相同,需要采取的安全措施也各不相同,根据上述网络安全风险分析,控制区和管理区分别采取以下网络安全措施:

(1)控制区、管理区均部署边界防护系统、移动介质与终端管理系统、内网安全管理系统、病毒防护系统。

(2)管理区还需部署入侵检测系统,入侵检测系统主要保护工程管理等服务器免遭攻击。

(3)控制区、管理区还需在网络、路由器等设备中配置安全防护措施。

4. 病毒防护系统

病毒防护系统应按信息化系统统一建设,为了管理维护方便,在集控中心的控制区、管理区各部署一台防病毒服务器,分别实现控制区、管理区的病毒防护。

本项目在建设时,配置一套完整的病毒防护系统,根据运行管理的方便性,部署在集控中心。

建设以核心层节点为一级中心,以骨干层节点为二级中心的防毒体系。

在集控中心节点建立一级中心实现防病毒管理服务器的功能,负责宏观管理。在各管理站部署防病毒客户端。

5. 网络、路由安全配置

1)网络设备的安全

本工程网络系统是由许多路由交换设备组成的,网络设备的安全是许多安全措施能够顺利实施的基础。如果网络设备的配置能够被随意看到,其所配置的路由识别 ID、密码等都将失去意义;VLAN 的配置如能被随意改动,则 VLAN 将形同虚设。

保护网络设备应注意两个方面:

(1)设备的配置需要保护,防止非授权访问。

(2)设备的资源必须有效保护,防止像 DOS 这样的资源掠夺式攻击。

防范对网络设备的非法访问,需要保护关键的配置信息(如密码、ID 等),管理员必须经过严格身份鉴别和授权,采用网络设备分级登录验证。

针对单一管理员权限无限大的问题,可以根据具体管理员的职能分工进行权限分配。在路由交换设备上,可以将管理员的权限划分为多级权限档次,针对每个权限可以定制相应的命令集,为实现各种管理目的而设立的不同职能管理员之间可互不侵扰完成各自的工作。

例如,普通操作员只能监视设备运行,不可进行其他操作;高级管理员可做故障诊断,不可修改设备配置文件;系统管理员可具有所有功能权限等。

同样,对于 SNMP 服务也可以通过设置不同级别的 Community,让不同级别的网管系统获得不同的操作权限。

2)MPLS VPN 的安全性分析

MPLS VPN 采用路由隔离、地址隔离和信息隐藏等多种手段提供了抗攻击和标记欺骗的手段,完全能够提供与传统的 ATM 或帧中继 VPN 相类似的安全保证。

（1）路由隔离

MPLS VPN 实现了 VPN 之间的路由隔离。每个 PE 路由器为每个所连接的 VPN 都维护一个独立的虚拟路由转发实例（VFI），每个 VFI 驻留来自同一 VPN 的路由（静态配置或在 PE 和 CE 之间运行路由协议）。因为每个 VPN 都产生一个独立的 VFI，因此不会受到该 PE 路由器上其他 VPN 的影响。

在穿越 MPLS 核心到其他 PE 路由器时，这种隔离是通过为多协议 BGP（MP-BGP）增加唯一的 VPN 标志符（比如路由区分器）来实现的（这是在 BGP 方式下，虚拟路由的方式与此类似）。MP-BGP 穿越核心网专门交换 VPN 路由，只把路由信息重新分发给其他 PE 路由器，并保存在其他 PE 特定 VPN 的 VFI 中，而不会把这些 BGP 信息重新分发给核心网络。因此，穿越 MPLS 网络的每个 VPN 的路由是相互隔离的。

（2）隐藏 MPLS 核心结构

出于安全考虑，运营商和终端用户通常并不希望把它们的网络拓扑暴露给外界，这可以使攻击变得更加困难。如果知道了 IP 地址，一个潜在的攻击者至少可以对该设备发起 Dos 攻击。但由于使用了"路由隔离"，MPLS 不会将不必要的信息泄露给外界，甚至是向客户 VPN。

在不提供因特网接入服务的"纯粹"的 MPLS VPN 中，信息隐藏的程度可以与帧中继或 ATM 网络相媲美，因为它不会把任何编址信息泄露给第三方或因特网。因此，当 MPLS 网络没有到因特网的互联时，其安全性等价于帧中继或 ATM 网络。但如果客户选择通过 MPLS 核心网络同时接入到因特网，那么运营商至少会把一个 IP 地址（对等 PE 路由器的）暴露给下一个运营商或用户，存在被攻击的可能性。

（3）抗攻击性

因为进行了路由隔离，所以不可能从一个 VPN 攻击另外一个 VPN 或核心网络。

要想攻击 PE 路由器，就必须知道它的 IP 地址，但由于上面介绍的原因，IP 地址已经被隐藏。另外，就算是攻击者猜测到了 PE 的 IP 地址，也无法进行有效的攻击，因为已经进行了有效的 MPLS"路由隔离"。对于 MPLS 信令系统的攻击，如果在所有 PE/CE 对等体上对路由协议使用 MD5 认证，就能够有效防止虚假路由的问题。另外，很容易跟踪这种潜在的对 PE 的 Dos 攻击的源地址。

3）路由信息安全

对于像本工程网络这样规模较大的网络，如果某台主机或者路由器未按照 IP 地址规划，错误配置 IP 网段，那么该错误配置就有可能通过动态路由扩散到全网，引起整个网络的路由混乱。为保证全网络路由表的安全性，防止路由更新及路由表的非法更改，确保整个网络系统路由的可靠和稳定，我们建议采取以下措施：

（1）路由协议的验证机制

网络系统内部的路由设备全部采用支持路由更新认证的动态路由协议（例如 OSPF 协议，IS-IS，BGP4 协议）。

（2）禁止源路由方式

网络上有一种不依靠路由器的路由表仍能实现在源和目的间进行正确的包传输的路由方式，这就是所谓"源路由方式"。在源路由环境中，即使我们有效地保护了路由信息不扩散、不被写入非法路由信息,恶意攻击者仍能利用源路由传输方式完成攻击。源路由是被设计用来进行测试和调试的,一般的路由器默认状态下都予以支持,但一般的企业网中它只会带来安全漏洞,因此我们必须注意在实施中将路由设备的源路由特性关闭掉。

(三)网络管理

本系统网管中心设在集控中心,负责管理、控制整个数据通信网。

在本系统网管系统配置时,应考虑今后工程网络改造后的统一管理,因此网络产品选择时,应选用知名品牌的成熟产品。

网管中心是网络正常运行的重要保障。作为网络系统的重要组成部分,其承担着整个网络安全、可靠运行的工作。在人员上,网管中心应配备网络系统管理员、主机系统管理员、数据库系统管理员及若干名网络软硬件设备维护人员。网管中心应能管理到本级局域网的桌面系统和下级网络的边界路由器,并对其各类运行参数进行调整和设置。

网管中心是网络系统的中枢部分,其软硬件设备所能实现的功能及可靠性将决定整个网络运行的安全性、可靠性。因而,网管中心配备的软硬件应功能完备、可靠性高,具有容错功能,主要包括网管工作站、网管软件包、数据备份设备、信息输出设备及网络设置终端设备。网管软件系统平台选用国际上先进、成熟、可靠的产品。

网管系统应具备如下功能:

(1)支持 SNMP、RMON。

(2)支持 MIBII,对 MIB 值就查询/可修改。

(3)支持各种以太网、FDDI、ATM、令牌网的网络设备。

(4)自动发现网络拓扑结构,并能图形化表示。

(5)设备管理界面可视化的图形功能。

(6)动态显示设备状态、域值和报警及动态对象集合。

(7)网络性能跟踪与分析。

(8)故障诊断、分析、隔离以及当地问题的自动侦测和响应。

(9)具备系统参数动态设置功能。

(10)支持多家厂商设备。

(四)IP 地址规划

IP 地址的合理分配是保证网络顺利运行和网络资源有效利用的关键。考虑到控制网属于内部网络,建议采用私有地址。

IP 地址空间的分配与合理使用和网络拓扑结构、网络组织及路由政策有非常密切的关系。

IP 地址规划应遵循以下原则。

1.简单性

地址的分配应该简单,避免采用复杂的掩码方式。

2.连续性

为同一个网络区域分配连续的网络地址,便于采用路由汇总及 CIDR 技术缩减路由表的表项,提高路由器的处理效率。

3. 可扩充性

为一个网络区域分配的网络地址应该具有一定的容量,便于主机数量增加时仍然能够保持地址的连续性。

4. 灵活性

地址分配不应该基于某个网络路由策略的优化方案,应该便于多数路由策略在该地址分配方案上实现优化。

5. 可管理性

地址的分配应该有层次,某个局部的变动不要影响上层、全局。

6. 安全性

网络内应按工作内容划分成不同网段即子网,以便进行管理。

第八节　数据资源管理系统设计

一、数据采集与交互平台

(一) 概述

数据采集与交互平台实现全线现场各类专业数据的采集处理与信息下发,实现与其他外部系统的通信与数据交换。

数据采集与交互平台包括采集电站、泵站、闸站设备运行状态、安全监测、状态监测、视频监视等数据,并按统一数据资源管理平台接口要求写入数据资源管理平台。

数据通信与采集系统提供可配置的、透明的、统一的、满足安全要求的各类通信接口,支持与各类计算机监控系统、工程安全监测系统、状态监测系统、视频监视系统的通信接入。

1. 通信内容

基于枢纽工程的各类信息交互的标准协议,实现与电站监控系统、泵站监控系统、闸站监控系统、生产管理系统、状态诊断分析系统等不同类型自动化系统及上级调度机构进行通信的标准通信服务接口。

2. 通信管理

1) 通道参数

对枢纽工程需要通信的链路进行配置,包括链路名、目标地、协议类型、对方地址等内容。

2) 协议分析

对通信的每条链路显示报文,并且自动将报文根据协议解析。

3) 数据监视

监视每条链路传输的每个数据点的接收和发送情况,有利于及时发现问题并解决。

(二) 功能与性能整体要求

(1) 实现监控类自动化装置的数据采集处理与交互。

实时采集各现地监控系统上送的各监测数据、运行报警、操作信息等,格式化处理后写入统一数据库;将应用系统下发的控制信息转发给电站、泵站、闸站监控系统。具体功能与性能要求包括:①接收现地监控系统的数据;②向现地监控系统转发控制命令和数据;③实现与信息平台的通信交互;④预留与其他系统通信接口。

(2)实现监测类数据采集与处理。

可以灵活地设置各种测量方式、测量参数,方便地获得各种测量数据,进行模块故障诊断;

数据采集过程中,可以及时进行数据检验,并对越限数据进行报警;

轻松配置和添加系统中使用的测量仪器和测量模块,轻松扩充系统;

多协议模块组网,新老测量模块采用的通信协议不同,但可以共存在一个测量系统中,便于系统的扩充。

(3)实现与视频监视信息的交互。

(4)实现与其他外部系统的通信与数据交互。

(三)功能组件

1. 通信网络模型建立与管理

通信网络模型建立与管理功能组件主要是对平台中的计算机网络节点进行配置,并定义它们的属性,实现所有节点的统一配置和管理。模块应能灵活地添加新的节点、删除已定义的节点,也可以对节点按照厂站或功能进行分区,使每个区域都拥有独立统一的实时数据库。通信网络模型建立与管理功能模块应采用组态的配置模式,主要功能至少包含以下内容。

1) 节点基本信息的编辑

选择相应的节点基本信息属性编辑节点的相关信息,信息涵盖节点基本信息、网络地址、冗余配置等。

2) 节点权限的编辑

选择需要编辑的节点,可配置该节点的监视权限内容,权限应涵盖界面操作、语音报警、消息通知等。

3) 节点监视

可监视本机所属分区下所有节点的基本属性,如网络状态、节点状态等,在监视功能下,不可进行编辑。

2. 现地通信总线服务

本工程中的现地设备较多,智能化高级应用也比较复杂,许多信息需要在现地智能设备之间及现地智能设备与上位机之间快速传输与交换。现地通信总线应能支持监控、监测等各类通信驱动服务,并可组件化扩展。现地通信总线服务应能将这些信息安全、可靠、快速、准确地在设备与设备之间及设备与上位机之间传输。现场总线应能连接现地各种智能设备和自动化系统,能够实现信息的双向传输,能够适应多分支结构的通信网络。现场总线应具备自动仲裁功能,避免同时发送数据造成的总线资源竞争。此外,现场总线应能实现主机的在线热备份,保障总线通信的稳定性和可靠性。

3. 监控类通信驱动组件

监控类通信驱动组件应能满足电站监控、泵站监控、闸门监控等现地设备的信息采集与控制指令下发。监控类通信驱动组件通过实时数据总线发布各类实时数据(包括数据变化、报警、节点状态等)及本分区的数据结构(即测点信息),其他服务器在加载本区域的自动化配置资源后,能够根据分区配置从数据总线接收需要监视的区域对应实时数据并及时更新对应分区的测点信息。监控类通信驱动组件应能支持单机单网、单机双网、双机双网等多种通信模式。组件应能对单独的一个测点配置报警的限值、类型,以及对测点品质的评判等。对于模拟量,应能支持生值对码值的自由变化。

4.遥测类通信驱动组件

遥测类通信驱动组件应能满足工程安全监测、状态监测等各类生产数据的采集处理与交互。遥测类通信驱动组件应能根据 RTU 或 DAU 的配置对遥测单元以及测点进行分类管理,能够设置单个测点的报警的限值、类型等。

5.通信管理中间件

通信管理中间件应能对各总线驱动组件通信状态及采集的数据等信息进行监视,可满足本系统内部及本系统与外部系统的数据交互监管需求。

6.对外通信管理组件

对外通信管理组件至少应能支持 ModBus、远动 CDT 规约通信、101 规约通信、104 规约通信、继电保护 103 规约通信等。对外通信管理组件应能通过组态方式配置遥信、遥测、遥控、遥调、电度量等类型的测点。

二、数据资源管理平台

(一)概述

数据资源管理平台应针对工程各业务工作流程的特点,建立统一的数据模型,通过采用成熟的数据库技术、数据存储技术和数据处理技术,建立分布式网络存储管理体系,满足海量数据的存储管理要求,通过采用备份等容灾技术,保证数据的安全性,整合系统资源,保证数据的一致性和完整性,并形成统一的数据存储与交换和数据共享访问机制,为一体化应用平台建设及监控、监测等应用系统提供统一的数据支撑。

为系统内各功能或外系统提供不同类型数据库的通用数据访问接口,实现历史数据的入库存储和查询功能,屏蔽底层数据的差异,并可在此基础上开发应用的数据业务接口。历史数据保存的时段可分为毫秒、秒、分钟、小时、日、旬、月、年等,数据需带有数据来源和修改标识等。

通过实时数据服务,可将各设备实时采集的数据接入到系统当中,形成当前时刻的系统全景数据断面,经过一系列专业处理后由系统统一完成存储。系统的各个功能可使用通用的数据接口访问实时数据,实现实时数据的共享。实时数据服务充分利用了操作系统的共享机制、消息机制及并发机制等,在大量数据的并发处理能力上有很大的优势。

(二)功能与性能整体要求

(1)数据资源管理平台设计时应遵照 IEC 61850 模型标准参考实时安全监测、状态监测相关行业习惯,扩充其在枢纽工程信息自动化相关专业领域的属性和模型,同时设计时尽量考虑兼容传统计算机监控、安全监测、状态监测等自动化系统之前积累的相关业务模型和经验。

（2）平台应支持跨安全区（如控制区和管理区）、跨系统（如 Linux 和 Windows）、广域的数据同步与交互。整个工程的数据存储从地理位置上分布在集控中心、现地站等，在同一地理位置分布在控制区和管理区。应充分考虑实时和关系数据库提供的机制，实现可配置、高效的数据同步。

（三）功能组件

1. 统一模型与管理

统一模型与管理是遵照 IEC 61850 模型标准，通过统一平台建模工具将现地设备及测点以树状结构进行分类管理，该功能支持常规的监控模型、安全监测模型、状态监测模型及自定义模型等。该功能可将各种信息模型数据写入数据库的人机接口，同时提供模型不同专业树的展示和模型详细数据的展示，并为监控、安全监测、状态监测等各类应用提供模型服务。

1）面向对象的数据模型

统一的工程建模负责建立和维护整个工程的资源模型。采用面向对象建模方法描述工程资源，构建面向对象的数据模型体系，统一描述工程所有管控对象，通过提供一种用对象类和属性及它们之间的关系来表示系统资源的标准方法，使得这些应用或系统能够不依赖于信息的内部表示而访问公共数据和交换信息来实现。

2）建立设备对象模型

利用对象动态建模工具，为工程的监控、监测、分析调度类资源及其关系建立对象模型，将它们的实例及所属关系保存在标准化的对象模型库中，形成数据平台基本的与设备相关的业务对象模型，并在数据存取、交换时，使得业务系统透明化。经过数据采集获得的数据，也将经过对象化处理，使得散落在各专业系统中的不同种数据能通过相同的设备对象进行关联。

经过对象化关联处理后，这种分散在各系统中的业务数据就形成了以设备模型为基础、与具体设备相关联的对象数据。基于这种对象化数据，就能根据现实情况，方便地找到某类设备所拥有的数据类别，以及与某个具体设备相关的各种数据值。

3）模型的存储与管理

采用关系数据库（如 Oracle）存储数据模型对象。将面向对象数据模型和关系模型之间形成映射。将面向对象设计的耦合、聚合等关系，转变成通过表的连接、行列的复制来实施模型数据的存取。

将面向对象的数据模型映射为关系库的表结构，实现以下内容：

（1）属性类型映射成域。对象域属性类型（attribute type）映射成数据库中的域（domain）。

（2）属性映射成字段。将对象类的属性映射至关系数据库中的一个或多个字段。

（3）类映射成表。类直接或间接地映射成表。

（4）关系映射。将对象间耦合、聚合关系映射成对象模型库中的主外键关系，通过使用外键来实现一对一或一对多等关系。

2. 数据库中间件

信息采集层的数据来自于不同的途径，其数据内容、数据格式和数据质量有所差别，实时性、数据规模要求也各不相同,需要统一的数据中心,支持实时数据、历史数据,以及非结构化数据的存储库,将信息采集层的数据转换、装载到不同应用的专用数据库、公用数据库和元数据库中。数据库中间件通过专用数据库、公用数据库、元数据库的建设,实现数据的合理重构,消除过多冗余,保证不同应用使用的数据是一致的,在此基础上,提供统一的高度集成的数据资源来支持业务管理中众多具有明确应用主题的数据应用。

数据存储中心是统一平台的基础,为所有的应用提供数据管理等功能。

1)海量高速信息实时数据库

工程自动化监控过程中,所需的数据信息与通信指令对下应可直接和现地装置间交互,而对上应可被监控视图实时调用,而非经过硬盘存储后 IO 读取,因此需提供基于内存的实时数据库,数据存储中心必须面对海量的实时运行数据以及归档历史数据,提供对这些数据高效的进行处理的海量高速信息实时数据库。

海量高速信息实时数据库具有如下功能:

(1)海量数据

实时数据库应能管理本工程所有的实时运行数据,为监控、调度提供实时信息的支撑。

(2)数据的一致性

将各个应用、各个存储单元所属的相关数据进行一致化和标准化。

(3)高效处理

事件处理性能至少达到每秒百万级,具备极高的并发检索效率。

(4)分布部署

分布式实时数据库管理系统是在物理上分散于计算机网络节点而逻辑上属于一个整体的数据库管理系统。分布式节点间通过信息总线同步实时数据,形成数据的冗余机制,防止单个节点故障后,实时数据的丢失。

海量高速信息实时数据库是专门设计用来处理海量信息的高速数据库管理系统,针对实时海量、高频采集数据具有很高的存储速度、查询检索效率及数据压缩比。

2)分布式实时数据库

分布式实时数据库管理系统是在物理上分散于计算机网络节点,而在逻辑上属于一个整体的数据库管理系统。分布式实时数据库管理系统特定的应用场合和应用需求,使其有许多与传统数据库系统不同的特点:

(1)实时性

分布式实时数据库管理系统中的数据和事务都是有显式的时间限制,必须能够反映外部环境的当前状态,系统的正确性不仅依赖于事务的逻辑结果,而且依赖于该逻辑结果产生的时间。

(2)物理分布性

数据库中的数据分散存储在由计算机网络连接起来的多个站点上,由统一的数据库管理系统管理。这种分散存储对于用户来说是透明的。

(3)逻辑整体性

分布式实时数据库管理系统中的全部数据在逻辑上构成一个整体,被系统的所有用户共享,并由分布式实时数据库管理系统进行统一管理,这使得"分布透明性"得以实现。

(4)站点自治性

各站点上的数据由本地的实时数据库管理,具有自治处理能力,能够独立完成本地任务。

(5)稳定性和可靠性

分布式实时数据库管理系统多应用于分布式环境中与多个数据源连接,必须能够承受突发数据流量的冲击以保证系统的实时性和稳定性,且由于局部实时数据库应用环境的复杂性,各种干扰较为常见,要求分布式实时数据库管理系统具备一定的可靠性。

(6)可预测性

分布式实时数据库管理系统中的实时事务具有时间限制,必须在截止时间前完成,这就要求能够提前预测各事务的资源需求和运行时间,以进行合理的调度安排。

分布式实时数据库管理系统中,各节点数据库一般与多个监控设备相连接,这些设备分布在企业的控制网络上,具有不同的类型,每个设备只能通过监测装置采集某一类型的现场数据,且不同设备采集到的数据具有不同的数据。工程迫切需要一个统一的、完整的企业级分布式实时数据库以支持多装置/设备的协调优化控制和生产管理中的实时决策优化。作为大型分布式实时数据库管理系统,分布式实时数据库管理系统可在线采集、存储每个监测设备提供的实时数据,并提供清晰、精确的数据分析结果,既便于用户浏览当前运行状况,对工业现场进行及时的反馈调节,也可回顾过去的运行情况。

3)关系型数据库

数据中心在实时数据库的基础上,需要关系数据库存储模型信息、历史数据、告警信息、大字段信息等的海量数据。数据中心通过关系型数据库完成各类历史数据、事务型和流程型的业务逻辑,同时关系型数据库也作为标准化模型的实际存储,实现对象数据模型和关系模型之间的映射。

在数据存储中心关系型数据库具有如下功能:

(1)成熟数据库产品,具有高通用性、高效率性、高可靠性、高安全性、高扩展性和高可维护性。

(2)支持各种流行的硬件体系和操作系统,高度符合各种国际国内相关标准,如SQL92 标准、ODBC、unixODBC、JDBC、OLEDB、PHP、DBExpress 及. Net Data provider 等,同时还支持多种主流开发工具、持久层技术和中间件。

(3)支持主流的数据库应用开发工具与中间件,并提供数据迁移工具方便应用和数据的移植。提供了丰富的具有统一风格的图形化界面管理工具集。

(4)具有强大的跨平台能力,支持 Windows、Linux、UNIX 等主流的操作系统,支持X86、X64、IA64、Power PC、UltraSparc 等主流硬件平台。

(5)具有完善的关系数据管理能力,支持采用基于代价的查询优化技术,支持执行计划和结果集重用,支持基于锁和多版本的并发控制机制,支持数据垂直和水平分区,支持函数索引,支持数据压缩、支持视图查询合并,支持事务处理,两阶段提交,并对存储过程及多媒体数据的处理进行了深度优化。

(6)具有完备的各类约束定义功能,支持主键约束、非空约束、唯一约束、外键约束等各类约束机制,完全满足关系库数据完整性和数据一致型的需求。

(7)全面支持 64 位计算,支持主流的 64 位处理器和操作系统,并针对 64 位计算进行了优化,能够充分利用 64 位计算的优势,支持 4 GB 以上内存。

(8)具有完善的备份和恢复能力,支持多种备份与恢复方式,包括物理备份、逻辑备份、增量备份等,具有基于时间点的数据库还原能力,可以对备份数据进行压缩和加密,支持数据库快照。

(9)支持磁盘阵列和 SAN(storage access network)的存储类型,支持双机或多机热备方式的集群(cluster)。具有数据同步/异步复制能力和故障自动迁移能力。

(10)权限管理采用基于角色的三权分立机制,支持多级安全检查,支持授权和权限的管理,支持强制访问控制。实现了三权分立、安全审计、强制访问控制等安全增强功能。通过服务端的配置,可以实现客户端和服务端的加密通信;通过内置的加/解密函数,可以实现数据的加密存储。

(11)具备丰富的数据类型定义能力,包括基本的数值型数据、字符型数据、日期型数据,多媒体数据,包括声音、图形和二进制数据等,支持将若干基本数据类型进行组合,形成用户自定义数据类型。

(12)具备数据的海量存储能力,可以有效地支持大规模数据存储与处理,如 TB 级的数据库存储、GB 级的 BLOB 二进制大对象和 CLOB 文本大对象等。

(13)具备完善的日志和审计能力,可以记录数据库运行时发生的各种事件,以及对各类数据更新进行审计,便于了解数据库的运行状态和库中数据的更改情况。

4)文件管理系统

用户在管理数据信息时大体分成两类:一类是块数据;另一类是文件。块数据大多为支持用户关键业务应用的数据库类型,一般存储在实时数据库或关系数据库中,另外还有一类数据则是分散在各个网络节点的文件类型。

文件管理系统由下列六个核心组件构成:

(1)存储设备

部署文件管理系统的最基本条件是存储的基础设施,先决条件是:必须利用联网的存储环境,才能实现数据和资源的共享。

(2)文件服务设备/接口

可以是直接集成在存储基础设施上的一部分,或作为网关的接口,所有的设备必须具有标准协议进行文件级信息接口。

(3)命名空间

所有文件管理都建立在现有文件系统的基础上,为授权用户组织、展示和存储文件内容。这种功能被称为文件系统的“命名空间”。

(4)文件管理和控制服务

软件智能是文件管理体系结构的另一个核心概念。软件智能与命名空间进行互操作,为企业创造了更多价值。从部署方面看,这些服务可以直接与文件系统集成,或集成在联网设备中,也可以是单独的服务。文件管理和控制服务包括文件虚拟化、分类、复制和广域文件服务。

（5）客户端

具有可以访问由文件系统创建的命名空间的终端客户机。这些客户端可以位于任何平台或计算设备上。

（6）连接性

具有多种连接终端客户端和命名空间的方法，通常是通过标准 LAN 进行连接，但是也可以同时或交替地利用任何广域网上的技术。

3. 数据存储维护管理中间件

公用数据库存储维护管理主要功能包括建库管理、数据库状态监控、数据维护管理、代码维护、数据库安全管理、数据资源管理、元数据管理等，是数据更新、数据库建立和维护的主要工具，也是在系统运行过程中进行原始数据处理和查询的主要手段。

主要功能包括以下内容。

1）数据库建库管理

数据库建库管理主要是针对数据库类型，建立数据库管理档案，包括数据库的分类、数据库主题、建库标准、服务对象、物理位置、备份手段、数据增量等内容。

2）数据库状态监控

（1）监控数据库进程，随时查看、清理死进程，释放系统资源。

（2）监控和管理表空间的容量，及时调整容量大小，优化性能。

（3）数据存储空间、表空间增长状况和剩余空间检查，根据固定时间数据的增长量推算当前存储空间接近饱和的时间点，并根据实际情况及时添加存储空间，防止因磁盘空间枯竭导致服务终止。

（4）对数据库数据文件、日志文件、控制文件状态进行检查，确认文件的数量、文件大小和最终更改的时间，避免因文件失败导致例程失败或数据丢失。

（5）压缩数据碎片数量，避免因数据反复存取和删除导致表空间浪费。

（6）检查日志文件的归档情况，确保日志文件正常归档，保证对数据库的完全恢复条件，避免数据丢失。

3）数据维护管理

主要完成对数据库数据的维护管理功能，包括数据库的更新、添加、修改、删除及查询等功能。

（1）数据输入

实现数据导入与存储，并设置数据有效性检查、数据完整性和一致性检查等功能，防止不合理的、非法的数据入库，保证数据的一致性。

（2）数据修改

主要完成对已入数据库的各类数据进行修改更新功能。

（3）数据删除

对已入数据库的各类错误数据和无效数据进行删除，删除时分两种方式，即物理删除和逻辑删除两种操作，物理删除将错误或无效的数据从数据库中清除，逻辑删除则将当前要删除的数据加上无效标志，使其只可作为历史数据的查询条件。

（4）数据查询输出

提供各类数据的查询操作和显示界面,用于查询数据库中的数据。在查询界面中预先设置常用的查询条件,提高输入查询条件的速度,同时为用户临时确定查询条件(较复杂的条件)提供输入操作窗口。数据输出的主要功能包括屏幕显示、不同格式的文件输出等。

4)代码维护

通过增、删、改操作对各类数据标准进行定义和维护。代码定义要严格按照编码设计方案及相关的国家标准体系的要求进行。代码删除分为物理删除和逻辑删除两种操作,物理删除将错误的代码从数据库中清除,逻辑删除则将当前废弃的代码加上无效标志,使其只可作为历史数据的查询条件。

5)数据库安全管理

数据库维护系统需要从以下几个方面确保数据库的安全:

（1）用户授权

采取用户授权,口令管理,安全审计。通过访问控制以加强数据库数据的保密性,数据库用户设置角色有:分公司领导,处、科领导等,也可以由系统管理员设定;对各种角色有不同访问控制:拒绝访问者、读者、作者、编辑者、管理者等;每种访问控制拥有相应的权限,权限有管理、编辑、删除、创建。

（2）备份

必须制定合理、可行的备份策略(定时备份、增量备份),配备相应的备份设备,做好数据备份工作。

（3）用具有完整的容错机制来保证可靠性

支持联机备份与恢复,使联机备份能保证在做备份时,不影响前台工作进行的速度,并且该后台进程能保证对整个数据库做出完整的备份。当局部发生故障时,进行局部修复,不影响同一数据库中其他用户的工作,更不影响网络中其他节点的日常工作。

（4）数据库完整性控制机制

提供完整性控制机制,做到完整性约束、自动对表中字段的取值进行正确与否的判断、自动地引用完整性约束、可自动对多张表进行相互制约的控制等,以能保证数据库中数据的正确性和相容性。

（5）并发控制。

在多用户并发工作的情况下,通过用户管理手段、有效的内存缓冲区管理、优化的I/O进程控制、有效的系统封锁处理解决写/写冲突及读/写冲突,保证这种并发的存取和修改不破坏数据的完整性,确保这些事务能正确地运行并取得正确的结果。

6)数据资源管理

控制数据库对操作系统资源的开销,避免因为低效率的操作系统而导致数据库系统出问题。利用数据库资源管理器可以实现以下系统资源管理功能:

（1）不管系统装载量和用户数目多少,都可以保证某些用户占据最少量的系统处理资源。

（2）限制用户组的成员执行任何操作的并行度。

（3）根据操作系统性能的不同,控制数据库进程打开数据文件的最大个数,避免系统内存被不必要的消耗掉。

7）元数据管理

（1）元数据存储与维护

对元数据进行有效存储，确保其安全性、长效性和易用性。元数据的建设采用在数据中心建立统一的元数据管理方式。

元数据的更新包括元数据内容在元数据服务器中的更新和与之相对应的数据对象在数据库服务器上的更新。元数据的更新首先进行元数据内容的获取操作，在元数据内容进行变更完成后，可以根据需要进行数据内容的更新，进而进行元数据和数据的注册工作。由于更新前的元数据内容项和数据的存储位置信息已经存在，更新的结果存储在相应的元数据服务器和数据库服务器中。整个流程始终保持元数据内容变化和数据内容变化的同步性。

元数据的更新主要指对元数据内容的添加、删除、更新等。可充分利用关系数据库管理系统本身的安全性、高效性、用户权限管理等特性实现部分基本的管理功能。元数据管理系统是面向应用、实现共享元数据的核心，起到沟通元数据生成者、管理者和使用者的作用，也起到连接元数据获取、存储、管理、更新的桥梁作用。

（2）元数据查询

基于目录服务体系是实现数据资源共享，提供信息资源的查找、浏览、定位等功能。目录服务是以元数据为核心的目录查询，按照元数据标准的核心元素将信息分类展现。

4. 数据交互中间件

数据交互中间件屏蔽了各专业数据库的访问接口差异，提供通用的数据访问技术框架，可灵活地获取各类异构数据源的数据信息，实现通用数据访问，为各类实时、历史数据访问业务组件提供基础数据库通用访问框架。数据交互中间件一方面支持数据运算与格式转换，实现数据发布方与接收端之间的异构数据自动映射与转换；另一方面处理各类消息的发送接收、队列管理、数据校验、内容过滤和版本检查等需求，对可用连接、数据源等系统资源根据预设规则进行动态分配管理，提供引擎状态监听接口。

数据交互中间件有四方面功能：

（1）屏蔽不同数据库接口的差异，提供稳定的数据访问通用接口服务。

（2）数据抽取服务，通过数据抽取服务，按预订的数据项定义数据抽取规则，从数据库中抽取数据，将关系数据转换为数据对象或其他格式提交到数据缓冲区，根据预定义模板，实现数据内容的解析、填充，最后生成符合规定格式的数据格式，发送至数据服务接口。

（3）数据导入服务，通过数据导入服务，从系统数据缓冲区获取数据对象或其他格式的数据，根据预定义模板，实现数据内容的转换，生成符合规定格式的数据，导入到数据库。

（4）提供缓存机制，具备数据库访问资源控制策略，优化数据库查询访问操作，提高查询操作执行效率。

5. 实时数据管理与服务

实时数据管理与服务实现各类实时数据统一的发布与服务调用，该管理与服务对下通过通信驱动获取数据和消息,对上提供业务实时数据的访问接口。实时数据管理与服务提供封装良好的、可重用的、易拓展维护的、可跨平台的服务,实时数据服务由实时数据接收处理、通用实时数据访问组件、业务实时数据接口三大部分组成,实时数据管理与服务提供完整的实时数据获取、访问、交互等功能,提供的服务接口支持异步通信的方式,提供一对一、一对多的实时数据交互方式。

实时数据管理与服务在实时库的基础上,对下与通信总线交互,数据入实时库,对上提供各类数据交互接口,满足不同通信控制、数据展示、统计分析的应用需求。主要内容如下。

1)实时数据接收处理

能够获取通信总线服务上各通信驱动的实时数据,接收并根据模型定义将数据写入实时数据库。

2)通用实时数据访问组件

提供基于实时库的实时数据访问通用接口,不同业务应用可通过该接口实现与实时库的交互。

3)业务实时数据接口

提供监控、水情监测等不同专业的实时数据应用访问接口组件。

6.历史数据管理与服务

历史数据管理与服务在统一的模型库和各类业务数据的基础上,提供各类业务所需的通用、专业历史数据和访问接口。历史数据管理与服务主要功能是从数据库中查询相关历史数据,为各类基础应用、高级应用需要的历史数据提供服务。历史数据管理与服务通过统一的历史数据管理与服务接口提供统一的模型服务接口,并根据专业领域不同区分为不同的数据接口组件。主要的历史数据接口如下。

1)通用模型数据接口

提供工程全线模型数据接口,为监控、安全监测等提供通用模型数据的访问组件。

2)监控类业务数据接口

提供监控类数据的统一数据接口,可获取不同开关量、电气量等实时、统计、时序等多类型数据,为监控类应用提供通用的数据访问组件。

3)安全监测类业务接口

提供安全监测类数据的统一数据接口,可获取位移、变形、渗压、渗流等实时、统计、时序等多类型数据,为安全监测类应用提供通用的数据访问接口组件。

7.文件管理与服务

文件管理与服务对各类非结构化的数据进行管理,同时提供非结构化数据访问服务等。文件管理与服务支持对文件管理服务器上的存储提供检索、查看、下载功能;支持将获取的图片、视频、工程文档与信息化系统相关资源进行关联,并将这些非结构化数据存储到文件管理服务器上进行统一管理。

8.分布式数据库中间件

分布式数据库中间件是结合传统数据库和新型分布式数据仓库的新一代企业级数据库产品,分布式的逻辑库应能支持以下基本特性:

(1)支持 SQL 92 标准。

(2)支持数据库集群,可以作为 Proxy 使用。

(3)支持 JDBC 连接 ORACLE、DB2、SQL Server,将其模拟为虚拟逻辑库使用。

(4)支持 NoSQL 数据库。

(5)自动故障切换,高可用性。

(6)支持读写分离,支持双主多从,以及一主多从的模式。

(7)支持全局表,数据自动分片到多个节点,用于高效表关联查询。

(8)支持独有的基于 E-R 关系的分片策略,实现了高效的表关联查询。

(9)支持一致性 Hash 分片,有效解决分片扩容难题。

(10)多平台支持、部署和实施简单。

(11)以插件方式支持 SQL 拦截和改写。

三、数据库设计

(一)设计原则

数据库的规划和设计在整个系统中占有非常重要的地位,它不但起着存储各种信息,供统计、查询、分析等使用的作用,而且使各个子系统之间的数据接口更为协调化,提高数据共享程度,降低数据的冗余,优化整个系统的运行性能。随着计算机技术的飞速发展,尤其是网络技术的日趋完善,计算机信息管理系统逐步地从单机系统向分布式系统即多用户和网络系统发展,数据库设计的合理性、规范性、适应性,数据库之间的关系及设置直接关系到系统的优劣。为了提高软件开发的质量和效率,在数据库设计中必须遵循以下原则:①层次分明,布局合理;②保证数据结构化、规范化、编码标准化;③数据的独立性和可扩展性;④共享数据的正确性和一致性;⑤减少不必要的冗余;⑥保证数据的安全可靠。

(二)数据库组成

为满足工程业务的需求,根据数据流程分析、数据分类,数据库总体设计应涵盖电站监控数据、泵站监控数据、泄水闸监控与泄洪预警数据、安全监测与管理数据、工程维护数据、状态监测与管理数据、视频图像数据、空间基础地理信息数据、沿线地区社会经济和生态数据等内容。该数据库系统是一个具有多级结构、广域分布的大型的综合数据库系统。

(三)数据代码标准及制定原则

在整个数据库系统设计中,为使相关信息的名称统一化、规范化,并确立信息之间的一一对应关系,以保证信息的可靠性、可比性和适用性,保证信息存储及交换的一致性与唯一性,便于信息资源的高度共享,需对系统中的相关信息进行标准化,制定信息代码标准编制规则。标准应规定本工程所涉及的河流、管理机构、渠(河)道、工程建筑物等的代码结构,并编制代码表。应采用交通部数据元标准建设信江智慧枢纽数据标准。

(四)数据库库表设计

数据库系统设计的总体思路主要是基于一体化思想的设计理念和业务功能专用的要求,以业务功能用户为管理对象而构建的一体化数据库设计储存方案。

根据本工程智慧监控系统功能业务的要求和特性,在一体化数据库的框架下,根据业务要求设计了公用模型资源数据库、状态监测数据库、监控数据库、安全监测数据库、工程管理数据库、文档资料数据库、工作流数据库、空间数据库、业务辅助数据库等 9 类数据库,设计了业务专用数据存储表,并通过业务对象内部通信和数据对外服务机制,构建了一体化的智慧监控系统数据库。

四、数据管理设计

根据集控中心控制区与管理区数据同步和交换的需要,按网络分区建立相应网络安全区的数据管理平台,以实现电站监控数据表、泵站监控数据、泄水闸监控及泄洪预警数据、安全监测数据、状态监测数据的传输。

使用数据库双向复制技术,实现管理区和控制区之间各数据库的镜像;利用网络安全隔离正/反向同步技术,实现集控中心控制区与信息管理区之间的数据同步。

(一)控制区数据管理

控制区数据管理平台部署在控制区,负责信息采集系统获取的安全监测、状态监测等数据的管理,提供这些数据的数据交换服务。根据系统扩展需要提供对生产管理系统等内部运行数据的对接和交换,为与管理区数据同步提供数据源支持。同时,实现对电站监控、泵站监控和闸门监控数据的管理,从电站监控系统、泵站监控系统和闸门监控系统共享系统需要的实时监测数据和状态数据。

1. 电站监控数据写入

从电站计算机监控系统获取发电机组及其辅助设备的运行工况、开关位置、运行方式、故障事故、监控系统异常及其他重要的运行参数等。

2. 泵站监控数据写入

从泵站计算机监控系统获取电动机组及其辅助设备的运行工况、开关位置、用电运行方式、故障事故、机组运行工况转换过程、监控系统异常及其他重要的运行参数等。

3. 闸门监控数据写入

从闸门计算机监控系统获取各孔洞事故闸门、工作闸门的位置,阀门开启状态、开度、故障事故及硬件或软件故障报警信号等。

4. 与管理区双向数据同步

本项目中使用商用数据库同步软件实现控制区和信息管理区双向数据同步。通过数据同步工具软件,定制和开发实现对内部生产运行数据与管理区的同步功能,以及集控中心接收外部数据的汇聚同步。通过专用链路通道,实时数据的双向同步。

双向数据同步具有全面的数据保护、灾难恢复及高可用性、故障自动检查及解决方案、有效利用系统资源等功能,确保数据备份安全可靠。

(二)管理区数据管理

1. 外部数据共享获取

管理区数据管理平台主要是实现生产管理、视频监视、移动应用等数据支持,并自动获取系统需要的监测数据及数据管理和维护功能。

2. 外部数据推送到控制区

定制数据推送工具,将管理区中获取的监测数据通过反向网络安全隔离装置推送到控制区。

(三)空间数据获取与处理

项目包括空间数据获取与处理,将对此部分数据进行处理和存储,满足系统空间数据展示和分析需求。

1. 基础地理数据获取与处理

基础地理数据获取与处理主要包括以下几部分内容。

1)地理数据

比例尺 1:50 000,空间数据范围工程红线范围向外延伸 10 km,数据类型为数字线划图(DLG),坐标系统为 GCS2000 坐标系。

2)卫星影像数据

影像分辨率优于 2.5 m,空间数据范围为工程红线范围向外延伸 10 km,坐标系统为GCS2000 坐标系。

3)覆盖信江的大范围数据

采用国家小比例尺地图基础数据。

以上数据获取后,采用地理信息系统软件对其进行处理后再存储,主要包括坐标系转换、矢量化、切片等处理,供展示平台使用。

2. 工程地理数据获取与处理

工程地理数据主要包括两类:

一类是工程及附属建筑物的大分辨率空间数据。包括工程关键点坐标、位置及分布资料,工程的分布资料,附属建筑物布置及分布位置资料,自动观测站位置资料等。这些数据数字化后,用于 GIS 建模使用。

另一类是工程专题空间数据,有防汛布置图、水面线及工程布置等,需在地理信息系统平台基础上整编处理,形成标准 GIS 数据,用于空间专题分析与展示。

3. 工程地理数据存储

工程地理数据存储主要是工程及附属建筑物的大分辨率空间数据。包括工程关键点坐标、位置及分布资料,工程的分布资料,附属建筑物布置及分布位置资料,自动观测站位置资料。

第九节　应用支撑系统设计

一、概述

应用支撑平台应为各类业务应用提供一体化的支撑平台,主要包括数据处理、权限管理、数据查询、报表、图形框架、综合报警、综合展示、数据通信、控制服务等功能。

(1)应用支撑平台为各类业务应用系统提供统一的人机开发与运行界面,提供各类通用开发基础技术框架与中间件,加速应用系统的开发,提高开发质量;平台可组件化发布各类功能,可为不同类别的用户组定制发布不同功能组件集合的功能系统,不同用户通过相应账号登录平台,可使用对应的定制系统。

(2)应能对系统实现统一的监视与管理。对整个系统中的节点及应用配置管理、进程管理、安全管理、资源性能监视、备份/恢复管理等进行分布式管理,并提供各类维护工具以维护系统的完整性和可用性,提高系统运行效率。

（3）应提供面向服务（SOA）的组件模型框架、消息管理与发布框架,工作流引擎、权限日志服务、图形报表服务、缓存管理等多类通用基础技术组件框架,为各类应用组件的开发与部署提供基础的技术环境。

二、应用模型建立与管理模块

应用模型建立与管理模块将应用系统涉及的模型按照统一标准进行建立和管理,实现应用系统的协同工作,支撑应用系统的正常运行。应用模型建立与管理组件是打通"信息应用壁垒"的基础,是实现跨系统间数据、流程、界面的集成与共享的基础,该组件解决了应用系统间交互操作的问题。

应用模型涵盖自动控制、工程安全、工程管理、状态监测、视频图像、空间基础地理信息、公共基础信息等内容。其中,计算机监控、监测预警管理、综合管理、工程运维管理、视频图像逻辑上划为专用模型库。公用基础信息、空间地理基础信息划为公用模型库。

应用建模负责系统内网络架构、用户配置、权限管理、应用组件的维护和管理,通过应用模型的建立,将工程实际系统中的相关特性有效地组织起来,在统一的人机界面中进行管理,完成整体系统功能的构建,同时对实时数据服务、公共数据交换服务、综合报警服务等应用提供服务。应用模型涵盖以下内容:

（1）系统运行参数和配置信息。

（2）系统通信的网络拓扑配置。

（3）系统应用服务的连接配置。

（4）数据遥测的 RTU、通道、规约、点号、系数等参数。

（5）数据处理的各种限值、事故、遥控等参数。

（6）系统的运行定制数据配置。

（7）告警定义与计算公式定义。

（8）图形和报表的定制模板定义。

（9）系统基础服务组件配置。

（10）实时监控、安全监测、状态监测、数据分析等业务模块视图配置。

（11）基于组与角色的系统功能视图集合定制与发布。

三、SOA 组件服务发布与管理中间件

SOA 组件服务发布与管理中间件采用面向服务（SOA）的组件模型架构,可供多种样式的应用接口封装和发布,接口的实现在部署之后绑定到所记录的服务端口。支持各业务通信的服务交互的虚拟化管理。它是充当 SOA 中服务提供者和请求者之间的连接服务的中间层。各模块仅负责各自业务,通过体系结构的管理内核实现动态注册、应用调度、事务管理、生命周期控制等功能,通过灵活的服务管理框架,促进可靠而安全的组件化系统构建,并同时减少应用程序接口的数量、大小和复杂度。

SOA 组件服务发布与管理中间件作为面向服务的组件发布的管理容器,为各应用服

务组件提供基于不同协议的服务接口发布。

(一)服务容器管理

系统提供标准的服务管理内核负责全局服务管理,每个模块仅关注各自业务,模块的应用管理、互调控制、注册、负载均衡等均由管理内核完成,形成统一的发布平台,系统各种应用功能均以插件的形式统一组织开发,形成开放的、可扩展的服务管理架构。

(二)位置和标识

标识消息并在交互服务之间路由这些消息。这些服务不需要知道通信中其他方的位置或标识。

(三)通信协议

允许消息在服务请求者和服务提供者之间来回传递的过程中跨不同的传输协议或交互样式中传递,支撑 TCP 与 HTTP 协议的服务接口发布,能够将业务组件接口快速发布为 Romoting、Webservice、Rest 等组件服务。

(四)接口

服务的请求者和提供者不需要就单一接口达成一致。可以对请求者发出的消息进行转换和充实来得到提供者预期的格式,从而协调差异。

(五)服务总线支持不同类型的服务交互

单向消息及请求/响应、异步调用及同步调用和发布/订阅模型以及复杂事件处理。

四、工作流管理与服务中间件

工作流管理与服务中间件为平台各类流程化应用处理提供基础的工作流引擎,它是驱动流程流动的主要部件,负责解释工作流流程定义,创建并初始化流程实例,控制流程流动的路径,记录流程运行状态,挂起或唤醒流程,终止正在运行的流程,与其他组件之间通信等工作。

工作流管理与服务中间件主要包括以下内容。

(一)工作流模板的定义

根据不同应用的需求定义不同工作流模板节点,形成特定的工作流模板,并提供保存等功能。

(二)工作流模板的运行管理

启动或终止流程实例;获取工作流流程定义及状态;工作流流程实例的操作,如创建、挂起、终止流程,获取和设置流程属性等;获取流程实例状态;获取和设置流程实例属性;改变流程实例的状态;改变流程实例的属性;更新流程实例等。

五、消息服务与管理中间件

消息服务与管理中间件具备基于平台的消息发布机制,即从平台端向用户端的消息通信机制。消息框架应能支持系统报警、数据更新、应用间数据交互等多种应用的需求,同时消息总线需考虑传输效率、企业级扩展,以及消息类型的通用性,使得平台在投入运行后可方便地通过消息总线传递各类数据与事件。消息服务与管理中间件应支持具有不同性能特征的应用程序独立运营,避免在同一消息中间件集群中出现瓶颈。

应具备通信消息基于平台的发布机制,即从平台端向用户端的消息通信机制,同时在异步处理中,客户端也需要通过消息实现调用的异步机制,因此在应用服务层平台需建立起统一的消息机制,实现点对点、订阅/发布模式的消息通信,消息可以传递实时更新数据,或定义的事件,发送各类数据与参数,消息框架应能支持系统报警、数据更新、应用间数据交互等多种应用的需求,同时消息总线需考虑传输效率、企业级扩展,以及消息类型的通用性,使得平台在投入运行后可方便地通过消息总线传递各类数据与事件。

通过消息服务与管理中间件提供高效可靠的异地异步消息传递服务,实现数据交换与共享。

支持消息可靠传输。支持通过把消息保存在可靠队列中来保障数据信息的"可靠传输",并在传输中具有断点续传等异常处理机制,能够应对网络故障、机器故障、应用异常、数据库连接中断等常见问题,在主机、网络和系统发生故障等情况下能有效保障数据的传输。

提供本地队列、远程队列、集群队列、物理队列、逻辑队列等多种队列和队列的分组管理机制,有利于队列和消息的管理维护。

支持消息点对点(P2P)通信方式和订阅/发布(Pub/Sub)通信方式。发布操作使得一个进程可以向一组进程组播消息,而订阅操作则使得一个进程能够监听这样的组播消息。

支持消息传输优先级。支持不同紧急程度的消息采用不同的优先级,做到优先级高的消息传输得快,优先级低的消息传输得慢。

为了减少网络传输量,提高数据的传输效率,产品支持消息传输数据的自动压缩、解压缩。

为了保证传输数据的安全,支持传输数据的自动加解密处理,并支持使用第三方传输安全保障机制。

支持数据包和文件两种数据传输方式,并支持大数据包、大文件的传输。

支持数据路由和备份路由功能。支持在不相邻节点之间进行消息传输和数据路由;支持配置使用多条备份链路,当到达某个目的节点的第一条线路出现异常时,能够自动向下寻找,直到找到线路良好的通路。

提供多种连接方式支持,支持节点间根据应用中需要选用常连接或动态连接方式。常连接方式由消息中间件自动建立、维护传输通道,传输处理响应更高效;动态连接方式在应用中需要进行数据传输时建立连接通道,且在不使用时会断开连接,适合按需连接的应用业务系统。

支持网络连接的多路复用。支持多个应用共用一个消息传输通道进行数据的发送和接收。

提供消息生命周期管理机制。支持通过生命周期对消息进行管理,及时清除失效消息,防止失效消息占用系统资源。

提供消息的事务处理功能,包括发送方事务和接收方事务。以解决关联消息的发送和接收处理,应对可能出现的数据库异常、应用异常等问题。发送方事务可以把本地数据库操作与数据发送纳入一个事务进行管理;接收方事务可以把数据的接收和数据库操作纳入一个事务进行管理。

提供事件功能支持。事件功能用于提供对消息收发、系统状态、各种异常的跟踪。通过事件功能应该可以得到诸如消息的开始发送时间、发送完毕时间、节点建立连接的时间等消息事件、连接事件、应用事件。

支持主机双网卡,支持在数据传输时绑定 IP 地址。

支持 JMS1.1 标准。支持通过 JMS,进行消息的发送与接收。

支持在 JMS 应用中发送文件和组消息。

六、系统监视与管理组件

系统监视与管理主要是对整个系统的传输、网络、服务器、存储、数据交换、业务应用等各个方面进行监控,实时掌握整个系统的运行情况,分析统计各类指标、及时进行指标或故障预警,辅助进行系统的管理与监控,从而保障系统的稳定运行,支撑系统运行维护。系统监视与管理应提供全面的系统监控和管理功能,包括主机系统、网络系统、数据库系统、应用组件、操作系统等的运行监控。该组件应支持主流的网络设备、主机系统、网络安全系统、数据库、中间件、操作系统等。该组件应能提供告警服务,通过阈值设定,将高于阈值的信息通过告警方式界面输出,向系统发送告警。

七、业务应用服务组件

业务应用服务组件根据前台业务对数据接口进行逻辑封装,加工后的服务接口满足各类应用的数据需求。

业务应用服务组件支持各方之间的服务交互。各组件仅负责各自业务,通过服务容器的管理内核实现动态注册、调用、生命周期控制等功能。业务应用服务组件根据工程综合管理系统各类需求而定义,主要包括但不限于以下应用接口。

(一) 工程公用资源服务接口

为整个工程提供工程模型,用户权限,定制视图模板等跨技术专业、通用、全局的资源调用接口。

(二) 监控类应用服务接口

为电站、泵站、闸门等自动化监控资源提供数据应用服务接口,封装该类应用后台业务逻辑,为各类监控类组件提供后台接口支撑。

(三) 安全监测应用服务接口

为位移、变形、渗压、渗流等安全监测类应用提供数据应用服务接口,封装该类应用后台业务逻辑,为各类安全监测类逐渐提供后台接口支撑。

(四) 状态监测应用服务接口

为状态监测类应用提供数据应用服务接口,封装该类应用后台业务逻辑,为各类状态监测类逐渐提供后台接口支撑。

八、GIS 后台服务与发布

GIS 服务的实现通过对各应用系统使用通用工具的梳理,整合一套支撑各业务应用的系统支撑软件,如 GIS 数据存储管理、应用服务器套件、地理信息服务、数据分析与展示工具等功能,满足各业务应用的需要。GIS 后台服务与发布组件应满足以下要求:

提供通用的框架在企业内部建立和分发 GIS 应用;

提供操作简单、易于配置的 Web 应用;

提供广泛的基于 Web 的空间数据获取功能;

提供通用的 GIS 数据管理框架;

支持在线的空间数据编辑和专业分析;

支持二维地图可视化;

集成类型丰富的 GIS 服务;

支持谷歌、高德、天地图等在线地图服务叠加;

支持标准的 WMS、WFS、WCS、WMTS 和 WPS;

提供配置、发布和优化 GIS 服务器的管理工具;

地图服务支持时空特性;

提供动态图层服务;

提供预配置的缓存服务、发布服务、统计报表服务、地图打印服务、几何服务、搜索服务及一个地图服务实例;

提供富客户端 Web APIs、Javascript API、Silverlight API、Flex API;

提供. NET 和 Java 软件开发工具包;

为移动客户提供应用开发框架;

产品应支持跨平台,支持各种主流的硬件平台和操作系统,如 Solaris、AIX、HP-UX、Windows 等;

支持在多种主流 DBMS 平台上提供高级的、高性能的 GIS 数据管理接口,如 Oracle、SQL Server、PostgreSQL 等;

为任意客户端应用提供一个在 DBMS 中存储、管理和使用各类空间数据的通道;

支持 TB 级海量数据库管理和任意数量的用户;

提供版本管理机制,允许版本和非版本编辑,支持数据维护的长事务管理;

支持历史数据管理;

支持基于增量的分布式异构空间数据库复制功能,支持多级树状结构的复制,支持 checkin/checkout、one way、two way 三种复制方式;

支持数据跨平台及异构的数据库迁移;

支持空间数据库导出为 XML 格式,用于数据交换和共享;

支持对空间数据元数据的管理;

支持对多源多类型空间数据的管理,包括矢量、栅格、影像、栅格目录、三维地表、文本注记、网络等数据类型;

支持影像数据金字塔及金字塔的部分更新;

保证在 DBMS 中存储矢量数据的空间几何完整性,支持属性域、子类,支持定义空间数据之间的规则,包括关系规则、连接规则、拓扑规则等;

提供行业数据模型,支持标准 UML 建模语言,通过 CASE 工具创建自定义的数据模

型,并导入到空间数据库中;

提供对空间矢量数据的高效空间索引建立和更新机制,支持按照空间几何范围、属性条件 SQL 及两者混合检索方式;

提供对空间数据库的备份、恢复功能,并能够支持备份策略设置和备份/恢复操作日志管理;

支持 Query Layers,支持通过 SQL 语句创建地理图层;

提供对 Oracle、Postgre SQL 和 SQL Server 的 Native XML 列的支持;

提供对 SQL Server 的 Varbinary(max)和 datetime2 数据类型的支持;

空间数据库支持多种拓扑规则。

九、通用计算服务

(一)通用计算服务整体功能要求

1. 数据整编

数据整编应能根据不同的时间精度,整编出不同的数据库表对应,以满足不同时间尺度下的查询分析和应用展示。数据整编要按照事件进行数据分类,整编不同时间精度下各类工程调度数据,有规则地对分类数据进行整编,最大效率地进行整编。

2. 数据整编质量检查

数据整编质量检查通过建立统一的数据质量稽核体系,对数据完整性、及时性、合法性、一致性进行检查。结合纵向数据级联、横向数据共享、主数据质量管理等,采用抽取、主动采集、直接访问等方式,对检查接口进行数据冗余分析、数据残缺及完整性验证等,全面提升数据质量。数据质量检查范围包括完整性、一致性、准确性、完备性、有效性、时效性等。

3. 入库数据校验

整编数据进入数据中心综合数据库后,需要对入库的数据进行校核,保证每类数据都准确导入到数据库中。应对数据的准确性、完整性、编码的一致性等进行审查,以保证入库数据的权威性。

(二)监控业务的通用计算服务

1. 支持分类运算

主要针对一览表,包括状变一览表、事故一览表、故障一览表、越复限一览表、铺设启停一览表、操作一览表、流程信息一览表等多种一览表信息。用户可以将这些一览表合在一起进行查询。

2. 支持记录运算

包括模拟量、温度量、电度量等非状变量的定时记录,事故追忆记录,其他需要记录的数据等。

3. 支持统计运算

包括模拟量、温度量的越复限次数统计;状变量动作/复归次数统计;电度量累计及峰、平、谷时段电量统计;机组开/停机次数统计;机组开/停机时间累计;铺设启动/停止次数统计;铺设运行时间累计;其他需要统计的项目等。

4. 支持分级存储

分级存储是根据数据的重要性、访问频率、保留时间、容量、性能等指标,将数据采取不同的存储方式分别存储在不同性能的存储结构上,通过分级存储管理实现数据客体在存储设备之间的自动迁移。热点数据存储是指将数据存放在高速的存储结构上。热点数据存储存取速度快,性能好,存储空间要求大,适合存储那些需要经常和快速访问的数据。非热点数据存储是指将数据重新组织更适应查询需求,并以压缩方式减少存储空间。

(三)监测类业务的通用计算服务

系统中应预置常用的监测数据计算方法,包括公式算法、查表算法及复杂的流程算法等,计算应快速准确。在任何时候都可以随时增加新型算法。

1. 预定义物理量转换公式

在系统中应预定义多种常用的计算公式(应涵盖所有常用大坝仪器的物理量转换),用户可根据当前仪器测值计算类型直接进行相应的选择,从而在节省时间的同时,避免了用户自建计算公式时出现的错误。系统应能根据工程中出现的新仪器,扩充新的仪器计算公式,从而满足工程的需求。

2. 一个测点可以定义多套计算参数

一个测点可以配置多套计算参数,每套参数上标注具体的启用时间,在测点进行计算时根据公式启用时间自动选择多个计算参数中相应的计算参数进行计算。计算时能够排除该计算参数启动时间以前的计算过程,从而实现了保护测点公式启动时间以前的原有计算成果。该功能适用于测点更换了仪器后,对该点更换前的原仪器的测量计算成果的保护。

3. 自定义计算公式

该功能能够让用户自行定制测点的计算公式,在预定义公式中没有当前仪器的计算公式或用户不满意预定义公式中的计算单位时,用户可用其进行个性化的公式设置,使计算结果达到自己所需要的量纲及计算要求。公式中可以采用一些函数(如 sin、cos 等)来进行一些复杂的计算。

4. 查表计算

对一些非线性的算法提供查表计算,系统除提供常用的一些查表计算,还可以导入一些用户自己需要的查表算法。

5. 相关性计算

(1)可以进行任意多点的相关性计算。

(2)相关点计算可以实现任意层相关点嵌套功能,即在测点的相关点计算中将引用到其他也具有相关点计算公式的测点测值。

(3)相关点计算功能中实现了条件分支计算功能,使测点计算可以按指定的条件进行相应的分支计算。

(4)在相关点计算公式中内置了大量的函数,用户可以方便地将它们应用到自己的公式中。

(5)虚拟相关点计算功能。该功能实现了复杂公式的计算功能,使测点(虚拟测点)可以计算得到原先需要经多步计算才能得到的结果,如人工视准线计算、锚索计算等。

6. 提供计算验证工具

可以很方便地查出计算设置是否正确。

系统中应提供物理量转换计算和相关点计算的验证工具,可以方便地查看测点的计算公式及对该公式进行相应的数据测试,验证公式的正确性。

系统应提供测点相关点计算的过程显示功能,该功能详细记录了测点的相关点计算步骤,包括相关点引用的测值、计算表达式等。用户可根据该计算表达式分析计算结果的有效性,当计算成果异常时,可方便地根据该表达式查找到产生异常数据的相关测点,并进行相应的分析。

7. 数据过滤

监测数据应自带评估标志(正常、超限、超仪器量程等),系统可自动对数据进行检查判断并给出评估标志,也应能接受用户为数据设置的评估标志。在数据输出或使用时,可根据设置的评估标志过滤条件对数据选择性地取用。

十、权限管理与服务中间件

权限管理与服务中间件提供用户、组、角色等不同维度的权限管理功能及系统通用配置功能,可设置不同的安全等级对访问和操作权限进行控制与管理,并可对用户访问和操作进行审查,也可以通过权限管理实现枢纽工程各自动化系统的单点登录。权限管理是系统安全稳定运行的重要保证,权限管理作为一种公共服务为各应用提供一组权限管理服务公共组件,强化了权限管理的灵活配置功能,为用户提供可灵活配置的、多级多角色权限管理服务。权限管理 E-R 图如图 4-3 所示。

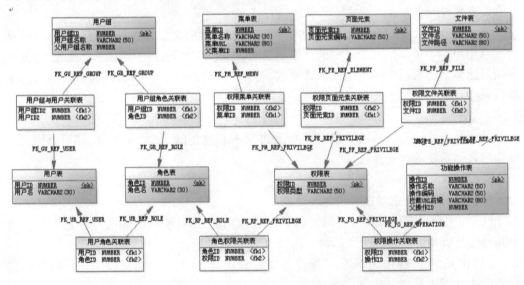

图 4-3　权限管理 E-R 图

(1)提供用户、角色管理功能,并能够提供多全方位、多粒度的权限控制,包括菜单、应用、类型、属性、数据、流程等方面的权限控制。

（2）提供用户、组、角色等不同维度的权限管理功及系统通用配置功能,可设置不同的安全等级对访问和操作权限进行控制与管理,并可对用户访问和操作进行记录与审查,也可以通过权限管理实现枢纽工程各自动化系统的单点登录。

（3）提供基于人员角色的账户供应策略。统一用户管理平台能够根据人员的角色来部署人员在各个系统中的账户信息。

（4）能够动态地响应人员信息的变化和策略的更改。例如:当人员信息发生变化时（工作职责发生变化等）,统一用户管理平台能够动态地根据这些变化对应用系统的账号进行调整（账号添加、删除、角色变化等操作）。

（5）能够灵活地定义人员账号的命名规则,可以针对后台不同的应用系统采用不同的账号命名规则。

（6）支持分级权限管理机制,可以按照组织机构、被管理资源等内容对人员和账户等资源进行分级授权管理机制。

（7）身份信息的存储和供应,支持关系数据库方式。可采用身份服务内部用户源,或与第三方系统外部源交互。

十一、报表与图形管理服务中间件

报表组件应分为报表模板组态环境和报表模板运行环境两部分。其中,报表模板组态环境必须在客户端安装以后运行。报表模板运行环境分为 Client/Server（客户机/服务器）浏览模式和 Browser/Server（浏览器/服务器）浏览模式、C/S 浏览器运行在本机环境、B/S 浏览器基于 Internet 浏览器进行报表展示。

画面编辑器是用于制作系统运行的画面。在画面编辑器中可编辑制作各种类型的图元,常用的图元包括基本形状、常用图标、通用图元、实时监控和调度计划等,同时还支持用户自定义扩展图元。画面支持多图层、多视图显示,画面可在编辑态和运行态之间自由切换。画面编辑器主要功能应包括:设置背景图;运行态工具栏组态;添加、删除图元;编辑图元属性;设置当前编辑的图层;画面保存;画面编辑态与运行态切换。

（一）报表组件

提供报表计算功能和编辑功能,实现对报表的调度、打印和管理。报表的数据来源于实时数据、历史数据、应用数据、人工输入及其他报表输出,与实时数据库、历史数据库连接。数据库中数据的改变自动反映在报表中,生成新的报表,每次生成的报表均可以保存。报表必须能够全面支持主流的 B/S 架构及传统的 C/S 架构,部署方式简单灵活。

系统提供以下功能:

（1）支持用户自编辑报表,无须编程。

（2）提供时间函数、算术计算、字符串运算、水位雨量计算、水头计算、闸门计算、机组计算等函数,能满足各种常规报表计算需要。

（3）报表中可嵌入简单图元,如直线、曲线、矩形、椭圆、位图、文本等。

（4）多窗口多文档方式,支持多张报表同时显示调用或打印。

（5）具有定时、手动打印功能。

（6）编辑界面灵活友好,除普通算术运算外,还应能支持面向业务的计算和统计能力。

(二)图形组件

图形框架包含展现形式和图元库两大部分。针对 B/S 和 C/S 两种架构体系,开发 WEB 应用容器和专业系统应用容器,既能实现同一画面在两种体系下展现形式一致,也能根据两种体系特点开发不同的人机交互。基于点、线、面、表格等公共图元库开发各类专业应用图元,实现图元库的共享,既能提高界面的展现能力,也能加速应用开发。

通用图形提供了丰富多彩的监视、查询和分析画面,图形界面既可展示实时动态数据、图形,又可对历史数据进行综合分析比较以图形、列表显示,各图元集都是基于统一平台,具有统一的人机界面,而且具有强大的扩展性和灵活性。

系统提供以下功能:

(1)系统提供由图形管理、图形生成工具和用户接口组成的图形管理系统。

(2)系统支持基本的缩放、平移、导航等窗口操作。

(3)画面能够支持多屏显示,窗口数、窗口尺寸方位可灵活自定义。

(4)可根据自己的需要在多层透明画面上自由组合,生成丰富多彩的画面。

(5)支持定义基于各种数据集(实时数据库、历史数据库及第三方数据库)的动态数据、各种动态图符、字符和汉字等。

(6)图形生成工具具备画面生成、编辑和修改功能,能方便直观地在屏幕上生成、编辑、修改画面。

十二、报警与控制管理服务模块

报警管理服务模块在现地通信总线驱动的基础上,封装了应用和现地自动化装置的监测、监控数据。提供通用的报警消息规范,接收符合该规范的报警信息,统一处理后根据指定要求发送至对应的报警消息处理者,支持短信报警、声音报警、屏幕报警等多种形式。

控制管理服务模块接收具备控制权限的节点和用户的控制信息,将控制信息转发至相应的现地控制单元,实现对设备的控制。

十三、短信发布组件

采用短信方式进行数据通报或事件通知非常方便,因此系统需建立一个短信平台,以便进行信息的发布和查询。短信平台软件需提供一个通信簿,通信簿中登记了需要提供短信服务的有关人员的手机号码,这些号码可以方便地增减、修改。同时,系统提供对不同人员的需求分类,以便能自动地在需要时将同一批信息发送到相同的服务类型的人员手机中,从而实现信息预订功能。

另外,短信方式也可用于简单的数据查询,包括水情、雨情概要信息,实时出力等。应用时,通过发送预先约定的字母或数字至短信服务中心的特定号码上,系统将约定好的信息内容以短信方式发送至手机上。

十四、缓存管理组件

考虑到用户对界面反应的要求和实际庞大的数据通信，系统需要构建缓存管理组件，系统的客户端通过统一的代理访问服务，在客户端代理层，系统通过对服务调用返回结果进行拦截，同时将拦截到的相关信息通过消息中间件发送到消息服务中转站上。每当远程调用发生服务通信异常时，拦截器根据预先定义好的缓存策略进行大数据的缓存和缓存数据更新，确保客户端的请求得到快速响应。

所有服务通过服务总线进行统一发布，并且用户的请求通过代理进行统一调度。代理通过拦截到所有用户的服务需求和对应的服务响应，统计客户信息、缓存命中、服务负载和服务执行信息，所有统计信息被发送至消息服务器上，订阅的客户端可以实时观测和记录服务运行情况，迅速定位性能瓶颈。代理也可以通过订阅服务负载信息实现服务分流和负载均衡，实时调整各冗余服务的负载，提高系统效率。

十五、跨安全区数据传输交互同步服务

通过应用支撑平台，可实现系统内部和系统外部的数据交换服务。控制区与管理区的数据交换，集控中心与管理中心的数据交换，以及本工程与外部系统间的数据交换等。

数据的安全传输采用 ETF 或 XML 文件格式，传输与交互同步服务应能对同步服务的运行状态进行观察，应能支持数据补传，补传的对象可以选择全部数据库表或者特定的几个，以及补传起始结束时间。

（一）正向安全数据传输

正向安全数据传输要求能够实现控制区系统数据通过正向物理隔离装置传输到管理区的功能，正向安全数据传输软件功能。①数据库动态同步；②手工数据补传；③网上实时数据同步；④报警；⑤辅助配置工具；⑥数据同步及数据验证。

（二）反向安全数据传输

反向安全数据传输要求能够实现管理区系统数据通过反向物理隔离装置传输到控制区的功能，反向安全数据传输软件功能：①外系统（水文、气象系统）数据库动态同步；②调度系统数据同步；③报警。

一体化平台的跨区同步基于在源数据库表建立触发器，捕获数据变化，触发到临时表，安全隔离客户端程序将临时表数据生成数据文件，放在隔离相关目录，由隔离厂家提供的软件将该文件传到相应安全区，再由安全隔离服务端程序解码这些文件写入相应区的数据库，保证数据同步过程中不会存在任何数据丢失。

十六、第三方服务接口发布与管理

第三方服务接口提供完整 Web Service 和 rest 支持，通过 SOA 组件服务发布与管理中间件发布相应接口，支持基于 Web Service 的封装，支持 rest 服务发布规范，实现信息共享、交换和流程处理、业务流转等功能和服务。

第三方接口发布可针对系统实施运行监测信息、安全监测信息等工程运行信息，对外提供相应的数据服务接口，以实现数据交互的功能。

(一) 功能设计

应提供面向高级语言程序的数据访问接口,提供第三方访问数据所需的接口说明,提供足够充分的 API、数据库访问接口及有关文件,支持 Web Services 开发等。

外部应用接口服务的基本要求应具有以下功能或特点:

(1)访问协议应符合 Web Service 标准要求。

(2)以 XML、XML Schema 文档标准描述业务组件的输入、输出信息流。

(3)输入、输出信息流应能被服务执行功能解析。

(4)应通过符合 UDDI 标准的访问协议获取业务组件描述。

(二) 功能实现

除满足功能设计的要求外,应用接口服务还必须能够达到以下基本要求:

(1)提供身份证功能,使得其他系统或者应用可安全地连接到数据资源层。

(2)建立连接后,其他系统或者应用可以通过 XML 文档向本系统发起数据访问请求,包括数据的增、删、改主要涉及 ODS 层数据库。

(3)响应数据访问请求,将 XML 形式的访问请求转换为 SQL 语句,执行对数据库做增、删、改、查询操作。

(4)将数据库操作的相应结果(包括操作结果和出错信息)以 XML 格式返回给请求者。

(5)提供日志功能,将用户、操作时间、操作类型、操作表名、成功与否等信息输出到指定文件中。

十七、数据交换服务中间件

(一) 功能要求

1. 数据交换服务与应用系统相对独立

数据交换服务组件独立于各业务逻辑,不依赖于任何一个特定的业务流程。

2. 数据交换服务的可扩展性

在统一性和业务独立性的前提下,具有良好的可扩充性。随着应用系统业务需求的变化和扩展,可以逐步扩充服务的内容,并且对组件的架构没有影响。

3. 实现多种信息资源的共享交换方式

基于 SOA 的设计思想,数据交换以统一的基于服务的交换来管理。主要交换方式有文件交换、数据库之间的数据交换、基于服务的交换等。

4. 支持多种数据接口和传输协议

基于数据交换产品可提供数据库、文件系统、Web Service 等多种接口服务方式,支持不同格式数据内容的交换共享。同时,遵循国际主流成熟的、通用的传输标准、规范和协议,如 TCP/IP、XML 等。

5. 交换安全保障服务

能够基于产品自带的安全服务功能,对敏感信息交换进行 MD5、DES、SSL 加密,根据数据加密应用途径进行交换信息内容的加密(可逆或不可逆),保障数据交换传输过程中的安全。同时,还将具有数据合法性验证功能,能够对交换服务与应用系统之间及交换系统之间的两类合法性验证,确保数据可信交换。拥有断点续传功能,保证数据"只传一次",即不重传、不漏传、断点续传,实现高效传输。用户可根据实际需要指定任务的优先级顺序,实现任务调度功能。

6. 提供数据交换日志

能够对所有的数据交换任务记录详细的日志信息,信息内容包括交换节点名称、交换节点 IP 地址、端口号、交换内容与时间等各类信息,确保能够对数据交换任务进行追踪和事后审计。

(二) 功能内容

数据交换服务平台通过建立先进的业务信息系统交互集成的架构,并基于此可灵活、高效、高质量地完成系统的业务和信息集成工作。数据交换服务平台可以分为以下几个功能。

1. 数据整合

实现了将业务系统发布过来的业务信息进行一系列的处理后进入数据中心,包括数据清洗、数据比对、数据转换、数据入库等功能。

2. 数据共享

实现了从数据中心读取共享数据,调用数据交换接口共享给其他系统的功能,详细包括数据查询和数据导出功能。

3. 数据交换方式

规定了本数据交换平台采用的数据交换方式,如 XML 文件、WebService 方式、中间数据库、文本、Excel 文件。

4. 数据交换接口

指本数据交换平台对外提供的接口,包括数据发布接口、数据订阅接口、数据应答接口、数据请求接口。

5. 服务模式

设计了本数据交换平台对外业务的服务模式,包括定时请求、触发同步等模式。

6. 数据交换管理

平台管理功能是对整个数据交换平台的管理,包括发布订阅管理、请求应答管理、权限管理、交换任务管理等。

7. 数据交换监控

平台监控功能是对整个数据交换平台的运行详细情况的监控,包括交换运行监控、接口调用监控等。

8. 数据交换标准

平台标准指本数据交换平台遵循的标准,如数据元标准、数据共享标准、数据交换标准。

十八、门户集成服务

将基于平台的信息发布及第三方信息集成为统一门户,实现统一登录,即可以访问所有其拥有访问权限的门户服务功能。

通过门户等感知化的展现,为本工程领导和工作人员提供便捷、易用、高效的信息服务手段。将业务系统中的数据整合展现在门户中,通过服务中心对业务系统中沉淀的数据进行管理并且为应用系统提供资源服务。将资源、服务及应用注册在目录上,进行统一管理。作为本工程智慧监控系统建设的服务引擎,为系统提供统一的身份、权限、单点登录等的基础应用服务以及各类信息服务集成的公共服务。标准统一规范全局的信息化建设,促进全局上行下达,全线联通。

(一) Portal 与用户目录的集成

实现各应用系统的单点登录和身份认证。应用系统都是基于 Web JavaEE 技术架构开发的应用程序,用户身份在平台集中管理,通过协同服务与各应用系统映射关系。用户权限管理和内部多个应用系统实现用户管理的数据协同,并且有相应的接口和规范。

(二) Portal 与应用系统的集成管理

Portal 与应用系统的集成:门户与应用系统的集成,提供各系统服务业务的集成方式与标准。门户页面中将主要提供相应功能的入口。

(三) Portal 的门户集成展现服务

通过 Portal 的门户展现服务来定制工程的统一门户页面。通过 Portal,不仅可以通过模板技术实现门户主页,还能够为日后的调整和维护提供非常灵活的管理机制。对于工程可以提供个性化的网站门户,可根据需求定制标签、栏目、风格、布局及个性化的服务。

(四) 用户权限控制

系统具有一套科学完整的权限用户模型,提供多级、灵活的安全操作控制。其中,权限的主体分为用户、组织、角色三种。

第十节　智慧水电站应用系统设计

一、综合监测监控系统

综合监测监控系统包括电站(含泄水闸)监控、泵站监控、工程安全监测、状态监测、视频监视等应用模块,实现对本工程工情、工程安全、状态监测、视频监视等各类信息的实时监测监控,实现对电站、泄水闸、泵站等关键工程部位的远程控制。

(一) 电站(含泄水闸) 监控

电站(含泄水间)监控能迅速可靠、准确、有效地实现对虎山嘴电站及泄水闸、貊皮岭电站及泄水闸的运行监视和控制。该模块主要具备以下功能。

1. 远程控制

1) 控制的层次结构

控制可分为集控中心控制、站控层控制和现地层控制三个层次。本系统的控制权按上述层次需要进行设置,包括"集控中心/站控层/现地层"。本系统设计有完整的控制策略,可实时切换各层的控制权限。控制权限的切换按现地优先的原则设计,即下级调度有权切换控制权限,上级调度如需控制权,必须通知下级调度进行切换权限。

2）远程集中控制功能

集控中心综合监测监控系统应能满足上述多种调控方式的要求，保证控制和调节的正确、可靠，操作步骤按"选择—确认—执行"的方式进行，并且每一步骤都应有严格的软件校核、检错和安全闭锁逻辑功能，硬件方面也应有防误措施。无论在哪种调控方式下，电站计算机监控系统均应按要求将实时数据和运行参数等数据上传到集控中心。

当控制权在集控中心时，运行人员可完成如下操作控制：①机组启/停；②闸门开/关/停；③机组有功功率、无功功率；④断路器、开关投/切；⑤辅助设备控制；⑥负荷给定命令或负荷曲线给定；⑦系统参数修改；⑧各类运行方式切换。

集控中心对电站的调控有如下两种方式：

（1）调控命令和设定值（或负荷曲线）发到电站计算机监控系统站控层，由电站的计算机监控系统站控层调控机组、闸门及其他机电设备。

（2）调控命令和设定值直接发送到 LCU 控制到具体设备，如机组、闸门和主要开关操作，单机设定值和控制命令等，由 LCU 执行这些命令并返回足够的信息给集控中心综合监测监控进行监视。

2. 数据处理和监视功能

1）数据处理

对来自数据中心的各种数据进行分析和处理，数据处理应满足实时性要求。

对来自数据中心的数据进行有效性和正确性检查，进行有关综合计算和统计处理，更新实时数据库，使处理的数据反映真实的现场设备状况。

完成电站主/辅设备、继电保护和自动装置运行有关参数统计和记录，生成各类事故报警记录，发出事故报警音响，语音报警，启动 ON-CALL 系统等。

自动统计并记录各机组工况转换次数及运行、停机、备用、检修时间累计；正确对各机组不同工况的有功功率、无功功率进行总加记录；保存运行数据，生成电站各类运行报表，形成各类历史数据，保证数据的连续。

2）安全运行监视

（1）通过集控中心综合监测监控系统人机接口设备对电站监控对象进行监视。监视电站主要设备、开关站设备及主要辅助设备、公用设备的运行状态和参数、运行操作的实时监视，如母线电压、频率、有功功率、无功功率、输电线路潮流、有过负荷可能的线路电流及一些重要的非电量、水位、越限报警、状态变化等。

（2）机组开、停机过程监视。显示过程的主要操作步骤，当发生过程阻滞时，显示阻滞原因，并将机组自动转换到安全状态或停机。其他各种自动过程监视。

（3）电站计算机监控系统运行状态、运行方式及系统状况监视。

（4）通信通道监视。计算机监控系统应能监视通信通道（包括交换机、路由器、光纤等），对冗余通道应能自动或手动切换。

3）事件和报警处理

集控中心实时接收电站的报警数据，发生事故时，自动推出相应事故画面和事故处理指导，画面闪光和变色，显示屏上发出不对位信号，打印事故追忆记录。

在每个操作员工作站上的音响报警应向操作员发出事故或故障警报。当发生故障或事故时,应立即发出中文语音报警和显示信息,并启动 ON-CALL 系统,报警内容可由用户定义。语音报警应将故障和事故区别开来,可手动或自动解除。

事件和报警应按时间顺序列表的形式出现,形成事件顺序记录(SOE)。应记录各个重要事件的动作顺序、事件发生时间(年、月、日、时、分、秒、毫秒)、事件名称、事件性质,并根据规定产生报警和报告。事件和报警应分类记录在事件表、报警表、计算机综合信息表。

系统列表应指出计算机监控系统的报警和事件,操作员应能通过键盘沟通系统获得详细的信息,并通过键盘对报警进行确认,以及能对报警信息分单站、多站选择在窗口中显示和刷新。

4)事故追忆与趋势记录

对过程点实时数据进行事故追忆记录处理,追忆数据点可在线增加、删减或重新定义。

对一些主要参数如轴承温度、轴承温度变化率、推力轴瓦间温差、油槽油温、机组有功及主变温度等实时数据进行记录,采样周期为 1 s,采样点可在线设置及可重新定义。总点数可满足用户要求,实现 24 h 的数据趋势记录,记录可采用曲线图形显示数据变化趋势。

5)时钟同步

系统配置卫星同步时钟系统,保证系统所有设备的时间同步。实现整个集控中心综合监测监控系统时间的同步。

3.人机接口

集控中心运行操作人员、维护人员和系统管理工程师,通过操作员站、工程师站等的人机接口设备,如显示器、通用键盘、鼠标及激光打印机等,实现对电站的远程监视、控制及管理功能。

系统应提供人机界面友好的全图形人机界面,显示直观易懂,操作手段简便、灵活,具有多屏、多窗口无级缩放、细节显示、跟踪查询等功能,面向目标编程,全鼠标驱动,图形操作,汉字界面,多级下拉式菜单加多级弹出式菜单操作,用户可以根据自己的习惯制作自己的人机界面。

在进行控制操作的人机联系时,监控系统进行操作权限的判别。有关控制操作的人机联系,充分利用显示画面、鼠标、控制窗口三者相结合的方式,在操作过程中有可靠性校核与闭锁功能,一般对话步骤如下:选择被控对象,弹出操作性质控制窗口,选择操作,认可后执行或取消终止执行。操作提示全部汉化。

系统的人机界面设计应采用最新图形技术,实现多窗口显示方式。每台监视器的屏幕应可分成若干个窗口,有系统管理窗口、监控窗口、时钟窗口、报警窗口等。系统管理窗口为系统仿真终端,主要监视计算机系统的任务执行,完成任务启动等系统管理操作。监控窗口为计算机监控系统的主要人机界面,完成各种监控功能。时钟窗口仅显示监控系统日期、实时时钟。报警窗口含有各种类型的报警标志区,当某种报警信号发生时,相应的报警标志闪烁,选择某种标志时,即可调出相应类型的报警语句汇总表。报警窗口还含有一个各类报警语句综合显示区,可显示若干条最新报警语句。

系统画面显示应提供自动和召唤两种方式。自动方式用于事故、故障及过程监视等情形自动推出相应画面;召唤方式为运行人员随机调用。

系统应至少提供以下界面、图表等功能:①电气接线图;②电网图;③电站系统结构图;④报警表;⑤SOE 表;⑥用户定义的表格画面;⑦显示运行状态的系统配置图;⑧显示通道运行状态图;⑨数据库一览表;⑩调度员/工程师/程序员操作记录;⑪监控系统运行状态监视画面;⑫其他相关系统运行监视画面;⑬曲线图和棒图;⑭当运行发生状态变化或产生报警、监控系统本身发生事件时,信息应能记录和打印。信息可根据调度员/操作员的请求在任何时间打印出来。

4. 自动发电控制(AGC)

集控中心自动发电控制(AGC)主要根据短期发电计划曲线,实现对机组的负荷出力调节,按照给定的曲线实现机组的有功分配。

5. 自动电压控制(AVC)

集控中心自动电压控制(AVC)执行电网调度机构给定的电站无功功率或电压曲线及安全运行约束条件,并考虑机组的限制条件,合理分配梯级各电站机组间的无功功率,经机组控制单元调节励磁,维持母线电压在给定的变化范围内。

(二)泵站监控

泵站监控能迅速可靠、准确、有效地实现对库区电排站、排渗站的运行监视和控制。该模块主要具备以下功能。

1. 远程控制

1)控制的层次结构

系统的控制可分为集控中心控制、站控层控制和现地层控制三个层次。本系统的控制权按上述层次需要进行设置,包括"集控中心/站控层/现地层"。本系统设计有完整的控制策略,可实时切换各层的控制权限。控制权限的切换按现地优先的原则设计,即下级调度有权切换控制权限,上级调度如需控制权,必须通知下级调度进行切换权限。

2)远程集中控制功能

集控中心综合监测监控系统应能满足上述多种调控方式的要求,保证控制和调节的正确、可靠,操作步骤按"选择—确认—执行"的方式进行,并且每一步骤都应有严格的软件校核、检错和安全闭锁逻辑功能,硬件方面也应有防误措施。无论在哪种调控方式下,泵站计算机监控系统均应按要求将实时数据和运行参数等将数据上传到集控中心。

当控制权在集控中心时,运行人员可完成如下操作控制:①泵组启/停;②闸门开/关/停;③断路器、开关投/切;④辅助设备控制;⑤各类运行方式切换。

集控中心对泵站的调控有如下两种方式:

(1)调控命令发到泵站计算机监控系统站控层,由泵站的计算机监控系统站控层调控泵组、闸门及其他机电设备。

(2)调控命令直接发送到 LCU 控制到具体设备,如泵组、闸门和主要开关操作等,由LCU 执行这些命令并返回足够的信息给集控中心综合监测监控进行监视。

2. 数据处理和监视功能

1）数据处理

对来自数据中心的各种数据进行分析和处理,数据处理应满足实时性要求。

对来自数据中心的数据进行有效性和正确性检查,进行有关综合计算和统计处理,更新实时数据库,使处理的数据反映真实的现场设备状况。

完成泵站主/辅设备、继电保护和自动装置运行有关参数统计和记录,生成各类事故报警记录,发出事故报警音响,语音报警,启动 ON-CALL 系统等。

自动统计并记录各泵组运行、停机、备用、检修时间累计;正确对各泵组的有功功率、无功功率总加记录;保存运行数据,生成泵站各类运行报表,形成各类历史数据,保证数据的连续。

2）安全运行监视

（1）通过集控中心综合监测监控系统人机接口设备对泵站监控对象进行监视。监视泵站主要设备、开关站设备及主要辅助设备、公用设备的运行状态和参数、运行操作的实时监视,如母线电压、频率、有功功率、无功功率、一些重要的非电量、水位、越限报警、状态变化等。

（2）泵组开、停机过程监视。显示过程的主要操作步骤,当发生过程阻滞时,显示阻滞原因,并将泵组自动转换到安全状态或停机。其他各种自动过程监视。

（3）泵站计算机监控系统运行状态、运行方式及系统状况监视。

3）事件和报警处理

集控中心实时接收泵站的报警数据,发生事故时,自动推出相应事故画面和事故处理指导,画面闪光和变色,显示屏上发出不对位信号,打印事故追忆记录。

在每个操作员工作站上的音响报警应向操作员发出事故或故障警报。当发生故障或事故时,应立即发出中文语音报警和显示信息,并启动 ON-CALL 系统,报警内容可由用户定义。语音报警应将故障和事故区别开来,可手动或自动解除。

事件和报警应按时间顺序列表的形式出现,形成事件顺序记录（SOE）。应记录各个重要事件的动作顺序、事件发生时间（年、月、日、时、分、秒、毫秒）、事件名称、事件性质,并根据规定产生报警和报告。事件和报警应分类记录在事件表、报警表、计算机综合信息表。

系统列表应指出计算机监控系统的报警和事件,操作员应能通过键盘沟通系统获得详细的信息,并通过键盘对报警进行确认,以及能对报警信息分单站、多站选择在窗口中显示和刷新。

4）事故追忆与趋势记录

对过程点实时数据进行事故追忆记录处理,追忆数据点可在线增加、删减或重新定义。

3. 人机接口

集控中心运行操作人员、维护人员和系统管理工程师,通过操作员站、工程师站等的人机接口设备,如显示器、通用键盘、鼠标及激光打印机等,实现对泵站的远程监视、控制及管理功能。

系统应提供人机界面友好的全图形人机界面,显示直观易懂,操作手段简便、灵活,具有多屏、多窗口无级缩放、细节显示、跟踪查询等功能,面向目标编程,全鼠标驱动,图形操作,汉字界面,多级下拉式菜单加多级弹出式菜单操作,用户可以根据自己的习惯制作自己的人机界面。

在进行控制操作的人机联系时,监控系统进行操作权限的判别。有关控制操作的人机联系,充分利用显示画面、鼠标、控制窗口三者相结合的方式,在操作过程中有可靠性校核与闭锁功能,一般对话步骤如下:选择被控对象,弹出操作性质控制窗口,选择操作,认可后执行或取消终止执行。操作提示全部汉化。

系统的人机界面设计应采用最新图形技术,实现多窗口显示方式。每台监视器的屏幕应可分成若干个窗口,有系统管理窗口、监控窗口、时钟窗口、报警窗口等。系统管理窗口为系统仿真终端,主要监视计算机系统的任务执行,完成任务启动等系统管理操作。监控窗口为计算机监控系统的主要人机界面,完成各种监控功能。时钟窗口仅显示监控系统日期、实时时钟。报警窗口含有各种类型的报警标志区,当某种报警信号发生时,相应的报警标志闪烁,选择某种标志时,即可调出相应类型的报警语句汇总表。报警窗口还含有一个各类报警语句综合显示区,可显示若干条最新报警语句。

系统画面显示应提供自动和召唤两种方式。自动方式用于事故、故障及过程监视等情形自动推出相应画面;召唤方式为运行人员随机调用。

系统应至少提供以下界面、图表等功能:①电气接线图;②泵站系统结构图;③报警表;④SOE 表;⑤用户定义的表格画面;⑥显示运行状态的系统配置图;⑦显示通道运行状态图;⑧数据库一览表;⑨调度员/工程师/程序员操作记录;⑩监控系统运行状态监视画面;⑪其他相关系统运行监视画面;⑫曲线图和棒图;⑬当运行发生状态变化或产生报警、监控系统本身发生事件时,信息应能记录和打印。信息可根据调度员/操作员的请求在任何时间打印出来。

(三) 工程安全监测

工程安全监测应用模块具有数据处理、整编分析等功能,可对建筑物的安全稳定性进行初步分析评判,为工程安全运行提供尽可能充分的信息、方法、分析评判服务。

工程安全监测应用模块主要功能包括系统管理、数据管理、图形制作、报表制作等。

1. 系统管理

对数据库和系统设置进行管理,如创建和修改服务器上的整编数据库;可以新增、修改或删除用户、更改口令、更改用户级别,新增或删除测点、更改测点属性和计算公式,建立或修改整编测点与自动采集测点之间的关系等,能备份和恢复数据库等,能够提供对工程图纸、工程资料、工程文档的分级管理功能。

2. 数据管理

对监测数据进行管理,如人工批量输入非自动化监测项目的监测数据或自动化项目的人工比测数据,监测资料可灵活进行插入、删除、修改、查询和导出等;能自动检验数据的有效性,并自动计算相关监测量;可对人工输入、修改、删除的测值进行校核和审查两级确认,并可进行批注、通过、退回等操作;可输入或修改安全巡视检查记录;查询结果可快速导出到 Excel 文件;操作方式应与 Excel 接近。

应具有数据报警判断功能,提供上限、下限和变幅报警,以及可以选择在发生报警时系统如何执行报警的方案。如果发生报警,应在报警窗口上显示报警内容,并可执行报警方案,例如发送邮件、短信、执行测量任务等。

3. 图形制作

可以定制并生成各种需要的图形,包括多测点过程线图、布置图、分布图、相关图等。图形模板的风格可以方便地更改,背景支持多种类型的图形文件,既能完全满足专业性需要,又能充分适应不同的个性化需要。所有定制均可通过可视化的操作完成,具有较好的易用性。

1) 过程线图

监测数据过程图的绘制提供单个测点的默认样式(可修改)和任意组合的自由定制样式,绘图方式包括过程线和直方图。支持丰富多彩的绘图风格,布局、尺寸、字体、线型等均可随意调整。支持监测数据评估标志设置、粗差检验等功能的可视化操作。提供默认的单点和定制的组合过程线输出。可以实现多个过程线同时显示;过程线可以是折线、曲线、直方图,子过程图所占比例可以调整;滑动杆拖动操作,无级放大;提供多种显示方式来适合不同场合;在过程线上设置数据评估;数据显示有筛选功能;过程线能粗差分析;具有收藏功能。

2) 布置图

监测布置图支持多种类型的图形文件,如 emf,wmf,jpg,bmp 等。借助于布置图,实现了众多功能的可视化操作,这些操作的对象广泛涵盖了所有测量模块、测点仪器和监测数据。

3) 分布图

监测数据分布图功能可满足各类监测项目的分布图绘制需求,可依观测时间顺序自动动态显示分布图,便于观察监测量的整体变化趋势,并可以定制和输出各种类型分布图。

4) 相关图

相关图可应用于对任意两个监测量的相关性分析,包括各监测量与环境量及各监测量之间的相关分析,当两监测量测时不对应时,系统自动进行相互插补。

4. 报表制作

用户可自由定制各种报表模板;整编数据取舍有多种方式,可以适应对自动化监测数据整编的特殊要求;整编表版面可编辑,可保存、打印和预览。可按要求快速生成各种报表,报表版面和内容可由用户自行定制。单元格所有属性(如字体、字边距、颜色、线型、线宽、对角线等)可方便地编辑。

(四)状态监测

状态监测应用模块实现状态监测数据的综合管理与应用,具备实时监控、数据查询、数据审核、统计分析、报表管理、报警管理等功能,以图表结合的方式提供各类计算结果。

1. 实时监控

实时监控以图表形式展示所有监测点的最新小时数据值,并统计监测点总数、在线数、达标数、超标数,对超标数据以醒目的颜色提示(超标数据标红)。

2. 数据查询

数据查询能够以指定的条件查询状态监测数据。对于查询结果,采用不同颜色对不同类别的数据进行标识(超标数据标红),并对数据进行计算、汇总、评价,查询结果可导出 Excel 等格式。

3. 数据审核

数据审核分为自动审核与人工审核,每类审核均需保证数据一致性。数据审核需定义灵活的审核处理规则,可进行审核规则的组合,可根据审核日志对审核的数据进行追溯或还原。

4. 统计分析

统计分析包括数据变化趋势分析、评价分析、关联分析等内容。统计分析的计算公式和评价标准可以动态设置,或者通过功能配置管理平台预先自定义评价公式或计算公式。分析结果采用交互式图形界面技术展示,可进行缩放操作。

5. 报表管理

报表管理具备良好的扩展性,可根据业务需要生成任何格式和内容的数据报表,并可按自定义内容要求生成数据报表。

6. 报警管理

报警管理包括报警事件管理、报警规则管理、用户组管理三部分。对于不同的用户组,按照管理权限和管理级别定义不同类别的报警事件和处理规则。

(五)视频监视

基于统一的视频监控平台,实现对电站、泄水闸、泵站的统一视频监视和操作,具体功能如下。

1. 显示功能

客户端支持多屏应用,同时展现多个业务界面;支持以浮动窗方式,实时展示报警状态。

2. 客户端

支持 B/S、C/S 客户端;支持 Iphone、Ipad、Android 客户端。

3. 流媒体功能

支持视频流转发、录像回放和下载;具有组播设置选项;支持发送 RTSP、RTMP、HLS 协议实时码流。

4. 实时预览

支持 1/4/6/8/9/13/16/20/25/36/64 多分屏画面显示;支持自定义分屏;支持九档屏显比例:满屏、1:1、4:3、3:4、5:4、4:5、16:9、9:16 及 64:9;支持监视画面的亮度、对比度等参数调整;支持客户端抓图及连续抓图;支持客户端本地录像;支持保存当前实时预览为预案;支持手动/自动选择主辅码流类型;支持自定义收藏夹功能;支持即时回放;支持客户端断网自动重连功能;支持实时预览画面局部电子放大功能;支持守望者相机接入,实现全景守望、手动跟踪、自动跟踪功能;支持客户端显示设备通道数量、显示详细设备信息;支持客户端电子地图功能;支持鱼眼校正,支持壁装、顶装、地装多种模式。

5. 云台控制

支持云台控制权限的抢占和锁定;支持三维定位,变倍/聚焦/光圈,八方向控制;支持预置位设置/调用及巡航功能;支持鼠标模拟,根据鼠标位置与窗口中心的距离自动调整转动速率和方向;支持守望功能。

6. 设备管理

支持按设备/通道名模糊搜索;支持自定义业务树,可生成多种组织结构业务树,可任意调整通道等节点的排列顺序;支持设备自动搜索及批量添加;支持获取设备信息;支持设备列表导入导出;支持批量修改设备的密码及所属组织。

7. 录像功能

支持图形化和列表方式展示录像查询结果;支持多路回放;支持 1/2、1/4、1/8、2、4、8、16 倍速快慢放,支持逐帧播放;支持多路同步回放;支持以时间刻度方式查看录像结果,可滚动调节刻度大小;支持在日历上以不同颜色,展现通道的录像天数分布状况;支持录像类型选择显示;支持秒级存储及回放,确保可回放设备断网/断电前一秒录像;支持切片回放;支持录像打标,通过标签快速定位播放录像;支持按日期、星期录像;支持辅码流存储;支持回放进度条上悬浮快速预览;支持全帧倒放功能。

8. 报警管理

支持报警确认及批量处理;支持按照通道、报警类型、时间段查询报警;支持报警联动录像、邮件、短信、视频弹窗、广播、开门和抓图;支持报警风暴处理设置;支持以语音播报方式报警。

9. 视频上墙

支持即时模式视频上墙;支持回放上墙;支持融合开窗漫游;支持预案上墙;支持清屏操作;支持视频上墙轮巡计划,可根据时间点或时间间隔进行自动切换;支持上墙回显,上墙分割窗口显示视频通道的当前画面,仅显示一帧画面;支持视频源收藏夹功能。

10. 智能应用

支持鱼球联动,点击鱼眼画面中的位置,能联动球机自动旋转至该区域并聚焦(须前端支持);支持主从跟踪,点击全景画面中的位置,能联动球机自动旋转至该区域并聚焦(须全景服务器支持);支持全景拼接服务器接入。

11. 视频质量诊断

具有视频质量诊断功能,能够分析图像的亮度、偏色、对比度、清晰度、视频丢失等属性,并图形化展示统计结果。

12. 用户鉴权管理

支持用户权限和用户等级控制;支持配置一卡通菜单功能权限、设备组织权限、部门组织权限;支持账户冻结、账户有效期、有效登录时间段,MAC 地址绑定等条件的设定;支持密码复杂度等级设置;支持账号锁定机制,启用后可设置账户非法登录次数,以及账户锁定时长;支持用户复用。

13. 日志管理

支持记录用户操作日志、设备状态日志、报警日志;支持日志/报警信息的保留时间设置。

14. 录像补录

支持对前端录像的断网补录、定时补录功能(须前端设备支持)。

15. 子系统管理

支持将子系统分成独立模块;支持通过加密狗对子系统进行授权控制;支持自定义调整模块的尺寸和位置。

16. 数据概览

支持系统评分、评级,对设备在线率、服务器在线率、中心服务器资源使用情况、存储异常、设备报警及服务器报警等状态综合评分;支持最近登录用户展示,显示当前在线人数及在线率;支持当前新闻公告展示;支持当前报警日志展示;支持设备在线率的统计,统计 IPC、存储设备、解码资源及报警主机的在线率并以图表形式展示;支持根据用户自定义配置业务数据的展示,并能调整模块位置。

17. 人脸识别

人脸识别系统,采用人脸检测算法、人脸跟踪算法、人脸抓拍算法、人脸质量评分算法及人脸识别算法,并结合配套的前端人脸抓拍摄像机、前端人脸一体化闸机、人证比对核验终端等设备,实现了实时人脸抓拍建模、实时人脸比对、静态人脸图片检索、人脸布控和轨迹还原等功能。

二、综合展示系统

综合展示系统是建立在应用服务平台之上的一个应用,也是对外展现本工程综合数据库系统中各类数据的重要窗口,根据不同的角色,授予不同的权限,访问不同的数据资源,提供数据搜索查询和地理信息导航服务。用户可通过不同分类、名称、主题等关键字检索到相关内容,并可与地理信息链接,提供综合信息丰富的图文并茂展现方式,增加操作的友好性和可读性,同时为各专业应用系统和其他应用系统提供数据共享与交换服务。系统结构包括综合信息展示、综合信息查询两个模块。

(一)综合信息展示

综合信息展示是一个具有将各类数据资源以直观、图文并茂的表现方式进行展现的综合服务功能模块。系统通过综合信息展示功能,向用户全面地展示各类数据资源建设成果,使用户能方便、快捷、全面地掌握数据库综合信息,包括实时监控信息。考虑到70%~80%的枢纽数据是空间数据或者与空间数据有关联,因此可以采用空间信息作为基础,采用 WebGIS 技术、B/S 结构,基于"一张图"服务,提供各类基础数据和专业数据的展现、查询及应用服务。综合信息展示包括综合监视和动态监管两个功能模块。

1. 功能要求

在综合数据库的基础上,基于统一的本工程范围的电子地图、专题图、遥感影像图及各种概化图,为各类用户提供基础性的实时工情、工程安全、计算机监控、工程维护、工程基础信息等各类数据的信息服务,各类用户可通过系统赋予的权限分门别类浏览不同的数据。提供实时信息监视与基本的分析统计功能,对设定阈值的数据有告警提示。

1)数据展示方式分类

根据数据查询展示需求,数据展示方式分类如下:

(1)数据表格展示。

(2)数字地图上的数据展示。

(3)过程线、累计曲线、直方图、柱状图、饼图及视频、动态影像等可视化展示。

系统管理员可以自定义或描述包括数据库、表、字段的定义,显示的内容可以由用户选择,各种信息类型可以增加、删除、修改。

若信息内容定义为电站监控信息,就可适用于电站监控应用展示;若信息内容定义为工情信息,就可适用于本工程应用展示等。

2)展示模式

数据展示需要选择单站的部分项目或某些站相同项目进行数据显示,如选择单站某一时刻、某一时段的水位、流量、闸位等要素进行展示并进行统计计算。

选择若干站某一时刻、某一时段的水位进行展示并进行统计计算。

数据展示时,可以根据权限管理中关于展示信息范围的设定,结合不同用户,对需要展示的地区范围进行定义。

进行数据展示时,可对展示的项目、起止时间等进行预设或自由变更(用户权限范围内)。

数据展示需要有以下类型的展示形式:基于数字地图或概化图的数据展示;基于过程线、直方图、累计曲线、饼图的图形展示;基于类似 Excel 形式的表格数据展示。

(1)GIS 地图模式

应用展示服务模块的各类信息展示、统计结果在数字地图上按信息类别分层显示。实现该功能,首先需要将各类信息监测站进行分层选择,选择的各类测站标注在数字地图上;然后再选择各类要素,在一类监测站的层面上可以进行一个或多个要素的展示,包括实时监控视频信息,也可以进行一个要素的统计计算,展示或统计的成果在地图的测站地理位置上进行显示。此外,也可以通过专题渲染,提供对统计计算结果或实时监控数据等的专题地图展示。数字地图形成的当前视域和相应的信息,可以提供快捷操作,生产相应的表格展示和图形展示。

(2)概化图模式

概化图模式主要为实时监视或动态管控等各类应用提供服务,可以在预先做好的概化图(如 Flash、JPG 文件)上,展示各类信息监测站,并可供用户进行选择,选择的各类测站标注、实时状态(包括视频和动态影像等)、测量数据等信息显示在概化图上,每个数据提供访问其历史数据的快速链接。

(3)表格展示模式

采用类似 Excel 表格的形式,输出报表形式的展示结果,报表展示可以采用用户定义的形式进行开发,也可以由 GIS 数字地图展示直接产生。

(4)图形展示模式

对某种要素,用户可自主选择以何种图形进行展示,但对某些要素限定采用的几种输出图形,系统设计开发时应进行控制。在过程线、柱状图上展示数据。

(5)报表输出模式

系统支持自定义的报表输出,表格需采用类似微软的 Excel 界面风格。支持应用自定义表格展示的信息和内容,解决各类报表的制作,实现类似 Excel 报表定义的模式进行报表的输出。

(6)数据对比模式

采用图形对比时,可以选择某个站的某些时刻、某些时段的要素和统计值,采用过程线、直方图、饼图等形式进行对比,也可以选择若干站某一时刻、某一时段的特定要素,采用过程线的形式进行对比。

(7)交互操作模式

系统必须在线修改参数,系统应支持对计算参数的在线调整、在线计算、模拟输出等。

3)权限管理与配置

根据用户身份(如所在部门)授权不同信息的访问,包括数据库、表、字段及时间范围、地域范围的设定等。在不同的权限下,可以控制不同的用户,实现不同范围、不同类型的数据查询展示;在权限许可范围内,用户可自定义展示的项目、字段内容、起止时间、告警阈值等,从而最快捷获取自己关注的信息。

2.综合监视功能

实现实时工情监视、工程安全监视、状态监视等,提供地图视图(包括概化图)和数据视图等不同的展现方式,并结合应用服务平台告警服务组件的定制功能,以图形(高亮、闪烁)、声音及手机短信等方式实现告警。具体采用哪种告警方式,可由用户设置,并可设置时间间隔刷新有关监视信息。

系统将预先定义重点测站,同时提供重点测站的定义功能,用户可以根据需要,定义自己关注的重点测站以进行监视。

综合监视模块要求支持移动终端,主要以概化图为展布背景,对实时工情、工程安全等信息进行监视,并以图形(高亮、闪烁)加表格的方式显示超警信息。

3.动态监管功能

实现对电站及泄水闸、电排站、排渗站等关键部位的视频信息监控。根据用户选择(从电子地图或概化图点击、框选或者直接从属性列表选定监控对象)或系统预设的监管范围,打开一个或多个视频点的监控视频,并可查看相关属性信息。

系统将根据用户身份(如所处部门)预先定义监管内容和监视目标,同时提供监管内容和监视目标的定义功能,用户可以根据需要,对某一业务范围内的某些目标项进行监视。

(二)综合信息查询

综合信息查询是以"一张图"为背景,通过多种不同条件的组合,向用户全面展示综合数据库各类数据资源建设成果,使用户能方便、快捷、全面地查找、掌握数据库综合信息。主要包括以下内容。

1.工情信息查询

为工作人员提供辖区范围内的电站、泵站、泄水闸、水文测站等工程信息查询和数据统计服务。信息查询采用属性查询和空间查询相结合的方法,快速反馈用户需要的工程信息。数据统计分析采用灵活方便的自定义方式进行。为广大用户提供工程数据的Web 服务及相关资料统计分析成果,提供综合查询、地图查询和简要的统计分析等功能。

2. 工程监控信息查询

可用图表查询电站、泵站、泄水闸、给定时间区间等要素指标和统计电站、泵站、泄水闸基础信息、监测信息、运行信息、监视信息等。

3. 工程安全信息查询

1) 工程安全监测报表统计

工程安全监测报表数据是整编过的数据。

2) 工程安全监测信息查询

工程安全监测信息查询主要包括工程监测技术文档信息和测点分布情况查询。

3) 工程安全评估综合信息查询

工程安全评估综合信息查询包括离线及在线综合评价结论、温度等值线、渗流等势线、物理量分布图、物理量相关图、综合过程线等。

4) 工程安全评估综合分析结果查询

工程安全评估综合分析结果查询包括离线综合推理分析和监控模型分析的结果信息的查询。

4. 工程运行管理信息查询

1) 法规规程信息查询

法规规程信息查询包括政策法规及行业标准、电站规程、工程维护考评办法等信息查询。

2) 常规巡查信息查询

常规巡查信息查询包括电站巡查、泵站巡查、建筑物巡查等结果信息。

3) 工程突发事件响应预案信息查询

工程突发事件响应预案信息查询主要针对各类工程突发事件的险情处理预案信息的查询。

4) 工程维护管理信息查询

工程维护管理信息查询包括维护方案、病险维修策略、水雨毁工程维护等信息。

5) 工程运行信息查询

工程运行信息查询包括电站、泵站、泄水闸、大坝等运行过程中的基本信息。

三、生产管理系统

生产管理系统利用先进的 IT 技术为工具,采用先进的管理思想、强大的管理功能、领先的开发技术,建设一套完善的管理系统,对八字嘴航电枢纽的生产运行和设备资产生命周期进行全过程管理,从而达到保证设备的安全可靠运行、降低总体运行成本、提高设备利用率和工作效率的目的。生产管理信息系统建设的目标,具体体现在如下几个方面:

(1) 生产管理系统的实施,使得八字嘴航电枢纽在管理决策、生产运行、设备管理等各个领域的工作效率都得到大幅度提高,从而在很大程度上提高了部门的运行效率,提高了企业的效益,增强了企业在市场经济和商品经济环境下的竞争能力。

(2) 以生产管理系统的实施为契机和手段,进一步规范和增强八字嘴航电枢纽的生产运行、设备管理,对企业的资源进行整体优化,使八字嘴航电枢纽的管理水平上一个台阶。

（3）以设备管理、发电生产为主线,给设备管理建立完善的设备台账、技术参数、备件信息。

（4）通过生产管理系统的实施,完善八字嘴航电枢纽各个部门的计算机应用,在真正意义上实现八字嘴航电枢纽的计算机管理的全面实现。生产管理系统的实施,在促进计算机在具体职能部门应用的同时,全面提高八字嘴航电枢纽职工的素质和业务能力,为八字嘴航电枢纽的发展打下坚实的技术基础和人才基础。

（5）依托生产管理系统结合各类型机组优秀的发电指标模型,进行智能化、全面化的结果分析。通过与历史数据、水电站纵横向的对比,找差距、抓改进,将管理提升方针落地。

（一）资产管理子系统

资产管理子系统以发电设备为管理对象,围绕设备台账,以设备编码为标识,对设备的基础数据、备品备件、设备检修和维护成本等进行综合管理,覆盖发电设备从基建期安装调试到生产期发电运行、检修维护的全生命周期,帮助八字嘴航电枢纽建立可持续改进的设备管理知识库,确保发电设备安全可靠地运行。

1. 设备管理

制定合理的、科学的和规范的设备编码,对设备对象进行统一的标识和管理,以方便各种信息的传递与共享。

建立设备台账,记录和提供设备信息,反映设备基本参数及维护的历史记录,为设备的日常维护和管理提供必要的信息,可根据设备在线运行情况和设备台账,对设备出力水平、劣化趋势、设备寿命等进行分析。业务功能主要包括设备基本信息、设备技术规范、设备评级、设备检修历史、设备缺陷记录、设备异动、设备台账查询等。

2. 缺陷管理

设备缺陷管理是电站设备管理的一个重要组成部分,是保证发电设备健康水平,保证发电设备安全,提高发电经济效益的重要措施。

项目公司管控一体化系统缺陷管理功能,实现缺陷发现、处理、统计分析全过程计算机管理,提高缺陷处理的及时性、完整性,加强缺陷管理处理情况监督,提高电厂查询、统计和考核管理水平,促进员工处理缺陷的积极性和实效性。

3. 点巡检管理

1）巡检路线

通过合理规划,将巡检设备串起一条条路线,便于合理安排巡检任务,既保证该巡检设备到位,又为巡检工作提供安全保障。

2）巡检标准

规范设备巡检和预防性检查的依据,规范巡检作业的基本事项,包括巡检设备、巡检部位、巡检项目、巡检周期、巡检方法、巡检结果等。

3）巡检记录

为设备巡检系统提供服务,定时生成巡检任务,显示在责任人待办事务中。

4.检修工单

检修工单支持工单分类、维护、统计,通过工作流对工单的提出、调度、执行、验收等流程进行全面管理。检修工单包括工单的基本信息及材料、人员等方面的内容。支持可以直接开工单,也可从设备缺陷和检修项目下达工单。功能清单涵盖设备管理功能,支持维护工单时选择设备编码,支持通过需求申请和领料申请来归集工单材料的消耗,支持通过工单处理检修项目的实施过程。

5.检修项目

建立设备检修项目标准库,在检修项目库中定义检修项目的作业标准、物资消耗定额;根据设备检修项目标准库辅助编制设备检修计划,包括滚动计划、年度计划,并根据物资消耗定额自动生成检修物资申请计划。

支持检修工单管理,支持检修项目的立项、维护、查询,支持对已经审批通过的项目计划进行维护。可对计划是否立项进行管理,对项目的信息进行维护,对项目的实施情况进行记录,支持项目通过工作流进行流转,支持以项目树的形式展现项目之间的层次关系。

6.预防性维护

建立设备预防维护标准库,定义维护项目的内容、维护周期、责任部门等。

可根据维护周期生成相关责任部门应执行设备预防维护项目的清单,记录维护结果及进行相应的查询。支持维护设备预防维护工作类别,如润滑、擦拭。

支持建立预防维护标准库,定义维护项目的内容、维护周期、责任部门等。根据维护周期生成相关责任部门应执行的预防维护项目的清单,记录维护结果及进行相应的查询,支持预防维护工作定时生成。

7.设备维护

设备维护分为设备维护看板及设备相关日志。

通过设备维护看板可知道当前都有哪些需要处理的设备维护工作,可直接调用相应的业务功能来进行处理。支持通过看板查看设备缺陷,需缺陷管理功能;支持通过看板查看定期工作,需定期工作功能;支持通过看板查看点检任务,需点检功能;支持通过看板查看检修工单,需检修工单功能;支持通过看板查看预防任务,需预防性维护功能。

通过设备相关日志可对设备维护的相关工作按天进行回放。支持查看值班日志,需运行功能;支持查看设备缺陷,需缺陷管理功能;支持查看工单,需检修工单功能;支持查看点检记录,需点检功能;支持查看定期工作,需定期工作功能;支持查看工作票,需工作票功能;支持查看操作票,需操作票功能。

(二)生产运行管理子系统

生产管理系统主要是针对水力发电企业生产管理需要开发并经过多家水力发电企业应用实践的企业信息化系统,主要包括运行管理、工作票管理、操作票管理,能够实现对水电企业生产过程的管理。

发电运行是水电企业发电生产的中心环节,运行管理的主要职责就是让水电企业发好电、多发电、稳发电,完成好发电计划,降低生产成本,提高经济效益。为了能够完成这一职能,八字嘴航电枢纽管控一体化系统生产管理紧紧围绕电厂"两票三制"原则,通过系统中的运行日志管理、定期工作管理、工作票管理、操作票管理等手段,使人员和设备都有很好的生产安排,从而保证发电设备处于良好的运行状态。

1. 运行管理

运行管理是发电企业生产管理的重要组成部分。八字嘴航电枢纽管控一体化系统运行管理记录生产调度命令及执行情况,便于各值班人员及时了解上级命令,明确责任。集中规范管理各个运行岗位的值班记录,供企业管理人员实时查询了解发电生产情况,对设备启停、设备试验、操作记录进行管理,辅助运行管理人员进行运行技术分析,并提醒运行人员按时完成设备定期工作,确保设备安全运行。

运行日志是生产管理的重要内容之一。围绕电厂"两票三制"中的"运行交接班制",集中规范管理各个运行岗位的值班记录,供生产管理人员查询了解发电生产情况,实现各岗位运行交接班管理及相关日志(值长日志、班长日志等)记录、统计、分析、查询等功能。

定期工作是运行管理的重要组成部分,包括定期操作、定期试验、定期检查等,是及时了解设备运行状况,发现设备缺陷和设备隐患的有效方法。定期工作的计算机化,提高了定期工作的时效性和可操作性,并可加强考核力度,充分体现了电厂"两票三制"中的"定期试验、定期轮换制"和"定期巡回检查制"。

2. 工作票管理

工作票是在电力生产现场设备系统进行检修作业的书面依据和安全许可证,八字嘴航电枢纽管控一体化系统生产管理工作票的开发设计符合国家电力公司颁发的《安全生产工作规定》及原电力部颁发的《电力工业技术管理法规》《电业安全工作规范》《电力设备典型消防规程》的有关规定,同时参照了国家电网调度规程及发电行业的实践经验,能够实现工作票的流程化管理。

工作票管理主要业务功能包括工作票票种维护、工作票维护、工作票查询、工作票统计。

3. 操作票管理

操作票管理模块主要完成运行操作票的填写、审核和签发手续;完成操作票的查询、统计和打印。

操作票数据统计指标:标准票使用率、合格票率、操作项数。

操作票建票时可以取任务系统的任务单,在操作票流转过程中的状态需要回传给任务系统,操作票执行完成后信息需要自动登记到运行记事中;操作票可以由标票生成,工作票的审批记录可以在系统中查看。

系统满足操作票管理要求,包括以下内容:

(1)实现操作票的流程化管理,提供操作票标准库,供运行人员调用直接生成相应操作票,根据操作步骤填写操作情况,实现操作票的开具、打印、登记等功能。

(2)操作票票种。根据需要设置操作票票种。

(3)典型操作票。登记典型操作票的信息,以便在开操作票时能快速、方便地调用典型票。

(4)操作票使用。实现操作票的流程化管理,根据操作步骤填写操作情况,开具后执行结束,登记发令人、操作人、监护人、值班负责人、值长,以及起止时间、操作结果等信息。

4. 计划管理

计划管理的范围牵涉生产、后勤、办公等各个方面,其主要目标是协调八字嘴航电枢纽人、财、物等各方面的资源。

5. 技术监督

技术监督涵盖监督管理、监督台账、统计报表等内容。技术监督内容包括化学监督、电测监督、绝缘监督、环保监督、振动监督、节能监督、金属监督、压力容器监督、热工监督等。

通过继电保护监督、绝缘监督、热控监督、金属监督、化学监督、电测仪表监督、电能质量监督、节能技术监督、汽机监督、锅炉及压力容器监督、环保管理等 11 项监督管理功能模块,对各项监督的运行情况进行管理和调控,分析工作中存在的问题和各项监督指标完成情况,分析设备重大缺陷或隐患,落实消缺计划和措施,完成季、年度报表和年度计划总结。

(三)安全管理子系统

安全管理是"安全第一、预防为主"方针的具体体现,加强安全基础工作,积极采取措施,消除不安全因素,防止设备事故和人身伤亡事故发生,安全管理是水电厂生产管理中的日常工作。

安全管理包括安全组织结构、安全活动、安全事故、安全总结、安全违章、安全奖惩、安全考试、安全工器具、特殊工种等。安全管理是落实生产过程中安全措施、技术措施的主体,安全管理是水电厂生产管理中的日常工作。

(四)经营管理子系统

针对项目公司的经营管理业务,融合了先进的管理理念和丰富的应用经验,可以对计划、采购、库存等进行一条线的集成化管理,从而达到规范物资管理流程、保证物资供应、降低采购费用、减少库存积压和加快资金周转的目的,实现对企业物资的有效管理与控制。

1. 采购管理

处理采购申请、采购询价、采购批准、采购订单等业务过程,加强采购资金和采购费用的控制,对物资采购的申请、订货、催货、收货等采购活动实行全过程的动态跟踪管理和分析,确保采购工作高质量、高效率和低成本地进行。

规范的采购管理流程和严格的管理控制体系,能够有效地保证物资供应的及时性、降低采购费用。

2. 库存管理

管理仓储物资的到货登记、验收、收料、领料、退料缴库、退货、转储等业务,建立各种台账,通过与采购管理相结合实现对物资的各种入出库业务流程化管理,通过对物资入出库管理和库存物资盘盈盘亏管理,保障库存物资账、卡、物一致。

3. 存货核算

以日常的入出库业务为基础,形成通用的库存报表和分析结果,为管理决策提供依据。

1）查询库存日报

查询指定条件范围内的期初结存、本期入库、本期出库、期末结存情况。支持物料类别、物料、仓库等多种分析对象；支持双击查看明细记录对应的库存单据。

2）查询物料收发台账

查询指定条件范围内物料的入库、出库、结存的明细情况。查询结果按月进行小计和累计，按流水账的形式展示物料的收发情况；支持双击查看明细记录对应的库存单据。

3）查询领用出库情况

按指定的对象汇总领用出库的情况。支持仓库、部门、供应商、物料类别等多种汇总方式；双击查询结果可以浏览相关明细记录。

4）物料入库组合查询

查询指定条件范围内的物料详细的入库情况。详细的入库信息，可以满足不同人员对查询结果的需求；双击查询结果可以浏览对应的库存单据。

5）物料出库组合查询

查询指定条件范围内的物料详细的出库情况。详细的出库信息，可以满足不同人员对查询结果的需求；双击查询结果可以浏览对应的库存单据。

6）查询物料库存情况

查询指定条件范围内物料的库存数量、分配数量、可用库存数量等信息。支持仓库、物料、批号三种汇总方式；实时了解物料的安全库存、库存高限、可用库存等信息。

7）库存货龄分析

分析库存物资的货龄分布情况。支持自定义货龄期的天数及名称；统计出各个货龄期的数量、金额及所占比例。

8）库存周转率分析

分析物料在指定条件范围内的周转情况及本年的周转情况。支持按仓库、物料类别及物料进行分析；支持次数和天数两种分析指标。

9）库存资金占用分析

分析所选对象的库存占用金额及比例。支持按仓库、物料类别、ABC 分类及物料进行分析；支持对分析对象进行上溯及下钻分析；支持饼图展示分析结果，直观掌握各个分析对象所占比例。

10）查询物料超限情况

查询指定条件范围内物料的库存数量、库存上下限及超限比例等信息。可实时了解物料的库存情况及超限情况，为补库提供参考；可了解物料的最后入库和最后出库日期。

（五）决策支持子系统

1. 统计分析

统计分析功能能够满足不同层次管理人员的需要，生成各种统计分析报表，如生产日报、生产月报等，形成各种指标台账，并可以定制各类上报报表。

统计分析模块提供了能耗指标分析、经济指标分析等分析功能，向管理层和决策层及时准确地提供反映生产状况的各项指标分析数据，为制定生产规划、节约能源、降低发电成本提供依据。主要形成以下几个指标形式。

1）积数指标

积数指标主要用于流量的录入,主要针对用热量、用电量、用水量等需要累计得出的结果。当然,也可以根据企业需要,将压力、温度等指标通过接口公式进行取数,这样更有助于数据的及时性、可靠性,可以保证计算的结果准确性,做到对生产的精细化管理。

2）值指标

值指标计算既可以根据积数指标计算得来,也可以进行人工录入。可以通过值指标进行日指标的计算,也可以进行小指标竞赛数据的统计。

3）日指标

日指标的计算,可以通过积数指标、值指标计算得出,也可以手工录入。这里的日指标可以包含生产日报中比较简单的数据,也可以包含比较复杂的焓熵值,对此系统都提供了计算公式。

积数指标、值指标、日指标提供了确认计算的功能,数据确认后,就不可以再进行修改,系统根据管理要求,对相应人员进行权限的控制。不同的人员只能录入相应的指标;确认计算的权限一般由生产统计人员进行,及时进行数据的纠错,防止旁人修改。

2. 报表管理

1）基础数据

设置编报单位、设置取数公式、设置编报单位汇总关系。

2）报表定义

支持建立报表目录。

支持多种类型的报表:日报、周报、旬报、月报、季报、中报、年报、不定期报表。

支持报表样式的自定义。

支持报表格式的导出和导入。

提供报表公式向导,方便报表取数定义。

提供灵活的报表功能权限设置。

支持报表的电子化审批。

报表生成后直接传送至工作台首页中显示。

3）报表生成

根据定义的报表产生报表。

支持按设定周期定时生成报表。

4）报表查询

查询某个编报单位、某个报表、某个期号的报表。

（六）事故应急处理预案子系统

事故应急处理预案子系统为本工程提供安全支持和事故应急处理,当工程安全性状或监控系统等出现超限险情或异常等事故时,通过事故应急处理预案子系统可以避免事故的发生或使事故造成的损失减少到最小,对工程的安全运行起到重要预警、指导、保护作用。

事故应急响应是针对工程安全事故等突发事件,根据相应的应急预案,制订应急方案,并管理整个应急处置过程和应急资源。事故应急处理预案子系统由应急预案管理、应急方案制订、应急方案执行指挥、应急档案管理与信息发布、应急资源管理五部分组成。

1. 应急预案管理

建立预案库,并将预案流程化、结构化、知识关联化。主要包括预案采集、预案知识管理、预案机构化。

1)预案采集

调用事件信息和预测预警分析结果,确定应急预案要素(如事件接报信息、周围环境信息、处置流程、组织机构、处置措施、应急保障、善后恢复等),根据确定的应急预案要素,自动或人机交互的方式生成各项要素内容,组成应急预案,工作人员可以人为调整预案内容。

2)预案知识管理

预案知识管理是实现对综合各种数据形式的决策资源库资源的有效管理及维护。预案知识管理功能包括对已经生成的预案进行分类查询,并浏览详细内容。对已有的预案与突发事件进行关联,在预案生成时,可调用已经关联的历史方案作为新预案的模板。

3)预案结构化

在编制事故应急预案时,只有合理地组织、规划预案的总体结构,才能有利于应急预案功能的实现。应合理地组织预案的章节,以便每个不同的读者能快速地找到其所需的信息,在修改单个部分时,避免对整个应急预案做较大的改动。

2. 应急方案制订

根据应急信息的种类、严重性、影响范围和程度在基础数据库、专业数据库、知识库的支持下制定方案并进行评估,根据应急级别和方案影响提交会商支持系统或直接下达方案,由各业务部门进行调度和控制。当特殊事件发生时,配合地方政府进行应急方案的制订。

3. 应急方案执行指挥

向各业务系统下达应急响应方案,并对执行过程进行监督。针对突发事件,快速启动预案,并根据预案迅速指挥与执行工作,组织调度人员与物资,开展应急的专业处理与相关配合工作。同时,根据反馈情况,动态评估事件的发展情况,根据事件情况调整措施,最大限度地降低损失。

4. 应急档案管理与信息发布

该功能进行信息、方案、执行动作的归档,并在必要时通过网站或对外信息池向外发布信息。

(七)智能移动巡检

1. 巡检路线

通过合理规划,将巡检设备串起一条条路线,便于合理安排巡检任务,既保证该巡检设备到位,又为巡检工作提供安全保障。

2. 巡检标准

规范设备巡检和预防性检查的依据,规范巡检作业的基本事项,包括巡检设备、巡检部位、巡检项目、巡检周期、巡检方法、巡检结果等。

3. 巡检记录

智能移动巡检系统提供服务,定时生成巡检任务,显示在责任人待办事务中。循环周期,支持根据实际情况选择,可选分、日、周、月;支持设置巡检计划生成的具体时间,可选日、月。

看到待办事务后,责任人使用移动巡检APP做设备巡检,记录巡检中观察、采集的数据。

4. 巡检分析

智能移动巡检系统支持对设备巡检数据进行分析,生成设备巡检相关报表,可分析设备巡检到位情况和巡检设备、项目遗漏情况,可选择巡检设备、巡检项目分析一段时间内状态变动情况和运行数据变化情况。

分析结果为上下页显示,上部为巡检设备,下部为巡检的具体项目和巡检结果,点击相关设备即可查看设备对应的巡检项目。

选中巡检项目,提供"作业项目分析",可以查看该项目所有的巡检记录,并通过折线图或柱状图展示历史趋势。

5. 移动 APP 巡检

通过手机端移动 APP 接收及查看巡检任务,支持 NFC 识别技术,通过扫描巡检对象 NFC 定位点巡检任务。支持将巡检、维护、缺陷信息以文字、照片、音频、视频的形式记录上传,数据与电脑端实时同步。支持通过移动 APP 在线查看巡检记录情况,不同巡检记录情况通过颜色进行标识,可以方便快捷地查找到异常巡检记录。

四、状态诊断分析系统

状态诊断分析系统可对实时及历史数据库记录的大量设备运行状态数据进行分析和追忆,对各种设备进行集中监测与数据诊断分析,可为设备检修提供丰富的状态信息,及早发现设备隐患,将故障消灭在萌芽状态。同时,系统能够深入开发、利用、挖掘各设备数据,在线智能感知设备状态,通过对大量设备运行数据的挖掘、建模,实现设备健康感知、安全感知、性能感知及预测分析。

(一)基于智慧监测大数据的试验及分析

1. 概述

掌握设备(或/和系统)的运动特性及反映完成规定任务质量的性能指标,是故障预警、故障诊断和健康评价的基础。

人工试验是在设备(或/和系统)安装或检修后进行质量验收、开展故障诊断和健康评价的一个非常有效的手段,全息在线监测系统应能辅助专家开展各项人工试验工作,包括:

(1)根据连续不间断采集到的状态参数,自动识别人工所开展的试验项目。

(2)按试验所需要的精度要求,自动记录试验过程的状态数据,一般不再需要安装试验设备。

(3)按照国家标准、行业标准、企业规范或专家知识模型,自动分析试验结果,计算设备(或/和系统)完成规定任务的性能指标。

（4）按照标准和规范要求，在试验结束时立即自动生成试验报告，为专家评价设备是否合格和领导决策提供依据。

另外，发电与输变电设备在正常运行时，每个设备及其零部件就是在按要求完成一个又一个的规定任务，即可视为一个又一个"试验"，全息监测应用应能按试验的方法，自动进行相关设备（或/和系统）的运行性能分析：

（1）根据连续不间断采集到的状态参数，自动辨识设备（或/和系统）的运行工况，如水轮发电机组的运行工况：停机备用，开机过程，（不同水头下）空载稳定，同期并网，增加负荷，负载稳定及相应的有功功率、无功功率和水头，增减负荷，发电机灭磁，停机过程。

（2）按照知识库中工况与试验项目对照表，自主确定每个工况下每个设备（或/和系统）所对应的"试验"项目。

（3）按试验所需要的精度要求，自动记录工况过程的状态数据。

（4）在每个工况过程结束时，自动计算设备（或/和系统）按要求完成规定任务的性能指标，即运行性能。

（5）对于重要的暂态工况过程，可以随时生成工况过程分析报告（如开机过程分析报告、停机过程分析报告、强迫停运过程分析报告等）。对于稳态工况，可以定期生成分析报告（如各个水头下水轮机相对效率、机组稳定性、水轮机空化等随负荷变化特性报告，即等同于人工变负荷试验报告；各个负荷下水轮机相对效率、机组稳定性、水轮机空化等随水头变化特性报告，即等同于人工变负荷试验报告）。

运行性能对故障早期预警、故障诊断定位和设备健康评价有重要的意义。

支持试验分析报告导出成 Word、PDF 等格式，作为检修报告数据源引用。

2. 机组稳定性试验与分析

机组稳定性试验与分析应依据《Field acceptance tests to determine the hydraulic performance of hydraulic turbines, storage pumps and pumps-turbines》（IEC 60041—1991）、《水力机械振动和脉动现场测试规程》（GB/T 17189—2007）、《水轮机、蓄能泵和水泵水轮机水力性能现场验收试验》（GB/T 20043—2005）、《水轮机基本技术条件》（GB/T 15468—1995）等标准的要求进行。

1）人工试验

（1）动平衡试验

全息监测应用应能自动准确识别人工操作进行的动平衡试验项目，在每个非额定转速试验点稳定运行时间不大于 15 s 的条件下，能自动准确记录每个试验转速下机组振动和摆度波形数据和状态数据；自动识别试验结束，并立即生成动平衡报告：机组振摆状态量随转速的变化曲线，每个试验转速下轴心轨迹和大轴姿态图及各个振动和摆度测点信号的频谱图，动平衡评价结论，如需配重，则给出配重方位与重量建议。

（2）电磁力平衡试验

全息监测应用应能自动准确识别人工操作进行的电磁力平衡试验项目，能自动准确记录每个试验励磁电流下机组振动和摆度波形数据和状态数据；自动识别试验结束，并立即生成电磁力平衡分析报告：机组振摆状态量随励磁电流的变化曲线，每个试验励磁电流下轴心轨迹和大轴姿态图，以及各个振动和摆度测点信号的频谱图，给出电磁力平衡评价结论。

（3）变负荷试验

全息监测应用应能自动准确识别人工操作进行的变负荷试验项目，在每个负荷试验点稳定运行时间不大于 120 s 的条件下，考虑轮叶与导叶协联过渡过程后自动准确记录每个试验点的机组振动、摆度、水压及其脉动波形数据和状态数据；自动识别试验结束，并立即生成机组稳定性随负荷变化特性分析报告。

2）正常运行等效试验

（1）灭磁过程等效电磁力平衡试验

全息监测应用应能高时间精度地准确捕捉机组每次停机过程中的灭磁操作，并利用灭磁前后振摆的对比分析评价电磁力平衡性能。

（2）停机过程等效动平衡试验

全息监测应用应能准确辨识机组停机过程工况，并能高时间精度地测量机组转速，利用停机过程不同转速下的机组振动与摆度对比分析评价机组动平衡性能。

每次停机生成动平衡和电磁力平衡分析报告

（3）不同负荷和不同水头下稳态运行过程等效变负荷和变水头试验

全息监测应用应能自动辨识机组正常运行时的工况，利用机组正常运行时所经历的各种负荷和水头下的稳态运行过程数据，自动进行机组稳定性随负荷和水头变化特性辨识，定期（半年或 1 年）生成特性辨识报告。

通过对历史数据的自动分析，得出不同水头下的负荷、导叶开度、轮叶开度的对应关系表格，提出机组稳定运行区间的建议。

（二）水轮机试验与分析

水轮机试验与分析应依据《Field acceptance tests to determine the hydraulic performance of hydraulic turbines, storage pumps and pumps-turbines》（IEC 60041—1991）、《水力机械振动和脉动现场测试规程》（GB/T 17189—2007）、《水轮机、蓄能泵和水泵水轮机水力性能现场验收试验》（GB/T 20043—2005）、《水轮机基本技术条件》（GB/T 15468—1995）等标准的要求进行。

1. 人工试验

1）导叶与轮叶协联试验

全息监测应用应能自动识别人工操作进行的导叶与轮叶协联试验，自动评价不同导叶、轮叶协联关系下的水轮机性能，为寻找、确定最佳协联提供决策支持。

2）水轮机相对效率试验

全息监测应用应能自动识别在各个试验水头下人工操作进行的水轮机相对效率试验，自动记录机组在各个负载稳态工况下机组稳定性和空化所需的状态参数，并自动计算水轮机相对效率，绘制水轮机效率、稳定性、空化特性曲线和导叶与轮叶最优协联曲线。

2. 正常运行等效试验

全息监测应用应能自动辨识机组正常运行时的工况，利用机组正常运行时所经历的各个负荷和水头下的稳态运行过程数据，自动辨识导叶与轮叶协联曲线、机组稳定性、水轮机效率和空化等特性曲线，计算在稳态工况下轮叶与导叶的协联点、过渡过程中轮叶随导叶的变化曲线,每年绘制一次导叶与轮叶的协联曲线。

(三) 水轮机调节系统试验与分析

水轮机试验与分析应依据《水轮机控制系统技术条件》(GB/T 9652.1—2007)、《水轮机基本技术条件》(GB/T 15468—1995)等标准的要求进行。

1. 人工试验

全息监测应用应能自动准确识别人工操作开展的下列充水前试验项目,并自动产生试验所需的信号、自动记录试验过程水轮机调节系统的状态数据、自动计算特征参数,生成试验报告。

1) 导叶关闭时间与关闭拐点调整试验

自动计算各段的关闭速度,自动识别不同关闭速度间的切换拐点。

2) 静态特性试验

根据国家标准自动绘制调速器静态特性曲线,计算静态特性曲线的非线性度、永态转差系数和调速器转速死区。

3) 转速死区测量试验

全息监测应用应能自动准确识别人工操作开展的下列动态试验项目,并自动记录试验过程数据、自动计算特征参数和性能指标,生成试验报告。

(1) 开机试验。计算机械液压随动系统延时、准确度、超调等性能指标,计算机组转速上升时间、超调量和调节时间等性能指标。

(2) 空载转速阶跃扰动试验。计算转速超调量和调节时间。

(3) 空载摆度 180 s 试验。

(4) 同期过程转速摆动试验。计算机组在同期过程中的转速摆动等性能指标。

(5) 甩负荷试验。按照国家标准计算导叶接力器不动时间、机组转速上升、机组转速摆动、蜗壳水压上升、机组转速调节时间等性能指标。

2. 正常运行等效试验

全息监测应用应能自动准确识别机组正常运行时的操作与工况,自动记录工况过程水轮机调节系统的状态数据、自动计算运行性能指标,生成运行性能评价报告。

(1) 机组开机过程运行性能评价。计算机械液压随动系统延时、准确度、超调等性能指标,计算机组转速上升时间、超调量和调节时间等性能指标。

(2) 同期过程运行性能评价。计算机组在同期过程中的转速摆动等性能指标。

(3) 负荷调整过程运行性能评价。

(4) 负荷稳态过程运行性能评价。导叶与轮叶协联。

(5) 甩负荷过程运行性能评价。当机组发生非正常解列时,按照国家标准计算导叶接力器不动时间、机组转速上升、机组转速摆动、蜗壳水压上升、机组转速调节时间等性能指标。

(四) 同步发电机励磁系统试验与分析

1. 人工试验

全息监测应用应能自动准确识别人工操作开展的励磁系统静态试验项目,并自动产生试验所需的信号、自动记录试验过程发电机励磁系统的状态数据、自动计算特征参数,生成试验报告。

（1）AVR 整定范围试验。自动记录电压调节的整定范围，并与标准进行比较。

（2）FCR 整定范围试验。自动记录励磁电流调节的整定范围，并与标准进行比较。

（3）模拟保护和监视试验。包括转子过压、过励、定子过流、V/Hz 过限、低励、PT 断线、整流器故障（脉冲、风机、快熔）等限制、保护和故障状态的模拟，自动记录动作过程，分析响应逻辑的正确性。

全息监测应用应能自动准确识别在发电机空载或负载情况下，人工操作开展的励磁系统闭环试验项目，并自动产生试验所需的信号、自动记录试验过程发电机励磁系统的状态数据、自动计算特征参数，生成试验报告。

（1）起励升压试验。记录升压过程，分析计算上压时间、超调量、稳定时间等性能指标。

（2）灭磁试验。分析灭磁时间、下降速度，测量残压、转子逆变电压等。

（3）AVR/FCR 切换。计算输出波动量。

（4）空载阶跃试验。计算上升时间、超调量、波动次数、稳定时间等时域特征，为 PID 参数调整提出建议。

（5）静差率测定。自动计算静差率，并与标称增益进行一致性分析。

（6）频率响应试验（频率变化 1%）。分析计算励磁装置调节的频率特性指标。

（7）顶值电压与响应时间测定。自动计算励磁系统顶值电压输出能力，计算电压响应时间。

（8）并网试验。记录并分析并网过程的励磁调节特性。

（9）无功补偿率测定。计算无功补偿的极性、数值，分析标称值的准确性和实际响应的线性度。

（10）甩负荷试验。记录试验过程，计算超调量、调节时间等特性参数，为 PID 调节提出建议。

（11）PSS 试验。记录试验数据，计算不同参数对有功的抑制作用，提出参数整定建议。

（12）模型与参数辨识。记录试验过程，进行时域分析。

2. 正常运行等效试验

全息监测应用应能自动准确识别机组正常运行时的操作与工况，自动记录工况过程同步发电机励磁系统的状态数据、自动计算性能指标，生成运行性能评价报告。

（1）投励升压过程性能评价。计算分析升压特性数据，与历史特征比较，提前诊断故障。

（2）同期并网过程性能评价。分析每次并网过程的特性，进行故障预判。

（3）负荷调整过程运行性能评价。计算特征数据，与历史数据、PID 参数和工况进行综合分析，可纠正参数不当设置或进行故障预警。

（4）限制及保护触发过程动态性能评价。分析动作时逻辑正确性和调节特性指标。

（5）内、外部故障冲击过程性能评价。分析动作时逻辑正确性和调节特性指标。

（6）解列过程性能评价。记录解列过程，分析工况转换时波动率等调节特性指标。

（7）灭磁过程性能评价。计算灭磁时间、逆变电压或过电压指标等,与历史数据进行对比分析。

（8）甩负荷过程性能评价。计算定子过压值、调节时间、调节次数等,校核 PID 参数的合理性。

（五）故障诊断、预警、维修指导

全息监测系统应具备故障诊断功能,能对常见故障进行分析和诊断,给出故障原因、故障位置,并预测故障发展趋势,对故障处理提出建议措施。故障判定、报警阈值和处理方法应符合国标、行标、企业标准、企业内控标准和规范,以及强度计算、水力计算、电磁计算等标准计算方法。故障诊断模块应为开放的模块化结构,可根据运行经验、设备维护管理水平不断丰富、完善。

对于具有明确分析诊断模型的故障,系统宜采用基于故障树的故障诊断方法,建立一套完善的、与电厂机组结构及运行方式相适应的故障诊断知识库,结合全息数据对故障进行分析和诊断;针对尚未有明确诊断模式的故障（或尚很少存在诊断经验的故障）,系统应开发机器自学习功能,以海量历史数据为基础,以大数据分析方法与模型为核心,在专家的指导下组态数据及设备运行工况,通过大数据挖掘总结设备正常运行时的参数区间形成健康样本,当参数偏离正常运行区间、出现突变或长时间单向变化时即实现设备故障智能诊断。故障智能诊断并经人工确认后,可生成故障样本,形成故障树,利于后续的故障诊断,自动对标故障树。故障树应为开放的结构,可根据运行经验、设备维护管理水平不断丰富、完善;故障诊断的置信度应能根据历次故障产生的实际原因自动调整、手动调整,不断完善。

全息监测应用应能在故障诊断的基础上,根据故障危害程度,进行故障预警。

建立开放详细的专家库系统,对产生的缺陷提供详细的维护检修方案,指导生产,提高效率。专家库系统应为开放的结构,可根据运行经验、设备维护管理水平不断丰富、完善。

除水轮发电机组的故障诊断及预警外,对库区泵组、电气设备、金结设备（桥机、启闭机等）、重要生产辅机（技术供水泵、冷却风机、调速器油泵、稀油站油泵、空压机、排水泵等）在线监测的数据应上传至平台数据库,通过分析各设备的实时数据,给出趋势分析及预报警。

1. 机组稳定性故障诊断与预警

全息监测应用应具有丰富的机组稳定性故障特征知识库和清晰的诊断推理模型（如故障树模型）,能在轴心轨迹与大轴姿态分析、频谱分析、水压脉动分析、特性分析（稳定性随转速变化特性、随励磁电流变化特性、随负荷变化特性、随水头变化特性等）的基础上,自动和辅助专家检测与诊断机组稳定性下列故障:

（1）导水结构流道不对称,如导叶开口不均、卡入异物等。

（2）转轮叶片流道不对称,如叶片断裂、开口不均。

（3）导叶、轮叶协联偏差。

（4）泄水锥松动或脱落。

（5）尾水管涡带振动大。

(6)高频压力脉动(卡门涡共振)。

(7)水轮机转子质量不平衡。

(8)发电机气隙不均匀。

(9)转子磁极松动。

(10)转子动平衡。

(11)轴线弯曲,如大轴不对中、导轴承不对中、法兰连接松动。

(12)轴瓦间隙调整不当。

(13)发电机机架刚性不足、机架支撑松动等。

2. 发电机故障诊断与预警

全息监测应用中应建立信江电站发电机及其励磁系统(含励磁变)的相关参数、特性和故障特征及其计算模型、故障诊断推理模型(如故障树模型)知识库,如:

(1)发电机及其励磁系统结构参数、工作参数。

(2)对发电机及其励磁系统所有部件、模块和系统进行失效模式、影响与危害分析,建立失效影响与危害分析模型。

(3)在失效影响与危害分析模型的基础上,建立发电机及其励磁系统故障特征知识库及计算各种稳定性故障特征的模型库。

(4)在失效影响与危害分析模型的基础上,建立诊断分析发电机及其励磁系统故障的故障树模型。

(5)在失效影响与危害分析模型的基础上,建立消除发电机及其励磁系统故障的处理方法知识库。

在此基础上,全息监测应用应能自动和辅助专家检测与诊断发电机下列故障:

(1)检测并诊断温度异常升高故障(定子铁芯温度、上层或下层线棒温度、上导轴承瓦温、推力轴承瓦温、热风温度、冷风温度、滑环温度、励磁变温度、整流屏温度或可控硅温度、缓冲电容温度等)。

(2)上机架振动幅值增大或出现新的频率成分。

(3)上导轴承处大轴摆度增大。

3. 水轮机及调速器故障诊断与预警

全息监测应用中应建立信江电站水轮机及其调速器(含调速压力油系统)的相关参数、特性和故障特征及其计算模型、故障诊断推理模型知识库,如:

(1)水轮机及其调速系统结构参数、工作参数。

(2)水轮机特性与特性参数(如效率特性曲线、综合运行特性曲线、水轮机稳定性特性和水轮机空化特性)等。

(3)对水轮机及其调速系统所有部件、模块和系统进行失效模式、影响与危害分析(失效影响与危害分析),建立失效影响与危害分析模型。

(4)在失效影响与危害分析模型的基础上,建立水轮机及其调速系统故障特征知识库和计算各种稳定性故障特征的模型库。

(5)在失效影响与危害分析模型的基础上,建立诊断分析水轮机及其调速系统故障的故障树模型。

（6）在失效影响与危害分析模型的基础上，建立消除水轮机及其调速系统故障的处理方法知识库。

在此基础上，全息监测应用应能自动和辅助专家检测与诊断水轮机及其调速系统下列故障：①水轮机能量转换效率下降；②水轮机导叶、轮叶协联关系异常；③机组甩负荷动态过程中水压超过水轮机调节保证值检测与诊断；④水轮机顶盖在同工况下漏水量加大检测与诊断；⑤压力脉动异常；⑥水导瓦温异常升高；⑦机械液压系统振荡检测与诊断；⑧机械液压系统漏油检测与诊断；⑨轴流转桨式水轮机漏油检测与诊断；⑩开机过程长或开机失败；⑪机组停机蠕动检测与诊断；⑫机组溜负荷检测与诊断。

（六）故障维修指导

基于故障树、历史维修经验等，建立专家系统，对产生的缺陷提供详细的维护检修方案，指导生产，提高效率。

（七）系统故障或事故原因追溯

系统故障或事故发生时，各种信号、简报十分杂乱，运行人员难以通过纷繁的信息第一时间找出事件发生原因。当全息监测应用感知到系统故障或事故后，应能利用现有数据模型对数据进行推理、分析，找出故障或事故发生的真实原因，展示出故障或事故发生的时间演进图。

（八）设备健康评估

全息监测应用应建立设备健康评估模型，根据设备状态关联特征分析、全寿命期疲劳计算理论及专业寿命评估算法等，进行量化评分和状态评级，自动评估设备健康状态。设备健康评估模型应明确关联特征，且能够灵活配置，能够通过经验累积不断提高模型的准确性和泛化能力。应能自动生成设备健康评估报告，为运行、检修与管理决策提供支持，报告需兼容 Word、WPS 等格式，且可以由用户进行定制。

该健康评估内容应涉及水轮发电机组、库区泵组、电气设备、金结设备（桥机、启闭机等）、重要生产辅机（技术供水泵、冷却风机、调速器油泵、稀油站油泵、空压机、排水泵等）。

1. 机组稳定性健康评估

全息监测应用应能为人工评估机组稳定性提供数据支持，宜自动评估固定流道水力平衡性能、转轮水力平衡性能、尾水涡带情况、动平衡性能、电磁力平衡性能、导轴承性能等。

2. 发电机健康评估

全息监测应用应评估的主要发电机健康状态：定子温升特性、转子温升特性、发电机冷却器和推力冷却器的冷却效率、定子绕组绝缘性能、转子绕组绝缘性能、机械紧固性能、励磁系统控制性能等。

3. 水轮机及调速器健康评估

全息监测应用应评估的主要水轮机健康状态：固定流道水力稳定性、水轮机效率、水轮机空蚀状况、水密封性能、导叶操作机构响应速动性和准确性、水轮机调节控制性能、集油槽及三部轴承透平油油质、调速油系统密封性能（外漏及内漏）、气系统密封性能、压油泵输油效率、顶盖排水泵效率等。

4. 电气设备健康评估

全息监测应用采集电气设备在线监测系统的实时数据,对电气设备进行健康评估。

5. 金结设备健康评估

全息监测应用采集金结设备在线监测系统的实时数据,对金结设备进行健康评估。

6. 同期装置性能评估

全息监测应用应能准确辨识同期并网操作事件,通过高速采集并记录发电机机端电压、电网母线电压和同期合闸令、断路器状态,自动评价同期装置的性能、响应度,并检验同期参数的正确性。

7. 励磁装置性能评估

(1)整流柜桥臂电流监测可判断可控硅是否导通、触发脉冲是否正常、快熔是否熔断。

(2)通过对各桥臂均流情况的历史记录比较可以有效判断可控硅老化状态,可以有效判断可控硅运行是否正常,压接是否正常。

(3)通过对 ZnO 非线性灭磁电阻漏电流的比较可以判断其老化状态,如果老化速率有明显加速趋势,表明该 ZnO 电阻寿命即将终结。

(4)通过对功率柜温度测量,可以判断其散热状态。

(5)通过对移相角的变化分析可以判断误强励类型。如果移相角保持某一整流角度未变,一般为励磁调节器死机而导致的失控误强励。如果移相角保持在强励角,一般属计算控制错误引起的误强励。如果移相角在逆变角而误强励,则可能是由于可控硅击穿或换相失败等整流柜故障引起的误强励。

(6)通过对 LCU 开关量实时监测可以判断发电机无功波动是励磁系统本身故障还是 LCU 调节引起。

(7)通过励磁电流与电压可以近似计算出发电机转子绕组温度。

(8)初励电流监测,通过对初励电流监测,当机组出现起励失败,结合操作命令可以推断是否灭磁开关没有合闸或初励电源故障或调节器故障,为运行人员及时提供操作建议,为检修维护人员提供故障查找依据。

8. 辅助设备性能评估

1)机组辅助设备评估

通过全息监测数据对机组油、水、气等辅助系统和设备进行性能分析和评估,提出维护建议。

全息监测系统应能自动进行调速油系统运行性能评价:(反映油管法兰及水轮机油密封性能的)调速油外漏速度、(反映液压阀芯密封性能的)调速油内漏速度、(反映压油管气密封性能的)压油管漏气速度、(反映压油泵效率的)压油泵输油速度等,以及相关的各种特征参数。

全息监测系统应能自动进行水轮机顶盖密封与排水系统运行性能评价:(反映顶盖水密封性能的)顶盖漏水流量、(反映水泵抽水性能的)顶盖排水速度流量,以及水泵轮值时间、启泵水位和停泵水位等特征参数。

2）公用设备评估

通过Ⅱ区平台相关数据,对全厂公用设备如厂用电、中压气、低压气、检修泵、渗漏泵、闸门、泵站等公用设备进行设备性能分析和评估,提出维护建议。

9.对标功能

将国标、行标、企标等关键设备指数录入系统,自动评判机组设备各项运行指标是否满足相关标准,给出指导意见。

（九）报告生成

可定制设备分析报告,按时间可划分为日报告、周报告、月报告、年报告;按类型可划分为专题报告、关联性报告、对比分析报告等。

可定制自动生成试验与性能评价报告、故障诊断报告、设备健康评估报告。

可依据设备评估结果,按照电厂年度检修计划编制要求,自动生成电厂年度检修计划。

五、移动监控应用系统

移动监控应用作为综合监控系统的补充,通过对综合监控系统"移动化",将部分设备站点监测和信息查询展示等功能迁移到移动平台上,使得用户不受时间、场地的显示,可以随时随地查询和获取各类监测信息。在用户在接收到预警消息时,可以在消息内容的基础上,查询更详细更全面的信息内容,帮助用户及时准确地了解当前情况。

移动监控应用的主要功能如下:

（1）基于数据中心,在手机移动端实现发电生产实时信息、工程安全信息的准实时查询展示。

（2）在手机移动端实现综合数据分析查询系统的基本功能。

（3）在手机移动端实现生产管理系统中的办文、两票、值班的审批查询。

（4）在手机移动端实现设备资料的查询。

第十一节　实体运行环境设计

一、大屏幕显示系统

在集控中心、八字嘴枢纽综合楼均设置大屏幕显示系统。

大屏幕显示系统具有先进、高速的图像处理技术,能够实现多路高速视频信号的处理,应使用先进的液晶显示技术、嵌入式硬件拼接技术、多屏图像处理技术、信号切换技术等,形成一个拥有高亮度、高清晰度、高色域、低功耗、高寿命、操作方法先进的大屏幕系统,现采用全彩 LED 显示屏。

大屏幕显示系统的组成包括全彩 LED 显示屏、显示屏控制器、大屏幕控制软件及安装附件、连接线缆等。大屏幕系统可以显示任何电脑画面及所有视频监控画面。

二、电源系统

集控中心服务器、工作站、交换机、路由器、防火墙、隔离装置等由貊皮岭电站 UPS 电源供电。

（1）交流不间断电源系统由电力专用交流不间断电源（简称 UPS 电源）和交/直流输入单元、交流输出单元等外围设备组成。

（2）UPS 电源由整流器、逆变器、静态旁路切换开关、输入/输出隔离变压器、旁路输入隔离变压器、监控单元、内置防雷器、防反充电二极管、与外系统的通信接口等组成。

（3）交/直流输入单元由交流输入断路器、旁路输入断路器、维修旁路断路器、直流输入断路器、蓄电池组等组成。

（4）交流输出单元由交流输出断路器、交流馈线开关、母联开关、测量表计等组成。

三、二次防雷系统

（一）总体要求

（1）二次系统的雷电电磁脉冲防护（以下简称为防雷）做到统筹规划、整体设计，从接地、屏蔽、均压、限幅及隔离五个方面来采取综合防护措施。

（2）二次系统雷电防护区的划分符合《建筑物电子信息系统防雷技术规范》（GB 50343—2004）的要求，根据雷电防护区的划分原则，二次系统的防雷工作应减少直击雷（试验波形 10/350 μs）和雷电电磁脉冲（试验波形 8/20 μs）对二次系统造成的危害。

（3）信号系统的 SPD 选用限压型和具有限压特性的组合型 SPD。

（4）二次系统的雷电防护遵循从加强设备自身抗雷电电磁干扰能力入手，以加装 SPD 防雷器件为补充的原则。

（二）信号系统防雷

（1）在时间同步系统的天线接口处安装最大放电电流不小于 15 kA（8/20 μs）的相应信号 SPD。

（2）监控系统与其他系统的通信线（如 RS232、RS485 等）在两端安装标称放电电流不小于 2 kA（8/20 μs）的相应信号 SPD。

（3）从高压场地到控制室的通信线路（如 RS232、RS485、CAN 总线等）在控制室相应屏柜处安装标称放电电流不小于 5 kA（8/20 μs）的信号 SPD。

（4）SPD 正常或故障时，有能正确表示其状态的标志或指示灯，且具备远程监测的接点。

（三）电源系统防雷

（1）直流充电屏的交流充电电源入口处安装具备相线与地线（L-PE）、中性线与地线（N-PE）保护模式的标称放电电流不小于 10 kA（8/20 μs）的交流电源电压限制型 SPD（电涌保护器）。

（2）直流屏的直流母线输出端安装具有正极对地、负极对地保护模式的标称放电电流不小于 10 kA（8/20 μs）的直流电源 SPD。

（3）在交流不间断电源系统输入端配置相对地、中性线对地保护模式标称放电电流不小于 10 kA（8/20 μs）的交流电源限压 SPD。

第五章　江西八字嘴枢纽智慧水电站实施方案

第一节　感知系统建设

一、电站监控系统

本工程包括东大河的虎山嘴电站和西大河的貂皮岭电站,采用"无人值班,少人值守"的运行值班方式,电站监控系统采用全计算机监控的模式。

(一)电站监控系统结构与硬件配置描述

本方案采用 H9000 系统作为电站的全分布开放式网络控制系统。

1. 系统结构

1)电站计算机监控系统结构

(1)系统层次划分

计算机监控系统按功能和地理分布划分为电站层及现地层两层。

(2)结构形式

计算机监控系统采用开放式分层、分布的系统结构,数据库实行分布管理方式。计算机监控系统按网络结构划分为二层:电站控制层和现地控制层;按设备布置分为两级:电站控制级设备、现地控制级设备。

电站控制层设备包括:2 台操作员工作站、2 台主机服务器、1 台工程师工作站、1 台厂内通信工作站、2 台远动通信工作站、1 台五防工作站、1 台语音报警工作站、2 台核心网络交换机、1 台厂内通信交换机、1 台时钟对时系统、1 台激光打印机。

现地控制层设备包括:2 套机组 LCU(含水机后备保护)、1 套公用 LCU、1 套坝区 LCU、11 套辅机控制系统。

(3)网络结构及特性

电站控制层:电站控制层网络选用以太网结构,物理结构为双星型,网络传输速率为 1 000 Mbps 且为自适应式,采用 TCP/IP 协议。该层网络传输介质为光纤及双绞线。挂在该网络层上的设备为电站控制级设备,以及属于现地控制级设备的各个现地控制单元(LCU)。

现地控制层:现地控制层网络指计算机监控系统各 LCU 以下采用现场总线用以连接各现地智能监测设备,每个 LCU 都具有能实现标准 MODBUS 或自定义协议的串行总线的功能。各 LCU 的相应现地生产过程里的各种自动装置、自动化设备和装置、监测仪表和装置、机组辅助设备和全厂公用设备的由 PLC 组成的控制系统均挂在相适应的总线上。

(4)设备配置

计算机监控系统为分层、分布式结构,主要设备由电站控制级设备和现地控制级设备组成,电站控制级和现地控制级的各主要设备以网络节点的形式接入电站控制层网络。

2)拓扑网络结构

电站控制网主要由双冗余热备核心交换机及各 LCU 的双冗余交换机构成。电站层各设备挂在控制网交换机上,采用双网冗余接入方式。电站层设备和现地层各 LCU 共用1 套时钟系统。厂内通信工作站通过厂内通信交换机与厂内其他系统对接。电站通过 2台远动通信工作站与地调通信。

3)监控系统对外通信接口

虎山嘴监控系统从厂站核心交换机通过纵向加密,经自建光纤以太网通道连接到集控侧的接入交换机,接入交换机再经过纵向加密将厂站信号接入到集控网络。

4)对时装置通信接口

设置 2 套主时钟(双天线),标准时钟信号采用 GPS 及北斗作为标准时钟源,采用主备工作方式。卫星时钟配置 NTP 网络对时接口 4 个, IRIG-B 对时接口 24 个。

2.电站主控级设备配置及其描述

1)主机服务器

主要负责厂站层的数据采集、处理、归档及卫星系统时钟管理等。历史数据库的生成、转储,参数越复限记录,测点定义及限值存储,各类运行报表生成和储存等数据处理和管理等。历史数据库数据应在磁盘阵列不同硬盘中实现实时备份存储。

同时,负责本系统电站层计算机 AGC 和 AVC 计算和处理,经济运行及优化调度,综合计算,运行档案管理,事故故障信号的分析处理及其他程序运行等任务。该类节点的硬件配置须按双机热备方式配置,并设置磁盘阵列等存储装置。

本系统设置 2 套主机服务器,其作用完全相同,2 套主机服务器为双机热备工作方式。主机服务器采用浪潮公司高性能的 NF5280M5 服务器,其主要特性如下:

CPU:2 个 Intel Xeon SILVER 4208 八核处理器;

主频:2×8×2.1 GHz;

高速缓存:2×11 MB;

内存:2×16 GB;

最大内存:1 024 GB;

4×300 GB SAS 10 krpm,4×2TGB SATA 7200-rpm HDD(可扩展);

1 个 2GB raid 卡;

4 个千兆网口;

高性能冗余电源;

标准键盘,光电鼠标;

UNIX/Linux/Windows 操作系统(预装)。

2)操作员工作站

操作员工作站作为操作员人机接口工作平台,负责全厂的运行监视、控制及调节命令发出,设定或变更工作方式、各种图表曲线的生成、打印、人机界面(MMI)等功能。通常,全厂所有设备的运行监控都在操作员工作站上进行。

本系统设置 2 套操作员工作站,其作用完全相同,布置在中控室内。2 套主机/操作员工作站为双机热备工作方式;中控室内 2 套主机/操作员工作站每台配置 2 台液晶显示器。

操作员工作站采用浪潮公司高性能的 P8000 工作站,其主要特性如下:

CPU:2 个 Intel Xeon SILVER 4110 八核处理器;

主频:2×8×2.1 GHz;

高速缓存:2×11 MB;

内存:2×16 GB;

最大内存:768 GB;

2×2 TGB SATA 7200-rpm HDD(可扩展);

1 个 P400 2G 专业显卡, 2 口显示卡;

4 个千兆网口;

1 个 DVD-RW 光驱;

2 个 USB 2.0 端口;

800 W 高性能电源;

标准键盘,光电鼠标;

2 台 25 in 液晶显示器;

UNIX/Linux/Windows 操作系统(预装)。

3)工程师/厂内通信/微机五防工作站

该节点主要负责运行人员的操作培训,系统的维护管理、功能及应用的开发、程序下载等工作。此外,该节点还应具有操作员工作站的所有功能,以便其具有主机及操作员工作站备用功能。

该工作站采用浪潮公司高性能的 P8000 工作站,其配置同操作员工作站。

用于监控系统与电站内其他智能子系统的通信和管理;主要负责处理电站全厂计算机监控系统与厂内其他自动化系统智能设备的通信联系。

4)语音报警工作站

本方案配置 1 套文件报表兼 ON-CALL 语音报警工作站,负责电站运行和生产报表的处理、打印,定期生产日常报表,负责处理完成电站语音(在报警条件下向操作员发出中文语音报警信号)/电话报警、电话查询、事故自动寻呼(ON-CALL)及手机短信报警,并兼作报表制作等工作。ON-CALL 系统应按系统安全防护要求设置安全保护措施。ON-CALL 系统具备可靠报警功能及可靠的操作系统及稳定的运用程序,支持电话语音及手机短信报警。

该工作站采用浪潮公司高性能的 P8000 工作站,其配置同操作员工作站。

5)GPS 同步时钟装置

本方案配置 1 套卫星时钟同步装置,采用 BSS-3 高可靠性卫星时钟同步系统,为保证 GPS 装置的可靠性,GPS 时钟配置 1 台 BSS-3 高可靠性机箱,设置 2 套主时钟(双天线),标准时钟信号采用 GPS 及北斗作为标准时钟源,采用主备工作方式。卫星时钟还配置 NTP 网络对时接口、RS232/RS485 对时接口、IRIG-B 对时接口和脉冲 ppm/pps 对时接口。

BSS-3 系列 GPS 同步时钟装置采用模块插板式结构,输出信号的类型及接口数量可根据要求灵活配置。时钟装置均有时间显示。BSS-3/H 型 GPS 冗余热备用两级时钟同步系统已在三峡右岸电站成功应用。

BSS-3 高可靠性卫星主时钟配置如下:

4U 机箱,高可靠电源;GPS 与北斗卫星信号同时接收;

串行信号输出:8 路 RS232/RS485;

网络信号输出:16 路独立网段 NTP 网络接口(RJ45);

脉冲信号输出:8 路 ppm/pps/pph;

时钟精度:1 μs;

对时精度:1 ms;

接收天线长度:50 m;

有 12 个并行卫星接收通道;

捕获时间:0.5~30 s;

天线接收灵敏度-166 db。

该时钟同步系统除向监控系统内部各节点发时间同步信号外,还可同时向其他设备发送 IRIG-B 或脉冲硬对时信号。

6)打印设备

本方案配置 1 台 A3/A4 幅面黑白网络打印机,均接入计算机监控系统网络。

打印设备的具体配置如下:

HP LaserJet Pro M701n　A3/A4 幅面黑白激光打印机;

处理器:460 MHz;

打印复印形式:支持双面自动;

分辨率:打印 1 200×1 200 dpi,扫描 600 dpi;

尺寸:A3/A4;

速度:打印及复印 35 ppm;

内存:64 MB,最大 128 MB;

网络打印:提供以太网接口。

7)控制台

本方案配置 1 套控制台。

(1)控制台的结构及总体布置造型应与中央控制室的总体布置协调一致。

(2)显示器方位、角度、距离应给操作人员最佳监视效果,显示器应有遮除眩光的措施。

(3)键盘应布置在合适的高度,和显示器方位应一致。

(4)控制台上应有一定的平面给操作人员搁置文件。

(5)控制台上的人机接口设备及电缆连接应能方便地拆卸更换。

(6)控制台的总长度暂定为 12 m,台面宽度暂定为 1 m,共设 1 套。

(7)在制造或定制控制台之前,就控制台的制作材料、规格、尺寸、结构、样式等详细的技术资料提供给发包人,在得到发包人的认可后方可进行制造。

控制台摆放主机及显示器如下:

操作员工作站 2 台 25 in 彩色液晶显示器;

工程师工作站及其附属设备 1 台 25 in 彩色液晶显示器;

厂内通信工作站 1 台 25 in 彩色液晶显示器;

五防工作站 1 台 25 in 彩色液晶显示器;

语音报警工作站 1 台 25 in 彩色液晶显示器;

视频主机 1 台 25 in 液晶显示器;

数字录音设备(8 通道)1 台 25 in 液晶显示器;

电站继电保护系统液晶显示器。

3. 电站网络设备配置及其描述

电站级计算机及现地控制单元采用 100/1 000 Mbps 冗余光纤网络连接,电站计算机监控系统最终形成一个完整的具有分层分布式系统结构的高速冗余网络实时闭合过程控制系统。

监控系统控制网络电站级主干交换机由 2 台构成冗余配置,布置在中控室网络柜内,均采用智能型快速以太网交换机,传输速率 100/1 000 Mbps。

监控系统 LCU 现地级交换机由 9 台组成,布置在各 LCU 及远程 IO 柜内,每柜 2 台或者 1 台,采用工业级以太网交换机。

1)电站级主干交换机

电站级主干交换机采用美国 GE 公司 100/1 000 Mbps 工业网络交换机 EL4804R-3752G-T0+2×SFP-FGS15LC-C+R-150-AC,配置 2 个千兆单模光口,24 个千兆电口,其主要性能如下:

工业级全千兆网管型交换机 2 台 EL4804R-3752G-T0+2×SFP-FGS15LC-C+R-150-AC;

具备 48 个端口;

机架式安装;

220 VDC/VAC 供电;

配置 24 个 100/1 000 M RJ45 接口,2 个千兆单模光口;

存储转发时间小于 35 μs;

网络拓扑结构:支持总线/星形拓扑、Turbo-Ring 和 Turbo-Chain(自愈时间<20 ms@ 250 台交换机)RSTP/STP 和 MSTP 网络冗余;

网络标准:IEEE802.3 以太网;

网络协议:TCP/IP;

可扩展性:工业以太网交换机采用模块化结构,便于扩展、应用灵活;

可维护性:支持热插拔,可在不断电情况下更换模块,维护、维修方便;

设备配置方式:支持命令行接口(CLI)、TELNET、BootP、DHCP、DHCP optI/On 82、HiDiscovery,auto configuratI/On adapter(ACA21-USB)等多种设备配置方式;

网络特性:支持 SNMP TRAP 网管,支持故障自诊断功能,支持基于端口的 VLAN 设置、IGMP Snooping 组播管理、IEEE 802.3x 流控制和 SNTP 协议(简单网络时间协议),支持 IEEE1588 精确时间同步协议(可提供 IEEE1588 硬件模块支持);

网管兼容性:支持串口,Web 方式,SNMP v1/v2C/v3,HiVisI/On 对设备的配置及管理,可将交换机状态信息直接传送到网管软件中;

数据安全性:支持 VLAN(虚拟局域网)子网划分,安全隔离工控数据;

供电:冗余双电源输入,提高系统可用性和检修安全性;

可靠性:按工业标准设计生产,可靠性高,交换机在常温下 MTBF 值(平均无故障时间)均要求在 15 年以上,当发生链路故障时,恢复时间小于 20 ms;

交换机采用无风扇设计,应能在恶劣环境条件下工作,如高温、湿热、强电磁干扰环境;

标准认证:需通过防电磁干扰、抗震动、危险场合应用等相关中国或国际标准的认证;cUL 508 工业控制设备安全认证;cUL 1604 Class 1 Div 2 危险场合认证。

2)LCU 交换机

每套现地控制单元配置 2 台 LCU 侧交换机,采用美国 GE 公司的 EL0602-2208C-P1-T1+2×SFP-FGS15LC-C 工业以太网交换机,支持网管协议,其主要特性如下:

工业级可网管交换机;

2×1 000 M 单模光纤接口;

6×10/100 M RJ45 电口;

支持总线/星形拓扑、Turbo-Ring 和 Turbo-Chain(自愈时间<20 ms @250 台交换机)RSTP/STP 和 MSTP 网络冗余;

支持 IEC61850;

S(工作温度):0~+60 ℃;

A(供电电压):外配置工业级电源(DC 24 V);

A(认证):cUL 508,cUL 1604 C Class 1 Div 2 危险场所;

导轨式安装。

3)配置网络附件

包括以下内容:

网络柜:标准网络柜 2 260×600×1 000;

光纤跳线、光纤固定盒等网络附件。

4.电站现地层设备配置及其描述

电站现地层设备包括 2 套机组 LCU(LCU1~LCU2)、1 套公用 LCU3、1 套坝区 LCU4、11 套辅机控制设备。

结构配置原则如下:

机组、公用现地控制单元(LCU)具有冗余配置的双机架,包括双 CPU 模件、双网络模件等;

坝区现地控制单元(LCU)采用单 CPU 双以太网配置;

冗余模件的工作方式为在线热备,切换无扰动;

两个 CPU 以主/热备用方式运行,每个 CPU 支持相同的应用程序和网络配置;

现场总线采用环网结构;

LCU 具有掉电保护功能和电源恢复后的自动重新启动功能;

LCU 能实现时钟同步校正(包括远程 I/O 单元的时钟校正),其精度与时间分辨率配合;

各远程 I/O 的工作电源分别由其对应的 LCU 提供;

现地控制单元设置触摸屏作为人机界面,用来作为现地参数监视的显示窗口。每台 LCU 保留专用的接口,以便能使编程调试设备可接入,对 LCU 进行更深一步的调试和监控;

各 LCU 完成对监控对象的数据采集及数据预处理,负责向网络传送数据信息,并自动服从上位机的命令和管理。同时各 LCU 也具有控制、调节操作和监视功能,配备有人机触摸屏,与上位机系统脱机时,仍具有必要的监视和控制功能。

1)现地人机接口单元

每套 LCU 均配有 1 台 15 in 工业液晶触摸屏,作为现地人机联系接口,显示开停机流程、数据库一览表等画面,平时息屏运行。液晶触摸屏没有硬盘等运动部件,系统软件全部固化,抗干扰能力强,其可靠性远高于原工控机。

LCU 现地人机接口单元选用施耐德公司的 HMIST6700,高性能型控制器 Cortex-A8 CPU,15.6 in 液晶触摸屏组成,其主要技术指标如下:

型号:HMIG3U+HMIDT732;

液晶屏:15.6 in TFT 彩色 LCD;

分辨率:1 366×768;

内存:Flash EPROM 1 GB+128 MB+NVRAM 512 KB;

主频:800 MHz;

扩展接口:打印/音频/RS232C/RS485/以太网。

该机为高档实时彩色触摸屏,适合恶劣环境下使用,其内置通信口支持多种 PLC,具有高可靠性、防尘、抗震、抗电磁干扰等优良性能。

2)现地 PLC 硬件配置及描述

每个 LCU 配有数据采集控制单元 PLC,完成系统的数据采集、电厂主辅设备的控制及设备的调节与控制。进行全厂闭环控制与调节,保证全厂发电运行可靠。

本方案所有现地控制单元 PLC 硬件,均选用法国 Schneider Electric 公司新一代全功能开放控制平台的 M580 系列冗余 PLC。

施耐德公司 M580 系列 PLC 属同类产品中的高档产品,大大地提高双机切换速度、任务执行速度等,都具有多任务特性,存储容量大,用户编程方便。M580 系统同时提供了 IEC 要求的全部 5 种编程方式:LD、FBD、SFC、IL、ST,将传统 DCS 与 PLC 的优势完美地结合于一体,同时具备了强大的过程控制功能和离散控制功能。

M580 系列 PLC 已成功运用在国内外的大型水、火电机组,在国内水、火电及钢铁行业已有业绩。

(1)按照本电站"无人值班"的设计原则,现地控制单元设备的配置采取以下基本原则：

①PLC 采用有成熟应用的双 CPU 热备系统(不含坝区 LCU)，采用完全独立的双机架结构，主机和备用机电源、CPU、网络模块等采用完全相同的配置，2 个 CPU 机架的热备模件之间通过热备电缆连接，保证主备切换无扰动。

②LCU 双电源供电，各个 I/O 机箱独立电源供电。

③各个 I/O 机箱与热备 CPU 主站的连接采用以太环网总线通道。

④PLC 配置标准 TCP/IP 以太网卡直接与上位机连接(100 M 速率)。

(2)本方案配置 M580 系列 PLC 的特点：

①采用 M580 系列 BMEH582040 冗余 PLC，集成内存为 8.8 MB，由 2 套互为全冗余容错热备控制器组成，它们通过同步模块和电缆实现互连。在正常运行中，当 1 个机箱中的 CPU 或网卡或电源模块出现故障时，可自动无扰动地实现主备切换。

②冗余配置的 2 个 CPU 机箱，各 CPU 机箱通过独立的工业以太网通信接口模块与电站现地控制网相连接。

③冗余配置的 2 个 CPU 机箱通过以太环网连到 I/O 机箱上，RIO 机箱与 CPU 机箱之间采用以太环网作为 RIO 的扩充介质，以保证系统数据传输的可靠性。

④各个 LCU 的 PLC 除配有必需的 I/O 模块外，还配置 SOE 模块(不含坝区 LCU)，用于事件顺序记录。该模板为具有 16 路 24 V 智能开关量输入板，分辨率小于 1 ms。

⑤各个 LCU 的 PLC 除配有必需的 I/O 模块外，还通过 LCU 工业交换机，接有 PLC 智能通信控制器(2 个 100 M 以太网口/8 串行口)。由智能通信控制器完成 LCU 与各现地设备，如交流采样装置、微机保护装置、电能计量装置等其他设备的通信。智能通信控制器具有 8 个独立的标准串行通信口(RS232/RS485)，接口可接多达 8×31 个从通信装置。

3)交流采集装置

系统对各机组、公用 LCU 的电量测量采用交流采样方式。交流采样装置选用深圳普元公司的 GPM-430M-B 系列多功能交流采样装置。各个交流采样装置通过相应的 LCU 的智能通信控制器，与 PLC 进行通信。

交流采样装置装于相应的 LCU 屏中，由屏内冗余结构的 DC 24 V 电源提供工作电源。

4)电气量变送器

机组、公用 LCU 配置有功功率、无功功率、三相电压、三相电流变送器，输出 4 ~ 20 mA，0.2 级。

在本系统中，由于 LCU 盘内 DC 24 V 电源为冗余结构，供电可靠，变送器选用直流 24 V 电源供电。

5)同期装置

每套机组 LCU 配置 1 套双对象微机自动准同期装置和 1 套手动准同期装置，自动准同期装置型号为中水科技的 ZX400SYN10A，手动准同期型号为中水科技的 ZX500SYN，公用 LCU 配置 1 套多对象微机自动准同期装置和 1 套手动准同期装置，自动准同期装置型号为中水科技的 ZX400SYN，手动准同期型号为中水科技的 ZX500SYN。

6）PLC 外部智能通信控制器

本项目中 LCU 所配的智能通信控制器为中水科技公司的 ICS0208-1，该装置为 RISC-based 智能通信服务器，具有 2 个 10/100 M 以太网口和 8 个 RS485 通信口，完成 LCU 与各现地设备，如交流采样装置、微机励磁调节装置、微机调速装置、电度表等其他设备的通信。与监控系统通信设备的接口和规约暂定如表 5-1 所示。

表 5-1

序号	通信设备	接口	规约
1	交流采样	RS485	Modbus RTU
2	微机励磁调节装置	RS485	Modbus RTU
3	微机调速装置	RS485	Modbus RTU
4	电度表	RS485	威胜规约
5			

该通信控制器可实现协议自由定义，程序固化运行，系统功能强，可靠性高，灵活方便。

7）LCU 电源

本系统中 LCU 内设备全部采用 DC 24 V 电源供电（包括 PLC、人机联系触摸屏等），其 DC 24 V 全部引自 LCU 所配的交/直流供电电源，为交/直流冗余供电方式，当 LCU 外部 AC 220 V 或 DC 220 V 任 1 路有电时，即可保证整个 LCU 电源的可靠供应。

交/直流双供电电源采用中水科技公司的 ZX100PSR400 和 ZX100PSR150 交直流工业开关电源。

为保证电源系统的可靠性，每个 LCU 的交流电源输入端均装有电源避雷器，以保证设备的安全。

（二）计算机监控系统功能

本系统采用了标准 H9000 系统，是一套完整的水电厂实时控制系统，配备了完整的系统监控功能。具体功能描述如下。

1. 数据采集与处理

H9000 系统针对巨型机组特大型电站的特点，通过与国外设备厂家的技术合作，及对巨型机组的数据采集与传输处理等关键技术的深入研究，采用多线程并行网络通信技术的方案，彻底解决了巨型机组信息采集点多、通信数据量大而导致的实时性问题。

同时，H9000 系统在提高数据精度、丰富数据属性、数据质量标志、数据趋势报警、三态点及智能报警处理等方面的研究开发显著提高了系统的数据处理功能。

系统实时采集服务根据配置对电站主要设备的运行状态和运行参数自动定时进行采集，并做必要的预处理、计算，存于实时数据库，供计算机系统实现并用于画面显示、更新、控制调节，记录检索，统计报表，操作、管理指导和事故分析等。

电站现场各种数据的采集基本由各自的 LCU 来完成，现场数据包括模拟量、脉冲量、数字量、一般开关量和中断开关量。

数据采样周期满足系统性能参数要求。故障、事故报警信号随机优先传递,并显示故障、事故发生的时间、地点、性质及参数、说明。

为提高监控系统的实时性,减少数据传输量,实时数据采用不变不送加定时全送的方式,对模拟量无变化时不传送,当变化超过传送死区或数据品质有变化时传送;状态量有状态变位或数据品质有变化时才传送,同时当达到定时周期时进行全数据传送,更新监控系统实时数据库。

系统除采集各自的 LCU 数据外,还自动采集和处理来自电站厂内的外接系统的数据信息。

为适合现场运行情况,对所有采集的数据点均可通过人机联系设置扫查投入与退出、报警使能与禁止标志,对其参数限值可进行人工修改设置,并可用人工设定值取代采集值,以剔除坏点。

1)电气模拟量的采集和处理

电气模拟量指电压、电流及功率等电气信号量,系统周期采集。处理包括有效性、合理性判断,输入线路误差补偿,标度变换,越复限比较及格式化等,具有断线检测功能,信号抗干扰,数字滤波,梯度计算,越复限报警及相关时间记录功能。以上能形成实时数据用于画面或表格等直观方式显示,并能存入实时数据库,进行变化趋势分析。限值等参数可由操作人员设置和修改。越限和复限时能记录相应的时间。所有模拟量输入均有隔离。

2)非电气模拟量的采集和处理

非电气模拟量主要指温度、压力、流量、水位、摆度和振动等信号量,周期采集。

3)SOE 信号的采集与处理

随机中断采集,处理包括硬件光电隔离、防抖滤波和软件抗干扰滤波,异位立即传送异位点,事故时报警,数据格式化等。报警方式:顺序连续显示和打印报警语句,指出动作设备器件名称、内容及动作时间,同时伴有音响,画面上相应开关闪烁等。事故报警时,还发出声光、语音报警信息,自动启动电话和传呼系统并具有电话报警和电话查询功能。

4)普通数字量的采集与处理

普通型状态量包括各类故障信号、断路器及隔离开关的位置信号、机组设备运行状态信号等。

周期采集,输入硬件光电隔离,信号处理包括光电隔离、接点防抖动处理、硬件及软件滤波、基准时间补偿、数据有效性合理性判断、发事故报警信号和进行事件记录,能指出故障设备名称、内容和时间,同时伴有报警音响,最后经格式化处理后存入实时数据库。

5)脉冲量的采集与处理

脉冲量主要指有功和无功电能量。脉冲量的输入为有源电脉冲。

周期采集(现地 PLC 实时记数),各路脉冲计数累加,处理包括光电隔离、接点防抖处理,有效性、合理性判断,软件抗干扰滤波、标度变换、格式化,并在上位机分时累加形成各类表格供打印、显示使用。脉冲量可以通过人机联系手段,由操作人员进行初始值设置和累加值修改。可按分时累计的要求进行峰荷、谷荷、腰荷的电量累计、显示与打印。在规定的时间间隔内可对脉冲量累计值进行冻结、读取、解冻。

6）交流量的采集与处理

根据需要，部分三相交流电量可不用变送器，而由交流采样装置直接从 PT、CT 采集。分析计算后用通信方式送至 LCU。

2. 综合计算

监控系统可根据实时采集到的数据进行周期、定时或召唤计算分析，形成各种计算数据库与历史数据库，帮助运行人员对电厂设备的运行进行全面监视与综合管理。例如：①电量周期分项分时累加计算，运行人员可以人机对话方式进行初始设置或修改；②水量周期分项分时累加计算，运行人员可以人机对话方式进行初始设置或修改；③机组温度分析与计算；④三大轴瓦及定子线圈分组的温度最高值、最低值、平均值、标准差值及变异系数的分析计算；⑤主要设备运行工况统计计算；⑥定值统计管理。

3. 安全监视

安全监视是计算机监控系统的重要功能之一，计算机系统实时监视电站各类设备的运行状态和参数，当它们发生异常、运行状态发生变更或参数超越设定限值等时，计算机系统及时报告值班运行人员进行处理，同时进行实时记录，以便分析查验。

为方便报警记录信息查询，H9000 系统提供灵活的历史数据查询手段，如过滤器功能，对各种报警历史数据进行分类、筛选形成报告。报告可打印。

1）事件顺序记录

事件顺序记录量包括断路器状态、重要继电保护信号等。

当电站重要设备发生事故时，监控系统立即响应（由中断开关量产生硬件中断信号），记录事故发生的时间，动作设备器件名称、内容等，时间以时、分、秒、毫秒记录，并立即显示、打印事故报警语句，发出事故语音信号。事故发生时一般有多个设备器件相继动作，监控系统可按其动作的先后顺序以毫秒级的分辨率进行记录，并存入主站数据库记录区，形成事件顺序记录。

2）故障报警记录

计算机系统周期扫测故障讯号量，当发现故障时，立即响应并处理，记录故障发生的时间，动作设备器件名称、内容等，时间以时、分、秒记录，立即显示、打印故障报警语句，并按顺序存入主站数据库记录区，形成全天故障记录。对重要设备的操作及事故可在 LCU 盘上液晶屏显示。

3）参数越限故障报警记录

监控系统对运行设备参数设定有四种限值：上上限、上限、下限、下下限。当超越其设定限值时，立即进行报警（一次性），当越限值恢复正常时，进行复限提示（一次性）。当参数越复限时，记录越复限发生的时间，参数名称、限值、越限参数的实时值等内容。时间以时、分、秒记录。立即显示，打印越复限报警提示语句，并顺序存入主站数据库记录区，形成全天参数越复限记录。

4）电气主设备操作记录

对于电站设备，包括机组开、停，断路器的投、切，隔离开关，接地刀闸的合、切等操作，FMK 投、切，厂变高低压开关、联络开关、刀闸的投、切等操作，在进行非事故状态判断后，按先后动作顺序进行记录。

5)运行人员操作命令信息记录

运行人员操作命令信息记录包括下达机组开停机、断路器的投切、各种运行方式的转换等命令信息的记录。

6)计算机系统综合信息记录

计算机系统对系统设备投切、软件出错信息、系统诊断信息等计算机系统有关的信息及时自动记录,形成综合信息统计记录。这些综合信息在操作或软件行为自检时会以显示语句的方式提示,同时打印记录。

综合信息记录全天(当班)汇总表,可由打印机自动定时打印,也可人工随机召唤显示或打印。

以上各个记录表均能包括 12 000 条最新内容,显示最新 80 帧列表。超过 12 000 条时,则自动形成历史数据文件。

7)事故追忆

系统根据设定的事故追忆点及事故追忆采样周期,对追忆量进行前若干秒(30 s)追忆,后若干秒(120 s)记录,形成事故追忆记录(事故追忆采样周期可设定)。事故发生时,计算机将按顺序将事故报警信息、事故的名称及这些追忆数据保存于磁盘中,形成历史数据。

通过监控系统人机联系,运行人员可在线对事故追忆的参数点进行增、减设定,并可实时显示进行追忆各点的变化趋势记录曲线。对于某个特定事故发生时,需要追忆的相关量也可进行在线增、减设定。当线路或高压母线事故时,记录线路的有功功率和无功功率、三相电流、母线电压及频率,并同时记录机组相间电压、三相电流、无功功率。

8)趋势报警与分析

H9000 系统也具有趋势报警追忆功能。系统实时监视某些重要参数的变化趋势,如运行机组各轴承温度进行变化率($\Delta T℃/\Delta t$)趋势记录和分析,实现设备异常情况的早期发现。当变化率超过限值时,进行趋势越限报警,并可启动有关处理功能,如停机、趋势报警追忆等,形成历史数据。历史数据的存储方法与事故追忆相同。

对于机组的三大轴瓦分组的温度最高值、最低值、平均值、标准差值及变异系数进行分析计算,定时比较推力轴承各轴瓦间的温度值,若它们之间的差值超过容许值,即发报警,预报轴瓦工作不正常。

通过监控系统人机联系,运行人员可在线对趋势报警的参数点进行增、减设定,并可实时显示进行各趋势点的变化趋势记录曲线。如实时显示 30~50 min 内的温度及其他量值变化曲线。尤其在开机过程中,可将机组的三大轴瓦温度趋势记录曲线随时存档,形成历史数据文件。

可随时召唤显示与打印趋势报警追忆历史数据。

9)实时监视

对各电站的水力机械系统、发送电系统、厂用电系统、油水气系统、闸门系统的实时运行参数和设备运行状态以召唤方式进行实时监视显示。具体显示画面数量及内容待定。当发生事故或某些重要故障时,则自动转入事故、故障显示,并推出相应事故、故障环境画面。当进行某项设备操作时,自动推出相应操作控制画面与过程监视画面。

10）过程监视

在操作与调节过程中,监控系统屏幕能够显示操作接线图,被选中的操作对象能闪光、变色,显示命令单,操作提示与操作结果、自动登录操作记录等,供运行人员监视操作过程。当操作过程发生阻滞时,可明确指出阻滞部位。

11）语音报警、电话自动报警及查询

运行人员可对系统数据库进行设置、定义发生哪些事故时,监控系统需要进行语音报警和电话自动报警,若需要电话自动报警,可顺序设置若干个电话号码或寻呼机号码,当发生事故时,系统能根据设置情况发出声光、语音报警信息,自动启动电话和传呼系统进行报警,发送手机短消息,系统还提供电话查询功能,可通过电话查询当前电站设备运行情况。

12）远方诊断功能

监控系统具有远方诊断及远方维护功能。通过远方诊断及维护系统,可以实现远方故障诊断及远方系统维护。

13）模拟光字牌

光字牌是电站运行人员比较熟悉的运行设备。监控系统可提供两种形式的光字牌:一种以硬件的方式设置在 LCU 的盘面上;另一种在上位机工作站以画面的方式模拟光字牌。

14）画面拷贝

当发生事故、重要故障、某些重要量越、复限时,监控系统能自动将当时的主接线画面或有关画面拷贝并保存,形成历史画面数据,以时间顺序编号。面向拷贝内容包括设备状态、断路器、隔离开关、接地刀闸位置、颜色、符号、数据及背景画面等。拷贝画面可通过历史数据召唤功能调用。

4. 人机联系

1）人机联系设计原则与要求

在进行控制操作的人机联系时,应具有操作权限的判别;有关控制操作的人机联系,充分利用显示画面、鼠标、控制窗口三者相结合的方式,操作过程中有可靠性校核与闭锁功能,一般对话步骤如下:选择被控对象,弹出操作性质控制窗口,选择操作,认可后执行或取消终止执行。操作提示全部汉化。

2）人机联系功能

H9000 系统提供面向对象的全图形人机界面系统,提供交互式人机联系软件包 OIX。采用最新开放式图形硬件、软件技术,人机界面基于 QT,实现图形系统源码级的跨平台兼容。采用面向对象的信息组织和展示方式,一个对象对应一组组合图元,实现所关联对象的主要状态显示和报警显示。支持棒图、曲线、散点、饼图等图元以及多种电力、水调专业特性综合图元;支持图元类型的动态扩展;支持 GIF 动画;支持多窗口,多屏;支持报警窗自定义、语音报警;对控制过程可提供双席认证机制,提高控制安全和可靠性。采用先进的多窗体技术,支持水电厂多应用主题信息的集成显示,在用户界面上提供应用集成的技术手段,用控件和容器技术支持应用集成,可以控件、IE 浏览器等多种形式接入第三方应用;系统提供基于 GIS 的信息显示手段和可视化的展现手段,丰富应用界面的展示效果,突出电厂宏观信息、关键信息。

具有以下特点：

(1)全图形显示。借助完备的手段进行漫游、变焦和随意移动，系统支持画面分层显示及其他画面覆盖、缩放、平移、提取功能及画面自动去繁功能。

(2)多屏多窗口技术。

(3)快速直接的鼠标控制。

(4)极好的显示响应时间。反映实时数据的画面在 1 s 内响应。

(5)面向对象的交互式显示结构。不需要软件知识。

(6)严密的口令系统。具有多级操作员口令字及严格的功能限制。

(7)图形界面汉化。汉字采用 GB 标准码，提供多种字体及输入手段。

3)屏幕划分

每台监视器的屏幕可分成若干个窗口，有系统管理窗口、监控窗口、时钟窗口、报警窗口等。系统管理窗口为系统仿真终端，主要监视计算机系统的任务执行，完成任务起动等系统管理操作。监控窗口为计算机监控系统的主要人机界面，完成各种监控功能。时钟窗口仅显示监控系统日期、实时时钟。报警窗口含有各种类型的报警标志区，当某种报警信号发生时，相应的报警标志闪烁，选择某种标志时，即可调出相应类型的报警语句汇总表。报警窗口还含有一个各类报警语句综合显示区，可显示若干条最新报警语句。

另外，系统还包括下列窗口：

(1)实时数据库一览表显示窗口

显示实时数据库的状态。全部实时信息采用按 LCU 单元、信息种类的方式分组分类存放和显示。

(2)报警信息汇总窗口

显示实时报警记录及报警历史记录文件。该窗口提供有丰富的过滤器功能，可方便地筛选所关心的报警信息。

(3)事故追忆设置窗口

可对事故追忆的参数点进行增、减设定，进行在线编辑。也可以对于某个特定事故发生时，需要追忆的相关量的增、减设定，并可实时显示进行追忆各点的变化趋势曲线。

(4)趋势分析设置窗口

可以对进行趋势记录的温度点及其他量值点进行增、减设定，进行在线编辑。

(5)事故追忆历史记录显示窗口

可显示追忆点的历史数据曲线。

(6)趋势分析历史记录显示窗口

可显示趋势记录点的历史数据曲线。

4)画面调用方法

系统画面显示有自动和召唤两种方式。自动方式用于事故、故障及过程监视等情形；召唤方式为运行人员随机调用。

(1)自动方式

当电站发生事故时，自动推出主结线图或者光字牌等相关画面；当进行主要设备操作时,自动推出操作控制画面;当进行开停操作时,自动推出开停机流程监视图;设备故障时,自动显示报警语句;自动显示可靠性统计提示语句;其他报警及提示语句等。

（2）召唤方式

运行人员通过鼠标、键盘、专用画面目录、下拉式菜单、弹出式菜单、专用功能软键或其他专用软键随机召唤。

5）画面信息显示

系统的人机界面设计采用最新图形技术,实现多窗口显示方式。用户界面主要包括：①各类菜单(或索引表);②各类电厂电气主结线图;③机组与油、水、气、风等主要辅助设备状态模拟图;④机组开停机等工况转换顺序流程图;⑤各类事件顺序记录及报警记录画面;⑥负荷调节等各类棒图;⑦各类曲线图;⑧各类记录报表;⑨各类运行日志报表;⑩各类运行调节方式、AGC、AVC 运行信息图;⑪各类操作指导和事故处理指导画面;⑫水情信息与溢洪闸门状态显示图;⑬大坝安全状态及厂房布置图;⑭监控系统设备运行状态图。

6）信息表示方法

H9000 系统提供丰富的信息表达方式,特别是符号组方式为用户提供了非常方便的信息表达手段。灵活应用符号组信息表达方式,可构成丰富的监控系统各类图形。信息种类及信息的表达方式如表 5-2 所示。

表 5-2　信息种类及信息的表达方式

信息种类	信息表达方式
模拟量、数字量	数字、棒图、颜色组、曲线
开关量(开入、综合信息)	符号组、动画、字符组、颜色组

7）点参数表

点参数表功能是 H9000 系统一个非常特别的功能。点参数表实际上是一幅显示监控系统某一 I/O 信号全部信息属性的画面,如 I/O 点的逻辑名、描述、实时值、限值、工程量变换系数、控制输出地址等。H9000 系统的人机联系画面中,所有的实时 I/O 监测点均有点参数表入口。

点参数表对于系统集成、现场安装调试、查线等均是一个非常有力的工具。它可以非常直观地提示信号链接的正确与否。

5.控制与调节

1）控制方式及控制权

计算机监控系统控制调节方式分为控制方式和调节方式两类。控制方式包括现地控制、厂站控制、电网控制三个层次,调节方式也包括现地调节、厂站调节、电网调节三个层次。

控制调节权限按现地级、厂站级、调度级的顺序从高到低,控制调节权限通过各层设置的现地/远方切换开关或软功能键进行切换,并有相应的闭锁。原则上,上一层可以要求下一层切换控制调节权,下一层应按上一层的要求切换控制调节权,只有当下一层的控

制调节权切换到上一层,上一层才能进行控制和调节。具体设置方式如下:

(1)现地控制单元应设有"现地/远方"切换开关。当切换开关处于"现地"位置时,监控系统控制方式及调节方式均工作在"现地"方式下,现地控制单元只接受通过现地级人机界面、现地操作开关、按钮等发布的控制及调节命令,厂站级及调度级只能采集、监视来自现地控制单元的运行信息和数据,而不能直接对该现地控制单元的控制对象进行远方控制与调节。

(2)厂站级应分别为各台机组设置"电站控制/电网控制"软切换开关及"电站调节/电网调节"。当现地控制单元"现地/远方"切换开关处于"远方"位置时,运行人员可通过软切换开关对"电站控制/电网控制"方式及"电站调节/电网调节"方式进行切换。

(3)当监控系统厂站层控制方式处于"电站控制"时,电站监控系统厂站级可对控制/调节方式切换开关处于"远方"位置的现地控制单元控制范围内的电站主辅设备发布控制命令,调度级则只能用于监视;当监控系统厂站层控制方式处于"电网控制"时,相关电网调度中心可对控制/调节方式切换开关处于"远方"位置的现地控制单元控制范围内的电站主辅设备发布控制命令,电站监控系统及梯调则只能用于监视。

(4)当监控系统厂站层调节方式处于"电站调节"时,电站监控系统厂站级可对控制/调节方式切换开关处于"远方"位置的现地控制单元控制范围内的电站主辅设备发布调节命令,调度级则只能用于监视;当监控系统厂站层控制方式处于"电网调节"时,相关电网调度中心可对控制/调节方式切换开关处于"远方"位置的现地控制单元控制范围内的电站主辅设备发布调节命令,电站监控系统及梯调则只能用于监视。

计算机监控系统应能满足上述多种调控方式的要求,为了保证控制和调节的正确、可靠,操作步骤按"选择–确认–执行"的方式进行,并且每一步骤都应有严格的软件校核、检错和安全闭锁逻辑功能,硬件方面也应有防误措施。无论在哪种调控方式下,电站计算机监控系统均应将实时数据和运行参数等按各级要求将数据上传到各级调控层,用于上级部门的监视。

2)系统控制权管理

对于电网调度中心、电站级、现地控制单元级各级的相互关系及控制权的管理,必须通过控制权的设置,进行闭锁控制。控制权的设置可通过人机联系进行设置。

监控系统的控制权管理采取现地优先的原则。优先设置权依次为单元控制级、电站主控级及上级调度中心级。

当控制权在上级调度中心时,电站运行人员可随时将控制权切至电站主控级或现地级。

当控制权在电站控制级时,电站运行人员可随时将控制权切至电站现地级。

当系统控制权在电站主控级或现地时,上级调度中心系统仅有监视权。

控制权由高到低的顺序是:现地控制级、电站主控级、上级调度中心系统。

3)负荷给定方式

(1)有功功率

电站总有功功率设置值可以有以下来源:①由上级调度部门计算机根据 AGC/EDC算法自动给定出电站总负荷设置值;②由上级调度部门下达的负荷曲线设置电站总负荷;

③由运行人员根据上级调度要求手动设置电站总负荷。

电站计算机监控系统根据总有功功率设置值自动制定开、停机计划和机组负荷分配。

（2）频率

电站的频率或频率限值可以有以下来源：①由上级调度部门自动设置电站频率或频率限值；②由运行人员根据上级调度要求手动设置电站频率或频率限值。

电站计算机监控系统根据电站频率或频率限值自动制定开、停机计划和机组负荷分配。

（3）无功功率

电站总无功功率设置值可以有以下来源：由上级调度部门下达的母线电压目标值，由运行人员手动或计算机监控系统自动分配机组无功功率。

（4）电压

电站的母线电压值或母线电压限值可以有以下来源：①由上级调度部门下达母线电压目标值或曲线；②由运行人员根据上级调度要求手动设置。

4）机组负荷分配方式

计算机监控系统的 AGC、AVC 控制程序可根据电站总的负荷设定值自动设置机组负荷。

由上级调度计算机直接设置机组负荷。

由运行人员在中控室手动设置负荷。

直接在现地控制单元上设置机组负荷。

5）厂内自动发电控制（AGC）和经济运行

AGC 是本系统的重要功能之一，实现"无人值班，少人值守"成功的关键。AGC/AVC 及经济运行是 H9000 系统的重要高级应用软件，在许多水电厂获得了成功的应用，对于减轻运行人员的劳动强度，确保发电生产安全起到了非常积极的作用。

（1）自动控制方式

自动控制方式包括：自动发电控制（AGC）、自动电压控制（AVC）、自动调频控制、低频自启动、联络线稳定控制。

系统设计有专用画面进行自动控制方式设定和转换，设定以人机对话方式进行，控制方式转换时，有互相闭锁分析语句，以防误操作。

（2）自动发电控制（AGC）

电站的自动发电控制需充分考虑电站运行方式，具备有功联合控制、电站给定频率控制和经济运行等功能。

a. AGC 运行方式

自动发电控制分现地 AGC 和远方 AGC 两种。现地 AGC 按现地运行值班员设置的参数或监测的参数运行。远方 AGC 则按由远方调度系统自动设置的参数运行。

AGC 功能根据给定的运行方式，如全厂调功方式、负荷曲线方式、调频方式等，将自动跟踪系统频率、全厂总功率给定值或全厂负荷曲线等，计算出功率调整值或全厂应发总功率。

经济运行（EDC）功能将全厂应发总功率按优化准则分配至每台运行机组。

AGC 功率给定值应在全厂有功给定值的基础上扣除不参加 AGC 成组运行机组的实发功率。系统在接收到全厂有功给定值后,应扣除不参加 AGC 机组的实发功率值,再将剩余部分分配到参加 AGC 控制的机组中去。

b. 全厂的 AGC 容量及调节周期

根据参加 AGC 机组的组合情况,全厂 AGC 的调节容量可变。

电厂监控系统的 AGC 控制执行周期小于或等于 4 s,以适应调度控制的要求。

在 AGC 控制过程中,全厂 AGC 控制系统的响应速率为 50%最大调节容量每分钟。为避免频繁开停机操作,电厂控制系统在响应调度发来的 AGC 控制指令的同时,考虑旋转备用容量。

c. 自动发电控制的协调控制

调速器或励磁系统故障时由自动转为手动;

各种事故引起的机组停机或解列、线路解列;

自动发电控制投入时的无扰动切换;

机组成组/单机运行时的无干扰切换;

部分机组或者全部机组退出 AGC 时无扰动切换;

开环或者闭环方式的选择。

AGC 的安全防护闭锁条件:

为了 AGC 的安全起见,可以设置一些安全防护闭锁,当闭锁条件满足时,AGC 执行相应的功能,否则将退出,直到条件满足。

AGC 在下列情况下将自动退出:上下游水位不正常;上游或下游水位测量值"故障";上游或下游水位梯度过大;开关站 LCU 与上位机通信不正常;机组频率不在正常范围;监控系统开环;某台机组有功测量值为"故障";以上条件可以通过修改闭锁条件库实现增减。

在 AGC 运行方式下,机组参与成组可调的闭锁条件:机组 LCU 与上位机通信正常;无停机令;调速器无故障;机组 LCU 在"远方";机组无水机事故;机组无电气事故;机组加入"成组";励磁系统无故障;若以上某一条件不满足时,此时相应机组应不能参与 AGC 控制调节,机组控制状态应显示为"成组不可调";以上条件可以通过修改闭锁条件库实现增减。

d. 调度 AGC 信息量

为适应调度 EMS 系统 AGC 控制要求,电厂监控系统与调度之间实时交换信息不少于规定的信息量。

上行信息包括:机组有功功率实时值;全厂功率实时值;机组及全厂 AGC 可调容量上限;机组及全厂的可调容量下限;机组及开关站断路器状态;机组运行状态(运行/备用/检修等);机组 AGC 运行状态(投入/退出);监控系统控制权(本地/远方控制);其他信息(与 AGC 及经济运行有关数据信息)。

下行信息包括:全厂 AGC 的设定值;全厂负荷曲线(24 点或 96 点);全厂 AGC 状态设定。

（3）经济运行（EDC）

经济运行程序根据 AGC 给出的全厂总有功功率（或总日负荷曲线）设定值,以发电耗水量最小为优化准则,计及各种约束条件,建立数学模型,确定本站 3 台机组的最佳负荷分配,开机台数、开停机顺序及机组间负荷的优化分配,进行机组的自动开停机控制与自动负荷调节。

具体实施中,经济运行根据机组水头－出力、效率曲线,确定当前水头下全厂负荷的最佳开机台数,同时考虑下列约束条件进行机组最佳组合和最优负荷分配。优化方式可采用按等功率方式、等开度方式或等微增率方式。

约束条件包括:机组特性;水库水位;枯水期要考虑最少发电的下泄流量以保证下游航运;机组气蚀区和振动区;机组停机连续备用时间;机组运行时间;设定的机组开停机顺序;设定的机组功率限值;设定的全厂有功备用容量等。

经济运行可根据全厂运行方式设置实现闭环控制,亦可开环指导。

（4）自动调频运行（AFC）

监控系统能够根据给定的定时段频率值和测得的系统频率误差信号,自动计算出电厂调频功率,并考虑安全约束条件,进行协调计算,自动发出有功调节指令或机组开、停机命令并自动执行。

调频功率的计算方法如下:

$$P = \alpha \cdot \Delta f$$

式中,Δf 为实测频率偏差;P 为调频功率;α 为频率调差系数。

运行人员经过授权,调频死区、频率调差系数可在线设置。

（5）紧急调频控制（低频自启动或高频减出力）

当电网频率过低时,经济运行自动退出,计算机系统自动按预先给定的顺序先将调相机组改发电,再依次将允许低频自启动的备用机组启动并带满负荷,自动调功程序认可该调整结果。机组是否参加低频自启动可通过计算机系统人机接口设备进行设置修改。

该功能用于母线频率偏低较大的情况,当母线的频率低于低频自启动下限值时,AGC 将全厂总有功增加,每次运行增加的幅度为事先设定的低频自启动上调值,直至参加成组运行的发电机组带满负荷为止,如此时频率仍低于低频自启动下限值,则启动参加低频自启动的备用机组,直至启动全部这类机组,但每次只限启动一台。

当频率高于高周减出力的限值时,系统逐渐降低运行机组的出力,直至停运。以上各种生产过程自动控制均包括进行油、水、风等辅助设备。

（6）联络线稳定控制

该功能用于监视线路视在功率。当线路视在功率过大时,AGC 将全厂总有功减少,使其恢复到正常值。

（7）自动电压控制（AVC）

a. 自动电压控制方式

①全天母线电压限制曲线方式。在该方式运行时,AVC 自动跟踪相应时段的母线电压上下限值,调节全厂无功功率,使电站高压母线电压维持在该时段设定的电压上下限值范围内。

②给定母线电压控制方式。在该方式运行时,AVC 根据运行人员给定的母线电压上下限值,调节机组无功功率,使电站高压母线电压维持在给定的范围内。

上述两种控制方式可由运行人员通过计算机系统人机接口设备进行切换,通过调用相应的画面,运行人员也可修改母线电压限制曲线。在控制权为远方时,母线电压或电压曲线可由远方修改。

b. 自动电压控制

AVC 周期监视母线电压,一旦母线电压超出允许范围,即根据设置的母线电压-无功调差系数计算出所需增减的全厂无功值,然后根据新的全厂无功值在发电运行的机组间分配,分配准则:等无功分配或者按等功率因素分配,同时参照机组 $P-Q$ 运行图及下列约束条件:

滞相运行:$\cos\varphi \geqslant \cos\varphi_e$,约束条件为定子电流限值;

$\cos\varphi < \cos\varphi_e$,约束条件为转子电流限值。

进相运行:受厂用电压水平的限制,机组进相深度应小于某设定值(可修正)。

必要时可切除某台机组所带的厂用电,使进相深度不受厂用电压的限制,而按静稳定和定子端部发热作为限制条件,使机组吸收更多的过剩无功功率。

监控系统根据自动电压控制功能的计算结果,自动发出无功功率调节命令。调节命令由相应的单元控制装置(LCU)通过励磁调节装置完成。

运行人员可通过人机联系手段整定或修改无功功率的调节死区、调节速度,以适应机组调节特性的变化。

AVC 根据设置的运行方式既可进行闭环控制,亦可实现开环指导。AVC 功能也可由运行人员随时投入或退出。

AVC 的安全防护闭锁条件:

AVC 在下列任一情况下,将自动退出:上下游水位不正常;开关站 LCU 与上位机通信不正常;机组频率不在正常范围;监控系统开环;某台机组有功测量值为"故障";上游或下游水位测量值"故障";母线电压测量值"故障";以上条件可以通过修改闭锁条件实现增减。

在 AVC 运行方式下,机组参与无功成组可调的闭锁条件:机组参加无功成组;LCU 在线;机组为发电运行状态;无停机令;LCU 在计算机控制;机组励磁系统无故障;机组励磁操作直流正常。当程序对某台机组发出开机令后,如果超时间该机组断路器未合。当程序对某台机组发出停机令后,如果超时间该机组断路器未开。若以上某一条件不满足时,相应机组应不参与 AVC 控制调节,机组无功控制状态应显示为"成组不可调"。

(8)运行人员指令操作与调节

通过中控室或办公楼控制室的监控系统人机联系设备,运行人员可对电站设备进行控制、调节、工况转换及参数设置等操作。重要的操作指令包括:机组工况转换如开停机、断路器分合、隔离开关分合、有功功率和无功功率调整,断路器、隔离开关分合操作、闸门提降、阀门开关、重要设备投切等。

H9000 系统具有独特而完善的防误操作功能,可以确保由计算机系统发出的命令安全可靠。控制具有防误闭锁和互锁功能。当控制点被选择后,在控制过程结束或中断以前它处于闭锁状态,其他人不能对它进行控制和操作。另外,一个控制点的状态常与其他点的状态有关,当一个开关对应的刀闸状态处于开的时候,不能对该开关进行控合操作。因此,对一个控制点可以定义它的互锁状态,只有当这些状态满足后才可对该控制点进行控制。

监控系统会对计算机系统的各项指令进行条件判断,满足条件则执行,不满足条件则闭锁,并弹出操作条件显示判断窗口,给运行人员进行闭锁原因提示。LCU 收到命令后需进行条件判断再执行命令。

(9)运行人员指令控制方式

系统指令控制包括以下三种方式:①远方控制方式。监控系统接受来自调度指令,实现对电厂设备的控制。②本地控制方式。监控系统接受由电站本地运行人员在操作员工作站上发出的操作命令,实现对电厂设备的控制。③现地控制单元控制方式。由运行人员在现地单元 LCU 的工作站上发出命令,实现对电厂设备的控制。对所有操作可自动顺序执行,也可单步人工选项控制执行。

运行人员能够通过人机联系,设置系统控制方式。

(10)机组开、停机及机组发电、调相工况转换操作

系统能够自动执行系统 AGC、AVC、经济运行的结果,也可通过操作控制画面,由运行人员选择控制对象,系统自动推出菜单,然后进行开停机或工况转换(发电转调相、调相转发电)操作,系统提示运行人员确认。

(11)机组有功、无功调节

系统能够接收 AGC、AVC 指令,也可以人机对话方式,接受由运行人员设置的有功功率或无功功率指令。监控系统能自动完成有功功率和无功功率调节。

(12)设备的投、切操作

运行人员可通过监控系统对断路器、隔离开关和其他辅助设备进行投切操作。

系统可设置操作控制画面,由运行人员选择控制对象,系统自动推出控制菜单,然后选择投、切操作,系统通过闭锁运算后提示运行人员确认。当运行人员确认后,系统能自动完成相应的投切操作。

(13)参数整定

辅助操作包括:报警手动复归、参数限值设置、I/O 点管理、监控系统设备管理等。

根据操作员的操作权限,操作员可对数据库的数据进行人工设置,主要包括:实时数值的人工设置;实时状态值的人工设置;整定值与模拟量的上、下越复限值的设置;I/O 点的扫查禁止与允许;I/O 点的报警禁止与允许等。

实时数据及状态由人工设置后,系统再将它们和其他正常采集的信号等同对待,但给出相应的手动设置标志。

6. 生产管理与统计

监控系统可将自动生成的报表数据、报警数据等自动保存,形成生产统计报表历史数据。另外,各种报警记录数据也存放在计算机硬盘上,形成报警记录历史数据。

可保存的历史数据多少可根据计算机硬盘空间的大小确定。一般保存一年后存入光盘。

将历史数据经优化筛选后存入光盘,以便于必要时进行检索和打印。

1）生产统计记录功能

包括以下类：

电站发电运行日志记录内容包括当班、当日、当月、当年的机组发电量、线路送电量、厂用电量、母线电压合格率、负荷曲线合格率等；主要设备动作及运行记录；定值变更记录；操作记录；系统能对各种操作进行统计和记录，其中包括手动方式开、停机，断路器和隔离开关的手动合、跳闸，闸门的手动启、闭等；事故、故障统计记录；参数越复限统计记录；事故画面拷贝记录；主要设备和装置退出运行记录。

2）运行日志及报表打印

系统能制订并自动生成各类生产统计报表：如电气运行报表，非电量报表，机械运行报表，日发电量、厂用电量统计表，日电量平衡表，可靠性统计表，生产综合统计报表等。报表内容可分时、班、日、月进行记录，形成运行日志、生产月报表等。

HReport 是建立在 Microsoft Excel 自动化技术、OleDb 数据库访问技术及 XML 技术上的一套具有良好用户界面的快速报表生成软件，完全兼容 Excel 电子表格和 XML 文档。

根据用户要求，监控系统可将数据由数据库自动取出，存入相应的报表数据区，形成各类生产统计报表记录。

报表管理功能提供报表编制、管理、统计计算、校核、查询、打印等功能；具有报表变更和扩充等管理功能；支持灵活的数据提取、组织、统计和表达；支持跨年数据、年数据、季度数据、月数据、日数据、时段数据的同表定义、查询和统计；方便各类应用使用报表等功能。

系统打印分为随机打印、定时自动打印和召唤打印三种方式。随机打印用以记录系统的各种操作、事故、故障等各类报警语句，自动打印；定时打印用来打印各类统计报表、运行记录及运行日志等，定时自动进行；召唤打印为运行人员调用，随机召唤打印，调用方式为鼠标。

7. 机组事故停机处理

1）机组事故停机处理技术

H9000 监控系统中，现地控制单元 LCU 中的 PLC 装置具有机组保护功能，独立完成采集事故信息，快速执行事故停机流程。

在现地 LCU 机柜上设置紧急停机按钮及复归按钮，可进行人为紧急停机，按钮设置多对接点，一方面接至 PLC 启动事故停机流程；另一方面直接作用于机组调速器及机组出口开关。进行事故停机。

2）机组温度保护处理技术

现地 LCU 直接采集，能对有关温度点进行快速采样，按照有关要求，判定事故输出报警信号，启动 PLC 事故停机。

PLC 采取必要的逻辑闭锁条件，为防止机组轴承温度测量值不准造成错误停机，当机组某轴承温度过高时，PLC 进行软件处理，对该轴承温度点的相邻两点温度进行比较，作为温度保护出口的判据。

对以上两种处理，可通过画面设置或机柜上压板设置，进行灵活组态。

8. 数据库

监控系统数据库包括实时数据库和由历史数据库构建的历史数据管理系统。

1）实时数据库

（1）数据库设计

实时数据库（简称"实时库"）分布在所有网络节点上，实时库间的同步通过系统消息总线和服务总线实现。主机间的实时库数据一致性，由系统的网络总线和特有的同步机制来保证。

实时库的访问具有非常高的性能，每个进程（线程）的读写都可达到 100 万级/s 速度。实时库内部实现使用了共享内存技术，使同一主机内的所有进程都共享同一块数据库内存区，每个进程都像访问自己的内存变量一样快速高效。

实时库提供了方便灵活的对象配置功能。可以根据系统的需要，配置各种各样的对象模板，对象种类和属性数目基本不受限制。这些特性就跟关系库一样非常灵活，易于定制。

实时库提供了方便快捷的对象化访问接口，也就是客户端只需要提供对象 ID 或者对象名称，就能读取或修改对象属性，而不需要关心对象是如何存贮的。对客户端进程而言，提供了很高的灵活性，只需知道对象名和属性名即能进行读写访问。底层存贮的变化，对客户端程序没有任何影响。传统的数据库访问需要花大量的代码在数据库字段解析、字段转换和各种对象容器存储等上面，这些代码可能成千上万行。但使用统一的实时库访问接口，前面所讲的工作都已在接口内部集成，实时库的访问也就只需要不多的几行代码即可完成。这样就极大简化了客户端应用访问数据库的工作，有利于应用快速开发、稳定工作。

实时库的更新同步机制灵活高效。除需要适配新属性的应用外，支持配置在线更新，不需要退出任何的服务和应用。这个特性大大方便了系统的运行维护。而国内外的同类系统，在进行配置更新时，往往需要停止主机的服务和应用。

实时库还提供了数据库数据一致性诊断和纠错工具和数据倒出工具，可以方便地知道数据库内一致性状态和数据状态。方便于应用错误查找和定位。

数据库的配置由用户通过系统集成工具 DEtool 进行设置。具体参见 DEtool 说明。

（2）数据建模

a.命名规则

所有对象均采用层次化的字符串表示对象名，对象名包含上一级对象的完整对象名，如：

虎山嘴电站	HSZ
虎山嘴电站 1 号机组	HSZ. LCU1
虎山嘴电站 1 号机组导叶装置	HSZ. LCU1. TGV

所有数据点也采用层次化的字符串表示点名，包含所属对象的对象名，同时包含数据类型名，如：

虎山嘴电站 1 号机组导叶开度	HSZ. LCU1. TGV. ANA. OPEN_DEGREE
虎山嘴电站 1 号机组导叶全关以下	HSZ. LCU1. TGV. IND. FULL_CLOSE_STAT

b.对象建模

数据建模采用面向对象的组织形式，并兼容 IEC61850 模型。例如：

1 号机组导叶装置	HSZ. LCU1. TGV
导叶全关以下	HSZ. LCU1. TGV. IND. FULL_CLOSE_STAT
导叶全开以下	HSZ. LCU1. TGV. IND. FULL_OPEN_STAT
导叶空载以上	HSZ. LCU1. TGV. IND. ABOVE_NOLOAD_SPEED
导叶空载以下	HSZ. LCU1. TGV. IND. UNDER_NOLOAD_SPEED
导叶开度模拟量	HSZ. LCU1. TGV. ANA. OPEN_DEGREE
主机	APPSVR 上的 AGC 进程　APPSVR. PROCESS. AGC
进程 id	APPSVR. PROCESS. AGC. NUM. ID
模块名	APPSVR. PROCESS. AGC. STR. MODULENAME
运行状态	APPSVR. PROCESS. AGC. IND. RUN_STAT
启动时间	APPSVR. PROCESS. AGC. TIM. START_TIME
线程数量	APPSVR. PROCESS. AGC. NUM. THREAD_NUM
线程 1	APPSVR. PROCESS. AGC. OBJ. THREAD1

……

c. 对象设计规则

H9000 系统可以自由定义对象,但对象必须定义如表 5-3 所示的基本属性。

表 5-3　对象的基本属性

序号	属性名	中文名称	数据类型	长度	说明
1	ONAME	对象名	string	256	逻辑名
2	OID	OID	long		8 字节
3	CAPTION	描述	string	256	显示名
4	UPTIME	更新时间	DateTime		
5	LOCAL_TIME	本地更新时间	DateTime		
6	UPHOSTID	更新主机编号	int		
7	UPPROCID	更新进程编号	int		
8	HISDB_MASK	历史数据写库掩码	int		
9	HIS_FLAG	历史数据配置	string	256	
10	SEC_AREA_MASK	安全分区掩码	int		
11	DIS_ALM_	禁止报警	bool		
12	DIS_SCAN	禁止扫查	bool		
13	AUD_ALM	语音报警	bool		
14	ALLOW_REVERSE	允许反向传输	bool		
15	ALM_LEVEL	默认报警级别	int		
16	ALM_LEVEL_COND	动态报警级别条件	string	256	
17	FORCE_ALM_LEVEL	强制报警级别	int		

对系统已知的对象必须定义它们的属性,如表5-4~表5-7所示。

表5-4　模拟量

序号	属性名	中文名称	数据类型	长度	说明
1	ONAME	对象名	string	256	逻辑名
2	OID	OID	long		8字节
3	CAPTION	描述	string	256	显示名
4	UNIT_NAME	单位名称	string	32	
5	VALUE	实时值	double		
6	QUALITY	数据质量	int		
7	LMT_STAT	越限报警状态	int		
8	TR_STAT	趋势越限状态	int		
9	UPTIME	更新时间	DateTime		
10	LOCAL_TIME	本地更新时间	DateTime		
11	UPHOSTID	更新主机编号	int		
12	UPPROCID	更新进程编号	int		
13	FR_FLAG	冻结标志	bool		
14	FR_VALUE	冻结值	double		
15	FORCE_FLAG	强制状态	bool		
16	FORCE_VALUE	强制值	double		
17	TAG_STAT	挂牌状态	int		
18	SCALE	比例系数	double		
19	HI_RANGE	上量程	double		
20	LO_RANGE	下量程	double		
21	HH_LIMIT	上上限	double		
22	HI_LIMIT	上限	double		
23	HI_RESET_DB	上复限死区	double		
24	LL_LIMIT	下下限	double		
25	LO_LIMIT	下限	double		
26	LO_RESET_DB	下复限死区	double		
27	TR_LMT	趋势报警限值	double		
28	TR_RESET_DB	趋势报警复限死区	double		
29	LO_CODE	源码下量程	double		
30	HI_CODE	源码上量程	double		
31	D_BAND	死区	double		

续表 5-4

序号	属性名	中文名称	数据类型	长度	说明
32	HD_BAND	历史数据死区	double		
33	HISDB_MASK	历史数据写库掩码	int		
34	HIS_FLAG	历史数据配置	string	256	
35	SEC_AREA_MASK	安全分区掩码	int		
36	DIS_ALM	禁止报警	bool		
37	DIS_SCAN	禁止扫查	bool		
38	AUD_ALM	语音报警	bool		
39	TR_ALM	趋势报警允许	bool		
40	ALLOW_REVERSE	允许反向传输	bool		
41	ALM_LEVEL	默认报警级别	int		
42	ALM_LEVEL_COND	动态报警级别条件	string	256	
43	FORCE_ALM_LEVEL	强制报警级别	int		

表 5-5　开关量

序号	属性名	中文名称	数据类型	长度	说明
1	ONAME	对象名	string	256	逻辑名
2	OID	OID	long		8字节
3	CAPTION	描述	string	256	显示名
4	STAT	综合状态	int		
5	RT_STAT	单点状态	int		
6	NORM_STAT	接点常态值	int		
7	QUALITY	数据质量	int		
8	UPTIME	更新时间	DateTime		
9	LOCAL_TIME	本地更新时间	DateTime		
10	UPHOSTID	更新主机编号	int		
11	UPPROCID	更新进程编号	int		
12	FR_FLAG	冻结标志	bool		
13	FR_VALUE	冻结值	int		
14	FORCE_FLAG	强制状态	bool		

续表 5-5

序号	属性名	中文名称	数据类型	长度	说明
15	FORCE_VALUE	强制值	int		
16	TAG_STAT	挂牌状态	int		
17	DESC_0	状态 0 描述	string	64	
18	DESC_1	状态 1 描述	string	64	
19	DESC_2	状态 2 描述	string	64	
20	DESC_3	状态 3 描述	string	64	
21	PAIR_ONAME	配对点名称	string	256	
22	SEC_AREA_MASK	安全分区掩码	int		
23	DIS_ALM	禁止报警	bool		
24	DIS_SCAN	禁止扫查	bool		
25	ON_ALM	值变为非 0 时报警	bool		
26	OFF_ALM	值变为 0 时报警	bool		
27	AUD_ALM	语音报警	bool		
28	ALLOW_REVERSE	允许反向传输	bool		
29	ALM_LEVEL	默认报警级别	int		
30	ALM_LEVEL_COND	动态报警级别条件	string	256	
31	FORCE_ALM_LEVEL	强制报警级别	int		

表 5-6　数字量

序号	属性名	中文名称	数据类型	长度	说明
1	ONAME	对象名	string	256	逻辑名
2	OID	OID	long		8 字节
3	CAPTION	描述	string	256	显示名
4	VALUE	实时值	long		
5	QUALITY	数据质量	int		
6	UPTIME	更新时间	DateTime		
7	LOCAL_TIME	本地更新时间	DateTime		
8	UPHOSTID	更新主机编号	int		
9	UPPROCID	更新进程编号	int		
10	FR_FLAG	冻结标志	bool		
11	FR_VALUE	冻结值	long		

续表 5-6

序号	属性名	中文名称	数据类型	长度	说明
12	FORCE_FLAG	强制状态	bool		
13	FORCE_VALUE	强制值	long		
14	TAG_STAT	挂牌状态	int		
15	SEC_AREA_MASK	安全分区掩码	int		
16	DIS_ALM	禁止报警	bool		
17	DIS_SCAN	禁止扫查	bool		
18	AUD_ALM	语音报警	bool		
19	ALLOW_REVERSE	允许反向传输	bool		
20	ALM_LEVEL	默认报警级别	int		
21	ALM_LEVEL_COND	动态报警级别条件	string	256	
22	FORCE_ALM_LEVEL	强制报警级别	int		

表 5-7 脉冲量

序号	属性名	中文名称	数据类型	长度	说明
1	ONAME	对象名	string	256	逻辑名
2	OID	OID	long		8 字节
3	CAPTION	描述	string	256	显示名
4	COUNT	脉冲计数	ULONG		
5	UNIT_NAME	单位名称	string	32	
6	D_ACCUM	电度表读数	double		
7	QUALITY	数据质量	int		
8	UPTIME	更新时间	DateTime		
9	LOCAL_TIME	本地更新时间	DateTime		
10	UPHOSTID	更新主机编号	int		
11	UPPROCID	更新进程编号	int		
12	FR_FLAG	冻结标志	bool		
13	FR_VALUE	冻结值	ULONG		
14	FORCE_FLAG	强制状态	bool		
15	FORCE_VALUE	强制值	ULONG		
16	SCALE	比例系数	double		
17	PT_RATIO	PT 变比	double		

续表 5-7

序号	属性名	中文名称	数据类型	长度	说明
18	CT_RATIO	CT 变比	double		
19	CONSTANT	脉冲归零翻转值	long		
20	BASE	脉冲基值	long		
21	D_DAY_PEAK	日峰值	double		
22	D_MON_PEAK	月峰值	double		
23	D_YEAR_PEAK	年峰值	double		
24	D_DAY_VALLY	日谷值	double		
25	D_MON_VALLY	月谷值	double		
26	D_YEAR_VALLY	年谷值	double		
27	D_DAY_AVE	日平值	double		
28	D_MON_AVE	月平值	double		
29	D_YEAR_AVE	年平值	double		
30	D_DAY_SUM	日总值	double		
31	D_MON_SUM	月总值	double		
32	D_YEAR_SUM	年总值	double		
33	D_DAY_LAST	上日总值	double		
34	D_MON_LAST	上月总值	double		
35	D_YEAR_LAST	上年总值	double		
36	D_DAY_PPEAK	日尖峰值	double		
37	D_MON_PPEAK	月尖峰值	double		
38	D_YEAR_PPEAK	年尖峰值	double		
39	D_DAY_SUM_INI	日总初值	double		
40	D_MON_SUM_INI	月总初值	double		
41	D_YEAR_SUM_INI	年总初值	double		

（3）实时库访问接口

实时库系统提供了像普通数据库一样的接口：①对象模板表的创建和结构修改。②对象模板表的索引创建和管理，支持唯一索引、普通 key 索引、复合索引。一个模板表目前限制最多 20 个索引。③对象的增删改查。这些操作，与传统数据库不一样的是，如前所述，接口内集成了数据库字段解析、字段类型转换和各种对象容器存储等实现，应用代码更高效简洁。

实时库还提供了以下对象访问接口：①读取对象类型，对象模板名等接口。②一次读取对象多个属性（包括扩展属性）的接口。③读取一个属性的高效简洁接口。④一次更新对象多个属性的接口。⑤定位对象历史库配置信息接口。

（4）数据分布

实时库采用全冗余机制，即系统中每台主机均具有完整、统一的系统实时数据，采取实时同步机制实现各主机之间数据的发布、更新、修改等操作。

采用全冗余的实时库具有本地访问快速简单、同步方便等优点,并且在 H9000 系统中有多年实际应用的历史,完全可以满足一般系统的需要。

在特大规模数据或考虑简化客户端部署的情况下,实时库也可采用客户端/服务器(C/S)访问机制,即按照区域划分数据,每台主机负责维护本地应用所产生的区域实时数据,并对外提供实时数据访问服务。应用采用主/备服务器冗余机制,备份服务器上运行应用处理程序及该应用的全套实时库,保证备份服务器处于热备用状态。客户机对实时库的读访问可透明地导向各应用的主服务器。而对实时库的写访问透明地导向主服务器及其所有冗余服务器。

(5)数据同步

系统在启动时会初始化实时库,将根据配置库版本自动更新实时库。之后会自动查找系统中当前主机,从当前主机获取所有最新的实时数据。系统运行时通过系统消息总线同步实时数据。产生实时库的应用(如数据采集、数据处理)将周期性的广播最新实时数据全集,这样来保证系统中所有主机实时数据的一致性。系统中当前 SCADA 主机会定时广播自己的配置库版本,如果主机发现自己的配置版本低于当前 SCADA 主机的配置版本,将自动触发与配置库的数据同步,这样来保证主机的数据最新和一致。

系统运行过程中,如果发生配置修改,如添加了新的对象、修改了对象属性、新加了对象属性,或者新加了对象类型和对象等各种修改,只需要通过给 SCADA 主机发同步配置命令(目前通过实时数据浏览工具发送),全网主机(包括各安全分区)就能更新到最新配置,不需要停止系统。

2)历史数据库

(1)数据库设计

历史数据库保存包括系统配置、历史数据、报警和事件记录、历史统计信息等需要长期保存的数据。

历史数据库提供统一、通用的访问接口和服务,同时支持常用的关系型或非关系型数据库。系统支持部署和使用多个不同类型的历史数据库,屏蔽各种常用 NoSQL、SQL 类型的数据库之间的差异,各应用无须关心具体数据库类型。

历史数据库采用透明化设计,各应用无须关心对象在哪些数据库中存取。如需更改数据库类型、数据库个数等,只需更改相应对象配置数据即可,应用程序无须做任何更改,极大地降低了应用程序的维护升级成本,降低了维护人员工作强度,提高了工作效率。

(2)MongoDB 数据库

基于满足平台上不同业务应用的各类对象化数据存储的需要,智能一体化平台推荐成熟的非关系型数据库(NoSal)进行历史数据的存储和管理,如 MongoDB 数据库。

MongoDB 是目前最流行的 NoSQL（Not Only SQL）数据库之一,特点是高性能、易部署、易使用,存储数据非常方便。MongoDB 很好地实现了面向对象的思想(OO 思想),在 MongoDB 中,每一条记录都是一个 Document 对象。

MongoDB 是一个跨平台的、面向文档的数据库。使用高效的二进制数据存储,包括大型对象(如视频)。使用二进制格式存储,可以保存任何类型的数据对象。MongoDB 数据库不需要定义任何模式（Schema），即模式自由（Schema-free），意味着对于存储在 Mon-goDb 数据库中的文件，我们不需要知道它的任何结构定义。MongoDB 支持主从复制机制，可以实现数据备份、故障恢复、读扩展等功能。而基于副本集的复制机制提供了自动故障恢复的功能，确保了集群数据不会丢失。MongoDB 支持集群自动切分数据，对数据进行分片可以使集群存储更多的数据，实现更大的负载，也能保证存储的负载均衡。

（3）MongoDB 分片技术

MongoDb 中配置灵活，有单机模式、主从模式、副本集模式。除这几种模式外，还有一种当前最流行、最灵活的模式，即分片集群模式，可以满足 MongoDB 数据量大量增长的需求。

当 MongoDB 存储海量的数据时，一台机器可能不足以存储数据，也可能不足以提供可接受的读写吞吐量。这时，我们就可以通过在多台机器上分割数据，使得数据库系统能存储和处理更多的数据。

a. 为什么使用分片

①复制所有的写入操作到主节点。

②延迟的敏感数据会在主节点查询。

③单个副本集限制在 12 个节点。

④当请求量巨大时会出现内存不足。

⑤本地磁盘不足。

⑥垂直扩展价格昂贵。

b. MongoDB 分片

图 5-1 展示了在 MongoDB 中使用分片集群结构分布。

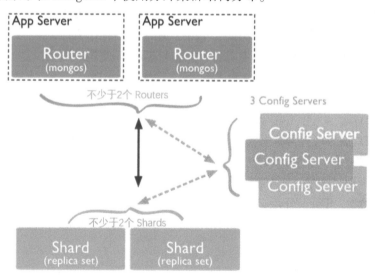

图 5-1　MongoDB 分片集群结构

图 5-1 中主要有如表 5-8 所述的三个主要组件。

表 5-8　MongoDB 分片集群结构的三个主要组件

组件	说明
Config Server	存储集群所有节点、分片数据路由信息。默认需要配置 3 个 Config Server 节点
Mongos	提供对外应用访问，所有操作均通过 Mongos 执行。一般有多个 Mongos 节点。数据迁移和数据自动平衡
Mongod	存储应用数据记录。一般有多个 Mongod 节点，达到数据分片目的

分片集群的构造如下：

Mongos：数据路由，和客户端打交道的模块。Mongos 本身没有任何数据，也不知道该怎么处理这些数据。

Config Server：所有存、取数据的方式，所有 Shard 节点的信息、分片功能的一些配置信息，可以理解为真实数据的元数据。

Shard：真正的数据存储位置，以 chunk 为单位存储数据。

Mongos 本身并不持久化数据，Sharded cluster 所有的元数据都会存储到 Config Server，而用户的数据会议分散存储到各个 Shard。Mongos 启动后，会从配置服务器加载元数据，开始提供服务，将用户的请求正确路由到对应的碎片。当数据写入时，MongoDB Cluster 根据分片键设计写入数据。当外部语句发起数据查询时，MongoDB 根据数据分布自动路由至指定节点返回数据。

c. 分片的目的

高数据量和吞吐量的数据库应用会对单机的性能造成较大压力，大的查询量会将单机的 CPU 耗尽，大的数据量对单机的存储压力较大，最终会耗尽系统的内存而将压力转移到磁盘 IO 上。

为了解决这些问题，有两个基本的方法：垂直扩展和水平扩展。

垂直扩展：增加更多的 CPU 和存储资源来扩展容量。

水平扩展：将数据集分布在多个服务器上。水平扩展即分片。

d. 分片设计思想

分片为应对高吞吐量与大数据量提供了方法。使用分片减少了每个分片需要处理的请求数，因此通过水平扩展，集群可以提高自己的存储容量和吞吐量。举例来说，当插入一条数据时，应用只需要访问存储这条数据的分片。

使用分片减少了每个分片存储的数据。例如，如果数据库有 1 TB 的数据集，并有 4 个分片，然后每个分片可能仅持有 256 GB 的数据。如果有 40 个分片，那么每个切分可能只有 25 GB 的数据，如图 5-2 所示。

e. 分片机制提供的三种优势

①对集群进行抽象，让集群"不可见"

MongoDB 自带了一个叫作 Mongos 的专有路由进程。Mongos 就是掌握统一路口的路由器，其会将客户端发来的请求准确无误地路由到集群中的一个或者一组服务器上，同时会把接收到的响应拼装起来发回到客户端。

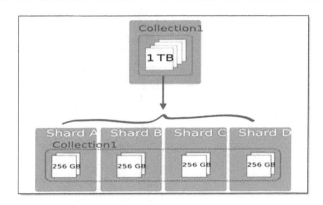

图 5-2　MongoDB 分片结构示意图

②保证集群总是可读写

MongoDB 通过多种途径来确保集群的可用性和可靠性。将 MongoDB 的分片和复制功能结合使用,在确保数据分片到多台服务器的同时,也确保了每分数据都有相应的备份,这样就可以确保有服务器换掉时,其他的从库可以立即接替坏掉的部分继续工作。

③使集群易于扩展

当系统需要更多的空间和资源的时候,MongoDB 使我们可以按需方便地扩充系统容量。

(4)历史数据存储

智能一体化平台的历史数据保存在 MongoDB 数据库中,以单个对象的某一时段历史数据作为文档单元进行存储,比如 1 min 的历史数据形成一个文档,一个对象的所有历史数据形成一个集合。对象存储历史数据时只保存易变字段的值。

采用 MongoDB 数据库进行历史数据保存的好处在于不用事先设计文档的字段(相当于关系型数据库的 Table 结构),可以自由存储,可以适应不同的对象数据。

实时系统产生的报警和事件记录可按单条记录作为一个文档进行存储。

a.屏蔽不同类型数据库差异

为了降低应用开发维护难度,我们开发了通用数据库接口,应用无须关心实际数据库的类型(oracle、mysql、mongo 等),只需要调用中间层接口,即可操作各种常用类型数据库。所有这些均通过配置实现,应用程序无须更改任何代码。

b.跨安全分区存储

无论对象数据源位于哪个安全分区,均可通过配置,跨正反向隔离装置将数据传输到相应安全分区存储,实现数据跨安全分区存储。

c.广义模拟量类型数据存取

广义模拟量指 YC 及电度等类型数据,历史库提供广义模拟量的秒级数据、分钟数据、小时数据、日数据存取;同时保存广义模拟量数据的部分数据域(数据质量、手动数据设置等)变位数据及时间等;具体表结构详见数据字典。

分库存储:根据实际需要,可以定义每个对象存储在哪些数据库中(可同时存储于多个不同类型的数据库)

分表存储:每种对象可以存储于不同的数据表,包括秒级数据、统计数据(分钟、小时、日等),如表 5-9~表 5-12 所示。

实时时间序列(秒级数据)表结构:为了减少数据量,采用不变不存方式。

表 5-9　统计数据

序号	名称	类型	描述
1	ID	LONG LONG	对象编号
2	TIME	DATE	时间
3	VALUE (对象域名以实际为准)	FLOAT	域值

表 5-10　分钟统计值

序号	名称	类型	描述
1	ID	LONG LONG	对象编号
2	TIME	DATE	时间
3	VALUE (对象域名以实际为准,下同)	FLOAT	域值
4	MIN_VALUE	FLOAT	分钟最小值
5	AVG_VALUE	FLOAT	分钟平均值
6	MAX_VALUE	FLOAT	分钟最大值

表 5-11　小时统计值

序号	名称	类型	描述
1	ID	LONG LONG	对象编号
2	TIME	DATE	时间
3	VALUE (对象域名以实际为准,下同)	FLOAT	域值
4	MIN_VALUE	FLOAT	小时最小值
5	AVG_VALUE	FLOAT	小时平均值
6	MAX_VALUE	FLOAT	小时最大值
7	MIN_TIME	FLOAT	小时最小值发生时间
8	MAX_TIME	FLOAT	小时最大值发生时间

表 5-12　日统计值

序号	名称	类型	描述
1	ID	LONG LONG	对象编号
2	TIME	DATE	时间
3	VALUE (对象域名以实际为准,下同)	FLOAT	域值
4	MIN_VALUE	FLOAT	日最小值
5	AVG_VALUE	FLOAT	日平均值
6	MAX_VALUE	FLOAT	日最大值
7	MIN_TIME	FLOAT	日最小值发生时间
8	MAX_TIME	FLOAT	日最大值发生时间

d. 其他通用数据存储

其他通用数据存储包括但不限于通用数据、文件数据、图片数据等各种类型数据存储。

e. 开关量类型数据存储

开关量类型数据如表 5-13 所示。

表 5-13　开关量类型数据

序号	名称	类型	描述
1	ID	LONG LONG	对象编号
2	EVENT_ID	LONG LONG	事件统一编号
3	TIME	DATE	时间
4	TYPEID	INT	类型编号
5	HOST	INT	主机编号
6	PROC	INT	进程编号
7	CONTENT	STRING	事件/报警描述

（5）历史数据库连接安全认证

连接历史数据库时需要进行安全认证,认证分为以下两个层次:①历史数据库接口连接历史数据库认证;②应用程序与历史库接口认证。

（6）历史文档库

为了方便日志及部分文档资料的保存与查询,系统配备了专用的日志文档库。

（7）实时数据库镜像

历史数据库提供对实时数据库最新断面数据在历史数据库中的镜像、历史时间序列数据、相关文件资料的存取等功能。

采用集中部署模式,在需要的时候可以采用集群及分片等结构模式;

历史数据存取服务为系统提供历史数据的存取功能。各种数据存取通过调用数据存取服务实现。

（8）历史数据补数

当历史数据服务不可用时(包括主机、网络、系统等原因导致服务不可用),数据写入服务支持在本地缓存数据,当历史数据服务恢复正常后,将重新写入缓存的历史数据。

同时,系统支持人工录入或从其他数据源批量导入数据。

9. 运行指导

运行指导是计算机监控系统有别于一般常规控制系统的一个特殊功能。运行指导可以将电厂的一些重要而又复杂的操作条件及进行这些操作形成的专家经验输入计算机,当进行这些操作时,计算机根据当前的状态进行条件判断,提出操作指导意见,可以大大减轻运行人员的紧张程度,提高电站的安全操作水平。

1) 开停机过程监视

当开停机指令下达后,计算机监控系统能自动推出显示相应机组的开停机监视画面。画面能以流程图的形式实时显示开停机过程中每一步的执行情况,提示在开停机过程中受阻时的受阻部位及原因。显示画面包括机组号、开机、停机条件,控制按钮,开停机步骤,每步操作的时间及开停机过程总时间,可根据实测数据改变流程图中每框图相应的底色,以区别已操作、正在操作、待操作与操作受阻部位。

2)设备操作指导

当进行设备操作时,监控系统推出监视画面,并能根据当前的运行状态进行闭锁条件运算,判断该设备在当前是否允许操作,并给出相应的标志。如果操作不允许,可提示其闭锁原因,防止人为的误操作发生。

(1)电脑值班员(安全稳定智能控制)

当电厂主辅助设备出现异常工况时,根据实时状态和限制条件,"电脑值班员"自动将机组控制在安全、允许的工况内。例如:

当发电机出现进相、过负荷、过电压、过电流、瓦温油温过高,定子温度过高等情况时,自动通过适当减有功或减无功来保证机组的安全运行。

当发电机出现摆动、振动过大时,自动调整有功,使机组避开振动区。

(2)事故处理指导

当发生事故时,计算机监控系统推出相关监视画面对事故进行显示和记录并进行相关分析,找出事故产生的可能原因,推出事故处理指导性意见。

10.系统通信

系统的通信速度可满足电厂安全、经济运行要求,数据处理能力强,安全与可靠性高。

1)全冗余的 H9000 系统网络通信

监控系统内部由以太网连接的各设备之间的通信,采用全冗余的 H9000 系统网络通信。

为保证系统各节点实时数据库和记录区的实时性与可靠性,实现完全的双网冗余,在 H9000 系统中,通过数据包编号、冗余传输等技术方法,将所有数据包在双网上同时广播,使各节点在任何一条网上都可实时收到全部数据,确保只要有一个网络正常即可无网络切换时间。H9000 系统同时增强了各主机状态和网络状态的检测与切换功能,提高了故障状态检测与切换速度,保证了系统和网络的可靠性。

现地控制单元上行实时数据至主控级,主控级下行数据,如控制命令等,由有控制权的计算机节点设备发出,经校验正确后,采用点对点方式送至相应 LCU 节点。

各 LCU 之间在 LAN 网内实现部分数据共享的原则和方法:

我们选用的 LCU 控制器产品具有直接上网的功能。LCU 之间在 LAN 网内可以全部数据共享,以高速(100 Mbps 及以上)可靠、简单的方式,免编程,可以相互读写。为了安全,制定这样的原则,LCU 之间彼此仅读其他 LCU 的数据,而不写数据,这样就在很大程度上保证了 LCU 的数据安全。

2)电站监控系统与上级调度中心之间的通信

水电站监控系统与上级调度中心可实现通信,通信内容包括但不限于以下:

(1)调度中心给出全厂总有功功率和总无功功率值或总日负荷曲线,由电站计算机监控系统 AGC/AVC 进行运行机组台数的确定、机组的启停、运行机组间的负荷分配和电站的经济运行等操作。

（2）各断路器的操作。

（3）远方开/停机。

（4）各发电机的有功功率和无功功率。

（5）各线路的有功功率和无功功率。

（6）各主变高压侧的有功功率和无功功率。

（7）全厂总有功功率和无功功率。

（8）系统电压和频率。

（9）线路电压。

（10）发电机出口电压和频率。

（11）上、下游水位。

（12）各断路器、隔离开关、接地开关的位置信号。

（13）各发电机出口断路器、隔离开关、接地开关的位置信号。

（14）主变分接开关位置。

（15）各线路保护及重合闸动作信号。

（16）断路器保护动作信号。

（17）母线保护动作信号。

（18）各主变压器保护动作总信号。

（19）各发电机保护动作总信号。

（20）全厂事故总信号。

（21）各自动调节装置运行状态信号。

（22）电站 AGC/AVC 的投入/退出信号。

（23）各台机组参与 AGV/AVC 的状态信号。

（24）各台机组励磁系统 PSS 投入信号。

3）电站监控系统与厂内其他系统的通信

计算机监控系统还要与微机保护装置、消防监控系统、工业电视系统、能量采集电度表通信。供方作为主责任方，向接入系统的厂商提供技术资料、接口要求，确保上述通信的成功。

监控系统与厂内外其他系统之间的通信，可相应地增加防火墙、国家电力调度部门认证的正向安全隔离装置等专用网络安全设备，以保证监控网络的安全。

4）电站监控系统与各个现地控制单元的通信

现地控制单元 LCU 通过光纤以太网与电站监控系统主站级设备进行通信。通信内容包括上行实时数据，主控级下行控制命令、参数等。

11. 系统自诊断与自恢复

完善的系统自诊断与自恢复功能是实现"无人值班，少人值守"的重要条件。

本系统为分布式网络控制系统，具备完善的自诊断与自恢复功能。系统各设备不仅自检，还可通过网络进行设备间的互检，形成系统检测报告，并将系统异常情况及时报警通知运行人员以及时处理，并可对某些异常情况进行自动自恢复或冗余部件切换处理。

1）诊断

诊断分硬件检测和软件检测。硬件检测包括 CPU、内存、I/O 通道、电源、网络、通信接口等。软件检测包括软件异常中断、通信链路故障等。

2）冗余部件切换及处理

本系统冗余部件包括：系统服务器、操作员工作站、调度通信服务器、以太网、上位机 UPS 电源。

冗余部件切换条件包括：工作站自检故障信号、软件超时看门狗动作、工作站外部故障信号或用户程序控制。

可切换的部件还包括：汉字打印机等。

切换方式包括：自动切换、手动切换。

由于系统无硬件切换点，所以切换时一般不会发生数据的丢失。

12. 系统时钟

监控系统由统一的卫星时钟系统进行对时，以高精度的卫星实时时钟装置为基准时钟，定时校对系统内各计算机系统的实时时钟，包括主机、各 LCU 系统的时钟，以达到监控系统内部的各子系统时钟的同步一致，满足系统实时功能的要求（例如事件顺序记录的时间分辨率要求）。

实时时钟由主控计算机周期地向各 LCU 发送时钟信号，再由实时卫星时钟系统向 LCU 发送同步脉冲信号，发送同步脉冲的周期由系统内各计算机时钟的实测日误差和系统对时钟的精度要求而决定，可由人工整定。

卫星时钟装置的可自动跟踪国际标准时间，不需人工校正。

13. 闭锁条件库与防误操作功能

H9000 系统具有独特而完善的防误操作功能，可以确保由计算机系统发出的命令安全可靠。控制具有防误闭锁和互锁功能。当控制点被选择后，在控制过程结束或中断以前它处于闭锁状态，其他人不能对它进行控制和操作。另外，一个控制点的状态常与其他点的状态有关，如当一个开关对应的刀闸状态处于开的时候，不能对该开关进行控合操作。因此，对一个控制点可以定义它的互锁状态，只有当这些状态满足后才可对该控制点进行控制。

监控系统会对计算机系统的各项指令进行条件判断，满足条件则执行，不满足条件则闭锁，并弹出操作条件显示判断窗口，给运行人员进行闭锁原因提示。LCU 收到命令后需进行条件判断再执行命令。

14. 系统的授权管理

H9000 系统配置有用户授权管理系统软件，可对不同用户建立账号及密码。该系统将监控系统的功能按操作性质分为 14 类权限（如电站设备控制权、限值修改权、电量修改权、系统管理权、I/O 点管理权、报表打印权及监视权等），可根据用户的工作性质对其进行授权。用户可按厂长、系统管理员、值长、班长、操作员、一般监视人员等分类建立用户，进行授权管理，如运行操作员具有对现场设备的操作控制权。系统管理员可进行系统授权管理。

用户权限管理通过 DETool 工具配置，可完成增减用户、修改权限等操作。用户只能通过 OIX 修改和维护自己的口令。

15. 系统的功能分配

H9000 系统是一套标准化的监控系统,具有完善的监控功能软件,可以满足各种不同用户、不同设备及不同应用的要求。

对于不同的应用,如集控中心系统、站调系统的功能分配,可通过参数设置和控制权设置完成,如站调系统将只配置与站调监控有关的功能,而梯调中心将配置与梯调中心监控有关的功能如梯级经济运行等。对于不同的设备,如系统服务器、操作员站、工程师站等,则可通过参数设置、用户授权管理完成。对不同的用户,功能的分配是通过用户授权管理完成,如运行操作员具有对现场设备的操作控制权,系统管理员可进行系统授权管理。

16. 远程诊断与维护

水电站计算机监控系统提供远程诊断与维护功能,即可通过电话拨号方式连通远方计算机与电站计算机监控系统,进行在线诊断和远程维护。

在电话语音报警工作站可配置 1 台远程诊断与维护用拨号 Modem,系统维护人员可通过电话拨号方式在远方连通电站计算机监控系统,进行在线诊断和远程维护。

为维护整个监控系统网络安全正常运行,杜绝外部非法用户、非法数据、病毒、黑客的侵入,保证远方在线诊断和远程维护符合二次系统安全防护要求,除采用用户密码验证等安全措施外,还可以再在报表及电话语音报警工作站与监控系统网络交换机之间配置 1 个防火墙,实现监控系统网络的安全防护。

17. 现地控制单元(LCU)功能

1)LCU 的一般功能

每台 LCU 均是一套完整的计算机控制系统。与系统联网时,作为监控系统的一部分,实现系统指定的功能。与系统脱离时,独立运行,实现 LCU 的现地监控功能。

LCU 的一般主要功能如下:

(1)事件顺序记录功能。对事件记录信号进行快速采集处理,并加上时标,时间精度符合部颁的技术要求。

(2)经 PLC 的智能通信控制器采集控制单元内辅助设备或智能装置的实时设备状态、故障报警等数据,存入数据库。

(3)数据通信与网络通信功能。接受主控级的控制命令,并进行有效性检查和核对,以及执行。定时、随机或响应主控级的召唤,向主控级发送采集的数据或各类报警信息。

(4)现地数据库管理功能。

(5)运行工况的转换。LCU 可完成各类设备的运行工况转换,如机组的运行工况转换、断路器的分合、设备运行方式的转换等。

(6)现地人机联系功能。每台 LCU 配备人机接口触媒屏,具有液晶显示屏、操作按钮等现地人机联系手段,实现 LCU 的现地监控功能。

(7)系统硬件及软件诊断与自恢复功能。LCU 具有自诊断功能,对 LCU 的硬件及软件进行在线诊断报警,并根据需要进行系统的自恢复处理、报警处理。对于冗余模件,自动进行硬件切换处理。

（8）LCU 可在线和离线诊断下列硬件故障：①CPU 模件故障；②输入/输出模件故障（诊断定位到每个点）；③接口模件故障；④通信控制模件故障；⑤存储器模块故障；⑥电源故障。

（9）通过硬件和软件同步，实现系统时间同步。

（10）数据通信。

LCU 通过以太网介质与监控系统上位机系统进行数据通信，上传实时数据，下达控制命令和参数，同时与其他 LCU 之间可进行数据共享通信。

2）机组现地控制单元功能

机组 LCU 的特殊功能如下：

（1）控制与调节

a. 机组现地/远方控制方式的切换操作。

b. 机组开机顺序控制：包括单步控制和连续控制两种顺控方式。①由停机状态开机至并网发电状态；②由停机状态开机至空载状态；③由停机状态开机至空转状态；④由空转状态转至空载状态；⑤由空转状态转至并网发电状态；⑥由空载状态转至并网发电状态。

c. 机组停机顺序控制：包括单步控制和连续控制两种顺控方式。①由并网发电状态转至停机状态；②由并网发电状态转至空载状态；③由并网发电状态转至空转状态；④由空载状态转至空转状态；⑤由空载状态转至停机状态；⑥由空转状态转至停机状态。

d. 机组事故停机及紧急停机控制：对于事故停机，根据事故紧急程度分别作用到不同的自动停机程序。反映主设备事故的继电保护动作信号，除作用事故停机外，还通过后备控制设备直接作用于断路器和灭磁开关的跳闸回路。

（2）通信功能

机组 LCU 与下列设备通信，通信速率和可靠性满足运行需要。

①机组 LCU 与辅助系统的接口。LCU 以 RS-485 串行接口方式，Modbus 标准通信规约与相关辅助系统通信。

②与紧急停机控制屏的接口。机组 LCU 提供一套独立的 PLC 控制装置用于执行机组水机事故后备保护及完整的紧急停机过程控制回路，该控制回路由独立的 PLC、I/O、继电器、按钮、转换开关、指示灯等元件组成，通过紧急停机控制屏可以实现脱离主 PLC 控制系统的事故、紧急停机的功能，并可对启停机关键电磁阀组进行远控。

（3）人机接口

①现地控制单元级人机接口设备包括：触摸显示屏；便携式计算机；其他指示仪表、开关、按钮等。

②机组现地控制单元配有触摸显示屏。机组现地控制单元触摸显示屏显示机组相关画面、主要的事故、故障信号及机组 LCU 的自诊断故障等信息，当运行人员进行操作登录后，可通过触摸显示屏进行开停机操作及其他操作。

③所有机组现地控制单元配有必要的通信接口，能使便携式计算机接入，在进行现场调试或厂站设备故障的情况下，运行人员可通过便携式计算机实现现地控制单元级的交互式控制功能，完成对本 LCU 所属设备的相关操作和处理，以便于现场调试和保证设备

的安全运行。

④机组现地控制单元还具有通过便携式计算机编译下装控制程序的手段。

（4）水力机械保护单元

①机组水力机械保护采用 PLC 构成机组水力机械事故停机和紧急停机的装置,屏上装带保护罩的事故停机按钮和紧急停机按钮各一个。紧急停机装置在机组 LCU 故障情况下,自动完成机组停机的全过程。

②当机组发生水力机械事故或按下事故停机按钮时,一方面将此事故信号输入计算机监控系统中,启动机组 LCU 的事故停机程序进行事故停机;另一方面应启动水机保护 PLC 的事故停机程序进行事故停机,直接作用于跳机组出口断路器、机组调速器关闭导水叶和励磁系统跳灭磁开关。

③当机组发生水力机械紧急事故或按下紧急停机按钮时,一方面应将此紧急事故信号输入计算机监控系统中,启动机组 LCU 的紧急事故停机程序进行紧急停机;另一方面应启动水机保护屏的紧急事故停机程序进行紧急停机,直接作用于跳机组出口断路器、机组调速器关闭导水叶、励磁系统跳灭磁开关、关闭机组进水口快速闸门。

④对机组各种水力机械事故停机信号,如果其中某个现场信号只有一个接点输出,则应在该屏上加装此信号的端子型信号继电器,信号继电器的接点分别输入计算机监控系统和水机保护屏的 PLC。

⑤对于机组紧急停机电磁阀、两段关闭电磁阀、制动投入/切除电磁阀、围带密封电磁阀、冷却水电动阀等自动化元件的控制回路及电源监视回路在水机保护屏上完成。

（5）控制操作

公用及大坝设备 LCU 接受电厂主控级的命令,或者在现地人机界面进行以下控制操作,公用设备现地控制单元须具有以下控制功能:

①厂房 11 kV 厂用电断路器、0.4 kV 厂用电进线及母联断路器的分/合操作及重要馈出线的分/合操作。

②厂内公用设备的远方投切控制。

③控制柴油发电机的启动/停止。

④渗漏、检修等设备的远方投切控制。

⑤通过火警信号启动消防水泵。

⑥大坝启闭机的启动/停止。

⑦大坝 0.4 kV 厂用电断路器的分/合操作。

（6）通信功能

①与厂站层计算机节点的通信:上送采集到的各类数据;接受操作控制命令;通信诊断。

②与现地智能设备通信。

③与其他现地控制单元的通信:公用设备现地控制单元应能实现与其他现地控制单元间的直接通信。

④与便携式工作站的通信接口。

（7）人机接口

①公用设备 LCU 人机接口设备包括:触摸显示屏;便携式计算机;其他指示仪表、开关、按钮等。

②公用设备 LCU 配有触摸显示屏。触摸显示屏显示其监控范围内的厂用电接线画面、直流系统画面、排水系统画面、通风空调系统画面,显示主要电气量测量值和开关的运行状态,当运行人员进行操作登录后,可通过触摸显示屏进行其监控范围内厂用电开关的跳/合、倒闸操作,排水系统及通风空调系统设备的操作。

③公用设备 LCU 具有必要的通信接口,便携式计算机可接入,在进行现场调试或厂站设备故障的情况下,运行人员可通过便携式计算机实现现地控制单元级的交互式控制功能,完成对本 LCU 所属设备的相关操作和处理,以便于现场调试和保证设备的安全运行。

④公用设备 LCU 还具有通过便携式计算机编译下装控制程序的手段。

3)公用现地控制单元功能

公用现地控制单元的特殊功能如下:

(1)通信功能

①与厂站层计算机节点的通信:上送采集到的各类数据;接受操作控制命令;通信诊断。

②与现地智能设备通信。

③与其他现地控制单元的通信。

(2)人机接口

①现地控制单元人机接口设备包括:触摸显示屏;便携式计算机;其他指示仪表、开关、按钮等。

②LCU 须配有液晶触摸显示屏。液晶触摸显示屏应能显示其监控范围内的监视画面、显示主要设备运行状态和参数。

③LCU 应具有必要的通信接口,以便能使便携式计算机接入,在进行现场调试或厂站设备故障的情况下,运行人员可通过便携式计算机或移动式工作站实现现地控制单元级的交互式控制功能,完成对本 LCU 所属设备的相关操作和处理,以便于现场调试和保证设备的安全运行。

④LCU 还应具有通过便携式工作站编译下装控制程序的手段。

4)坝区现地控制单元功能

坝区现地控制单元的特殊功能如下:

(1)通信功能

①与厂站层计算机节点的通信:上送采集到的各类数据;接受操作控制命令;通信诊断。

②与现地智能设备通信。

③与其他现地控制单元的通信。

(2)人机接口

①现地控制单元人机接口设备包括:触摸显示屏;便携式计算机;其他指示仪表、开关、按钮等。

②LCU 须配有液晶触摸显示屏。液晶触摸显示屏应能显示其监控范围内的监视画面、显示主要设备运行状态和参数。

③LCU 应具有必要的通信接口，以便能使便携式计算机接入，在进行现场调试或厂站设备故障的情况下，运行人员可通过便携式计算机或移动式工作站实现现地控制单元级的交互式控制功能，完成对本 LCU 所属设备的相关操作和处理，以便于现场调试和保证设备的安全运行。

④LCU 还应具有通过便携式工作站编译下装控制程序的手段。

(三)计算机监控系统软件

1. 系统软件总体结构及设计原则

H9000 系列水电厂监控系统软件是顺应时代技术的发展潮流，于 20 世纪 90 年代初推出了全新的分布开放系统。该系统的总体设计与关键技术研究吸收了国外公司同类产品的一些比较先进的技术思路，使 H9000 系统的总体设计达到国际先进水平。在 H9000 系统的设计中，为了确保系统的先进性、开放性、可移植性，认真考虑并较好地解决了下列问题：

(1)积极采用符合国际开放的标准，使系统与国际技术发展同步。

(2)有选择地吸取国外的先进技术及思想，不能生搬硬抄。

(3)具有较强的应变能力，不局限于某硬件或软件平台。

(4)提供完善的标准化系统软件，提供强有力的组态开发手段。

(5)采用标准化及开放的硬件及软件产品，防止采用非标产品。

(6)要有所为而有所不为，集中精力开发系统应用软件及系统集成。

(7)系统要有独立自主的版权。

(8)继承传统，考虑国情。

H9000 系统在硬件选型、系统平台选型等方面，参照了当时国际最新计算机硬件产品、软件产品、实时工业控制产品及未来发展趋势，采用了系统开放技术，采用以太网通信，控制器广泛采用了电力行业非常熟悉的各类可编程控制器。

此外，H9000 系统采用 64 位 Alpha、SUN 等 UNIX 工作站或服务器所生成的图形及数据格式，与采用 Windows 操作系统的计算机生成的图形及数据格式完全相同，兼容了 X-Window 和 Microsoft GUI 两种风格的人机联系界面。这一特点为用户的日常维护、开发和系统升级提供了极大的便利。

H9000 系统的功能设计与开发，融会总结了我们在此领域近 20 年的经验，充分考虑了中国的国情和用户的需要，基本上可以覆盖国内水电厂的功能需求。不仅如此，我们还开发了一批实用的开发工具软件，如 IPM 交互图形开发系统、DEtool 数据工程工具软件、PCC 用户过程语言编辑软件、API 接口等，提高了系统开发集成效率和质量，也为用户提供了系统二次开发手段。

从层级结构上看，基于 SOA 的一体化平台分为硬件层、操作系统层、数据层、传输层、服务层、基础应用层、发电厂应用层。

硬件层应支持 Intel、SPARC、Itanium、Power 等各类硬件，为加强自主知识产权产品的支持，同时也考虑到电力安全生产的需要，硬件层应支持主流的国产服务器及工作站硬件。

操作系统层应支持各种 UNIX 系统(包括 HP-UX、AIX、Solaris 等)、Linux 系统(Red-hat、Suse、Debian、Rocky 凝思、麒麟等)、Windows 系统。

数据层完成实时数据库、历史数据库、文件系统非结构化数据等元数据的汇聚,主要负责水电厂数据模型(IEC61850、IEC61970)实现和维护。

传输层构造实时分布式运行环境,实现异构环境下的消息传递、事件回调、进程控制、文件访问、内存管理等。传输层由消息总线和服务总线构成。

服务层是画面访问、数据访问、日志、报警、邮件、工作流等基本服务的实现层。并提供服务的查找、定位和代理功能。

基础应用层包括数据采集、模型维护、人机界面、断面管理、权限管理等。

电厂应用层包括发电厂实时监控、经济调度、大坝监测、气象系统、防洪决策等。

监控系统的层级结构如图 5-3 所示。

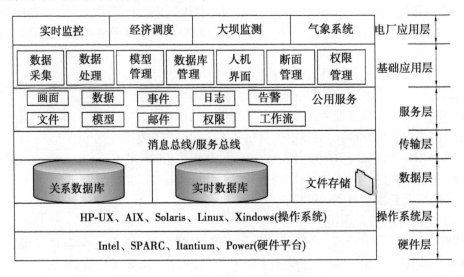

图 5-3　监控系统的层级结构

2. 计算机监控系统软件配置

电站计算机监控系统中各结点计算机均采用具有良好实时性、开放性、可扩充性和高可靠性等技术性能指标的符合开放系统互联标准的汉化 UNIX 操作系统,少量节点采用中文 Windows 操作系统。

1) UNIX/Linux 操作系统软件

系统中所有重要的 64 位计算机节点均采用 UNIX/Linux 实时操作系统,64 位通用 UNIX/Linux 操作系统,不仅具有良好的开放性、实时性,而且具有以下特点:良好的开放性、实时性;多线进程控制;多种多任务调度模式:Timesharing 分时多任务调度,FIFO 先进先出实时多任务调度,Round-Robin 实时多任务调度;40 级分时优先级,64 级实时优先级;内存影射文件;逻辑卷管理;共享程序库;NFS 网络文件服务系统;虚拟内存管理,实时支持功能;强化 I/O 管理;高可靠性,C2 级安全保密性等。

UNIX/Linuxs 操作系统一般包括以下软件:vi、GNU emacs、ex、ed、lint、grep 等文本编辑软件;ld 链接软件;dbx 调试软件;子程序库(Routines);库文件(Libraries);tar 安装管理

软件;Shell 命令分析软件等。

2)Windows 操作系统软件

本系统中的电站级服务器、工作站以及其他 PC 机的操作系统选用 Windows。

Windows 是一个网络化、安全且可变的操作系统,可以同时运行许多不同操作系统环境,具有以下特点:①支持多线程/多处理器,支持集群;②虚拟 64 位线性内存管理;③具有灵活广泛的移植性,如 MIPS R4500,Intel 的 Pentium 及 Compaq 的 Alpha 等处理器均可运行;④抢占式多任务调度;⑤客户/服务器设计;⑥支持多种外围设备控制管理;⑦支持多种通信功能;⑧支持对等控制网络方式;⑨支持 PRC(远程过程调用)的机制;⑩支持多种高级语言软件开发平台;⑪提供具有多重保护机制的文件管理系统;⑫图形界面与 Windows 9X 相同,应用程序范围巨大。

3)语言及编译软件

用户编程开发软件包括:

(1)C 语言及编译软件。

(2)图形开发环境:QT。

(3)Visual C/C++编程语言。

(4)PLC 编程软件。

(5)SQL 编程语言。

(6)Microsoft Visual Studio 2012。

4)网络通信、网络管理软件及其他通信软件

(1)监控系统内部各结点之间的通信 TCP/IP 通信软件。

(2)网络管理软件。

(3)与调度中心 EMS 通信软件。

(4)与电站 MIS 系统、机组状态维护系统等的通信软件。

(5)各 LCU 现地总线通信软件,以及与其他辅助设备系统的通信软件。

5)在线浏览器(Web)软件

Internet Explorer 或 NetScape 软件。

3.计算机监控系统基本服务

为实现本计算机自动监控功能,本系统配有如图 5-4 所示的 H9000 系统各种服务。

(1)对外通信服务:电站通信、调度通信、水情及其他。

(2)内部总线服务:数据总线、命令总线、消息服务总线。

(3)基础服务:系统管理、服务调度、主机管理、数据处理。

(4)系统服务:事件、命令、数据、权限、语音、打印。

(5)人机交互:OIX(值班员界面)、EVNETVIEW(告警一览表界面)、RDBVIEW(实时数据浏览界面)、IPM(图形建模工具)、DETOOL(数据工程工具)。

(6)高级应用:AGC/AVC/EDC、水情水调、智能报警、数据诊断。

1)数据采集

(1)自动采集各现地单元的各类实时数据。

(2)自动采集智能装置的有关信息。

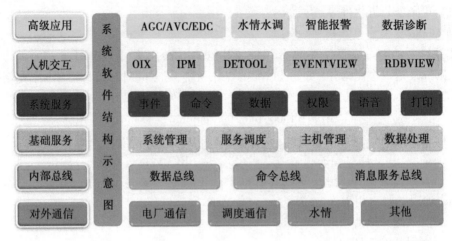

图 5-4

（3）自动接收调度中心的命令信息。

（4）自动接收电厂监控系统以外的数据信息。

2）数据处理

（1）对自动采集的数据进行可用性检查。

（2）对采集的数据进行工程单位转换。

（3）具有数字量输入点的抖动限值报警及处理。

（4）具有模拟量输入点的梯度限值报警及处理。

（5）具有数字量输出动作次数统计及报警（设备维护）。

（6）具有输入/输出通道的自诊断功能。

（7）SOE 量、扫查开入量变位报警处理、模拟量越限报警处理、I/O 通道故障报警处理。

（8）对采集的数据进行报警检查，形成各类报警记录和发出报警音响。

（9）对采集的数据进行数据库刷新。

（10）生成各类运行报表。

（11）形成历史数据记录。

（12）生成曲线图记录。

（13）形成分时计量电度记录和全厂功率总加记录。

（14）具有事件顺序记录的处理能力。

（15）事故追忆数据处理能力（包括记录事故时刻的相关量）。

（16）主辅设备动作次数和运行时间的统计处理能力。

（17）按周期或请求方式发送电站有关数据给梯调调度系统和网调。

3）实时数据库管理

（1）数据库加载。

（2）基本实时数据、计算数据、历史数据、预置数据、画面及打印制表数据等管理模块。

（3）数据库查询软件。

（4）数据库的备份和恢复，保证数据库的完整性和一致性的管理软件。

（5）数据库在线修改、维护软件。

（6）与历史数据库接口。

4）人机联系

（1）命令分析。

（2）命令执行与处理。

（3）系统控制方式设置、切换、闭锁处理模块。

（4）系统控制权限管理。

（5）图形显示及画面刷新。

（6）报警、状态信息随机报警及时钟显示。

（7）读取不同的图形文件、显示图形、处理定义与操作功能。

（8）数据库实时信息，报警顺序记录一览表。

（9）事故追忆设置及事故追忆历史数据窗口。

（10）动态点点参数表窗口。

（11）参数修正与设置。

（12）控制操作窗口及防误闭锁。

（13）报表记录显示。

5）控制与调节

（1）运行设备控制方式的设置。

（2）控制操作安全闭锁。

（3）机组顺序控制。

（4）机组转速及有功功率调节。

（5）机组电压及无功功率调节。

（6）公用风、水、油设备控制。

（7）开关站设备分合控制。

（8）闸门控制与安全闭锁。

（9）系统调度给定的日负荷曲线调整功率。

（10）按运行人员给定总功率调整功率。

（11）按系统给定的频率调整有功功率。

（12）按水位控制方式。

（13）按系统调度给定的电厂高压母线电压日调节曲线进行调整。

（14）按运行人员给定的高压母线电压值进行调节。

（15）按发电机出口母线电压给定值进行调节。

（16）按等无功功率或等功率因数进行调节。

（17）提供调度中心改变电站中机组控制方式和调节方式的功能。

当监控系统处于调度控制级控制方式时，监控系统可执行调度发布的所有控制命令。可在厂站控制级发布的一切控制调整命令在调度控制级也能够发布，并得以执行。

安全稳定智能控制：当发电机进入进相、过流/过压、稳定储备系数超出规定范围、机组振动等不良工况时，监控系统能识别并能够自动将机组拉回稳定运行工况内。

6）GPS 时钟

监控系统具有时钟同步功能,以保持计算机监控系统中各网络单元的时钟同步和与调度系统实时时钟的同步。包括网络对时软件及 GPS 设备通信软件。

7）历史数据

（1）事故追忆历史数据模块。

（2）温度趋势历史数据模块。

（3）画面软拷贝历史数据模块。

（4）标准实时库与 ODBC 接口软件。

（5）关系数据库管理软件。

8）双机切换

计算机监控系统具有故障在线检测及双机自动切换功能,运行中的双机定时进行自诊断和互诊断,并定时向网上的其他节点计算机发送节点状态信息。

计算机监控系统正常情况下以双机主备方式运行,在主用机发生故障时,备用机不中断任务,且无扰动地成为主用机运行。

双机之间的数据库由专门的数据库管理程序维持数据的一致性,以保证系统的安全可靠运行。

9）诊断

系统配备有完备的诊断软件,可实现厂站层、现地层各节点的诊断功能。诊断范围包括网络设备、计算机设备和 I/O 模块,诊断结果可精确到模块和通道。可显示计算机监控系统 CPU 运行负载率（负荷率统计周期为 1 s）和内存使用情况的监视软件。

10）LCU 软件

（1）LCU 配有人机接口软件,在该类终端上可显示实时过程画面,画面风格与操作员站基本保持一致,其功能包括控制和调节及参数值修改操作等。

（2）操作指令处理及事故记录模块。

（3）各种 I/O 实时数据的采集、I/O 数据有效性判别处理。

（4）各种控制操作及 PID 调节。

（5）顺序控制操作。

（6）PLC 现地总线通信及串口通信软件模块（机组 LCU 包括与机组调速器、励磁系统,公用设备 LCU 与电站直流系统、风、水、油等辅机系统的通信软件）。

（7）I/O 通道检测试（模入板、开入板、开出板等）模块。

（8）与 GPS 时钟同步软件。

4. 系统 AGC/AVC 高级软件

（1）梯调经济运行软件。

（2）厂内经济运行软件。

（3）自动调功软件。

（4）开机、停机过程监视软件。

（5）自动电压控制软件。

（6）水电站运行辅助指导、运行管理支持软件。

（7）机组运行工况统计与检修指导软件。

（8）操作联锁指导软件。

（9）辅助设备运行工况统计软件。

（10）电站运行信息管理软件。

（11）操作票管理软件。

（12）事故处理支持软件。

5. 工具软件

随着计算机技术的发展,开放技术已成为计算机硬件及软件生产厂商的共识,众多的开放产品为保护用户的软硬件投资起到了积极的作用。但监控系统如何进一步向最终用户开放,提供先进方便的支持工具软件系统,则是一个非常重要的问题。监控系统向最终用户开放,可使最终用户真正掌握计算机监控技术,提高系统的可维护性,方便最终用户。

根据我们的工作经验,借鉴国外的先进技术,H9000 系统提供下列工具软件。

1）IPM（interactive picture maker）图形开发工具软件

IPM 是面向大中型水电厂的新一代计算机监控系统的图形界面软件。该图形开发工具可以使不熟悉计算机软件编程的应用工程师开发自己所需的监视画面、控制流程、人机联系、报表等内容。

IPM 的全称为 internative picture maker,是基于 QT/C++开发的分布式跨平台的全图形化人机接口（GUI）。系统的全部操作完全基于人机接口而进行,人机接口的所有操作全部鼠标化,操作更加方便、灵活、快捷、直观,同时也定义快捷键操作,使操作更加简单方便,可以单独使用鼠标,也可以鼠标键盘混合使用。

IPM 全面采用了面向对象技术,所有图元作为对象处理,功能拓展更加方便。图形系统中可显示图像、动画及多种汉字字体,另外,系统还支持各种 UNIX 系统的 X 终端及在 PC 机上仿真的 X 终端。

IPM 是一个对象化的绘图包软件,能够方便地完成添加、修改、浏览、测试等功能,用户易学易用,且可以灵活地定义图元图形。在测试状态,可以模拟观测所绘制的图形在实际运行环境下的情况。使用此绘图包,用户可以非常轻松地完成绘图工作。

本绘图包软件,能够方便地完成绘图、编辑、浏览及运行测试等功能。主要具有以下特征：

（1）基于分布式跨平台的全图形化人机接口,操作简单方便。

（2）采用面向对象技术进行图元定制。系统中全部采用了面向对象技术,所有图元作为对象处理,使处理更加方便,且具有很好的可扩展性。

（3）支持国家标准一、二级字库汉字、多种矢量汉字。系统采用的矢量汉字有楷体、宋体、隶书、魏碑、行楷、黑体、幼圆、舒同、行书。

（4）提供跨应用的统一图形平台。用户只需一幅图,就可以同时满足多种应用的需求。具有热点、菜单、图名等多种调图方式。

（5）支持基于画面逻辑计算的动态显示功能,如图元自定义颜色闪烁、图元动态着色等。

（6）可全图形显示和多画面漫游,无级缩放、可变焦、可漫游、可分层分级地显示图形画面。

（7）多种图像格式的支持，如：PNG、BMP、JPG、GIF（包含动画文件格式）。

（8）具有内置式图形文件的转换器，可以兼容多种图形文件格式，同时支持 AutoCAD 等绘图软件的图形文件。

（9）提供安全管理功能，可进行身份认证和操作权限认证。

（10）支持扩展的 GIS 地理信息系统文件的展示和组态功能。

（11）支持自定义控件的显示，用户可以根据界面需要灵活定制所需的功能。

（12）支持 QS、JS 等脚本调用接口，提供多平台多层次应用的插件服务的界面化编辑。

（13）支持复杂的组合对象图元，支持图元多态动态切换，可实现整体参数化及整体对象化，大大提高图元内部参数的有机性和整体操作性。

IPM 的界面主要由标题栏、菜单栏、菜单工具栏、绘图包工具栏、主画布和图元属性栏等组成，如图 5-5 所示，用户通过使用 IPM 绘图软件，可以制作任意所需图形，并对图形进行编辑、修改等操作。

图 5-5　IPM 运行主界面图

从图 5-5 中，可以看到主界面分为以下区域：

标题栏——位于窗口正上方，显示软件名称、当前画面、公司名称。

菜单栏——位于标题栏下方，文件、编辑、属性、视图、选项、帮助。

菜单工具栏——位于菜单栏下方，分两行显示，表示常用绘图操作。

绘图包工具栏——位于主窗口左侧，工具栏可显示、隐藏，包含绘图基本元素，有基本集、组合、电力设备、控件、动态对象组。

主画布——位于主窗口区中侧，主画布，绘图区。

图元属性栏——位于主窗口区右侧，工具栏可显示、隐藏，显示当前画布中选中图元的可编辑属性。

绘图包支持多种图像格式，如 BMP、GIF、JPEG、PNG 等，其中包含 GIF 的动画文件格式。

2）PCC 用户过程语言编辑软件

PCC（用户过程语言）是系统 SCADA 功能的增强,也称用户计算语言。

本软件的主要作用是为 H9000 监控系统的用户提供配置计算、闭锁等的一套界面化编辑工具。用户根据实际需求进行简单的编程,实现对系统中的实时数据周期计算、定时计算、判断闭锁等功能,所有函数可直接插入,不需要人工输入,参数类型明确,既可以单独编译,也可以批量编译,编译结果窗口显示当前错误,详细指出错误位置及原因,方便工程人员集成调试。所有用户过程控制文件存放在配置库,其扩展名为 PCO,保存编译一次即可。

3）DEtool 数据库配置工具软件

本软件的主要作用是为监控系统的用户提供配置系统各项参数的一套图形化编辑工具。主要包括设备对象树配置、数据库配置、总线配置、主机配置、服务和进程配置、前置通信配置、日志服务配置、命令配置和权限管理配置等。

系统配置阶段首先要做各种环境的配置。例如,点的配置信息、网络环境基本配置信息等,基本都用到此工具 DEtool。工具的主要用途是根据需求配置不同的对象类定义、根据不同的对象类完成对象的实例化创建、对已存在的实例化对象进行增加、编辑、删除的操作。

4）APIlib 应用扩充接口函数库

为了方便系统功能扩充及应用程序接入,H9000 系统还提供了通用的应用程序扩充接口函数库 APIlib。应用开发程序员在开发自己的应用程序时,可通过调用该子程序库的函数,实现对系统实时数据库的连接、读或写访问。

5）HReport 报表编辑工具

H9000/HReport 是一套报表快速生成及历史信息查询软件,支持 C/S（HReport）和 B/S（WebReport）体系。对于 B/S 模式,客户端直接使用 IE 或 Netscape 等;对于 C/S 模式,一般适用于局域网用户,客户端可分别配置成不同功能的客户。

HReport 是建立在 Microsoft Excel 自动化技术、OleDb 数据库访问技术及 XML 技术上的一套具有良好用户界面的快速报表生成软件,完全兼容 Excel 电子表格和 XML 文档,如图 5-6 所示。

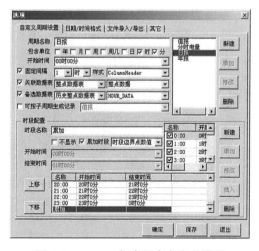

图 5-6　HReport 报表用户自定义界面

HReport 以 Excel 插件的形式存在,可以运行于 Excel 2000 及以上的版本,如图 5-7 所示。利用 Excel 提供的自动化模型,将报表生成逻辑及数据库访问嵌入到 Excel 界面,依托于 Excel 强大的编辑功能、友好的用户界面及版本的升级,HReport 也将具有强大的生命力。

图 5-7　HReport 菜单

6)RdbView 实时库浏览工具软件

RdbView 实时库浏览工具是监控系统的重要功能,可以实时显示数据库节点状态、服务信息、主机信息和通信状态等,方便运维人员查看各种数据。同时支持下发各种命令,例如同步实时库、重装配置、切换服务、强制值及搜索对象等,极大地方便了集成调试工作。

7)Hcurveview 历史曲线浏览界面

Hcurveview 历史数据浏览工具是监控系统的重要功能,可以查看各遥测点的历史曲线及统计信息,可多条曲线进行对比,最多可添加 10 个点。

8)PLC 编程工具软件

PLC 编程工具软件采用 Unity XL 系统,该系统提供遵循 IEC61131-3 语言标准的所有 5 种语言。这 5 种语言的组合形成的通用编程环境极大地提高了编程效率和劳动生产率。这 5 种语言是:

(1)顺序功能流程图(sequential function chart)

提供全部的结构并协调面向批处理的过程和机器控制应用。

(2)功能块图(function block diagram)

特别适合过程控制应用。

(3)梯形图(ladder diagram)

对于离散控制和互锁逻辑控制性能卓越。

(4)结构式文本(structure text)

高级语言,对于复杂的算法和数据处理是一种极佳的解决方案。

(5)指令表(instruction list)

低级语言,用于优化代码的性能。

9)系统维护及开发环境与工具

系统配置有系统维护和开发所必要的环境和工具。

二、泵站监控系统

泵站监控系统采用开放式的系统结构。泵站监控系统不配置上位机,不设置中央控制级,全部监控信号在公用 LCU 触摸屏上显示操作,并由集控中心实现远方集中控制。

LCU 配置要求如下:

1.基本要求

现地控制单元(LCU)采用综合型、网络型结构,LCU 范围内的任何单个设备的故障均不应影响 LCU 的其他设备及 LCU 整体的正常工作。

LCU 为双 CPU 热备冗余设置，LCU 应配置现场总线/MODBUS 的协议转换器。

现地层各 LCU 均采用交、直流双供的方式，LCU 具有电源故障保护、外部电源隔离和电源恢复自启动等功能。LCU 电源突然中断、恢复或电压波动时，不出现误动作。

LCU 能实现时钟同步校正，其精度应与时间分辨率配合。

现地 LCU 设置人机界面，界面介质采用 12 in（或以上）彩色触摸屏，触摸屏既可用来作为现地参数监视的显示窗口，又可用来作为在现场对现地设备进行控制的平台。

2. 中央处理器（CPU）

字长：≥32 位；

主频：≥200 MHz；

内存容量：≥2 MB；

浮点运算：有；

中断能力：有；

编程语言：符合 IEC 61131-3 标准；

通信：以太网（TCP/IP）1 000 Mbps 以太网接口；

串口：≥19.2 kbps　RS485；

现场总线接口：≥1 Mbps　2 个；

GPS 时钟同步能力：有；

SOE 模块：有。

3. 开关量输入（DI）

信号输入方式：无源接点，输入电路具有光电隔离，隔离电压不少于有效值 1 700 V。具有浪涌吸收、预防过电压及接点防抖动过滤措施，以防止因触点抖动造成误操作；

具有信号输入 LED 状态指示功能；

接口冲击耐压水平：≥2 kV。

4. 模拟量输入（AI）

信号输入为双端差分输入：电流回路 DC 4～20 mA；

输入阻抗：电流回路≤250；

模拟量输入 D/A 分辨率：≥12 位（带符号位）；

最大误差：≤±0.25%；

共模抑制比：≥90 dB；

常模抑制比：≥60 dB；

最大转换误差（25 ℃）：±0.25%。

5. 开关量输出（DO）

信号输出方式：无源常开继电器接点；

具有光电隔离及接点防抖动处理等措施；

数字信号输出回路应由独立电源供电；

每一数字输出具有发光二极管（LED）；

继电器接点容量为 30 VDC/250 VAC 2 A；

重要控制点的输出应支持冗余输出;

接点开断容量(阻性负载):500 VA;

触点电气寿命大于等于 10 万次(100 mA,L/A=10 ms);

继电器绝缘耐压应:2 000 V(有效值);

继电器固有动作时间范围:吸合小于 10 ms,释放小于 20 ms。

三、泄水闸计算机监控系统

泄水闸计算机监控系统主干网采用分层分布开放式结构的以太网,设置中央控制级和现地控制级,主干网络采用双星型以太网结构,通信规约采用标准的 TCP/IP。

(一)中央控制级

泄水闸计算机监控系统与电站计算机监控系统共用中央控制级。

(二)现地控制级

现地控制级主要由泄水闸 LCU、闸门现地控制 PLC 组成,配置 1 套泄水闸 LCU,每个闸门配置 1 套现地控制 PLC(启闭机厂家成套配置)。

(三)泄水闸 LCU 配置要求

泄水闸 LCU 暂布置在坝顶配电房内,柜内布置 24 口以太网交换机(采用国外一线品牌产品),与虎山嘴电站 12 孔泄水闸门(貂皮岭 20 孔泄水闸门)现地柜 PLC 通过光纤通信。

PLC 技术要求为:PLC 应采用全模块化结构,独立的 CPU 模块、电源模块、I/O 模块。可编程控制器(PLC)的 IO 模块必须采用与 CPU 模块同档次同系列模块,保证系统安全可靠运行;所有 I/O 模块能支持通电热拔插;PLC 应有良好的实时性和确定性。配置独立的离散量、模拟量输入模块,使每种模块完成各自的采集或控制输出功能,避免混合模块;CPU 模块需满足以下性能:CPU 运算能力,双核 32 位处理器能精确进行整数及浮点数运算,每毫秒可处理超过 10K 条指令。支持主任务、快速任务、辅助任务和事件任务;CPU 内置超过 4 MB 程序空间和超过 384 KB 数据存储,最多可以执行 70K 条指令。可扩充 8 GB "即插即载"SD 卡,用于程序备份,过程数据,维护资料等存储;CPU 自带标准 USB 通信口,可以编程、上下载程序和连接人机界面。同时,CPU 自带 3 个以太网接口,具有与软启动器、触摸屏以及机组 LCU、公用 LCU 等通信的接口和功能;各控制系统采用的 I/O 模块应能承受水电站环境条件,并应满足 IEC 255-5,IEC 1000-4 要求。每个输入/输出点应带有发光二极管指示灯指示;触摸屏应采用工业级产品,具有汉化人机操作视窗界面及编程软件,须采用与 PLC 保持同一系列的产品,防电磁干扰、防水、防油雾。

四、安全监测系统

根据八字嘴航电枢纽工程的总体布置、工程安全监测仪器的布置情况及监测自动化仪器设备的工作特点和要求,拟定采用分布式自动化监测系统加远程通信管理方案。自动化系统采用基于"以太网络"的分层分布开放式结构,设置中央控制单元和现地控制单元。

(一)现地层设备配置要求

主要仪器设备的技术指标见表5-14。

表5-14 监测仪器设备主要技术指标

仪器名称	主要性能指标	备注
全站仪	测角精度:0.5″,测距精度:1 mm+1.0×10⁻⁶×D	
水准仪	精度:±0.45 mm/km	
GPS接收机	水平精度:±(3+0.5×10⁻⁶×D)mm 垂直精度:±(5+0.5×10⁻⁶×D)mm	
堰位计	量程:300 mm;精度:±0.1%F.S.	振弦式
渗压计	1.0 MPa;精度:±0.1%F.S.;分辨率:0.025%F.S.	振弦式
测缝计	量程:10~20 mm;分辨率:0.02 mm	振弦式
弦式读数仪	量测范围:频率400~6 000 Hz;分辨率0.01 Hz; 频率精度0.05 Hz;温度-40~100 ℃;温度分辨率0.1℃	弦式仪器配套用
风速仪	测量范围:0~40 m/s;测量精度:≤3%(满量程)	
雨量自记仪	测量范围:0.1~4 mm/min;测量精度:±0.4 mm;分辨率:0.1 mm	

(二)中央控制层设备配置要求

1.数据库服务器

2颗64位高性能处理器,单CPU≥12核心,单核主频≥2.6 GHz;

≥32 GB DDR3内存,提供≥16个内存插槽扩展;

≥4个Intel千兆以太网口,支持网络唤醒、网络冗余、负载均衡等网络特性;

≥1块双端口8 GB FC HBA卡;

至少3块600 GB SAS热插拔硬盘;

可扩展≥24块2.5 in SAS/SATA硬盘,同时可支持2个内置2.5 in SATA硬盘或SSD硬盘;

1块1 GB缓存SAS RAID卡,支持RAID 0,1,10,5,6;

提供≥7个IO扩展插槽,其中至少5个PCI-E和1个PCI;

Windows Server 2012标准版5用户;

1+1冗余金牌电源,最多支持4个电源模块,支持Pmbus,提供80Plus认证报告;

4个高速系统风扇,可支持4+3冗余风扇;

符合IPMI标准的管理功能,实现远程KVM功能,配合简体中文的监控管理软件,实现远程的系统监控与管理,预装Pawerconf节能软件,并提供软件证书。

2.操作员工作站

CPU:64位,≥8核;

主频:≥2.6 GHz;

内存:≥16 GB(可扩展);

硬盘:≥2×500 GB(可扩展);

DVD 光驱:1 个;

串行口:2 个;

并行口:1 个;

USB 口:2 个;

以太网接口:4 块;

显卡:高密度 3D 显卡,2 块,带 DVI 数字视频接口;

彩色液晶显示器:1 台,≥25 in;

通用键盘和鼠标:各 1 个;

操作系统支持:Windows2012 标准版;

图形界面支持:OSF/Motif,X-Windows;

汉化功能:符合中国国标 GB2312—80,支持双字节的汉字处理能力。命令和实用程序及 Motif 图形界面都应有相应的汉字功能;

双电源:硬件应支持掉电保护和电源恢复后的自动重新启动功能。

3. 以太网交换机

端口:24 口以太网;

核心交换机必须支持三层路由和千兆交换;

包转发率:72 Mbps;

交换容量:256 Gbps。

五、视频监视系统

为了直接观察到电站、泵站、泄水闸等各个场所及各主要设备的运行状态和工作环境,同时也为了指挥现场操作并作为重要操作的录像资料,设置视频监视系统。

(一)现地层设备配置要求

1. 前端摄像机布置点表

前端摄像机布置点如表 5-15 所示。

2. 前端摄像机参数要求

(1)室内(外)红外高清枪式网络摄像机

1/2.5 in,逐行扫描 CMOS;

3.5~10 mm 高清镜头,F1.6,自动光圈;

摄像机支持 500 万像素(2 560×1 920)分辨率下的帧速达到 12 帧/s;300 万像素(2 048×1 536)分辨率下的帧速达到 20 帧/s;

摄像机也同时符合 HDTV 视频标准:720P(1 280×720),1 080P(1 920×1 080),并且支持这些分辨率下的帧速达到 30/25 帧/s;

摄像机必须能自动转换红外滤片,实现日夜转换;

表 5-15　前端摄像机布置点

序号	安装地点	规格	数量	安装方式
一	电站厂房内外			
1	交通廊道	室内红外高清枪式网络摄像机	4	室内挂墙
2	管道廊道		2	室内挂墙
3	电缆廊道		2	室内挂墙
4	供水泵房		1	室内挂墙
5	检修排水泵房		1	室内挂墙
6	空压机室		1	室内挂墙
7	渗漏排水泵房		1	室内挂墙
8	14.5 层走廊		2	室内挂墙
9	1#、2#机组励磁变室		2	室内挂墙
10	19.5 层走廊		2	室内挂墙
11	油处理室		1	室内挂墙,防爆
12	油库		1	室内挂墙,防爆
13	电工试验室		1	室内挂墙
14	机旁屏室		2	室内挂墙
15	风机室		1	室内挂墙
16	23.0 安装间		2	室内挂墙
17	23.0 层走廊		2	室内挂墙
18	柴油机房		1	室内挂墙,防爆
19	门厅	室内红外高清网络摄像机(快球)	2	室内挂墙
21	中控室	室内红外高清枪式网络摄像机	2	室内挂墙
22	配电室		2	室内挂墙
23	27.2 层走廊		1	室内挂墙
24	高位油箱室		2	室内挂墙
25	33.2 层走廊		1	室内挂墙
26	10 kV 系统开关柜室		2	室内挂墙
27	0.4 kV 厂用低压配电屏室	室内红外高清枪式网络摄像机	2	室内挂墙
28	工具间		1	室内挂墙

续表 5-15

序号	安装地点	规格	数量	安装方式
29	主机间	室内红外高清网络摄像机(快球)	4	室内挂墙
30	电站进口值班室	室外红外高清网络摄像机(快球)	1	室外立杆
31	电站进水拦污栅	室外红外高清枪式网络摄像机	2	室外立杆
32	尾水事故闸门	室外红外高清枪式网络摄像机	2	室外立杆
33	坝顶公路	室外红外高清网络摄像机(快球)	4	室外立杆或结合路灯
34	鱼道进出水口	室外红外高清网络摄像机(快球)	2	室外立杆
35	坝顶配电室	室内红外高清枪式网络摄像机	1	室内挂墙
36	泄水闸	室外红外高清枪式网络摄像机	10	室外挂墙
总计			70	

摄像机必须具备 SD/SDHC 插槽用于本地存储;

日间模式,彩色时感光度支持要求小于等于 0.6 lx;夜间模式,黑白时感光度支持要求小于等于 0.08 lx;

摄像机支持至少 1 路 1 080P(1 920×1 080)分辨率 30 帧/s,或 2 个独立可配置 720P(1 280×720),分辨率 30/25 帧/s,并发码流;

摄像机支持多视窗功能,可同时输出 8 路裁剪视频,实现虚拟多个子摄像机功能,支持走廊格式;

摄像机需支持 H.264 CBR 和 VBR;

摄像机需支持背光抑制,宽动态;

摄像机支持曝光区域设置;

摄像机支持 ONVIF;

摄像机支持前端嵌入式智能分析,可根据需求选择智能分析模块上传至摄像机,利用摄像机进行分析;

符合 IP66 防护标准;

摄像机工作温度范围-40~+50 ℃；

MTBF 无故障工作时间 100 000 h。

（2）室内（外）红外高清网络摄像机（快球）

1/2.8 in 逐行扫描 CMOS；

球机必须支持 20 倍光学变焦，自动聚焦，自动日夜转换；

球机必须符合视频标准：HDTV1 080P（1 920×1 080）；

球机必须符合视频压缩标准：ISO/IEC 14496-10 AVC（H.264）；

球机必须符合以下网络标准：IEEE 802.1X（认证）、IPv4（RFC 791）、IPv6（RFC 2460）、QoS-DiffServ（RFC 2475）；

球机支持至少 2 个独立 1 080P（1 920×1 080）分辨率的 30/25 帧/s 的 H.264 或 Motion JPEG 视频流；

编码：可单独配置的 H.264/MJPEG 双编码；最大帧速：H.264 和 MJPEG 任一编码下，25IPS@ 1080P 或以上；

球机必须具备 SD/SDHC 插槽用于本地存储；

球机必须能自动转换红外滤片，实现日夜转换；

最低彩色要求小于等于 0.8 lx@ F1.6；黑白要求小于等于 0.04 lx@ F1.6；

球机支持 360°水平旋转；180°垂直旋转；仰俯速度不小于范围（0.05°~450°）s^{-1}；

球机垂直旋转角度 220°；

球机需支持 H.264 CBR 和 VBR；

球机必须支持视频流以下方式传输：TTP（Unicast）、HTTPS（Unicast）、RTP（Unicast & Multicast）、RTP over RTSP（Unicast）、RTP over RTSP over HTTP（Unicast）；

球机支持的快门范围必须大于或等于 1/4~1/30 000 s；

球机需支持背光抑制，宽动态；

球机支持曝光区域设置；

球机支持 100 个或以上预置位；

球机支持预置位巡航功能；

球机支持视频移动侦测；

球机所有功能可以通过 Web 界面配置；

球机支持 10/100 M RJ45 以太网接口；

球机工作温度范围 -40~+50 ℃；

球机支持 IP66 或以上防护标准；

MTBF 50 000 h 无故障工作时间；

支持报警输入输出。

（二）中心层设备配置要求

中心层主要设备技术要求见表 5-16~表 5-20。

表 5-16　中心管理平台参数

分类	指标项	指标描述
系统	可管理的用户数量	无限制
	可管理的客户端数量	无限制
	可管理的设备数量	无限制
	兼容性	兼容设备种类
		IPC、DVS、DVR、NVR
		兼容设备品牌
		同时支持 8 个以上国际知名品牌
外部接口	网络接口	4 个千兆以太网接口
	USB 接口	4 个
通信	网络协议	TCP/IP、UDP、RTP、RTCP、RTSP、HTTP、DHCP、NTP
电源	最大功耗	280 W
	输入电压	$100 \sim 240$ VAC($\pm 10\%$),$47 \sim 63$ Hz
物理参数	尺寸(高×宽×深)	标准 1U 机架式
	质量	27 kg±5%
应用环境	工作环境温度	$0 \sim 40$ ℃
	存储环境温度	$-10 \sim +70$ ℃
	工作环境湿度	20%~80%(非凝露)
	存储环境湿度	10%~90%(非凝露)
	防静电、电泳、雷电标准	GB/T 17626.5、GB/T 17626.4

表 5-17　网络视频服务器参数

分类	指标项	指标描述
系统	兼容性	兼容设备种类
		IPC、DVS、DVR、NVR
		兼容设备品牌
		同时支持 8 个以上国际知名品牌
	性能参数	150×1.8 Mbps 录像和转发+32 路录像查询
	(推荐)	70×4 Mbps 录像和转发+32 路录像查询
		45×6 Mbps 录像和转发+32 路录像查询
	内置数据盘位数及存储容量预估	24 个,硬件 RAID(0、1、5、6、10),支持企业级 SATA Ⅱ 硬盘
		主机柜录像天数 7 d(24 盘 1T/RAID5/280 Mbps);
		外接 1 台 7000-J 可录像 12 d(40 盘 1T/RAID5/280 Mbps)
		外接两台 7000-J 可录像 17 d(56 盘 1T/RAID5/280 Mbps)
	扩展存储	可选配 NVR 扩展存储

续表 5-17

分类	指标项	指标描述
音频	音频压缩	G711、G726、G723、G722、PCM、ADPCM
视频	视频压缩	MJPEG MPEG4 H. 263 H. 264（base line/main/high profile）
	图像格式	CIF、2CIF、4CIF、D1/VGA、HD
	码流支持	支持双码流
外部接口	网络接口	2 个千兆以太网接口
	VGA/DVI 接口	1 个
	USB 接口	4 个,USB2.0
通信	网络协议	TCP/IP、UDP、RTP、RTCP、RTSP、HTTP、DHCP、NTP
	云台控制协议	支持主流国内品牌的各种云台控制协议
电源	最大功耗	1 010 W
	输入电压	100~240 VAC(±10%),47~63 Hz
物理参数	尺寸(高×宽×深)	标准 4U 机架式 4U,7 in(H)×19 in(W)×26.5 in(D)（不带挂耳或机柜滑道）
	质量	25 kg±5%(无硬盘)
应用环境	工作环境温度	10~40 ℃
	存储环境温度	−10~+70 ℃
	工作环境湿度	20%~80%(非凝露)
	存储环境湿度	10%~90%(非凝露)
	防静电、电泳、雷电标准	GB/T 17626.5、GB/T 17626.4

表 5-18 扩展存储单元参数

项目	性能指标
可插硬盘数	16
主机接口	Mini-SAS
支持硬盘类型	SATAI/II 企业级硬盘
RAID 特性	RAID0/1/3/5/6/10
传输速率	10 Gbps
输入电压	100~240 VAC(±10%),47~63 Hz
电源冗余	冗余电源
工作环境要求	温度:0~40 ℃
	湿度:20%~80%(非凝露)

表 5-19　数字矩阵工作站参数

分类	指标项	指标描述
系统	解码能力推荐	32 路 D1(2 Mbps/全帧率)或 18 路 HD(4 Mbps/1 280×720/全帧率)或 10 路 HD(6 Mbps/1 280×720/全帧率)或 7 路 HD(8 Mbps/1 280×720/全帧率)或 9 路 HD(10 Mbps/1 920×1 080/半帧率)或 等量解码能力
	分屏方式	1/4/6/9/16
视频	视频解码	MJPEG MPEG4 H.263 H.264 (base line/main/high profile)
	图像格式	CIF、2CIF、4CIF、D1/VGA、HD
音频	音频解码	G711、G726、G723、G722、PCM、ADPCM
外部接口	网络接口	2 个千兆以太网接口
	VGA/DVI 接口	4 个,最大输出分辨率 1 920×1 080
	音频接口	1 个输入接口、2 个输出接口(左右声道)
电源	最大功耗	450 W
	输入电压	100~240 VAC(±10%),47~63 Hz
物理参数	尺寸	2U 19 in 机架式 3.5 in(H)×19 in(W)×27 in(D) (不带挂耳或机柜滑道)
	质量	20 kg±5%
应用环境	工作环境温度	0~40 ℃
	工作环境湿度	20%~80%(非凝露)

表 5-20　数字矩阵控制器参数

分类	指标项	指标描述
视频	视频解码	MJPEG MPEG4 H.263 H.264 (base line/main/high profile)
	图像格式	CIF、2CIF、4CIF、D1/VGA、HD
音频	音频解码	G711、G726、G723、G722、PCM、ADPCM
外部接口	网络接口	1 个千兆以太网接口
	VGA/DVI 接口	2 个,最大输出分辨率 1 920×1 080
	USB 接口	4 个 USB2.0
	音频接口	1 个输入接口、2 个输出接口(左右声道)
通信	网络协议	TCP/IP、UDP、RTP、RTCP、RTSP、 HTTP、DHCP、NTP
	云台控制协议	支持主流国内品牌的各种云台控制协议

续表 5-20

分类	指标项	指标描述
电源	最大功耗	280 W
	输入电压	100~240 VAC(±10%),47~63 Hz
物理参数	机箱	2U 19 in 机架式
		3.5 in(H)×19 in(W)×27 in(D) (不带挂耳或机柜滑道)
	质量	20 kg±5%
应用环境	工作环境温度	0~40 ℃
	存储环境温度	−10~+70 ℃
	工作环境湿度	20%~80%(非凝露)
	存储环境湿度	10%~90%(非凝露)
	防静电、电泳、雷电标准	GB/T 17626.5、GB/T 17626.4

六、状态监测系统

(一)电站状态监测系统

1.机组在线监测系统

机组在线监测系统包括振动摆度采集装置、气隙监测装置、传感器、中心服务器等内容的硬件设备和计算、分析、判断等软件,以及检测元件布置及安装、电缆布置及连接和现场调试等。系统同时联合水电站计算机监控系统的监测信息,利用各种分析、诊断策略和算法,针对本水电站的每台机组,建立功能全面、适用性强的跟踪分析系统,提供监测、报警、状态分析、故障诊断等一系列工具和手段,实时掌握机组的健康状态,为机组安全运行、优化调度以及检修指导提供有利的技术支持,为状态检修提供辅助决策并实现与其他系统的信息共享。

系统具有以下信号的监测处理功能:①稳定性信号,包括机组的摆度、振动、流道压力脉动信号;②发电机空气间隙信号;③机组运行工况和过程参数辅助信号,包括机组的导叶、桨叶开度、上下游水位及运行水头信号,发电机有功、无功,定子电流、电压,励磁电流,轴承瓦温、油温及油位等。具体如下。

1)监测内容和测点配置

机组在线监测系统的监测内容和测点配置见表 5-21。

表 5-21　监测内容和测点配置

装置	监测内容	测点位置	信号类型	传感器类型（信号来源）	监测目的
稳定性监测精密采集装置	蠕动(键相)	主轴(1只)	快变量	电涡流位移型	监测机组转动部分的蠕动情况
	主轴串动	主轴(1只)	快变量	电涡流位移型	监测主轴沿轴线方向的位移
	主轴摆度	水导处(2只)	快变量	电涡流位移型	监测主轴在水导处 X、Y 方向摆度
		组合轴承处(2只)	快变量	电涡流位移型	监测主轴在组合轴承处 X、Y 方向摆度
		发电机小轴(2只)	快变量	电涡流位移型	监测发电机小轴 X、Y 方向摆度
	机组振动	水导支架(3只)	快变量	低频速度型	监测水导支架 X、Y、Z 方向的振动
		组合轴承支架(3只)	快变量	低频速度型	监测组合轴承支架 X、Y、Z 方向的振动
		转轮室(3只)	快变量	低频速度型	监测转轮室 X、Y、Z 方向的振动
		受油器(3只)	快变量	低频速度型	监测受油器 X、Y、Z 方向的振动
		灯泡头(2只)	快变量	低频速度型	监测灯泡头 X 方向的振动
	定子铁芯振动	采用3组测量电磁振动的传感器,等间距的布置在定子铁芯外缘的中部,每组包括3只防磁型的加速度型传感器(9只)	快变量	低频速度型（防磁型）	用于检测定子铁芯 X、Y、Z 方向的振动
	转轮室进口压力脉动	转轮室进口(1只)	快变量	压力变送器	
	导叶进口压力脉动	导叶进口(1只)	快变量	压力变送器	
	导叶出口压力脉动	导叶出口(1只)	快变量	压力变送器	
	管形座进口压力脉动	管形座进口(1只)	快变量	压力变送器	
	尾水管进口压力脉动	尾水管进口(1只)	快变量	压力变送器	

续表 5-21

装置	监测内容	测点位置	信号类型	传感器类型（信号来源）	监测目的
空气间隙监测采集装置	空气间隙	采用 4 只平板电容式传感器,等间距的布置在定子绕组内缘的中部	快变量	平板电容式	监测$+X$、$-X$、$+Y$、$-Y$四个方向的空气间隙
机组运行工况参数信号	1	有功功率	慢变量	与监控系统通信	
	2	无功功率	慢变量	与监控系统通信	
	3	励磁电流	慢变量	与监控系统通信	
	4	励磁电压	慢变量	与监控系统通信	
	5	导叶开度	慢变量	与监控系统通信	
	6	桨叶开度	慢变量	与监控系统通信	
	7	水头	慢变量	与监控系统通信	
	8	上游水位	慢变量	与监控系统通信	
	9	下游水位	慢变量	与监控系统通信	
	10	定子三相电流	慢变量	与监控系统通信	
	11	定子三相电压	慢变量	与监控系统通信	
	12	轴承瓦温	慢变量	与监控系统通信	
	13	发电机定子三相温度	慢变量	与监控系统通信	
	14	发电机冷却水温度	慢变量	与监控系统通信	
	15	各轴承油温	慢变量	与监控系统通信	
	16	各轴承瓦温	慢变量	与监控系统通信	

2) 系统配置要求

(1) 系统硬件配置

对本系统,应按照计算机化、网络化进行配置,按照分层分布,构成全厂性的机组在线监测系统。其配置要求如下:

a. 现地数据采集装置

系统应配置有现场数据采集装置,用于接受现场传感器接入的信号并进行处理,同时将数据上送至上位计算机进行处理。

现地数采装置应以机组为单元进行配置,即一台机组一个设备柜进行设置。

现地数采装置应模块化结构方式,能根据现场测点需要灵活配置,要求振动、摆度和压力脉动配置一台数据采集箱,发电机空气间隙数据采集配置另一台数据采集箱,数据采集箱布置在设备柜内。

数采装置应具有良好的抗电磁干扰性,应能满足《电磁兼容性标准》(IEC 255—22—1~4)标准要求。

现地数采装置柜应配置有现场显示的界面,即配置液晶显示器。

数据采集装置应提供通信接口进行计算机互联,要求直接提供 10/100 Mbps 以太网接口直接互联,也提供串口等进行互联。

数采装置应提供有振动、摆度、位移、键相、压力、功率、电流、电压等各种测量模件和故障报警功能,各种测量模块应具有足够的测量精度、响应速度。要求为同步采样,其中:①采样频率:振动、摆度、脉动通道要求 ≥5 kHz 每通道,气隙通道要求 ≥10 kHz 每通道,其他量要求 >1 kHz 每通道;②A/D 要求 16 位及以上,转换精度高于 0.1%。

b. 上位机及网络配置

网络按 10/100 Mbps 以太网进行配置,采用星系拓扑,以光纤等为传输介质,采用 TCP/IP 协议;网络设备容量按本厂接入网络接点数确定。

设置一台数据服务器,用于历史数据的存储及数据分析处理。

设置一台工程师工作站,用于提供维护及运行人员监视的界面。

设置一台 Web 服务器,用于提供网络访问服务。

设置一套网络防火墙或网络安全隔离装置,用于进行网络的安全隔离。

配置一台 A4 彩色激光打印机,用于打印图表。

c. 数据采集的方案

对于振动、摆度、流道压力脉动、键相等稳定性信号,应通过传感器测量及处理后直接入数据采集装置进行采集。其他参量的采集根据测点配置表执行。

d. 传感器的要求

①传感器应具有较强的抗电磁干扰性,应满足《电磁兼容性标准》(IEC 255—22—1~4)标准要求。

②传感器应具有较高的测量精度、灵敏度和线性度,一般要求的精度为振动传感器高于 2%、涡流传感器高于 0.5%、压力传感器高于 0.2%,线性度和灵敏度误差 <1%。

③传感器应选择适合实际的量程范围,一般为:摆度 <2 mm,振动 <±1 mm,其他的应根据机组的结构和参数进行确定,但不宜选择过大,以免影响测量精度。

④对于振动传感器,应选择具有良好低频特性的传感器,一般频率响应应在 0.5~200 Hz 范围。

⑤传感器输出信号应采用电流信号,以提高抗干扰能力。

(2)软件配置

①系统软件:应采用 Windows 2000 以上操作系统。

②应用软件、通信软件。

③数据库软件:要求采用 MS SQL SEVER 或 SYBASE、ORACLE 等商用数据库或其他经验证的成熟数据库,以便于各计算机系统间的互相访问调用。

(3)系统互联的要求

①与计算机监控系统互联要求采用串口通信,单向数据传送方式,即由监控系统单向向监测系统传送数据,监测系统不能向监控系统发送数据,以保证监控系统的安全,与监控系统的通信由卖方直接与监控系统厂家(买方另外采购)协调解决。

②与 MIS 系统采用以太网直接联网,应加防火墙进行隔离。

(4)系统的功能要求

a. 实时在线监测

以结构示意图、棒图、数据表格、曲线等方式实时动态显示所监测的数据和状态。要求界面丰富直观,机组信息和状态一目了然。

b. 报警和预警

要求提供声光越限、开关量输出报警功能,除峰值报警外,还能提供矢量靶区报警、频谱靶区报警等多种报警功能。

c. 趋势分析

系统具有相关趋势分析功能,可以分析任意两个或多个参数之间的相互关系,其中横轴和纵轴可任意选定,时间段可任意设定,既可以以时间作为坐标轴,也可以选择某一过程参数作为坐标轴。

d. 事故追忆

系统应能根据异常特征值,自动记录异常情况前后一段时间内的数据,以提供数据进行分析诊断。

e. 数据管理

系统提供完备的数据库管理功能,全面记录机组稳态、瞬态数据,形成历史数据库、升降速数据库、事件数据库等。能以增量备份方式提供自动备份和手工备份功能。

f. 信号分析

系统提供各种专业信号分析图谱,一般包括波特图、波形图、频谱图、轴心轨迹图、多轴心轨迹图、瀑布图、极坐标图、级联图、趋势图、气隙图等。系统应能对机组的动态过程和稳态进行分析。

g. 试验功能

系统应能提供如下辅助试验和参数计算功能:

①动平衡计算。

②盘车轴线测量。

③机组稳定性和过渡过程试验。

④动平衡试验。

⑤变励磁试验。

⑥甩负荷试验。

⑦水轮机效率试验。

⑧协联关系曲线。

h. 状态报告

系统提供多种综合性报告,全面、直观地描述机组的状态,这些报表包括且不限于:日状态报告、周状态报告、月状态报告、年状态报告、任意时点(段)状态报告、启停机状态报告、变负荷状态报告、变励磁状态报告、设备实时运行状态评价报告、不同负荷、水头下的状态评价报告、报警、趋势检测及自动分析诊断、事件统计报告等,通过这些报表,用户可以直截了当把握机组稳态运行及过渡过程的状态,报告采用 Word 或 Excel 文档格式。使用人员无须进行设置、选择数据等复杂操作,采用“一键完成”式的软件操作。要求数据选择、计算、判定过程自动化。

i. 优化运行和故障诊断

系统应能根据历史数据统计分析,自动生成优化运行指导,同时应提供故障诊断功能,并能提供知识库的录入和编辑工具,所有筛选数据和根据故障或缺陷模型计算的过程、分析推理、判定的过程由计算机完成,并根据机组的状态数据,在无须人为干涉的情况下自动对机组进行故障诊断,得出诊断结论和处理意见;厂家需提供咨询诊断。报告的内容包括且不限于:发电机质量不平衡故障分析报告、发电机电磁拉力不平衡故障分析报告、水力不平衡故障分析报告、大轴弯曲分析诊断报告、开停过程转子变形分析诊断报告、投励磁过程转子变形分析诊断报告等。自动报告生成功能需经系统供应商在设联会时进行现场演示,并经业主和专家认可是否真实实现,若不能实现,按不满足招标要求处理。

j. 远程分析与诊断

系统应具有局域网和远程访问功能,具有不低于 50:1 的不失真数据压缩率,能方便地通过 IE 浏览器或成熟的远程访问客户端软件,进行实时数据和历史数据的访问;数据格式具有开放性,能实现不同系统的远方数据兼容;远程诊断具有扩充性,具备高级的分析、统计功能,可根据要求自动将实时与历史数据传至远方诊断中心的数据服务器。

k. 网络通信

系统应与电厂计算机系统(SCADA、MIS)、智能仪表进行通信,实现数据共享。

l. 用户管理功能

系统应提供用户登录管理,并能实现登录记录功能,便于厂内对系统的使用情况进行监督和考核。系统提供灵活的权限控制功能,可以设置多个用户,并为每个用户分配不同的权限。

2. 电气设备在线监测系统

1)技术参数要求

技术参数要求见表 5-22。

表 5-22　技术参数

环境项目	数值要求
供电电源	交流 220 V
电源波动范围	−50% ~ +20%
使用温度	−20 ~ +55 ℃
月平均相对湿度(25 ℃时)	≤90%
地震烈度	8 ℃
电压采样	三相
电流采样	三相
开关量采集	大于 4 路
继电器输出	不小于 1 路
温度采样	双驱温度 (双节点温度差值计算)
分布温度采样	6 点无线节点测温
环境采样	空气质量检测
存储形式	SD 卡(支持热插拔)
计算模式	内置专家系统、数据分析及未来评估 (后台不可参与计算)
录波模式	波形预录制
人机界面	手机 APP(不接受微信小程序类)触摸屏 PC 机
通信路由机柜	数量:1 面(800 mm×600 mm×2 260 mm)

2)功能要求

(1)场景全面感知

系统应具备场景全面感知的能力,包括自身搭载的感知传感器及同步搭载的外接感知传感器。

①自身搭载的感知传感器

电参数采集传感器:包括但不限于电压采集、电流采集、谐波采集;

环境温度采集传感器:分布式温度采集传感器;不小于 6 路无线温度采集。

②同步搭载的外接感知传感器

环境参数感知传感器:包含但不限于湿度、空气质量信号采集;

声频传感器:具备声音频谱分析传感器,不可使用声压力、声功率等传感器代替。

(2)纵向大数据分析处理

采集终端本体需具备纵向大数终端分析功能,可将单台设备的全部场景感知历史数据组成纵向数据链进行终端在线分析。实现单台设备的数据分析,具备单点历史大数据的分析判别能力。实现单台设备运行状态动态评级(优、良、及格、差)及自适应巡检计算,并自动生成状态评估报告及存储。评价时间精度不小于1个月。

（3）人工智能在线分析

采集终端应具备设备判别专家智能模型,具备人工分析理论模型,可进行类人分析,具备设备在线状态分析及判别功能,并输出报告。

（4）未来状态预测

采集终端应具备通过以往的数据进行规律分析得出设备的未来运行状态的功能,可计算得出未来设备出现故障的计算概率。

（5）声频预警功能

采集终端应具备多声道频谱(非声压及声功率)采集功能,可实现终端级大数据频谱比对,对设备临界故障时产生的声音状态进行全参数感知判别,提前发现设备故障并预警。

（6）多渠道互联

采集终端应具备 Wi-Fi、LORA、4G(可扩展5G)等多种通信手段,可执行数据点对数据总站、数据点对数据子站、数据点对手机、数据点对点的通信功能,可实现终端间的智能设备组网。

（7）故障录波

采集终端应能实现设备故障录波功能(如短路、接地等、过电压、负荷不平衡等),记录故障前、后过程的各种电气量的变化情况。故障录波基本功能如表5-23所示。

表 5-23　故障录波基本功能

规格	内置硬驱动
通道数	8
8通道连续采集采样率	100 Ks/s
16通道连续采集采样率	100 Ks/s
数字转换器分辨率	16bits
模拟精度	误差小于0.1%
带宽	20 kHz
电源要求	交流 220/380 V
量程	0~100 V；0~5 A
瞬态存储波形(每通道)	10~15
最大预激发	装置的所有容量
最大存储容量	硬盘(SD)的所有容量
抗迭混滤波	6-pole Bessel；数字式,跟踪采样率
录波模式设置	有
波形预录	有
循环缓冲模式(先进先出)	有,单激发可用
通信	RS485

（8）组网及人机交互

采集终端应具备有线或局域无线通信功能，可通过有线或局域无线通信方式组建电力设备管控局域网络系统。该系统所有采集数据可通过手机 APP、触摸屏、PC 机三种方式显示，并可通过这三种方式对采集终端进行参数设置、联动控制，系统具备接入电站集控一体化平台系统的能力，实现数据交互共享，考虑到网络安全，数据检测及智能运算应在采集终端内进行，其他人机交互界面不应具备数据检测及智能运算能力。

（9）通信路由柜

管控系统包含通信路由柜 1 面，负责数据上传及下行，实现采集终端组网与后台 PC 机数据汇流。通信路由设备采用通信协议为 Modbus 及 TCP/IP，通信路由设备应具备但不限于 RS485、RS232、RJ45、LORA、Wi-Fi、4G（扩展 5G）通信方式，具备 GPRS 卫星定位及时钟授予功能。

3. 金结设备在线监测系统

1）振动监测

对启闭机电机、减速箱、卷筒关键部位轴承、齿轮等部件进行振动监测，并对其运行状态进行评估，提前判断出启闭机轴承、齿轮、工频等早期故障，电机布置 2 个振动测点，减速箱配置 10 个振动测点、卷筒配置 2 个振动测点。

2）位移监测

对制动器、卷筒的轴向位移进行实时监测，判断轴向窜动的严重程度，提前发现设备存在的隐患，制动器、卷筒各配置 1 个位移传感器，分别监测轴向窜动情况。

3）转速监测

启闭机转速实时变化，对电机转速、减速箱输出转速进行实时监测，辅助振动监测进行启闭机状态的综合分析。

（二）泵站状态监测系统

1. 数据采集箱

采用工业级现场数据采集、通信、控制模块，具有模拟量采集、数字量输入、远程通信、数据处理等功能，采用工业级 ARM7 处理器内核，内嵌 RTOS 实时操作系统，工作稳定可靠。使用方便，性能优越，组网灵活，广泛应用于工业测控现场。

该测控终端采集有水泵振动模块、摆度模块输出的 4~20 mA 信号；还具有可扩展的定子绕组温度模块、湿度监测模块、电流变送模块、压力变送模块，通过预定配置参数转化成监测信息。

技术参数如下：

终端型号：EMC-1000；

设备功耗：小于 1 W；

接口类型：一路 RS485 接口、一路 RS232 接口、1 路以太网接口；

模拟量输入：4~20 mA，12 bit 精度；

Modbus RTU、ASCⅡ；

工作温度：-30~80 ℃。

2. 振动传感器

本方案推荐选用英瑞特电气生产的 EVS201 型振动传感器(见图 5-8),该传感器是一种集"振动+温度测量"的新型数据采集传感器。具有以下特点:

(1)轻松一个步骤完成部署工作,支持磁座安装,支持外部电源供电,无线数据传输。

(2)支持特征值和原始数值传输,方便多种应用场景。

(3)外壳轻巧,美观大方,方便使用。

(4)双看门狗,动态切换,稳定在线。

(5)接口过流过压错节保护,接口配有过

图 5-8　EVS201 型振动传感器

压及反接保护措施,有较高的可靠性和抗干扰能力。

(6)检测数据可以有线或无线的方式发送到云平台,手机、电脑等远程查看接收报警信息。

(7)支持 RS485 传输方式。

(8)带有固件升级功能。

(9)带有内部逻辑计算,主动判断告警异常。

(10)支持与上位机软件、组态软件、PLC 设备配套使用。

(11)支持软件平台查看数据,手机短信、微信接收报警信息。

技术参数如下:

测量振动通道:$X/Y/Z$ 向(每向含速度有效值、加速度有效值和峰值);

测量温度通道:-40~120 ℃(测量范围),分辨率±0.5 ℃;

速度测量量程:70 mm/s(有效值);

加速度测量量程:±16 g;

加速度精度:5%;

频响范围:2~1 000 Hz;

速度分辨率:0.02 mm/s;

速度精度:5%;

采集间隔:最小 10 min(可扩展至 1 min);

波形最大点数:8 192 点;

最高谱线数:3 200 线。

3. 电涡流传感器

电涡流传感器依靠探头线圈产生的高频电磁场在被测表面感应出电涡流和由此引起的线圈阻抗的变化来反映探头与被测表面的距离。与其他类型的位移传感器相比,电涡流传感器有非接触测量,灵敏度高,线性范围大,频率范围宽,结构尺寸小,抗干扰能力强等很多优点,特别适合于旋转机械的振动监测、轴向位移监测等。

本方案推荐采用英瑞特电气生产的 EVS-21XL 系列电涡流传感器(见图 5-9),稳定性和用户口碑良好。

传感器参数如下:

传感器型号:EVS-21XL 系列;

频响范围:0~10 kHz(-3 dB);

测量范围:2 mm;

灵敏度:8 mV/μm(2 mm 量程);

平均灵敏度误差:≤±5%;

互换性误差:≤5%;

探头工作温度:-50~+175 ℃;

前置器工作温度:-25~+85 ℃;

供电电压:-24 VDC;

探头直径:φ 8(2 mm 量程);

延长电缆:5 m。

图 5-9　EVS-21XL 系列电涡流传感器

第二节　通信网络系统建设

一、通信系统

(1)集控中心与八字嘴枢纽综合楼之间采用自建光纤以太网通信。

(2)集控中心与虎山嘴电站、貊皮岭电站之间采用自建光纤以太网通信。

(3)集控中心与楼埠村下站、楼埠村上站、蔡家洲站、大埠村站、陈家村站、下南源站、杨埠村站等电排站之间租用运营商网络专线实现通信。

运营商采用环形网络结构来进行组网(见图 5-10)。环网结构提供双链路保护能力,任意一处光缆遭到破坏时,不影响整体网络的统一管理,具有很强的可靠性。

就近运营商机房布放光缆到集控中心机房,设置放一台 PTN960 传输设备,作为汇聚点。再从 PTN960 连接链路到各电排站机房,布放光缆到各电排站机房接入小型化 PTN,后接入各电排站现地设备,整体形成闭环。

二、计算机网络系统

计算机网络系统整体采用层次化设计,分为两层:集控中心作为核心节点,电站站控层及分散泵站站点作为接入节点。整个网络具有便于管理、易于扩展、方便故障定位等特点。计算机网络系统建设内容在第四章已作阐述,本节不再赘述。

三、网络安全防护

(一)相关信息系统安全法规

本方案编制的依据包括但不限于以下信息系统安全相关标准和规范:

《电力监控系统安全防护规定》(国家发展和改革委员会令 2014 年第 14 号);

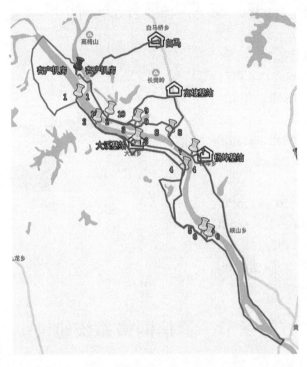

图 5-10　环形网络路由图

《国家能源局关于印发电力监控系统安全防护总体方案等安全防护方案和评估规范的通知》及其附件国能安全〔2015〕36 号）；

《中华人民共和国计算机信息系统安全保护条例》（国务院令 147 号）；

《信息安全技术网络安全等级保护基本要求》（GBT 22239—2019）。

（二）安全防护目标

集控一体化平台网络安全防护的目标是确保电力监控系统及调度数据网络的安全，防范黑客及恶意代码等通过各种形式的破坏和攻击，防止内部或外部用户的非法访问、非法操作及非法获取信息。防止电力/泵站监控系统的崩溃或瘫痪，以及由此造成的设备事故或安全事故（事件）。

（三）网络安全风险分析

本工程主要包括控制区、管理区和外网，外网与管理区相连接，与控制区无联系。控制区与管理区通过物理隔离装置进行隔离，保证两个网络相互隔离。

1. 控制区

控制区是一个独立的自成系统的网络，主要包括运行 UNIX/Linux 的服务器，运行 Windows 操作系统的工作站等计算机终端；包括路由器、交换机等网络设备；控制区主要运行电站监控、闸泵监控、安全监测、状态监测等生产业务类应用系统。

控制区的主要安全威胁来自以下方面：

（1）操作系统安全隐患，数据库系统安全隐患，应用系统安全隐患，误操作，非法授权访问。

（2）系统升级维护时，数据通过介质导入、导出，发生数据丢失和泄密。

(3)病毒侵害。

2. 管理区

管理区也是一个独立自成系统的网络,主要包括服务器、工作站等计算机终端;包括路由器、交换机等网络设备;管理区主要运行视频监控、生产管理等管理类应用系统。

管理区的主要安全威胁来自以下方面:

(1)操作系统安全隐患,数据库系统安全隐患,应用系统安全隐患,误操作,非法授权访问。

(2)系统升级维护时,数据通过介质导入、导出,发生数据丢失和泄密。

(3)病毒侵害。

(4)各客户端计算机的恶意攻击和非法访问。

(四)安全系统设计原则

为了有效地提高本工程监控网络的系统安全,应遵循以下设计原则:

(1)安全但不影响性能。许多应用数据具有时延的敏感性,所以任何影响性能的安全措施将不能被接受。

(2)全方位实现安全性。安全性设计必须从全方位、多层次加以考虑,来确实保证安全。

(3)主动式安全和被动式安全相结合。主动式安全主要是主动对系统中的安全漏洞进行检测,以便及时地消除安全隐患;被动式安全则主要是从被动的实施安全策略,如防火墙措施、ACL措施等。只有主动与被动安全措施完美的结合,方能切实有效地实现安全性。

(4)切合实际实施安全性。必须紧密切合要进行安全防护的实际对象来实施安全性,以免过于庞大冗杂的安全措施导致性能下降。所以,要真正做到有的放矢、行之有效。

(5)易于实施、管理与维护。整套安全工程设计必须具有良好的可实施性与可管理性,同时还要具有尚佳的易维护性。

(6)具有较好的可伸缩性。安全工程设计,必须具有良好的可伸缩性。整个安全系统必须留有接口,以适应将来工程规模拓展的需要。

(五)安全防护策略

根据《电力监控系统安全防护规定》(国家发展和改革委员会令2014年第14号)、《电力监控系统安全防护总体方案等安全防护方案和评估规范》(国能安全〔2015〕36号)和《电力行业信息系统安全等级保护基本要求》的规定,本系统在"安全分区、网络专用、横向隔离、纵向认证、综合防护"的总体原则下,按照信息系统安全等级三级进行防护。

1. 安全分区

按照《电力监控系统安全防护规定》(国家发展和改革委员会令2014年第14号),将本系统划分为生产控制大区和管理信息大区,并根据业务系统的重要性和对一次系统的影响程度将生产控制大区划分为控制区(安全区Ⅰ)及非控制区(安全区Ⅱ),重点保护生产控制及直接影响电力生产(机组运行)的系统。

2. 网络专用

本系统与上级调度系统间通信基于国家电力调度数据网。该网络是在专用通道上使用独立的网络设备组网,在物理层面上实现与电力企业其他数据网及外部公共信息网的安全隔离,并通过逻辑隔离的实时子网和非实时子网,分别连接控制区和非控制区。

本系统与电站自动化系统间的通信基于自建光纤网络。

本系统与库区电排站及渗漏站间的通信采用租用的网络专线。

3. 横向隔离

生产控制大区与管理信息大区之间部署经国家指定部门检测认证的电力专用横向单向安全隔离装置,隔离强度接近或达到物理隔离。

生产控制大区内部的安全区之间采用具有访问控制功能的网络设备和安全可靠的硬件防火墙,实现逻辑隔离。

防火墙的功能、性能、电磁兼容性均经过国家相关部门的认证和测试。

4. 纵向认证

生产控制大区与调度数据网、厂站自动化系统的纵向连接处设置经过国家指定部门检测认证的电力专用纵向加密认证装置,实现双向身份认证、数据加密和访问控制。

5. 综合防护

按照国家、行业网络安全防护相关要求对系统从主机、网络设备、应用安全、数据安全、移动介质防护、入侵检测、恶意代码防范、网络安全监视等多个层面进行信息安全防护。

(六)网络安全部署

控制区、管理区的风险各不相同,需要采取的安全措施也各不相同,根据上述网络安全风险分析,控制区和管理区分别采取以下网络安全措施:

(1)控制区、管理区均部署边界防护系统。

(2)管理区还需部署数据库审计、日志审计、杀毒软件、安全运维堡垒机、安全感知平台、潜伏威胁探针进行防护。

(3)控制区、管理区还需在网络、路由器等设备中配置安全防护措施。

(七)网络边界防护

集控一体化平台的各业务系统或其功能模块(或子系统)间应采取有效的边界防护措施。边界防护包括物理隔离、纵向认证、逻辑隔离等措施。

1. 横向隔离

横向隔离是集控一体化平台安全防护体系的横向防线。在生产控制大区与管理信息大区之间必须设置经国家指定部门检测认证的电力专用横向单向安全隔离装置,隔离强度接近或达到物理隔离。同一安全分区内的系统间采用防火墙进行逻辑隔离。

1)物理隔离

本项目需进行物理隔离防护的边界包括:

(1)集控一体化平台生产控制大区至管理区正向隔离。在生产控制大区主干网与管理区主干网间部署 1 台正向隔离装置,实现电站及库区实时数据同步至管理区的功能,同步频率为 1 s。

(2)八字嘴船闸智慧监控调度系统至集控一体化平台管理区正向隔离。八字嘴船闸智慧监控调度系统与集控一体化平台管理区主干网间部署一台正向隔离装置,实现航运运行数据同步至一体化平台管理区的功能,同步频率为 5 s。

(3)集控一体化平台管理区至生产控制大区反向隔离。在生产控制大区主干网与管理区主干网间部署一台正向隔离装置,实现生产管理信息系统数据及状态诊断预警数据传入生产控制区的功能,同步频率为 5~10 s。

2)逻辑隔离

对于同一安全分区系统间采用硬件防火墙进行边界防护。需进行防护的边界包括:

(1)电站及库区智慧监控系统管理区主干网与综合信息查询及展示系统间。

(2)电站及库区智慧监控系统管理区主干网与电站生产管理信息系统间。

(3)电站及库区智慧监控系统管理区主干网与状态诊断分析系统间(非必要)。

(4)综合信息查询及展示系统与三维可视化仿真系统间(非必要)。

2. 纵向边界

纵向加密认证是集控一体化平台安全防护体系的纵向防线,通过采用认证、加密、访问控制等技术措施实现数据的远方安全传输及纵向边界的安全防护。在生产控制大区与广域网的纵向连接处设置经过国家指定部门检测认证的电力专用纵向加密认证装置,实现双向身份认证、数据加密和访问控制。

集控一体化平台中采用纵向加密认证措施防护的边界包括:

①生产控制大区与貔皮岭电站监控系统间;②生产控制大区与虎沙嘴电站监控系统间;③生产控制大区与电排站(7 座)监控系统间;④生产控制大区与渗漏站(7 座)监控系统间。

(八)管理区防护

在管理区采取的综合防护手段包括数据库审计、日志审计、杀毒软件、安全运维堡垒机、安全感知平台以及潜伏威胁探针。以下分别对功能进行描述。

1. 数据库审计

1)产品概述

绿盟数据库审计系统(NSFOCUS DAS)是一款具备完全自主知识产权的专业、实时数据库审计产品。能够多角度分析数据库活动,并对异常的行为进行告警通知、审计记录和事后追踪分析。NSFOCUS DAS 独立于数据库进行配置和部署,这种方式能够在不影响数据库的前提下达到安全管理的目的。

2)产品功能能力

(1)全面记录数据库访问行为。

NSFOCUS DAS 基于精细的数据库协议解析和专业的 SQL 语法、词法分析,具备全面的数据库访问审计能力。NSFOCUS DAS 突破了传统审计产品 5 要素的审计能力瓶颈,将可审计要素提升至 7 要素:

Who——应用用户、数据库用户、主机名称、操作系统账号等;

What——访问了什么对象数据,执行了什么操作;

When——每个事件发生的具体时间;

Where——事件的来源和目的,包括 IP 地址、MAC 地址等;

How——通过哪些应用程序或第三方工具进行的操作;

Range——该操作执行的影响范围,如查询、修改或删除的记录行数;

ResultSet——返回结果集,如查询操作的返回内容,这将是审计人员进行线索追踪分析的有力取证材料。

(2)审计数据无丢失,敏感数据不泄密。

NSFOCUS DAS 具备流量超限保护机制,当瞬时流量超过负载,自动开启自保护机制,确保自身稳定运行。流量超限保护机制运作机制大致包含以下两部分:①多级缓存机制,可有效应对瞬时大流量冲击;②自动限流措施,保障设备在持续超流量情况下稳定运行。

超限保护机制可防止当审计流量接入时,对已审计数据的冲击,避免历史审计的数据丢失问题。

(3)支持 SQL 返回结果集的支持关键信息脱敏,遮蔽包含核心、敏感数据,杜绝泄密事件发生,避免数据泄密。返回结果信息脱敏支持:①关键字扫描脱敏;②正则表达式扫描脱敏;③列明扫描脱敏。且内置如身份证号、手机号、银行卡号等多种脱敏模板,方便直接部署使用。

(4)支持联动互联网边界设备(如数据分析平台、上网行为管理)实现数据外发泄密分析,可以通过全面分析并通过视图化的方式直观地展示泄密内容、数据泄密轨迹、外发文件内容。

2. 日志审计

1)产品概述

绿盟日志审计系统是绿盟科技结合多年安全经验推出的基于大数据架构的新一代日志审计系统,通过内置的日志采集功能可实时采集不同厂商的安全设备、网络设备、主机、操作系统及各种应用系统产生的日志信息,然后经过统一的日志管理过程,如日志范式化处理等,将采集来的海量的异构的日志信息进行集中化的解析和存储,结合资产管理模块、事件告警模块的相关规则及配置,形成事件告警信息,用户可基于这些进行原始日志、范式化日志及事件、告警等信息的查询,并可通过丰富灵活的日志报表功能进行可视化的查看,实现对日志的全生命周期管理,主要用于海量异构采集分析、合法合规等场景。

2)关键功能

(1)日志管理功能

支持对安全设备、网络设备、主机设备、应用系统、中间件等的海量日志采集。

支持异构日志的统一范式化处理。

支持原始日志、范式化日志的存储,可自定义存储周期。

支持丰富灵活的日志查询方式、便捷的日志分析操作。

支持多种日志存储扩展方案。

支持外置采集器。

支持 IPv4、IPv6 部署及日志采集。

支持 Opsec Lea 日志采集;支持按日志属性、日志类型、时间范围进行数据备份。

(2)日志转发功能

支持原始日志、范式化日志的转发。

(3)事件告警

支持自定义事件规则、丰富的内置事件规则。

支持事件的查询、统计、分析展示等。

支持自定义事件告警规则及告警通知方式。

(4)资产管理

支持对资产进行分组、增加、删除、修改、查询、备份回复等操作。

支持资产下钻资产查看相关的日志、事件等信息。

(5)报表管理

支持丰富的内置报表及灵活的自定义报表。

支持实时报表、定时报表、周期性任务报表等方式。

支持 Html、PDF、Word 格式的报表文件及报表 logo 的灵活配置。

3. 杀毒软件

1)产品概述

绿盟终端安全系统 V9.0 是专门为政府、军工、能源、教育、医疗及集团化企业设计的终端安全管理平台,是根据多年来市场需求及安全威胁的不断快速迭代。系统集成了恶意代码快速查杀、安全攻击实时防护、全方位桌面管理、丰富的运维支撑、灵活的漏洞补丁管理、细粒度的外设管控及多维度的日志审计回溯等功能,增强了包括从异常检测、行为安全管控、安全加固、安全运维及安全事件回溯等维度实现终端整体安全防护,是一款一站式终端安全管理 EDR 产品。

绿盟终端安全系统支持与安全管理平台、威胁探针及第三方安全系统联动,协助企业构建高效的、主动式的统一安全保障体系。

2)关键功能

(1)终端统一安全管理

实现全网终端的病毒查杀、攻击防御、漏洞修复、软件管理、行为管控、外设管理、流量管控、远程维护等管理。

(2)APT 攻击防御

持续威胁跟踪,详细日志审计,云、界、端立体式防御框架及与第三方无缝联动对接,让隐藏的 APT 攻击一览无余。

(3)勒索型病毒防御

勒索型病毒主动防御机制,漏洞一键全网修复,严格外设管控,邮件、下载及共享等边界实时监控,有效防范勒索型病毒及其变种威胁。

(4)内网安全环境保障

恶意代码实时防御,规范内网终端使用,外设严格管理,保证内网环境安全,降低数据泄漏及破坏、业务中断风险。

(5)等保合规

企业的终端管理策略、安全合规策略得到合理规划及管控,满足各行业安全规范要求。

(6)内网安全统一评估

全面的内网安全评估,快速掌握内网安全健康状况,为安全保障工作决策提供指导依据。

4.安全运维堡垒机

1)产品概述

绿盟运维安全管理系统(简称 OSMS 或堡垒机),是一套先进的运维安全管控与审计解决方案,目标是帮助企业转变传统 IT 安全运维被动响应的模式,建立面向用户的集中、主动的安全管控模式,降低人为风险,满足合规要求,保障企业效益。

绿盟堡垒机产品通过逻辑上将人与目标设备分离,建立"人—主账号(堡垒机用户账号)—授权—从账户(目标设备账号)—目标设备"的管理模式;通过基于唯一身份标识的集中账号与访问控制策略,与各个服务器、网络设备、数据库服务器等建立无缝连接,实现集中精细化运维操作管控和审计。

2)关键功能

(1)绿盟堡垒机产品对主账号的认证,支持本地认证、LDAP 认证、RADIUS 认证、USBkey 认证、动态令牌认证等多种方式,能够根据用户实际需求,设置混合认证方式,即不同主账号采取不同的认证方式,实现按需设置认证方式。

(2)绿盟堡垒机产品支持基于角色的访问控制(RBAC,Role-Based Access Control)。管理员可按照时间、部门、职责和安全策略等维度,设置细粒度权限策略,让正确的人做正确的事,简化授权管理。

(3)用户运维环境中常常存在大量的托管设备和设备账号信息,堡垒机能够智能化发现运维人员运维过程违规新建的设备账号(简称幽灵账号),幽灵账号常常会是系统的后门账号。同时,由于运维人员离职,或职责切换等原因,出现已托管的设备账号长期不被使用(简称为孤儿账号),因而导致托管设备上存在一定量的孤儿账号,长期以往必然会导致用户托管的设备存在严重的安全隐患,有效防范托管设备中设备账号管理漏洞带来的安全风险。

(4)绿盟堡垒机产品主账号是获取目标设备访问权利的唯一账号,支持本地认证、LDAP 认证、RADIUS 认证、USBkey 认证、短信密码等多种认证方式,将主账号与实际用户身份一一对应,确保不同设备、系统间行为审计的一致性,从而准确定位事故责任人,弥补传统网络安全审计产品无法准确定位用户身份的缺陷。

(5)绿盟堡垒机可完整审计运维人员通过账号"在什么时间登录什么设备、做什么操作、返回什么结果、什么时间退出"等行为,全面记录"运维人员从登录到退出"的整个过程,帮助管理人员及时发现权限滥用、违规操作,准确定位身份,以便追查取证。

(6)产品支持指令输入和图形操作双审计技术。

指令输入审计:运维过程中用户输入的键盘指令可以被审计记录。

图形操作审计:运维过程中用户图形操作可以被审计记录。

图形内容识别:运维过程中用户图形操作的窗口标题信息可以被审计记录。

(7)文字搜索定位录像播放:审计用户可以不用从头到尾查看运维录像,通过搜索键盘或窗口标题信息,直接跳转到当时运维的录像记录。节约审计操作成本。

(8)支持一次性抽取和周期性抽取两种方式;支持双人复核登录,登录时必须经过第二人授权后才能登录,第二人可通过远程授权或同终端授权两种方式实现授权。

(9)采用专门设计的安全、可靠、高效的硬件平台。该硬件平台采用严格的设计和工艺标准,保证高可靠性;支持 HA,配置信息实时同步,配置过程在 Web 界面完成。

5. 安全感知平台

1) 产品概述

为解决长期以来一直困扰安全管理人员的企业内网安全管理工作,绿盟科技重点针对异构安全设备的接入与日志的采集、存储,多源日志的关联分析及可视化呈现,脆弱性综合管理,运维处置流程的闭环等需求推出了绿盟企业安全平台。

2) 关键功能

(1)独家数据强化技术

绿盟企业安全平台根据绿盟科技对攻防研究的长期积累,提供一套简洁有效的日志统一分类,使用独有的技术将日志快速标准化,并基于安全分析需要进行数据的过滤和强化,丢弃无法用的噪声信息,提升日志查询和分析效率。

(2)强大的分析引擎

绿盟企业安全平台系统引入了 FLINK 组件,利用 FLINK 强大的分布式流式关联分析及迭代计算能力,实现分析引擎归一化及组件化的能力,来实现如风险分析、脆弱性分析、态势分析、资产分析、攻击链条分析等。

分析引擎采用分布式设计能够进行横向扩展,面临海量数据量时能够实现按需扩展,将分析引擎分散到其他更多的机器中,实现按需进行计算资源扩展。

(3)安全态势感知

从海量数据中分析和统计网络中存在的安全威胁,并通过趋势图、占比图、地理图、折线图等清晰展示全网安全态势,协助安全运维人员快速感知全网安全趋势和高风险点,进而了解网络中的潜在威胁攻击,减少运维人员的投入。

基于地理位置和关键资讯的态势感知,可基于宏观和微观的角度快速展示,通过风险值和时间类型分布和高危事件 TOP,清晰展示全网安全情况,支持实时告警和信息下钻,全面掌握安全状态。

(4)情报驱动安全管理

传统防病毒产品和 IDS\IPS 产品只能依赖签名来识别恶意软件,而基于签名的技术难以应对恶意软件的早期破坏,并且易被高级威胁(APT)绕过。通过早期推送基于攻击特征的情报并与安全管理中心基础数据集成,可以有效填补基于签名工具遗留的缺口,帮助企业监控和保护可能或潜在感染的资产,并通过工单或处置流程进行快速的响应。

(5)以漏洞治理为核心的风险管理模型

企业的风险是以资产的视角进行呈现的,而漏洞又恰恰是资产风险系数的决定因素,左右着资产风险的波动。因此,要想管理好企业风险,就必须管理好资产的漏洞。绿盟科技拥有专业的漏洞研究团队,常年致力于漏洞的挖掘和研究,并形成一套行之有效的漏洞管理方法论。绿盟企业安全平台将该方法论运用于企业的漏洞治理,将漏洞发现、修复、整改、加固、验证和预警整个过程进行全程监控,通过平台将系统漏洞,IT 运维人员,责任人和管理流程紧密绑定,并有效监控和管理,使每一个漏洞的管理都会落实到人,实现最终的闭环管理的目的。

（6）功能联动性

支持接入防火墙、上网行为管理、终端 EDR、虚拟安全系统和探针，并在页面中显示安全组件接入的数量和状态。

支持与防火墙进行联动响应。

支持平台下发安全策略到防火墙上，阻断攻击 IP。

支持与上网行为管理设备进行联动响应，同步上网行为管理设备认证用户与 MAC 地址，实现与安全事件关联。

支持通过浏览器推送用户提醒或冻结用户上网。

6. 潜伏威胁探针

1）产品概述

随着 5G、物联网和人工智能等新技术的全面普及，黑客的攻击手段层出不穷，为了应对大量不同类型的攻击，传统威胁检测方案面临诸多挑战，NSFOCUS 推出了绿盟统一威胁探针（简称 UTS）。UTS 是一款集 IDS、WAF、威胁情报和全流量行为日志于一身，支持对接第三方大数据平台的多功能融合探针。

UTS 通过搭载 IDS 和 WAF 双检测引擎系统，结合威胁情报、恶意文件检测、DDOS 检测、WEBshell 检测和异常行为检测等手段能快速检测传统威胁和高级威胁，同时配合自身的阻断策略对威胁进行快速旁路阻断，缩短用户响应处置时间，此外还可通过输出标准化日志对接态势平台进行统一威胁呈现和回溯分析。

2）功能描述

（1）UTS 不仅融合绿盟 IDS、WAF、威胁情报和恶意文件等系统的检测能力，还能对接第三方 SIEM 平台，满足用户多期建设需求，无需多次购买单检测类型硬件设备。此外，UTS 不仅拥有硬件版本，还支持软件部署，用户可自配硬件资源，这极大地提高了用户安全建设的能力。

（2）UTS 融合多款检测产品，拥有多种检测手段，支持传统威胁检测（覆盖入侵行为检测和 Web 攻击检测）和高级威胁检测（覆盖恶意代码检测和 APT 事件）。

（3）UTS 支持全流量采集和存储，用户在发现威胁后可对威胁相关的元数据进行检索获取攻击的上下文信息，同时支持对相关 pcap 进行提取作为物证。

（4）UTS 支持旁路阻断，在发现威胁后可根据策略自动阻断攻击者，同时对外提供一键封堵接口，在平台上也能立即响应处置。

（5）支持通过设备对流量进行抓包分析，可定义抓包数量、接口、IP 地址、端口或自定义过滤表达式。

（6）支持安全管理平台对接入探针的统一升级，可展示当前所有接入探针的规则库日期、是否过期等，并支持禁用指定探针的升级。

（7）支持旁路部署，对镜像流量进行监听；可以多台采集器同时部署于客户网络不同位置并将数据传输到同一套分析平台。

（8）UTS 使用自定义的高性能内核和驱动程序，能对实时采集的流量进行元数据提取和存储，支持最高 2 Gbps 网络流量全量 pcap 包留存。

(九)网络、路由安全配置

1.网络设备的安全

本工程网络系统是由许多路由交换设备组成的,网络设备的安全是许多安全措施能够顺利实施的基础。如果网络设备的配置能够被随意看到,其所配置的路由识别ID、密码等都失去意义;VLAN的配置如能被随意改动,则VLAN将形同虚设。

保护网络设备应注意以下两个方面:

(1)设备的配置需要保护,防止非授权访问。

(2)设备的资源必须有效保护,防止像DOS这样的资源掠夺式攻击。

防范对网络设备的非法访问,需要保护关键的配置信息(如密码、ID等),管理员必须经过严格身份鉴别和授权,采用网络设备分级登录验证。

针对单一管理员权限无限大的问题,可以根据具体管理员的职能分工进行权限分配。在路由交换设备上,可以将管理员的权限划分为多级权限档次,针对每个权限可以定制相应的命令集,为实现各种管理目的而设立的不同职能管理员之间可互不侵扰地完成各自工作。

例如,普通操作员只能监视设备运行,不可进行其他操作;高级管理员可做故障诊断,不可修改设备配置文件;系统管理员可具有所有功能权限等。

同样,对于SNMP服务,也可以通过设置不同级别的Community,让不同级别的网管系统获得不同的操作权限。

2.MPLS VPN的安全性分析

MPLS VPN采用路由隔离、地址隔离和信息隐藏等多种手段提供了抗攻击和标记欺骗的手段,完全能够提供与传统的ATM或帧中继VPN相类似的安全保证。

1)路由隔离

MPLS VPN实现了VPN之间的路由隔离。每个PE路由器为每个所连接的VPN都维护一个独立的虚拟路由转发实例(VFI),每个VFI驻留来自同一VPN的路由(静态配置或在PE和CE之间运行路由协议)。因为每个VPN都产生一个独立的VFI,因此不会受到该PE路由器上其他VPN的影响。

在穿越MPLS核心到其他PE路由器时,这种隔离是通过为多协议BGP(MP-BGP)增加唯一的VPN标志符(比如路由区分器)来实现的(这是在BGP方式下,虚拟路由的方式与此类似)。MP-BGP穿越核心网专门交换VPN路由,只把路由信息重新分发给其他PE路由器,并保存在其他PE的特定VPN的VFI中,而不会把这些BGP信息重新分发给核心网络。因此,穿越MPLS网络的每个VPN的路由是相互隔离的。

2)隐藏MPLS核心结构

出于安全考虑,运营商和终端用户通常并不希望把它们的网络拓扑暴露给外界,这可以使攻击变得更加困难。如果知道了IP地址,一个潜在的攻击者至少可以对该设备发起DoS攻击。但由于使用了"路由隔离",MPLS不会将不必要的信息泄露给外界,甚至是向客户VPN。

在不提供因特网接入服务的"纯粹"的MPLS VPN中,信息隐藏的程度可以与帧中继或ATM网络相媲美,因为它不会把任何编址信息泄露给第三方或因特网。因此,当

MPLS 网络没有得到因特网的互联时,其安全性等价于帧中继或 ATM 网络。但如果客户选择通过 MPLS 核心网络同时接入到因特网,那么运营商至少会把一个 IP 地址(对等 PE 路由器的)暴露给下一个运营商或用户,存在被攻击的可能性。

3)抗攻击性

因为进行了路由隔离,因此不可能从一个 VPN 攻击另外一个 VPN 或核心网络。

要想攻击 PE 路由器,就必须知道它的 IP 地址,但由于上面介绍的原因,IP 地址已经被隐藏。另外,就算是攻击者猜测到了 PE 的 IP 地址,也无法进行有效的攻击,因为已经进行了有效的 MPLS"路由隔离"。对于 MPLS 信令系统的攻击,如果在所有 PE/CE 对等体上对路由协议使用 MD5 认证,就能够有效防止虚假路由的问题。另外,很容易跟踪这种潜在的对 PE 的 DOS 攻击的源地址。

3. 路由信息安全

对于像本工程网络这样规模较大的网络,如果某台主机或者路由器未按照 IP 地址规划,错误配置 IP 网段,那么该错误配置就有可能通过动态路由扩散到全网,引起整个网络的路由混乱。为保证全网络路由表的安全性,防止路由更新及路由表的非法更改,确保整个网络系统路由的可靠和稳定,我们建议采取以下措施。

1)路由协议的验证机制

网络系统内部的路由设备全部采用支持路由更新认证的动态路由协议(例如 OSPF 协议、IS-IS、BGP4 协议)。

2)禁止源路由方式

网络上有一种不依靠路由器的路由表仍能实现在源和目的间进行正确的包传输的路由方式,这就是所谓"源路由方式"。在源路由环境中,即使我们有效地保护了路由信息不扩散、不被写入非法路由信息,恶意攻击者仍能利用源路由传输方式完成攻击。源路由是被设计用来进行测试和调试的,一般的路由器默认状态下都予以支持,但一般的企业网中它只会带来安全漏洞,因此我们必须注意在实施中将路由设备的源路由特性关闭掉。

第三节 数据资源管理系统建设

一、数据采集与交互平台

(一)概述

数据采集与交互平台实现全线各类专业数据的采集处理与信息下发,实现与其他外部系统的通信与数据交换。

包括采集电站、泵站、闸站设备运行状态、安全监测、状态监测、视频监视等数据,并按统一数据资源管理平台接口要求写入数据资源管理平台。

数据通信与采集系统提供可配置的、透明的、统一的、满足安全要求的各类通信接口,支持与各类计算机监控系统、工程安全监测系统、状态监测系统、视频监视系统的通信接入。

1. 通信内容

基于枢纽工程的各类信息交互的标准协议,实现与电站监控系统、泵站监控系统、闸站监控系统、生产管理系统、状态诊断分析系统等不同类型自动化系统及上级调度机构进行通信的标准通信服务接口。

2. 通信管理

1) 通道参数

对枢纽工程需要通信的链路进行配置,包括链路名、目标地、协议类型、对方地址等内容。

2) 协议分析

对通信的每条链路显示报文,并且自动将报文根据协议解析。

3) 数据监视

监视每条链路传输的每个数据点的接收和发送情况,有利于及时发现问题并解决。

(二) 信息采集对象

一体化平台的信息采集对象可按 iP9000 同构系统、异构系统进行分类。

1. 同构系统

同构系统包括虎山嘴电站监控系统、貂皮岭电站监控系统、八字嘴升压站监控系统、八字嘴航运集控系统、双港航运集控系统、三维虚拟现实动态仿真系统等。

2. 异构系统

异构系统包括虎山嘴/貂皮岭/八字嘴航运/双港航运视频监视系统、虎山嘴/貂皮岭机组在线监测系统、八字嘴/双港金结设备在线监测系统、电气设备在线监测系统、泵站监控系统、信江航运枢纽工程电站生产管理信息系统等。

(三) 第三方系统数据交换框架设计

一体化平台的数据交换涉及数据模型、数据采集、算法整合三个层次。以下对可选方案分别论述。

1. 模型层

作为数据统一管理的基础,有必要对数据进行统一的编码,而为满足进一步高级应用的需求,建议采用面向设备对象的方法进行数据建模,实现物理世界与数字世界的逻辑映射。

H9000V6 智能一体化平台支持采用 IEC 61850 标准对水电厂进行信息的对象化描述和建模。具体实施有两种方式。

1) 方式一

由一体化平台提供建模参考标准,由相关的自动化系统厂家进行建模,建模工具建议采用 XML 或 Excel 编辑器,编辑完毕后导入一体化平台数据管理系统,也可由一体化平台提供建模工具,在线完成建模。

2) 方式二

由相关的自动化系统厂家提供数据配置表,一体化平台完成数据建模工作。

方式二有一个显著的缺点,即数据模型的建立及维护需要多厂家配合完成,对于需频繁更改的模型,建议采用方式一。

2. 数据层

在数据统一建模后,需要采集实时/非实时数据写入数据库。具体实施有三种方式。

1)方式一

由第三方系统调用一体化平台提供的数据接口写入实时库、历史库。

2)方式二

采用第三方接口(如 Kafka 消息系统)传递数据至一体化平台,平台接收后负责写入实时库、历史库。

3)方式三

采用第三方系统提供的数据 API 接口或标准通信规约接口,由一体化平台调用获取数据后写入实时库、历史库。

在本案中,推荐使用方式三或方式一。其中,高频率实时数据采集建议采用标准通信规约接口实现,如 IEC 60870-5-104;非实时数据采集建议统一采用 Thrift 架构实现的 API 接口。Thrift 是一个跨语言的服务部署框架,Thrift 通过 IDL(interface definition language,接口定义语言)来定义 RPC(remote procedure call,远程过程调用)的接口和数据类型,然后通过 Thrift 编译器生成不同语言的代码(目前支持 C++, Java, Python, PHP, Ruby, Erlang, Perl, Haskell, C#, Cocoa, Smalltalk 和 OCaml),并由生成的代码负责 RPC 协议层和传输层的实现。

采用 Thrift 架构,基本不受编程语言的限制,系统原先具有的接口可以快速移植至新的框架。

3. 算法层

一体化平台需要调用第三方系统的一些分析统计算法,将结果在一体化平台进行展现。具体实施有以下两种方式。

1)方式一

采用一体化平台提供的编程语言,访问一体化平台数据库,对数据进行分析,从而形成一体化平台原生服务。

2)方式二

第三方平台采用 Thrift 架构搭建服务,一体化平台调用服务。由于 Thrift 框架不受编程语言的限制,系统原先编写的算法可以快速移植新的框架。

本案中推荐使用方式二。

(四)数据采集系统架构及工具

1. 前置采集通信

iP9000 系统通过前置通信服务采集 LCU 和其他系统的数据和事件,将外部通信协议传输的数据转换为系统内部格式的数据,并使用系统的消息总线进行广播,传送到系统内在线的每一台主机。前置通信采用成熟可靠的通信框架,支持所有主流 PLC 和主流的通信协议如 IEC104/MODBUS 等。支持自定义优先级的采集主机队列,每个采集任务可定义独立的采集主机队列,示例如下:

采集任务 1　DBS1:10, DBS2:10, APS1:5, APS2:5;

采集任务 2　APS1:10, APS2:10, DBS1:5, DBS2:5。

对于采集任务 1,DBS1、DBS2 的优先级高于 APS1、APS2;对于采集任务 2,APS1、APS2 的优先级高于 DBS1、DBS2。任何采集任务都可以灵活配置,完全独立互不影响。

对于每一个采集任务,支持多条通信链路、多种通信协议。多条通信链路之间可采用冗余模式、热备模式、冷备模式。不同链路可分别采用不同的通信协议。

2. 消息总线

iP9000 系统内含的消息总线实现采集后的数据在系统内所有主机之间的同步更新,如图 5-11 所示。消息总线采用组播/广播模式,支持多重冗余网络,数据同时在冗余网络上进行传输,确保数据可靠送达。

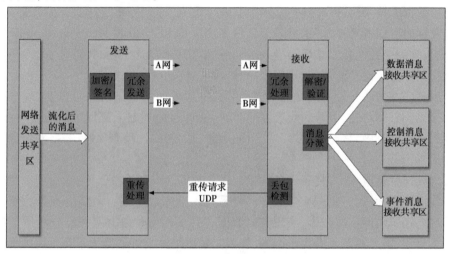

图 5-11　消息总线架构示意图

消息总线实现了丢包检测与重传处理功能,接收端实时检测是否存在广播包丢失问题,若发现存在丢包,将向发送端请求进行重传。该机制极大地提高了数据传输的可靠性。

消息总线支持对传输的数据进行加密和数字签名,防止对数据进行篡改或仿冒。

数据的发送采用不变不送与定时全送两种机制,有效地减少了网络传输负荷。消息总线接收到数据后经过数据处理写入本地的实时库。

(五) 规约在线分析器

前置通信提供通信调试工具软件 IECTOOL,具有通信调试、源码解析和通信监视等功能。IECTOOL 采用 C/S 模式设计,包括前端界面程序和后端服务程序。后端服务程序运行在前置通信服务器上,根据远程客户端程序的指令进行网络抓包或前置通信共享区中的通信报文发送到客户端。后端服务程序同时支持多个客户端的连接且相互独立,支持各种网络数据包的捕获,可以指定任意网卡和过滤参数。前端界面程序可运行在任何主机上,供调试人员使用。

1. 通信调试

通信调试功能支持用户在 IECTOOL 界面上远程设置修改通信服务器上的通信点表数据值,从而实现通信的对点调试。

2. 源码解析

源码解析功能可实现对用户输入点 IEC101/104 通信数据帧源码的解析并输出详细

的结果。

3. 通信监视

通信监视功能支持用户远程捕捉、获取和解析指定的 IEC104 通信数据源码。通信监视可以设置目标通信的网卡、地址、端口、协议和过滤规则。

二、数据资源管理平台

(一)概述

数据资源管理平台应针对工程各业务工作流程的特点,建立统一的数据模型,通过采用成熟的数据库技术、数据存储技术和数据处理技术,建立分布式网络存储管理体系,满足海量数据的存储管理要求,通过采用备份等容灾技术,保证数据的安全性,整合系统资源,保证数据的一致性和完整性,并形成统一的数据存储与交换和数据共享访问机制,为一体化应用平台建设及监控、监测等应用系统提供统一的数据支撑。

为系统内各功能或外系统提供不同类型数据库的通用数据访问接口,实现历史数据的入库存储和查询功能,屏蔽底层数据的差异,并可在此基础上开发应用数据业务接口。历史数据保存的时段可分为毫秒、秒、分钟、小时、日、旬、月、年等,数据需带有数据来源和修改标识等。

通过实时数据服务,可将各设备的实时采集数据接入到系统当中,形成当前时刻的系统全景数据断面,经过一系列专业处理后由系统统一完成存储。系统的各个功能可使用通用的数据接口访问实时数据,实现实时数据的共享。实时数据服务充分利用了操作系统的共享机制、消息机制及并发机制等,在大量数据的并发处理能力上有很大的优势。

(二)硬件架构

如图 5-12 所示,一体化平台数据存储管理平台由控制区数据库集群、管理区数据库集群及控制区-管理区数据同步系统构成。

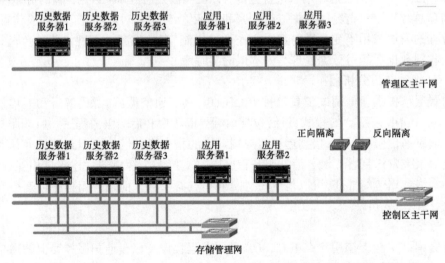

图 5-12　一体化平台数据资源管理平台硬件架构图

其中,控制区数据库集群由 3 台数据库服务器安装 MongoDB 数据库组成分布式数据管理集群,另外增设存储管理网以实现集群节点间同步数据与主干网数据的分流以及集群管理网络的冗余;管理区数据库集群由 3 台数据库服务器安装 MongoDB 数据库组成分布式数据管理集群。3 台数据库服务器采用分片方式存储数据,以数据的高度冗余获取高度可靠性,即一份数据在 3 个节点同时保存,有效存储容量大约等于单机的存储容量。当存储容量或计算能力不足时,本系统支持增加主机进行线性扩展。

(三) 软件架构

1. 对象建模

1) 对象树

iP9000 系统的所有数据,不管是对应实体设备的实时数据,还是系统配置信息、系统运行状态,都采用对象化的原则进行数据建模,形成统一的系统对象树。对象树是整个系统对设备状态信息的组织形式,是其他一切功能、特征的物理承载单位。任何信息都包含在对象中,任何对象都是对象树上的某个节点,如图 5-13 所示。

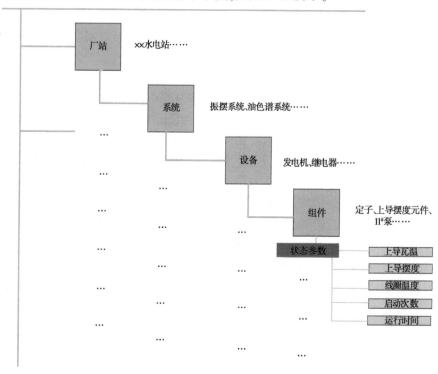

图 5-13

2) 对象命名规则

系统中每个对象拥有一个唯一的对象名,不可重复。对象名采用层次化的字符串表示,包含上一级对象的完整对象名和自身对象名,如:

八字嘴电站:BZZ;

八字嘴电站 1 号机组:BZZ. LCU1;

八字嘴电站 1 号机组导叶装置:BZZ. LCU1. TGV;

八字嘴电站 1 号机组导叶开度:BZZ. LCU1. TGV. OPEN_DEGREE。

每个对象除唯一的一个对象名外,还拥有唯一性的对象 ID,与对象名一一对应。通过对象名或对象 ID 可以访问对象的任意属性。

3)对象属性

每个对象拥有多个数据属性,每个属性可以表示对象的某种固有特征,也可以表示其动态数据。属性可以是任意数据类型的。

2. 实时对象数据库

1)特点

为满足大型水电控制系统对数据库高速访问的性能要求,iP9000 系统继承了 H9000 系统多年来成熟稳定的全冗余实时数据库技术,为满足对象化数据和非结构化数据的存储要求而开发的最新一代实时对象数据库。iP9000 实时对象数据库具有以下特点:

(1)全冗余分布。实时对象数据库分布在系统所有主机节点上,即每台主机均拥有完整的实时数据,实时库的数据同步通过系统消息总线和服务总线实现,特有的冗余和同步机制保证了数据的一致性。

(2)高性能。实时对象数据库采用内存映射技术,每个进程(线程)可直接通过 API 进行并发访问,单线程访问性能高达每秒百万次以上。

(3)高可靠性。实时对象数据库具有实时回写磁盘文件的功能,即使系统掉电,实时数据也可保存在磁盘文件中,重启系统即可自动恢复原值。

(4)彻底的对象化支持。实时对象数据库支持任意类型的对象和对象属性,可通过配置工具将任意数据类型和数量的数据属性组合成对象模板,根据对象模板创建任意数量的对象。支持将图片、音频、视频及二进制文档等非结构化数据作为对象属性进行存储。

(5)便捷的访问接口。实时对象数据库提供了便捷的对象化访问接口,即只需要提供对象名称(ID)和属性名称,就能访问对象属性的数据类型和数据值,而不需要关心对象内的数据是如何存储的。支持一次存取任意多个数据属性。

(6)实时库还提供了实时数据查看和导出工具,便于错误数据查找与定位。

2)数据分布

实时对象数据库采用全冗余分布机制,即系统中每台主机均具有完整、统一的系统实时数据,采取实时同步机制实现各主机之间数据的发布、更新、修改等操作。

采用全冗余的实时数据库具有本地访问快速简单、同步方便等优点,在 H9000 系统中有多年成功应用的经验,完全可以满足一般系统的需要。

在特大规模数据或基于安全访问控制要求的情况下,实时数据库也可采用分布式机制,即按照区域划分数据,每台主机根据配置只装载指定的数据库子集,并对外提供实时数据访问服务。

3)在线维护

实时数据库的维护包括数据对象的增删与修改、数据对象内部数据属性的增删与修改等。iP9000 系统提供了完善的动态在线维护功能,在不需要停止系统运行的情况下即可进行实时数据库发布。

iP9000 系统的对象化实时数据库实现了彻底的数据存储与数据模型结构分离,即数据对象的存储位置与数据对象模型的组织结构完全无关,任一层级的对象树可以任意增删子级节点对象,不影响原有对象的存储。

iP9000 系统的对象化实时数据库采用了独有的双缓存技术,一个用于系统运行,一个用于在线维护。通过双缓存技术,在完全生成新的数据库之前,原有实时数据库继续运行,完全不影响系统的正常运行。在生成新的数据库之后,系统以毫秒级的速度完成新旧数据库的切换,新数据库生效。这一过程对于所有应用程序来说是透明的、无扰动的,彻底解决了动态在线维护的技术难题。

通过集成配置工具 DEtool 对数据库模型进行修改后,首先提交到系统配置数据库保存。然后通过系统运行维护界面给系统主服务器主机发送数据库更新操作命令。系统主服务器主机执行数据库更新操作,从系统配置库装载最新的数据库配置,重新生成实时数据库并自动从当前运行实时库恢复最新实时值。在切换至新的实时数据库后,主服务器将自动广播包含最新系统版本号的数据包。系统中所有其他主机在收到比自身当前系统版本号更高的数据包时,将自动触发实时数据库更新操作过程,从主服务器同步最新的实时数据库,从而实现整个系统的数据库在线更新维护。

3. 历史对象数据库

1) 数据库设计

历史数据库用于保存实时历史数据、报警和事件记录、历史统计信息等需要长期保存的数据。

iP9000 平台提供了统一、通用的历史数据库访问接口和服务,屏蔽不同数据库之间的差异,各应用无需关心具体数据库类型,同时支持常用的关系型或非关系型数据库。系统支持同时部署和使用多个不同类型的历史数据库。

历史数据库采用透明化设计,各应用无须关心对象在哪些数据库中存取。如需更改数据库类型、数据库个数等,只需更改相应对象配置数据即可,应用程序无须做任何更改,极大地降低了应用程序的维护升级成本、降低了维护人员工作强度,提高了工作效率。

2) NoSQL 数据库

基于满足平台上不同业务应用的各类对象化数据存储的需要,iP9000 智能对象一体化平台采用目前非常成熟的非关系型数据库(NoSQL)进行历史数据的存储和管理,如 MongoDB 数据库。MongoDB 很好地实现了面向对象的思想(OO 思想),在 MongoDB 中每一条记录都是一个 Document 对象。MongoDB 是一个跨平台的、面向文档的数据库,提供高性能、高可用性和可扩展性方便。使用高效的二进制数据存储,包括大型对象(如视频)。使用二进制格式存储,可以保存任何类型的数据对象。MongoDB 数据库不需要定义任何模式(Schema),即模式自由(Schema-free),意味着对于存储在 MongoDB 数据库中的文件,我们不需要知道它的任何结构定义。如果需要的话,你完全可以把不同结构的文件存储在同一个数据库里。MongoDB 支持主从复制机制,可以实现数据备份、故障恢复、读扩展等功能。而基于副本集的复制机制提供了自动故障恢复的功能,确保了集群数据不会丢失。MongoDB 支持集群自动切分数据,对数据进行分片可以使集群存储更多的数据,实现更大的负载,也能保证存储的负载均衡。

3）历史数据存储

iP9000 智能对象一体化平台的实时历史数据存储支持 oracle、mysql、国产达梦数据库等主流的关系型数据库，支持 Mongo 等 NoSQL 数据库，支持 odbc 数据库访问接口。

具有跨分区统一编号、统一数据存取接口、支持多库同时存储、可跨安全分区、数据分库分表存储等特点。

当数据库类型更改时，仅需更改系统配置，应用无需做任何更改。

历史数据的时间精度一般为秒级，专用数据可达到毫秒级，可满足不同业务数据存储与诊断分析的需要。

4）历史文档库

为了方便日志及部分文档资料的保存与查询，系统配备了专用的日志文档库。

5）历史数据表

（1）广义模拟量类型数据存取

广义的模拟量指遥测及电度等类型数据，历史文档库提供广义模拟量的秒级数据、分钟数据、小时数据、日数据存取；同时保存广义模拟量数据的部分数据域（数据质量、手动数据设置等）变位数据及时间等。

（2）事件/报警、命令数据存储

对系统所有的事件、命令数据进行历史存储。

（3）统计数据存储

历史文档库服务接口提供对数据简单变位次数、某状态持续时间等统计数据的存取；对于复杂的统计，在需要的时候实时计算。

（4）其他通用数据存储

其他通用数据存储包括但不限于通用数据、文件数据、图片数据等各种类型数据存储。

第四节　应用支撑系统建设

一、服务总线

（一）服务总线设计

服务总线是 iP9000 智能对象一体化平台的重要组成部分，通过其内部提供的可靠通用信息交互机制，实现平台内部各应用之间安全高效的数据通信和应用集成。

服务总线作为系统运行的中枢系统，为各类应用提供统一的功能服务，基于统一的数据模型，实现了服务统一管理、服务路由、协议转换、数据格式转换等功能，一方面实现了不同系统有效的连接，降低了连接数（每个子系统只需要和总线建立连接）和系统间连接拓扑的复杂度；另一方面通过统一的服务接口可支持不同业务平台的开放接入，最终实现了面向服务（SOA）的系统整体架构，为整个系统的运行提供技术支撑。

所有服务均采用 Thrift 远程服务调用框架实现，通过网络进行访问，不提供本地调用接口。Thrift 远程服务调用框架能够屏蔽实现数据交换所需的底层通信技术和数据序列化/反序列化的具体方法,编程人员可仅聚焦于服务接口的设计与实现。

系统提供服务定位和服务管理的功能,满足应用对服务的查询、监控、定位和访问要求。

(二)服务模式

服务模式针对应用功能特点,系统中服务总线提供以下几种服务模式。

1.问答式模式

该模式适用于简单的请求/应答场合。客户端向服务总线发出单次服务请求,服务端将客户端请求的响应先递交给服务总线,再由服务总线传递给客户端。

2.订阅/发布模式

客户端向服务总线订阅它所需要的服务,服务端将客户端订阅服务的响应先递交给服务总线,再由服务总线传递给所有订阅该服务的客户端。

(三)服务管理

服务管理功能包括服务查询、服务监控和服务定位。这些管理功能自身也应以服务的形式提供。服务管理功能应能按对称冗余方式配置,应具有自动切换和负载均衡功能。

(四)服务查询

用户可以通过界面对已注册服务的有关信息进行查询,查询的内容包括已注册服务的位置、服务描述(输入、输出参数等)、服务类型(订阅/发布、请求/应答模式等),以及服务当前状态等。

(五)服务监控

服务监控应能监视、管理服务的运行状态,并提供以下功能:

(1)对冗余配置的服务进行切换管理。

(2)对服务进行重启、同步等。

(3)对服务请求进行统计。

(4)监视服务的状态,对服务状态进行监视,并提供查询运行状态的功能。

(六)服务定位

服务定位提供获取特定服务的位置信息的功能。服务请求者在使用特定服务时只需向服务注册中心提供服务的描述信息(包括服务的名称、态名、应用名),从而对该服务进行定位。定位功能使服务提供者的部署信息对服务请求者是透明的。

(七)服务总线类型

系统提供的基础公用服务包括命令服务、文件服务、数据服务、权限服务、事件服务、日志服务、管理服务、诊断服务、通信服务和通用代理服务等。

1.命令服务

命令服务用来接收应用程序发出的点对点命令,并将收到的命令存入本机命令接收共享区,供系统其他模块和应用程序进行命令处理。

2.文件服务

文件服务提供本地网络范围内的文件管理和目录管理功能,具有文件字典管理功能,包括文件的创建、修改、删除、查询、版本比对、同步更新、权限控制,目录的创建、删除、查询、拷贝等;支持目录和文件的远程访问。

3. 数据服务

数据服务提供对实时数据库、关系数据库和历史数据库的通用访问,包括对实时数据服务、关系数据服务和时间序列历史数据的服务等。对关系库访问提供通用的 insert、update、delete、select 和批量导入、导出操作,屏蔽了异构数据库之间的差异。对实时数据库的访问支持问答式和发布/订阅方式。

4. 权限服务

权限服务是一组权限控制与验证的公共组件和服务,应能实现用户的角色识别和权限控制的功能。其中,权限控制包括基于对象的控制(包括菜单、应用、功能、属性、画面、数据和流程等)、基于物理位置的控制(如系统、服务器组和单台计算机)和基于角色的控制机制,权限管理即权限的维护,包括权限的设置、修改、变更等。

5. 事件服务

事件服务是一个实时服务,能统一管理和处理各类应用的报警事件;实现信息交换和报警信息分发调度,是系统实现报警综合和与外部实现报警集成的支撑手段;能统一对平台和应用的各种报警进行配置;提供各类事件和报警的定义、处理以及具体报警信息的管理功能。

6. 日志服务

日志服务统一进行系统日志信息的管理,实现日志生成、传输、分类、保存、查询等功能,可根据配置要求确定日志信息的处理方式。

日志分为报警日志、信息日志、审计日志等。

7. 管理服务

管理服务提供对本地系统的管理功能,包括应用管理、进程管理、网络管理、时钟管理、定时任务管理、冗余管理等功能。

8. 诊断服务

诊断服务提供对本地系统的软硬件资源监视、网络状态诊断、进程/线程状态诊断、文件/磁盘状态诊断、通信状态诊断等功能。

9. 通信服务

数据通信服务实现系统与机组 LCU、外部各子系统的数据通信功能,实现与电网调度的数据交换功能,满足高吞吐量和高可靠性的要求。数据通信服务具有以下特点:

(1)支持采用专门的安全通信网关,实现数据端对端的安全传输。

(2)支持多种通信协议、多种应用、多类型的数据采集和交换,满足不同传输场合的实时性要求;采用了面向对象的技术,对各种规约处理按照对象类库开发,方便系统对各种通信规约的不断扩展。

(3)支持多机冗余和负载均衡。

(4)支持数据的多源处理和采集数据的快速转发。

(5)支持通信链路管理等。

10. 通用代理服务

iP9000 平台提供了丰富的服务接口,能满足应用与平台交互的各种需求,但对于轻量级的外部应用来说,需要简单直接的访问服务方式。为此,平台专门开发了通用代理服务,该服务实现了所有常用的平台对外提供的服务接口,简化了应用开发。轻量级外部应用只需连接单一的通用代理服务,即可方便地访问平台的资源。通用代理服务实际上是一个本地的代理,将自动进行目的服务的定位,代为调用服务接口并返回调用结果,应用无需关心目的服务的定位。

因增加了二次调用环节,通用代理服务的调用效率相对较低,不适用于交互频率很高、数据量很大的应用场景。

二、消息总线

(一)消息总线设计

消息总线是基础平台中用于应用程序间彼此间传递数据消息的传输组件,采用组播或广播模式。为保证系统各节点实时数据库和记录区的实时性与可靠性,消息总线采用多重网络冗余传输模式,数据同时在冗余网络上进行传输,使各节点在任何一条网上都可实时收到全部数据,任何时候只要有一个网络正常即可确保数据可靠送达,而且无需进行网络切换。

消息总线实现了丢包检测与重传处理功能,接收端实时检测是否存在广播包丢失问题,若发现存在丢包,将向发送端请求进行重传。该机制极大地提高了数据传输的可靠性。

消息总线支持对传输的数据进行加密和数字签名,防止对数据进行篡改或仿冒。

数据的发送采用不变不送与定时全送两种机制,有效地减少了网络传输负荷。消息总线接收到数据后经过数据处理写入本地的实时库。

(二)消息设计

消息总线利用 Protobuf 序列化协议进行结构化数据的封包/解包处理,通过可靠的网络传输机制对序列化后的数据进行网络传输,屏蔽了数据解封包和网络传输的处理细节,能使程序员不需要关注网络通信和结构化数据的处理,把重心放到业务逻辑处理上去,简化消息总线的编程实现,提供高性能、高可靠性的消息服务。

消息包含消息类型、源区域、源主机、源进程、目的区域、数据内容等信息。

(三)消息分类

平台已具有按应用分类的消息定义,也可动态扩展。

(1)消息分为消息头和消息体两部分。消息分类在消息头中定义。

(2)支持按应用的需求扩展响应的消息类型。

(四)消息类型

消息的数据格式在 H9000 V4.0 数据传输格式的基础上进行修改与扩充,将以点号传输改为以点名传输,增加消息源进程等必要的数据域,既可保证新设计的规约具有足够的成熟度,又可满足对象传输等后续发展的需要。

消息总线传输的消息主要分为数据消息、通用对象消息、命令消息和事件消息。

1. 数据消息

数据消息用来进行实时数据的传输与同步,采用广播或多播方式,按照数据消息的规约格式广播至系统。

　　数据消息又可分为模拟量、状态量、数字量等不同的消息类型,同时增加了通用对象消息以支持对象化消息的传输需要。

　　(1)模拟量变化、全送消息。

　　(2)状态量变位、全送消息。

　　(3)曲线点消息。

　　(4)脉冲量变化、全送消息。

　　(5)数字量变化、全送消息。

　　2.通用对象消息

　　其中通用对象消息采用 Key-Value 的键值对方式,一个通用对象消息体可以同时传输对象的多个属性数据键值对,支持任意属性数据类型,功能灵活而强大。

　　其他数据消息采用固有格式表示数据,表示效率高,传输字节少,可大大提高传输效率。

　　3.命令消息

　　命令消息用来进行系统操作等广播类型命令的传输,消息总线将命令消息广播至系统中的每一台主机,主机接收到命令消息后存入命令接收共享区,供系统其他模块和应用程序进行相应的命令处理。

　　4.事件消息

　　事件消息用来进行事件的广播同步。事件服务将接收到的原始事件进行统一编号处理后通过消息总线在系统内进行广播,传输至系统中的每一台主机。

　　(五)综合计算/闭锁

　　不论我们现在的应用程序的功能如何的多而全,我们也无法包容用户未来所有可能的需求。随着用户业务和需求的扩展,用户势必会在原有的系统上增加新的功能,在不影响原有系统运行的情况下,系统需要具有较好的扩展性和前瞻性。因此,我们提供强大的面向用户的高级计算处理环境,使用户方便地任意增加新的功能。不用考虑运行环境、各个程序之间的联系,只需考虑所要增加的新功能本身。高级计算处理环境提供的语言是一种功能强大的、直观的高级表达,根据实时库的实时对象数据,可以方便地增加新功能。

　　综合计算环境提供的语言主要包括以下主要功能:加、减、乘、除、幂运算;三角函数、LOG 函数;逻辑运算、位操作;系统时钟;条件判断;循环语句;自定义过程调用;返回语句;函数调用;数据库操作语句;用户变量。

　　启动方式有:间隔;定时;事件。

　　闭锁功能是综合计算功能的延伸,其采用和综合计算定义同样的脚本。具体应用时,针对特定对象的操作需求,可编写对应的闭锁脚本,并配置到对应对象属性,在系统运行时即可根据相应的实时状态,检查闭锁是否满足要求,并产生相应的日志记录。

　　三、数据采集与处理

　　iP9000 平台继承了 H9000 V4.0 系统的众多优点,包括针对特大型电站巨型机组的数据采集要求,采用多连接、多线程并行网络通信技术,彻底解决了巨型机组信息采集点多、通信数据量大而导致的实时性问题。

　　同时,iP9000 平台在提高数据精度、丰富数据属性及智能报警处理等方面显著提高了系统的数据处理功能。

　　系统实时采集服务根据配置对电站主要设备的运行状态和运行参数自动定时进行采集,并作必要的预处理、计算,存于实时数据库,供计算机系统实现并用于画面显示、更新,控制调节,记录检索,统计报表,操作、管理指导和事故分析等。

　　电站现场各种数据的采集基本由各自的 LCU 来完成,现场数据包括:模拟量、脉冲量、数字量、一般开关量和中断开关量。

　　数据采样周期满足系统性能参数要求。故障、事故报警信号随机优先传递,并显示故障、事故发生的时间、地点、性质及参数、说明。

　　为提高监控系统的实时性,减少数据传输量,实时数据采用不变不送加定时全送的方式,对模拟量无变化时不传送,当变化超过传送死区或数据品质有变化时传送;状态量有状态变位或数据品质有变化时才传送,同时当达到定时周期时进行全数据传送,更新监控系统实时数据库。

　　为适合现场运行情况,对所有采集的数据点均可通过人机联系设置扫查投入与退出、报警使能与禁止标志,对其参数限值可进行人工修改设置,并可用人工设定值取代采集值,以剔除坏点。

　　数据处理功能运行在系统每台主机上,主要功能是对消息总线接收到的数据消息和系统命令消息进行解包分析,根据消息内容更新实时数据库、产生事件报警(只有 SCADA 主机才提交事件)、对系统操作命令进行解析执行、保存历史数据等。

(一)模拟量处理

　　模拟量处理包括处理一次设备(发电机、变压器、母线等)的有功、无功、电流、电压、变压器档位与温度及电网频率等模拟量。

　　包括以下功能:

　　(1)提供数据合理性检查和数据过滤功能,过滤数据时给出报警信息,并可分类查询。

　　(2)进行零漂处理,且零漂参数可设置。

　　(3)进行数据跳变检查,当模拟量在指定时间内的变化超过指定阈值时,过滤该数据并给出报警信息,阈值可采用百分比或绝对值。

　　(4)进行限值定义,每个模拟量可具有多组自定义限值对,不同的限值对可根据不同时段进行定义,也可定义限值死区。

　　(5)进行限值越限检查,当模拟量发生越限时给出报警,不同的限值定义不同的报警形式。

　　(6)支持人工输入数据,丢失的或不正确的数据可用人工输入值来替代。

　　(7)所有人工设置的模拟量自动列表显示,并能根据该模拟量所属厂站调出相接线图。

　　(8)处理与设置数据质量标识。

　　(9)进行历史采样,所有写入实时数据库的模拟量能记录至历史库中。

　　(10)在设备检修时,根据所挂标识牌对相的模拟量打上检修标记且不报警。

（二）状态量处理

状态量处理处理包括断路器位置、隔离开关位置、接地刀闸位置、保护硬接点状态及远方控制投退信号、设备监视信号等各种信号量在内的状态量。

状态量处理提供以下功能：

（1）状态量用一位二进制数表示，通常 1 表示合闸（动作/投入），0 表示分闸（复归/退出）。

（2）支持双位遥信处理，主、辅遥信变位的时延在一定范围（可定义）之内时状态正常，指定时延范围内只有一个变位则判定状态量可疑并报警，当另一个遥信上送之后可判定状态量由错误状态恢复正常。

（3）在设备检修时，根据所挂标识牌打上检修标记且不报警。

（4）处理与设置数据质量标识。

（5）支持人工设定，人工设置的状态与采集状态一致时，给出提示信息。

（6）所有人工设置的状态量自动列表显示，并能根据该状态量所属厂站调出相接线图。

（7）具备报警过滤功能，当信号动作后在指定时间内收到复归信号，可不上实时报警信息窗，仅把信息保存至历史库。

（8）支持三相遥信处理，自动识别三相不一致状态。

（9）支持信号的动作计时处理，当动作后一段时间内未复归，则报超时报警。

（10）支持信号的动作计次处理，当一段时间内动作次数超过限值，则报超次报警。

（三）计划值处理

计划值处理支持从外部系统或调度计划类用获取调度计划，实现实时监视、统计计算等处理，并具备以下功能：

（1）支持实时、日内、日前计划的导入，导入时能进行合理性校验并提供报警。

（2）导入过程可重复执行，指定时刻前未收到日前调度计划提供报警。

（3）能自动计算计划当前值与实时值的差值。

（四）多源数据处理

点多源数据处理具备点多源数据处理功能，同一测点的多源数据在满足合理性校验并经选优判断后将最优结果放入实时数据库，并满足以下要求：

（1）定义指定测点的相关来源及优先级。

（2）根据测点的数据质量码自动选优，同时也支持人工指定最优源。

（五）数据质量码

数据质量码对所有模拟量和状态量配置数据质量码，以反映数据的质量状况。数据能根据其质量码以相应的颜色显示。

数据质量码包括以下类别：①未初始化数据；②不合理数据；③计算数据；④非实测数据；⑤人工数据；⑥坏数据；⑦可疑数据；⑧采集闭锁数据；⑨不刷新数据；⑩越限数据。

计算量的数据质量码由相关计算元素的质量码获得。

（六）计算量

系统提供用户编程语言，进行计算量计算。用户过程包括以下功能：

（1）可自定义用户过程，用户过程可带输入参数、可返回数值。

（2）可进行加、减、乘、除等表达式运算，逻辑和条件判断等运算。

（3）支持的数据类型、运算符、标准函数和语句如下：①支持的整型、实型、字符等数据类型的公式计算；②支持算术运算、逻辑运算、关系运算、选择运算等其他运算；③支持指数、对数、三角、反三角运算、绝对值等操作系统标准函数调用；④用户过程运算支持的表达式语句、循环语句、条件判断语句等复合语句。

（4）可周期启动或事件触发启动公式计算，启动周期可调。

（5）用户过程语言可作为一种公共服务，供其他调用。

（七）统计量

统计支持以下功能：

（1）积分电量统计：根据机组出力或线路功率计算不同周期的积分电量。

（2）数值统计：包括最大值、最小值、平均值，统计时段包括年、月、日、时等。

（3）极值统计：包括极大值、极小值，统计时段包括年、月、日、时等，并支持极值断面保存及回放功能。

（4）次数统计：包括断路器变位次数、遥控次数等。

（5）合格率统计：对电压、频率等指定的量进行越限时间、合格率统计。

（八）系统操作命令

系统操作是指对系统的状态、参数等进行的设置、配置等操作，此类命令通常需要广播到系统中的每台主机。系统操作命令消息通过消息总线传输到每一台主机，而不是通过命令服务总线。每台主机收到系统操作命令后进行相应处理，并产生操作记录。主要处理以下系统操作命令：①运行参数给定命令；②系统运行方式设置命令；③模拟量/整定值设置命令；④状态量统计设置命令；⑤网络切换命令；⑥模拟量/整定值/曲线点手动设置命令；⑦手动状态量设置命令；⑧手动曲线设置命令；⑨系统同步命令；⑩进程/线程操作命令；⑪通用对象设置命令。

其中，通用对象设置命令采用 Key-Value 的键值对方式，一个通用对象设置命令可以包含该对象一个或多个属性的属性值，支持任意属性数据类型。

（九）事件处理

除全送数据消息外，其他类型的数据消息和操作命令消息都需要产生事件记录：①模拟量数据越复限值报警、趋势报警、数据质量异常报警；②状态量数据变位报警、数据质量异常报警；③系统操作命令。

事件的处理是由事件服务完成的，包括事件提交、事件编号、事件保存、事件查询及事件确认等。

应用通过调用事件服务向 SCADA 事件服务提交事件。服务端将接收到的事件统一编号后通过广播机制发送到各个主机，同时将事件保存至历史库。

应用向 SCADA 事件服务提交事件的确认请求，SCADA 事件服务发出事件确认广播命令，各主机接收后对对应的事件及数据点进行确认状态设置。

（十）跨区数据同步

iP9000 平台提供了完整的跨安全分区数据同步机制，既完全满足了网络安全防护的要求,又实现了系统级的数据跨区同步功能。每一个数据对象都可以独立配置是否需要进行跨区同步、同步的方向(从安全Ⅰ区到安全Ⅲ区、从安全Ⅲ区到安全Ⅰ区)。跨区同步功能完全由平台实现,对应用完全透明。只要事先配置,应用可以访问到任何需要的数据,不管这个数据来源于哪一个安全分区。

跨区的数据可以包括系统实时数据、历史数据、文件、命令等。隔离装置包括正向隔离和反向隔离,跨正向隔离装置通信采用符合正向隔离安全要求的 TCP 协议传输数据,跨反向隔离装置通信采用符合反向隔离安全要求的文本文件传输方式。

跨区数据同步简要示意图如图 5-14 所示。

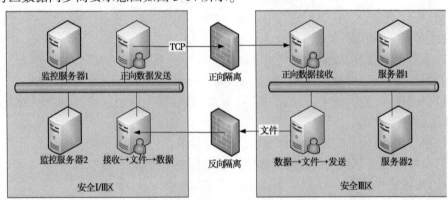

图 5-14　跨区数据同步简要示意图

为了实现跨区数据同步的安全可靠传输,避免在数据同步过程中造成数据漏传、重复等异常情况,对跨区数据传输时均包含了数据源安全分区、目的安全分区集合(多个目的安全分区)、数据类型、目的数据库集(多个目的数据库),数据有效时间等。数据传输过程采用多线程、多缓存技术、数据实时打包批量传输技术,最大程度保证数据安全可靠及高实时性。

(十一) 系统配置

iP9000 平台提供了集中统一管理的系统配置数据库,所有的系统配置均保存在配置数据库中,包括数据模型、主机、网络、服务、权限等各类配置。系统通过配置工具统一对配置进行维护操作,支持多人协同工作。

系统配置数据库具有完善的版本管理功能,通过配置工具可进行版本的备份与恢复。

系统配置数据库采用主流的 NoSQL 数据库作为存储库,支持主备模式和分布式集群模式,不存在单点故障风险。

DEtool 是统一进行系统配置和数据建模的界面化维护工具软件,支持对实时数据库进行对象树数据建模,支持对历史数据库、主机、网络、服务、权限和各类系统参数等进行配置,几乎所有的系统配置都可以在 DEtool 中进行维护。

DEtool 具有强大的自定义配置功能,各类应用程序不需要单独开发配置界面,直接使用 DEtool 就可以满足自定义的配置需求。

(十二) 系统管理

iP9000 平台的系统管理功能负责对整个系统中的计算机节点、服务和应用功能的分布式实时管理,包括系统运行投退管理、看门狗功能、进程管理(含定时任务管理)、主机状态和网络状态管理、资源监视、时钟管理、日志管理、备份/恢复管理等功能。

通过系统管理提供的信息,在实时数据库中可随时查看任何主机、网络、进程、磁盘、服务的状态,便于系统状态监视与故障诊断。

系统管理的软件框图如图 5-15 所示。

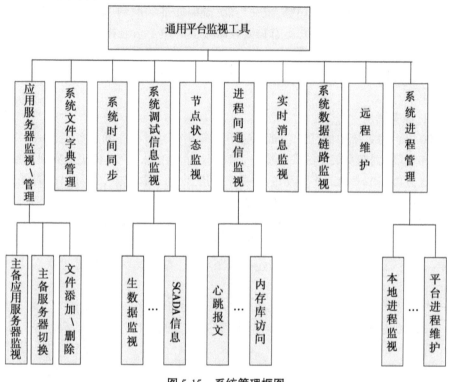

图 5-15　系统管理框图

(十三) 权限管理

权限管理功能为各类应用提供使用和维护权限的控制手段,是应用和数据实现安全访问管理的重要工具。权限管理功能提供用户管理和角色管理等功能,通过用户与角色的实例化对应实现多层级、多粒度的权限控制;提供界面友好的权限管理工具,方便对用户的权限设置和管理。

iP9000 平台具备完善的用户操作权限机制,采用用户-角色-责任区设计机制进行权限控制。每个用户具有一种或多种角色,每个角色具有一种或多种操作权限,不同的操作类别需要用户具有相应的操作权限。每个用户关联一个或多个控制责任区,每个责任区包含一个或多个对象(设备),用户只能控制所关联的控制区域内的对象(设备)。

iP9000 平台具备完善的操作范围安全机制,除了上述的用户控制范围机制,同时对于主机也有相同的操作范围安全机制,即每台操作主机关联一个或多个控制责任区,每个责任区包含一个或多个对象(设备),主机只能控制所关联的控制区域内的对象(设备)。

为确保安全操作,iP9000 平台还支持双重权限与责任区模式。除了在系统配置界面设置用户与主机的永久权限与责任区,还需要在 OIX 人机操作界面设置用户与主机的临时权限与责任区,临时权限与责任区只能是永久权限与责任区的子集,默认为空。在下令操作时,除判断永久权限与责任区之外,还需要判断临时权限与责任区,操作完成后可以清空临时权限与责任区。

iP9000平台通过用户操作权限、用户控制责任区、主机控制责任区、双重权限与责任区模式、操作许可模式、操作闭锁等一系列安全措施,确保了可靠的控制操作与数据访问。

系统的权限管理采用统一配置、统一存储、统一验证的原则,通过系统配置工具统一进行配置,保存在系统配置库中,所有需要权限验证的操作必须首先通过系统权限服务进行验证。

系统对各种操作均进行历史记录,每个操作记录含有用户名、节点机名、操作的类型、对象和结果等。

(十四)服务调度

iP9000平台将系统中的任何功能与应用都统一视为可调度的服务,统一进行服务的运行管理与调度,例如系统中的命令服务、事件服务、通信采集、人机交互界面程序等。

一个服务可以由一个或多个功能相关、密切配合的进程组成,也可以没有任何进程,没有进程的服务称为虚拟服务(如SCADA服务)。

每个服务都是对象,拥有自己的配置属性和状态属性,配置属性包括服务名、服务端口、主机队列(决定服务的进程运行在哪些主机结点上)、执行程序名、启动命令行参数、运行模式、是否需要调度等,状态属性包括服务状态、当前服务主机、进程状态、服务心跳等。

每个服务都有运行该服务的主机队列,服务只在所配置的主机上运行。不同服务的主机队列完全独立调度,互不影响。如果服务的主机列表为空,则表示该服务在所有主机上运行,例如需要在每台主机上运行的文件服务。服务主机队列支持主机优先级定义,同一队列中的主机可定义不同的优先级。

每个服务都有自己的运行模式。若为调度模式,则任何时候只有一台主机执行服务功能,队列中其他主机虽然运行该服务进程,但处于热备状态,随时准备在当前服务主机故障时接管服务,例如通信采集服务、事件服务等。若为非调度模式,则队列中的每台主机均启用服务功能,不存在服务切换问题,例如命令服务。

服务调度功能是系统的核心功能,由专门的服务调度程序负责执行。服务调度程序根据队列中主机的优先级定义、主机健康状态、服务进程健康状态综合决定服务的当前主机,在当前主机故障时快速切换至其他正常主机。

通过服务(任务)的细粒度划分、灵活的主机队列与优先级配置,可以实现远高于双机主备模式的系统可用性,还可以实现某些任务的多机负载均衡。

四、人机交互

iP9000智能对象一体化平台的人机界面采用先进的多窗体技术,支持水电厂多应用主题信息的集成显示,在用户界面上提供应用集成的技术手段,用控件和容器技术支持应用集成;系统提供基于GIS的信息显示手段和可视化的展现手段,丰富应用界面的展示效果,突出水电厂宏观信息、关键信息;支持跨安全Ⅰ、Ⅱ、Ⅲ区的各类应用。

（一）图元

图元包括基本图元、电力图元、组合图元及控件图元四类。

1. 基本图元

基本图元主要包括：①线：直线、弧线、折线、自由线等；②基本形状：圆、椭圆、矩形、三角形、多边形等；③静态文本；④符号库。

2. 电力图元

电力图元主要包括发电机、变压器、线路、电抗器、电容器、母线、开关、刀闸、电压互感器、电流互感器、熔断器等。电力系统设备图元可关联相应设备基础参数与配置信息，可根据应用环境配置相应设备右键菜单，执行应用操作。

3. 组合图元

组合图元主要包括动态模拟量点、状态量点、曲线组件、棒图组件、饼图组件、仪表组件、对象报警灯、计时器组件等。其中：

（1）动态模拟量点和状态量点可关联实时库中任意点和该点的任意域。

（2）曲线组件可以显示单条、多条实时曲线，并提供曲线参数配置、数据修改、打印等功能。

（3）棒图组件（包括 2D 和 3D 棒图）应能通过圆柱长度来表达数值大小，可分为多段，适合表达关联数据的相对关系。

（4）仪表组件应能通过指针式仪表显示当前值和不同区段的限值信息，通过指针角度和颜色反映数值变化。

（5）对象报警灯可关联显示任意对象的实时报警状态，为用户提供便捷直观的对象报警状态展示。

（6）计时器组件可以关联任意参数，通过脚本计算等后台数据程序驱动，按照用户定义的时间格式来动态实现计时显示刷新。

4. 控件图元

控件图元包括表格图元、动态库图元、控制菜单图元、自定义控件图元、GIS 图元、Web 图元等。

（1）表格组件为将实时数据库中的数据以列表方式展示的图元组件，可定义数据源、支持多种数据类型显示，能控制表格及数据项的显示格式，支持记录查询、过滤、排序、修改等操作。

（2）动态库图元可以动态库形式装载第三方应用。

（3）控制菜单图元可关联至水电厂一次设备或状态量，实现设备的控制和操作。

（4）自定义控件图元可实现与用户动态输入利用脚本进行计算或者程序调用实现动态的交互。

（5）GIS 图元可以实现在监视画面中对 GIS 图形的展示和动态交互功能，已经具备的功能有：加载 TPK 图层文件、加载 MPK 带数据的地图图层文件并可以实现点击地图文件某点弹出窗口显示该坐标点的坐标名称等 MPK 图层自带数据，根据配置文件和服务配置来显示雨量等值线。

（6）Web 图元可以根据图元配置显示丰富的外部 Web 组件，丰富了 iP9000 的显示手段。

(二)图形编辑

图元编辑器用于实现对图元组件的创建、修改、存储、检索。

图元编辑器应提供基于基本图元的组件编辑功能,包括放大、缩小、复制、粘贴、移动、叠加等操作,可为组件配置属性参数,支持对多平面多状态图元的编辑,并以图元组件的形式存储。

图形编辑器用以编辑生成水电调一体化图形界面,利用系统提供的基本图元和图元编辑器绘制的图元构建系统界面。

图形编辑器包括以下功能:

(1)可创建或打开画面,进行绘制、修改和保存,并可网络存盘。

(2)可在编辑的画面中导入并显示各种主流格式的图片,包括 GIF 等动态图片。

(3)支持连接线自动断线、电气端子自动连接等。

(4)可对基本图元和图元组件的显示属性(前景/背景颜色、线型、线宽、填充、字体大小、对齐方式等)设置。

(5)可定义动态数据点的显示属性,并关联到不同的数据源。

(6)支持拖放、拷贝、旋转、组合、镜像、无级缩放、回退等功能。

(7)提供热点调图、脚本调图、菜单调图、快捷键调图等画面间交互方式。

(三)人机交互

1. 画面显示

画面显示主要包括:

(1)支持跨安全Ⅰ、Ⅱ、Ⅲ区的各类应用。

(2)支持各类型应用(水电厂监控、水情监测、水库调度、闸门控制、机组监测等)的画面显示。

(3)支持基于 GIS 的信息显示功能,可通过 GIS 引擎显示流域水情等信息。

(4)支持图形整体及部分区域的无级缩放和滚动。

(5)支持导航、图层、参数动态提示等画面辅助功能。

(6)支持画面的前进、后退。

2. 画面调用

画面调用包括以下功能:

(1)从工具栏的图标按钮或下拉菜单启动调图。

(2)从画面目录、地理图或其他画面中的热点按钮启动调用画面。

(3)从调用历史记录列表中选择,或通过值班员界面"前副/后副"功能调用当前画面的后面或前面一副画面。

(4)支持对象化的动态子图调用功能(OBJ 类型子图)。

(5)后台脚本的动态计算钟可动态设置相关画面调图。

(四)可视化技术

可视化技术可支持各应用按照自己的需要选择相应的方式来展示自己的数据信息;可视化技术实现了可视化功能与数据分离,对于同一数据源,可用符合条件的多种可视化展现方式进行展现;支持当鼠标悬停到展现图元时,能查看详细信息。展示方式包括有以下几种。

1. 目标特写

目标特写针对画面上的对象数据变化趋势利用曲线、柱状图以及实时数据来展示对象的数据变化趋势及实时状态,对于模拟量数据还可以使用动态颜色来展示数据状态。

2. 标示牌

标示牌能实现在设备上标注合适的图标来表示设备的某种特征状态或正在对设备进行的某种操作。

3. GIS 等值线/面

通过水情数据的等值计算服务,根据配置的等值数据将水情数据的历史采样点经过插值平滑算法计算后返回等值线/面包围点地理信息,利用 GIS 信息对 GIIS 图元进行渲染并按照相关配置的定义值对等值面着色,可以直观地利用 GIS 图元在 iP9000 系统中展示连续数据空间分布的整体特征,直观显示异常点及其分布情况。等值线、面功能应支持颜色渐变过渡、色带等多种方式。

4. 动画

动画就是通过一系列连续变化的画面给视觉造成活动的效果,具有美观、生动、形象、醒目的特点,可以用于展示过程化的可视化效果。动画在水电调平台中常用于展示计算过程、操作流程等。具体包括:通过图形连续变化形成动画效果;通过绘制 GIF 或 Flash 等实现动画效果。

(五) 交互式图元组态技术

通常组态式的监控画面只能实现简单的实时数据展示和控制功能,交互性不强,难以满足稍微复杂的定制化业务需求,比如在监控画面上实现水电调一体化交互业务。

为满足此类需求,避免任何定制化业务都需要另行开发专门程序的问题,iP9000 平台实现了交互式图元组态功能,用户可以通过简单的画面组态即可实现定制化的业务功能。

交互式图元组态功能提供了按钮、下拉框、选择框、输入框、表格、曲线以及定时器等交互式组件图元,可以直接在画面上组态集成交互界面,通过配置参数建立图元之间、图元与平台服务之间的交互逻辑,实现数据的输入、查询、展示、保存及定时刷新等功能。

该功能可广泛应用于但不限于水电调一体化交互应用。

五、系统自诊断与自恢复

完善的系统自诊断与自恢复功能是实现"无人值班,少人值守"的重要条件。

iP9000 平台为分布式网络控制系统,具备完善的自诊断与自恢复功能。系统各设备不仅自检,还可通过网络进行设备间的互检,形成系统检测报告,并将系统异常情况及时报警通知运行人员以及时处理,并可对某些异常情况进行自动自恢复或冗余部件切换处理。

(一) 自诊断

iP9000 平台拥有丰富的自诊断信息,实时采集所有主机和主机网络的状态。通过标准的程序设计框架,系统提供了每个运行进程和进程中所有线程的运行状态并写入实时数据库。系统实时采集每台主机的 CPU 负荷率、内存占用情况、磁盘分区占用情况和运行进程列表并写入实时数据库,并可以设置超限报警。

(二)故障切换

通过全分布服务调度机制,实现了多机队列调度与故障自动切换。服务调度机制不单检测队列主机和网络的状态,也同时检测服务相关进程的运行状态,在服务进程异常或卡死时也能快速切换服务至正常主机。

六、工具软件

(一)IPM 图形开发工具软件

IPM(interactive picture maker)是 iP9000 平台的人机界面图形制作工具。该图形制作工具可以使不熟悉计算机软件编程的应用工程师制作自己所需的监视画面、控制流程、人机联系、报表等内容。软件全鼠标驱动,下拉式菜单、弹出式菜单控制,汉化界面,面向目标操作,所见即所得,直观易学,十分方便。使用此绘图包,用户可以非常轻松地完成绘图工作。

IPM 全面采用了面向对象技术,所有图元和电力系统符号作为对象处理,可以灵活地定义电力设备图形。

IPM 软件功能强大,除一般图形编辑软件所具有的图形移动、拷贝、放大、缩小、变形、变色、填充等功能外,还具有背景画面制作、报表生成、动态画面制作、动画制作、符号制作、控制菜单制作、符号组编辑、字符组编辑、颜色组编辑、动态数据连接、动态测试、分层显示与细节显示、漫游、导航、自动连锁与闭锁等功能。系统还提供水电厂计算机监控系统常用设备的特征符号、符号组等,如图 5-16 所示。

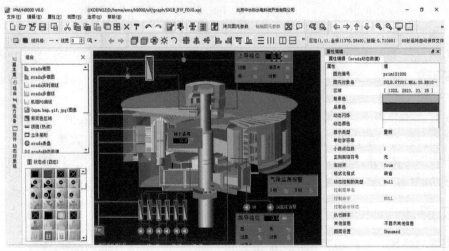

图 5-16　IPM 软件窗口

背景画面制作功能包括:直线、折线、矩形、圆、多边形、弧、字符(包括汉字)、符号以及其他常用格式的图形如 GIF 等。

编辑功能包括图形选取、移动、删除、拷贝、存储、另存、变形、改变前景或背景颜色、改变填充方式、改变字体、改变多边形(折线)形状、层次定义、放大、缩小、分层显示与细节显示、漫游、导航等。

IPM 还具有动态测试画面的功能,在测试状态,可以立即观测所绘制的图形在实际运行状态下的显示情况,便于查错与效果检验。

IPM 也可以用于各类报表文件的编辑和修改,报表格式"所见即所得",使报表的打印与图形显示融为一体。

IPM 独特的动画制作技术,简单易学,可以十分方便地制作监控系统需要的动画效果,如发电机等设备的旋转、水流的流动、水位的波动、闸门的升降变化等。

(二)DEtool 数据工程软件

DEtool 是统一进行系统配置和数据建模的界面化维护工具软件,支持对实时数据库进行对象树数据建模,支持对历史数据库、主机、网络、服务、权限和各类系统参数等进行配置,几乎所有的系统配置都可以在 DEtool 中进行维护。

DEtool 具有强大的自定义配置功能,各类应用程序不需要单独开发配置界面,直接使用 DEtool 就可以满足自定义的配置需求。

(三)HCON 逻辑组态工具软件

HCON 是 iP9000 平台进行闭锁逻辑和综合计算逻辑编程的可视化组态工具,算法模型库中提供了丰富的逻辑、算术、系统交互等模型。使用 HCON 用户通过简单的拖拽组合操作,使用模型库的基础模型组态出复杂的闭锁逻辑或综合计算逻辑。HCON 主要功能包括:

(1)脚本管理功能,统一管理系统中的脚本,配置脚本运行方式。

(2)模型库支持自定义扩展,用户可以按模板定制任意新的基础模型。

(3)模型调试功能,用户可实时对组态模型进行测试。

(4)闭锁逻辑实时可视化功能,用户可以从 OIX 中调用 HCON 查看指定闭锁逻辑的满足情况。

(四)RdbView 运行维护支持软件

RdbView 可以对象树的形式显示系统全部数据对象和配置对象,可以完整显示对象的所有属性,包括实时属性和非实时属性;可按对象类型分类显示对象子树下的所有同类对象;可按表格形式列表显示对象集合的所有属性。所有实时属性自动周期刷新实时值。

RdbView 运行维护支持软件不单是一个实时数据库的浏览工具,而且更是一个系统运行维护和调试的工具。

RdbView 可以在系统配置对象树中加载并显示通信点表,实时刷新对象状态,可以非常方便地用于通信调试与对点。

在 RdbView 中可以执行几乎所有的系统维护操作,包括人工置数、重装系统配置、实时库在线维护、系统进程投退、日志过滤开关设置、服务手动切换、通道手动切换等。

(五)HCV 历史数据曲线工具软件

HCV(History Curve View)历史数据曲线工具软件用于查询、显示历史数据库中的历史数据。

(六)PLC 编程工具软件

系统提供遵循 IEC 61131-3 语言标准的所有 5 种语言。这 5 种语言的组合形成的通用编程环境极大地提高了编程效率和劳动生产率。这 5 种语言是:

（1）顺序功能流程图（sequential function chart）：提供全部的结构并协调面向批处理的过程和机器控制应用。

（2）功能块图（function block diagram）：特别适合过程控制应用。

（3）梯形图（ladder diagram）：对于离散控制和互锁逻辑控制性能卓越。

（4）结构式文本（structure text）：高级语言，对于复杂的算法和数据处理是一种极佳的解决方案。

（5）指令表（instruction list）：低级语言，用于优化代码的性能。

第五节　智慧水电站应用系统建设

一、综合监测监控系统

综合监测监控系统包括电站（含泄水闸）监控、泵站监控、工程安全监测、状态监测、视频监视等应用模块，实现对本工程工情、工程安全、状态监测、视频监视等各类信息的实时监测监控，实现对电站、泄水闸、泵站等关键工程部位的远程控制。

综合监测监控系统建设内容在第四章已阐述，本节不再赘述。

二、综合展示系统

（一）技术要求

通过对信江航运枢纽工程综合展示系统的需求分析，我们认为本项工作应满足以下技术要求：

（1）综合展示系统采用 B/S 架构。

（2）内容组织主题明确，要求每幅页面都有亮点，特点突出，并应考虑与展示场景和讲解词的匹配度。

（3）充分利用 GIS、图、表、动画、三维等可视化技术，力求表现形式美观、直观、生动、多样。

（4）支持视频监控系统嵌入，嵌入方式包括网页嵌入、通过大屏拼接器嵌入。

（5）支持 PAD 进行页面导航，可订制展示预案。

（6）能实现页面预加载以减短页面调取时间。

（7）页面应尽量按大屏分辨率 1:1 进行设计。

（二）硬件架构

综合展示系统将采用如图 5-17 所示的硬件架构。

各主机职能如下：

（1）电站及库区智慧监控系统管理区应用服务器兼容 Web 服务器为展示工作站（4台）提供 Web 服务并承担与 3 台历史数据库集群进行通信获取数据的任务。

（2）展示工作站采用浏览器打开页面，屏幕输出通过拼接器输出至大屏幕。

（3）另外，还需采用一台 PC 进行页面导航，如需采用 PAD 对页面进行导航，需要考虑无线网络能连通 PAD 和 Web 服务器。

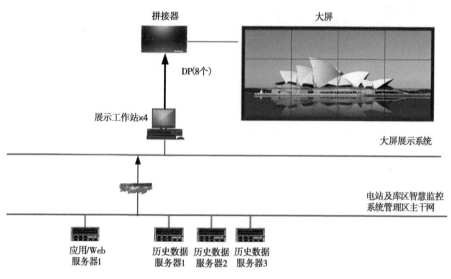

图 5-17　大屏展示系统硬件架构

(三)展示内容

围绕信江航运枢纽工程承担的职能,对信江枢纽工程的历史使命、社会责任、工程效益及取得的成就从宏观到微观,从整体到局部,从历史到愿景进行全面展示。同时,在对枢纽运行工况进行实时展示的基础上,结合防汛指挥、工程应急等事项,设计展示方案及内容,为公司总部决策指挥提供技术支撑。具体展示主题及展示页面在设联会上确定。

(四)导航控制

本工程使用的展示导航软件具备以下功能:

(1)展示方案编制。

(2)页面预加载以实现页面快速切换。

(3)展示页面及子页面浏览、切换。

(4)可为每个页面自定义动作,并在导航终端执行该动作,如视频播放等。

(5)支持 PAD/Surface 导航控制。

如图 5-18 所示,导航控制界面包含了展示工作站状态及其打开页面、演示方案及其页面清单、当前选择页面 3 个区域。

图 5-18　导航控制界面

（五）导航配置

导航配置界面包含了展示工作站配置、页面配置、方案配置 3 个区域,如图 5-19 所示。

图 5-19　导航配置界面

1.展示工作站配置

可对展示系统配置的工作站进行增加、编辑操作。需要配置的内容包括展示工作站ID、工作站名称等,如图 5-20 所示。

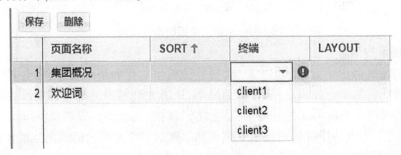

图 5-20　配置页面对应的展示工作站及排序

2.页面配置

可对要展示的页面进行增加、编辑操作。需配置的内容包括页面 ID、页面名称、页面地址、子页面及页面内控制动作。页面加入方案如图 5-21 所示。

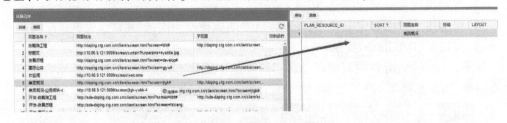

图 5-21　页面加入方案

（1）页面 ID:页面的唯一标识,新建时可为空,系统将采用随机字符串作为该页面ID。

（2）页面名称。在导航页面清单中显示的名称。

（3）页面地址。

（4）子页面。当页面左中右区域有可切换的子页面时,需要对子页面进行配置。

（5）页内控制动作。当页面内需要执行特殊的控制指令,如页面内图片轮播/停止/上翻页/下翻页等。

3. 演示方案配置

根据演示需求制订不同演示方案,演示方案配置包含以下内容:

(1)方案的默认语言。

(2)展示方案包含的页面及页面顺序。

(3)页面在哪台展示工作站呈现。

(4)页面对应的大屏布局方案。

(六)其他可选的导航控制端界面

我们可以根据用户的使用系统设计不同的导航界面,如图 5-22 所示。

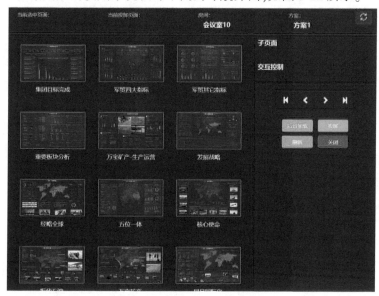

图 5-22　导航控制端界面

三、生产管理系统

(一)A-Courage 平台

1. A-Courage 平台介绍

1)基于业务层面的基础平台(A-Courage)

A-Courage 基于完全自主研发的软件平台,基于 B/S 结构模式,采用. NET 技术开发平台,且与一般的管理软件平台有着明显的差别:一般的管理软件往往是在技术开发平台上搭建,而金思维信息技术有限公司则是在更高级的、基于业务层面的基础平台(A-Courage)上构建的。所谓业务基础平台,就是针对企业信息管理系统中具有体系性的、普遍性的问题而提供的通用解决方案,它是以业务导向和驱动的架构来理解、分析、设计、构建、集成、扩展、运行和管理其上的信息系统的。解决了以前应用系统直接依赖支撑平台的现状。

2)基于 B/S 架构的技术先进的 A-Courage 平台

A-Courage 业务基础应用平台基于 B/S 架构,开发具有完全自主版权,实现如下技术:

(1)支持 Windows 系列等成熟商用操作系统。

（2）支持 Oracle/SQL Server 等各种成熟主流商用数据库管理系统。

（3）支持 PC 服务器、小型机等成熟商用服务器。

3）良好柔性的 A-Courage 平台

A-Courage 平台构建的管理信息系统将具有良好的系统柔性，主要表现在集成性和扩展性方面：

（1）实现电厂管理信息系统内部业务管理子系统，如资产管理子系统、生产管理子系统、经营管理子系统、决策支持子系统的横向集成和扩展应用，实现业务数据的自动流转和信息的完全共享。

（2）实现电厂管理信息系统和实时监控系统，实现生产现场数据实时传输到管理信息系统，辅助统计/分析/决策。

（3）实现电厂管理信息系统和其他信息系统，充分整合电厂内外部资源。

（4）实现电厂整个管理信息系统的高度集成，同时实现和电厂外部单位、上级单位的信息交互和上报。

支持集团化多电厂一体化管理模式，多个电厂的业务可在同一系统中进行处理，并通过严格的权限管理，实现不同用户所能查看及操作的业务根据其所在电厂进行控制，集团层面用户可同时查看、对比下属多个电厂的业务数据。

4）A-Courage 平台的实用性

A-Courage 平台主要实现的功能包括：

（1）用户及角色的管理：对用户/角色进行描述定义和管理。

（2）系统信息管理：系统的注册信息。

（3）功能/数据模块管理：对系统的基本组件、电厂行业组件、电厂个性化组件以及相关的系统配置管理。

（4）企业模型管理（企业建模管理）：提供可视化动态企业建模（DEM）工具，方便实现跨部门的电厂资源优化配置和业务流程重组（BPR）。

（5）关键绩效指标管理：对于电厂的关键绩效指标的定义和管理，辅助统计分析决策。

（6）工作流管理：提供可视化工作流功能，包括工作流的配置、描述和管理。

（7）数据库管理：支持多个数据库的管理模式，包括对数据的备份管理。

（8）运行日志管理：提供完善的运行日志，监视系统运行，跟踪用户操作。

（9）安全性管理：包括密码管理、权限管理、系统锁定管理等。

（10）自定义报表：提供报表的自定义功能，用户可根据需要自己制作报表。

2. 平台架构

A-Courage 平台的体系基于 B/S 结构模式，采用. NET 技术开发平台。

平台架构具有如下特点：

（1）支持 B/S 结构，客户端只需要标准的 Internet 浏览器就可以运行系统的全部功能，平台可以架构于 Internet 之上。

（2）支持安全通信协议，保证通信过程中数据的安全性。

（3）支持安全证书为基础的认证体系及多层次的安全措施，确保系统的安全运行。

（4）支持 XML 标准，简单实现与其他系统的数据集成。

（5）系统级提供动态容错和负载平衡技术，保证系统安全、高效地运行。

3. 平台功能

系统具有通用、开放的体系架构，实现平台无关性，并圆满解决了异构数据的集成问题，可以满足八字嘴航电枢纽生产管理系统整体解决方案的集成化要求，支持企业定制和快速实施。它具有如下特点。

1）基础数据管理

系统预制完善的基础数据，并可根据信江航运枢纽项目的个性化需求进行设置。

2）控制中心管理

（1）用户管理

支持对系统的登录用户进行统一管理，只有在用户管理中注册的用户才允许登录系统使用授予的相关操作权限，每个用户需设置用户登录 ID、登录密码、电子密钥绑定、密码有效期限等信息。

支持设置角色及角色成员，支持设置用户组及用户组成员，用户组的成员可以是用户，也可以是其他用户组。

支持用户信息导入，将系统中的人员信息导入生成系统用户。

（2）组织机构管理

将生产运行、设备维护各项业务归属特定的厂（站），是为发电生产和设备维护的组织单元；将班组、部门归属特定的单位。既支持信江航运枢纽项目对系统权限的集中统一管理，又支持为每个单位设置一名管理员对权限的局部调整。

（3）权限管理

提供业务功能权限管理，支持业务数据的新增、修改、删除、打印权限管理。支持按用户分配权限、按模块分配权限、按角色分配权限等多种方式。

通过在角色管理中给不同的角色授权，将用户置于特定的角色，该用户就拥有角色的权限。

（4）运行日志

运行日志用于跟踪用户、模块的运行情况，通过运行日志功能，系统记录访问者信息，详细记录任一客户端、任一用户访问系统的时间（进入时间、退出时间）和访问的功能模块，供系统管理员日常维护和进行安全管理，当系统出现问题时，可通过查询运行日志记录的信息分析、查找问题的原因，支持按用户查看运行日志和按模块查看运行日志，支持用户 ID 和密钥双重认证。

（5）系统配置

提供工作流程设置、报表设置、用户设置、系统初始化设置、系统功能设置、部门和人员业务设置、各类权限设置（操作权限、数据权限、审核权限）、用户及授权设置、口令设置及维护等。

提供系统运行的参数设置。以参数的方式区分和表达不同的业务逻辑，设置了确定的参数值即选择了按特定的业务逻辑处理相关业务，为当下的日常业务和将来的业务改进提供了多种选择。支持参数用户模块配置、参数角色模块配置、参数用户配置、参数角色配置、参数模块配置、参数系统配置等方式逐级定义参数。

（6）系统组态工具

提供画面组态工具，自行定制组态监视画面，满足个性化需求，支持构建组态图、组态图实时数据显示和历史曲线显示。

支持为各单位、各厂（站）建立组态图目录，定义组态图；指定各单位、各厂（站）组态图的目录负责人、组态图定义人、组态图查询人。

定义组态图样式，支持矩形、椭圆、文本标签、水平或横向棒图、按钮、字符串值标签等VG 图元控件。

支持组态图数据画面显示，可自定义刷新时间；支持历史回放，按指定历史时间段回放数据画面；支持显示测点历史曲线；支持对超限数据进行颜色提示报警。

（7）事务代理

提供事务代理管理，因特殊情况无法自己处理相关事务时通过设置代理将事务交由代理人处理。可以为每一工作流程的每一事务分别设定代理人，可以设置代理人、代理的工作流及事务、代理开始时间和代理结束时间，代理结束时对于已代理出去的事务可以有选择的收回。支持查询，允许被代理人和代理人查看代理期间的代理数据。

（8）系统备份与恢复

提供多种备份方式保障数据可靠性，备份数据可导出，可自定义备份策略，并定时自动执行。

通过数据库自带的备份工具也可实现上述功能。

（9）系统更新与升级

提供对系统进行更新操作，记录每次系统更新结果，支持查看每次系统更新的记录及相关日志。提供离线或在线方式对系统进行补丁更新操作，支持以升级包方式对系统进行版本升级，不影响现有系统使用。系统更新与升级只需在服务器端操作即可。

（10）在线测速工具

系统平台封装在线测速工具，集成在个人首页工作台中，可以帮助用户进行网速诊断，初步排查网络速度情况。

3）流程管理

以图形化的方式自定义工作流，包括流程中各事务的定义、事务的执行条件、执行人员等。

支持设置流程配置人员，根据业务需要将适当的工作流程配置权限分配给指定用户。支持设定流程调度人员，在需要时调整工作流程事务和事务待处理人员。

定义每步事务的属性，如：是否允许撤回、转交，是否需要签署意见等。也可以自定义每步事务的执行人员。如果某步事务的下一步有多个事务时，可以分别定义到多个事务的执行条件，在业务处理时系统会根据条件自动选择下一步事务和执行人员。

支持多工作流定义，同一业务存在不同的处理流程，定义多个工作流并为每个工作流设定执行条件，在业务处理时系统会根据条件自动选择工作流。

对模块界面上的输入项和相关按钮进行设置，如只读、禁用、隐藏、编辑等。

在工作流设置中，执行人员、执行条件、通知主题、通知内容等都支持参数，参数允许自定义。

提供工作流自动提醒,支持与公告通知、邮件、手机短信集成使用,事务执行时可以公告、邮件、短信方式发送通知,可自定义通知人员、通知条件、通知主题和通知内容,支持工作流日志功能。

支持将工作流业务参数、流程配置以文件的形式导出,并提供接口导入。

4)报表管理

系统支持按照年报、季报、月报、旬报、日报、不定期报表等多类别进行生产报表的自动归集。

支持根据信江航运枢纽项目的个性化需求,自定义文档归集的类别。例如,定义"信江航运枢纽项目季度生产报表",则根据规则,系统将信江航运枢纽项目季度生产会议所需要的报表自动归集到该分类。会议审阅报表数据时,即可通过系统完成。

(1)报表自定义工具

A-Courage 系统平台内封装了报表自定义工具。报表工具是用于报表制作及数据填报的大型报表软件,它提供了高效的报表设计方案、强大的报表展现能力、灵活的部署机制,并且具备强有力的填报功能,配合以全面的用户权限管理、报表调度功能和交互功能,为企业级统计分析、展现提供了高性能、高效率的报表系统解决方案。采用强关联语义模型、多源关联分片、不规则分组、自由格间运算、行列对称等技术,使得复杂报表的设计简单化,避免了大量的复杂程序编写与前期数据准备,大大提高了报表设计的效率。

报表工具不需安装控件,纯 HTML 的 Web 报表,支持多种浏览器,支持多种文件输出方式,并提供了全面的页面与打印控制,能够满足 Web 报表的多种展现需要。此外,报表工具可生成柱图、饼图、折线图、仪表盘、雷达图、双轴柱线图等三十几种图表。

(2)设置编报单位

每份报表必须确定一个编报单位,表示一份报表是由哪个单位出具的。支持三种类型的编报单位:一般编报单位、外部编报单位、汇总编报单位。一般编报单位的报表数据在指标管理系统内通过取数公式取数自动生成;外部编报单位的报表数据从外部导入或者手工输入;汇总编报单位报表数据是从其他编报单位的报表数据汇总而来的。

(3)报表目录

建立报表目录和报表目录分级管理体系,建立不同类型的报表,包括日报、周报、旬报、月报、季报、中报、年报和不定期报表。

指定报表目录负责人、报表定义人和报表查询人。同时,支持报表样式和定期生成报表时间的定义。

(4)报表定义

支持报表样式的定义,提供报表定义向导,一个报表向导代表一种业务报表,为业务报表提供默认报表样式,为业务报表提供可用报表公式清单,报表定义人通过报表样式页面"报表向导"按钮调出报表向导设置报表样式,公式向导可选择使用报表公式清单内公式和报表控件公式。

可以不指定、不使用报表向导,由报表定义人自定义报表样式和单元格计算公式。

支持报表格式的导出和导入。

（5）报表生成

按报表定义的取数公式和计算公式生成报表数据，"报表数据"按钮可查看、编辑报表数据，可调整单元格数据后重新计算或重新取报表样式并计算数据。报表数据生成后提交相关人员审批。

报表数据可按确定的时间、周期定时自动生成、计算。

（二）资产管理子系统

资产管理系统以发电设备为管理对象，围绕设备台账，以设备编码为标识，对设备的基础数据、备品备件、设备检修和维护成本等进行综合管理，覆盖发电设备从基建期安装调试到生产期发电运行、检修维护的全生命周期，帮助水电企业建立可持续改进的设备管理知识库，确保发电设备安全可靠地运行。

1. 设备管理

制定合理的、科学的和规范的设备编码，对设备对象进行统一的标识和管理，以方便各种信息的传递与共享。

建立设备台账，记录和提供设备信息，反映设备基本参数及维护的历史记录，为设备的日常维护和管理提供必要的信息，可根据设备在线运行情况和设备台账，对设备出力水平、劣化趋势、设备寿命等进行分析。业务功能主要包括设备基本信息、设备技术规范、设备评级、设备检修历史、设备缺陷记录、设备异动、设备备品备件、设备台账查询等。

1）设备编码维护

根据设备编码规则对设备进行编码，形成设备树形结构，显示设备之间的层次关系。电厂设备编码系统的建立可以更好地对电厂设备进行统一的标识和管理，通过制订合理的、科学的和规范的设备编码，可以方便各种信息的传递与共享。

功能特点如下：

（1）对于设备编码管理，支持编码与物资及相关文档资料的关联使用。

（2）可以由电厂根据实际需要定义内部编码规则，建立设备编码。

2）设备基本信息

用于建立完整、准确的设备档案信息，是设备台账的重要组成部分，能够反映设备的基本情况，如设备名称、规格型号、设备类别、生产厂家、出厂编号等；对于设备其他相关的资料信息，如技术手册、使用手册、保修说明书等，可以通过附件形式添加。

3）设备技术参数

用于建立设备技术参数清单，以作为设备基本信息的一部分，设备对应的技术参数是对设备进行监控和分析的重要数据。

4）设备变动记录

用于对设备生命周期内的变动情况进行管理，包括设备的调拨、异动、报废、出售、转让、租赁、封存、启动等变动处理，最终形成设备变动记录台账。

5）设备评级

用于记录设备的评级情况，形成设备评级记录台账，便于电厂对设备统一管理。

6）设备台账查询

用于查询设备基本信息、设备重要参数、设备缺陷情况、设备变动记录等信息。

功能特点如下：

（1）可查询完备的设备台账及设备运行和维护中的各种信息，便于设备管理人员进行分析决策。

（2）实现了对发电设备从安装、运行直至报废的全生命周期的管理。

（3）设备台账与检修管理、物资管理等业务高度集成，加强了数据的共享性和实时性，也保证了设备数据的一致性和完整性。

（4）设备台账管理物资管理集成，加强了设备维护活动的成本控制。

2. 缺陷管理

设备缺陷管理是电厂设备管理的一个重要组成部分，是保证发电设备健康水平，保证发电设备安全，提高发电经济效益的重要措施。

生产管理系统缺陷管理，实现缺陷发现、处理、统计分析全过程计算机管理，提高缺陷处理的及时性、完整性，加强缺陷管理处理情况监督，提高电厂查询、统计和考核管理水平，促进员工处理缺陷的积极性和实效性。

1) 缺陷标准管理

（1）缺陷类别

建立缺陷类别标准，电厂通常会按照缺陷的性质对设备所产生的缺陷进行分类管理，对于不同类别的缺陷会有不同的管理要求。通常可将缺陷分为一类（Ⅰ类）、二类（Ⅱ类）、三类（Ⅲ类）等。

（2）缺陷部位

建立设备缺陷部位标准，在缺陷处理过程中，明确的缺陷部位可以保证对缺陷原因进行及时准确的诊断消除。

（3）渗漏介质

建立设备渗漏介质标准，对于有渗漏现象的缺陷，描述渗漏介质是什么，以便采用正确的处理措施。通常渗漏介质包括水、气、油、风、烟、酸、碱等。

2) 缺陷流转

通常情况下，设备缺陷管理的基本过程为：登记设备缺陷—设备缺陷诊断—检修消缺作业—验收设备缺陷—缺陷归档。一般运行人员发现并登记缺陷，提交检修人员进行原因的诊断并进行消缺处理，在检修人员完成消缺工作后，提交运行人员进行验收。

需要记录缺陷时，通过值班负责人确认后，缺陷发现人登录系统，从下拉列表中选择"设备名称"、选择"缺陷类型"、填写"缺陷现象"、从下拉列表中选择"通知人员"，填写完成后系统自动生成缺陷单编号（年、月、序号，如201607001），自动记录缺陷发现人并记录发现时间，缺陷状态显示未消。

消缺人员登录系统，根据消缺情况填写"临时采取的措施或方案"，填写完成后系统自动记录消缺人及消缺时间。

缺陷临时采取措施或方案后，值班负责人则登录系统后根据试运行情况确认，确认完成后系统自动记录值班负责人及时间，缺陷状态自动转为已消。

消缺人员登录系统，根据消缺情况填写"处理情况"，填写完成后系统自动记录消缺人及消缺时间。

缺陷处理完成后,值班负责人则登录系统后根据试运行情况确认,确认完成后系统自动记录值班负责人及时间,缺陷状态自动转为已消。

如消缺人员在发现缺陷48 h内未填写消缺情况或验收人员72 h未验收,则缺陷状态自动转为待消。

据消缺情况填写"消缺及验收情况",填写完成后系统自动记录电站验收人及时间。

（1）缺陷登记

发现缺陷后,登记缺陷类别、所属专业、缺陷部位、缺陷现象、发现时间等,描述缺陷内容,并将缺陷通知检修维护班组相应的负责人。

集控中心缺陷由集控中心缺陷发现人录入。

受控电站重大缺陷由电站通过系统填报。

有权限的用户可以登录系统,记录设备缺陷内容和消缺情况。

（2）缺陷诊断

对通过工作流流转的缺陷进行诊断,判断是否缺陷,并填写缺陷类别,由谁负责消除,计划完成日期等。

（3）缺陷处理

检修人员在接到待消缺的缺陷后,需及时进行消缺,并填写消缺内容及相关处理方法。若缺陷在计划完成时间内不满足消缺条件的时候,可将缺陷提交给相关领导进行缺陷挂起,申请延期处理。对于挂起的缺陷,待具备消缺条件后,需进行激活,激活的缺陷可再次流转至消缺人员处进行消缺处理。

（4）缺陷验收

检修班组提出验收申请,提交运行人员进行缺陷验收。对于验收合格的缺陷,提交进行归档;对于验收不合格的缺陷,验收人员可以退回给相关检修人员重新进行检修;对于在计划完成时间点之前没能完成的缺陷可进行缺陷考核。

（5）缺陷查询统计

通过缺陷查询功能,可以准确、快捷地定位到用户需要查询的任意一条缺陷,方便电厂管理人员对缺陷的管理。查询条件有:缺陷发生的时间范围、机组、专业、班组、所处流程等。

具备查询统计功能,能按缺陷级别、缺陷状态、发现时间等选项进行复合查询,能导出为电子文档(格式见下表),并能够进行打印。

能按月、年自动统计缺陷数目和消缺数目,生成消缺情况饼状图。

支持按电站、缺陷状态、缺陷数量按时间段统计,在统计结果内缺陷编号链接到相应的缺陷单,格式如下并支持生成文档并打印。

3）缺陷管理集成

在金思维调度业务管理系统中,系统功能是按照功能模块进行划分的,但是模块与模块之间很多是相互关联、相互集成的。

缺陷管理功能与值班管理相集成,缺陷提交后应能自动同步到值班日志,消缺验收确认后应能自动同步到值班日志。

缺陷管理与信息发布管理模块集成,重大缺陷填报后应能关联到临时报告管理模块。

4）缺陷统计与考核

金思维水电缺陷管理支持用户自定义缺陷统计口径，自动统计出本周或本月未处理缺陷、未及时处理缺陷、验收不及时缺陷，有利于落实缺陷考核制度。

3. 点巡检管理

建立设备点检作业标准库，在点检作业库中定义点检内容、点检方式、点检周期、点检人员等。根据设备点检作业标准库中点检周期分点检人员提醒到期应执行的点检项目，并生成应执行点检项目清单。

1）点巡检记录

点巡检记录功能用于点巡检责任人根据点巡检作业标准对每天需要完成的点巡检工作记录点检结果，包括作业记录和作业项目两个部分。

功能特点如下：

（1）通过"取数"按钮，可从实时系统中取点巡检项目对应测点在检查时间点的数据，然后自动根据点巡检项目状态判断公式进行结果评价，结果评价为正常或异常。

（2）通过"历史曲线"按钮，可查看点巡检项目对应实时测点的历史曲线。

（3）通过"系统图"按钮，可查看点巡检项目对应实时测点的系统图。

（4）支持与智能点检仪的接口，将点检数据集成到电站生产管理信息系统中，形成完善的设备点检定修台账。

2）点巡检分析

点巡检分析功能用于对点检作业的结果进行分析统计。可以对点巡检作业和作业项目进行分析。

功能特点如下：

（1）可对满足条件的点巡检作业情况进行查询，了解做了哪些点巡检工作。

（2）对于所查询的点巡检作业，可以查看作业项目的检查情况，并可对每一个项目分析在所选择的检查时间范围内的检查情况，对于字符型的项目，可以按检查结果的次数来分析，并用直方图显示；对于数值型项目，可以分析结果的变化趋势，用曲线来显示。

4. 检修工单

检修工单支持工单分类、维护、统计，通过工作流对工单的提出、调度、执行、验收等流程进行全面管理。检修工单包括工单的基本信息及材料、人员等方面的内容。支持可以直接开工单，也可从设备缺陷和检修项目下达工单。功能清单涵盖设备管理功能，支持维护工单时选择设备编码，支持通过需求申请和领料申请来归集工单材料的消耗，支持通过工单处理检修项目的实施过程。

1）工单维护

功能特点如下：

（1）通过"需求申请"按钮可调出物料需求申请模块进行检修物料需求申请，也可对工单的需求申请进行查看。

（2）通过"领用申请"按钮可调出库存领料通知单模块进行检修物料的领用申请，也可对工单的物料领用情况进行查看。

2)工单统计

工单统计功能用于对设备的检修作业情况进行统计分析,包括对检修工单数、检修用料和检修用工的统计分析,并用图表显示数量金额。

5. 检修项目管理

对设备进行计划性维修,是设备管理的一个重要组成部分,通常一个检修计划包括很多检修项目。检修项目管理对项目计划、项目立项,以及检修项目的执行情况进行管理,对检修过程中的各种文档进行记录和分类管理。

1)项目分类

对检修项目的类别进行划分,如划分为标准项目、特殊项目、技改项目、两措项目等。

2)项目计划

用于对已经审批通过的项目计划进行维护,主要内容包括项目名称、项目类别、项目总投资、主要工作内容描述、备注、计划状态等。

3)项目立项

用于登记项目的立项申请,通过工作流进行审批,主要内容包括立项单号、立项年度、会计单位、项目类别、项目编码、项目名称、计划内外、责任部门、申请人、材料费、人工费、计划开始时间、计划完成时间等。

4)项目维护

用于对项目信息进行维护,主要内容包括项目的类别、名称、责任部门、项目经理、承包商、项目总价、材料费用、人工费用、项目工期等。

6. 预防性维护

建立设备预防维护标准库,定义维护项目的内容、维护周期、责任部门等。可根据维护周期生成相关责任部门应执行设备预防维护项目的清单,记录维护结果及进行相应的查询。

1)预防性维护标准

建立设备预防维护标准库,定义维护项目的内容、维护标准、维护周期、责任部门、责任人等,主要包括设备给油脂标准、定期轮换标准、定期试验标准等。

2)预防性维护记录

预防性维护功能用于维护各设备预防维护工作的执行情况。

功能特点如下:

(1)通过"不定期工作"按钮可以弹出不定期工作的列表,可选择作为当前日期需要处理的工作。

(2)支持设备预防维护工作定时生成。

7. 设备维护

设备维护分为设备维护看板及设备相关日志。

1)设备维护看板

通过设备维护看板可知道当前都有哪些需要处理的设备维护工作,可直接调用相应的业务功能来进行处理,支持通过看板查看设备缺陷,需缺陷管理功能;支持通过看板查看定期工作,需定期工作功能;支持通过看板查看点检任务,需点检功能;支持通过看板查看检修工单,需检修工单功能;支持通过看板查看预防任务,需预防性维护功能。

2)设备相关日志

通过设备相关日志可对设备维护的相关工作按天进行回放,支持查看值班日志,需运行功能;支持查看设备缺陷,需缺陷管理功能;支持查看工单,需检修工单功能;支持查看点检记录,需点检功能;支持查看定期工作,需定期工作功能;支持查看工作票,需工作票功能;支持查看操作票,需操作票功能。

(三)生产运行管理子系统

信江航电枢纽生产管理系统主要是针对水力发电企业生产管理需要开发并经过多家水力发电企业应用实践的企业信息化系统,主要包括运行管理、工作票管理、操作票管理、计划管理、技术监督管理,能够实现对水电企业生产过程的管理。

发电运行是水电企业发电生产的中心环节,运行管理的主要职责就是让水电企业发好电、多发电、稳发电,完成好发电计划,降低生产成本,提高经济效益。为了能够完成这一职能,金项目公司管控一体化系统生产管理紧紧围绕电厂"两票三制"原则,通过系统中的运行日志管理、定期工作管理、工作票管理、操作票管理等手段,使人员和设备都有很好的生产安排,从而保证发电设备处于良好的运行状态。

1. 运行管理

1)运行日志

运行日志是生产管理的重要内容之一。围绕电企"两票三制"中的"运行交接班制",集中规范管理各个运行岗位的值班记录,供生产管理人员查询了解发电生产情况,实现各岗位运行交接班管理及相关日志(值长日志、班长日志等)记录、统计、分析、查询等功能。

(1)登记值班记录

用于登记运行各岗位的值班记录,包括值班日期、交接班人员、天气情况、岗位记事、关注设备、关注指标等。

功能特点如下:

①支持对值守人员、维护人员的排班、交接班管理。

②支持值守人员、汛期值班员的日志管理,支持自定义日志格式,提高日志的可读性和可扩充性。

③记录各岗位关注设备和关注指标,全面了解设备的运行参数和状态。

(2)查询值班记事

查询值班记录中的岗位记事,对已经生成的值班记事根据查询统计条件,按值班岗位、值班日期范围、班次、值别、记事主题、记事内容查询相应的值班记录。

(3)查询值班报表

用于查询各岗位值班记录生成的值班报表,根据年度、岗位可查看本岗位某日某值班生成的值班报表。

功能特点如下:

①支持对值守人员、维护人员的自动排班管理,当选择班次时自动计算选择相应的值别;交接班管理,需严格按照交接班制度,交接班时须交班人员、接班人员同时在场,方可进行交接。

②严密的运行日志管理,记录值班期间主要运行事件、主要设备运行状况及关注指标参数,方便了解当值设备实时运行情况;交接班时会将上一班次关注设备的状态自动取到本班,减少工作量,大大提高了工作效率。

③支持自定义值班日志格式,以报表形式进行展示,便于领导调用查看,提高了日志的可读性和可扩充性。

④完善的日志修改权限控制,运行交接班后,对于交班前的日志记录,只有管理者可以修改,普通用户无法改变,保证了数据的原始性。

⑤与缺陷、两票数据共享,当发生缺陷、执行两票业务时,应记录相关运行日志,从而保证了运行日志与缺陷、两票相关联,便于运行人员跟踪监督。

2) 定期工作

定期工作是运行管理的重要组成部分,包括定期操作、定期试验、定期检查等,是及时了解设备运行状况,发现设备缺陷和设备隐患的有效方法。定期工作的计算机化,提高了定期工作的时效性和可操作性,并可加强考核力度,充分体现了电厂"两票三制"中的"定期试验、定期轮换制"和"定期巡回检查制"。

定期工作分水工专业和运行值班,水工专业有水工设施定期巡查。运行接班时按预先定义的定制工作安排自动生成各值班点当日定期工作,未完成定期工作不允许接班。定期工作包含定期工作安排和定期工作执行。

定期工作安排信息包括:定期工作周期、定期工作内容、定期工作内容列表。

定期工作执行信息包括:值班号、是否执行、执行人、定期工作内容、执行时间、定期工作执行明细列表;实时监视运行定期工作的完成情况,到期时自动提醒运行人员进行定期工作。

流程说明如下:①设置登记定期工作所需要的基础数据;②定期工作管理的核心部分,用于登记运行定期工作情况,填写执行情况;③查询运行定期工作内容,用于按各种组合条件查询运行定期工作的执行情况。

(1) 登记定期工作

用于登记运行定期工作情况,根据事先定义好的"定期工作内容"自动生成一段时间范围内的定期工作,也可以手工增加未通过固定周期自动生成的一些定期工作,以便运行人员查询当天自己工作职责内的定期工作,并及时登记工作情况。

功能特点如下:①可以根据周期(包括天、周、月等)自动生成定期工作;②与设备台账集成,灵活设置定期工作内容和操作项目;③按照定期工作周期提醒用户处理定期工作内容,记录定期工作完成情况、执行人及相关备注信息;④根据"定期工作内容"中定义的周期及预警部件的生成周期自动生成定期工作。

(2) 查询运行定期工作

用于查询运行定期工作内容,可以按各种组合条件查询运行定期工作的执行情况,并以不同颜色区别完成的定期工作与未完成的定期工作。

功能特点如下:规范了定期工作内容、定期工作周期以及定期工作明细项目,支持自动生成定期工作计划,提醒运行人员对设备进行定期试验与切换,避免人为原因导致的疏忽、遗漏、超周期。

2. 工作票管理

工作票是在电力生产现场设备系统进行检修作业的书面依据和安全许可证,金思维水电生产管理工作票的开发设计符合国家电力公司颁发的《安全生产工作规定》及原电力部颁发的《电力工业技术管理法规》《电业安全工作规程》《电力设备典型消防规程》的有关规定,同时参照了国家电网公司调度规程及发电行业的实践经验,能够实现工作票的流程化管理。

主要业务功能包括标准工作票管理、工作票办理、工作票查询、工作票统计。

1)标准工作票管理

将实际完成的工作票,通过审核认为符合标准的可导入生成典型票,方便以后调用,提高办票效率以减少安全隐患的发生。

2)工作票办理

工作票办理必须严格按照工作票管理标准进行填写,根据事先配置的工作流程进行流转,主要涉及的流程为:工作票填写、工作票签发、工作票许可、工作票延期处理、工作负责人变更、检修作业、工作票终结等。工作票流转过程中,根据情况允许用户对工作票进行执行、作废、打印等操作,并自动对已执行的工作票进行存根,便于统计分析。

功能特点如下:

(1)提供标准工作票库,方便直接调用。

(2)通过工作流配置,实现工作票流转和提醒功能,并可追溯;自动统计工作票合格率。

3)工作票查询

工作票查询功能用于对已生成的工作票按各种组合条件进行查询,并可以浏览工作票票面详细信息。

4)工作票统计

工作票统计功能用于对工作票数量、合格数、不合格数、作废数、合格率、不合格率情况进行统计。

3. 操作票管理

操作票是发电企业进行电气倒闸操作和在热力系统上进行重要或复杂的操作时的书面依据,目的为杜绝操作人员由于疏忽大意,操作中缺项、漏项而造成错误操作,避免危及人身和设备安全。

1)典型操作票管理

用于维护一些常规的操作项目,以便在生成操作票时直接引用典型操作票。需要维护的数据项主要包括任务编码、任务名称、操作项目、危险点等。

2)操作票办理

用于办理不同票种的操作票,填写内容必须严格按照操作票管理标准来执行。根据事先维护的典型操作票,将相关操作项目、危险点信息自动引入到当前操作票上,用户可以按实际应用需求进行调整。

功能特点如下:

(1)提供标准操作票库,方便直接调用。

（2）通过工作流配置，实现操作票流转和提醒功能，并可追溯；自动统计操作票合格率。

3）操作票查询

按照时间范围、机组、值别、票种等条件查询操作票信息，并可以浏览操作票票面详细信息。

4）操作票统计

统计一段时间内，某一机组和某一票种的操作票情况。

4. 计划管理

计划管理的范围牵涉生产、后勤、办公等各个方面，其主要目标是协调水电企业人、财、物等各方面的资源。

生产计划管理子系统功能主要包括：水库运行（调度）计划、设备检修计划、技改及其他生产型资本性支出项目计划、生产能力计划、发电计划方面，以及统计报表等管理功能。其中包括企业年度、季度生产计划的编制，汇总编制月度生产计划任务书、生产数据统计、编制和发放有关报表；对企业生产技术经济指标的管理以及对执行情况的督促、考核等。

系统支持的计划类型包括：安全生产计划、发电指标计划、检修维护计划、安措计划、春秋季检查计划、专项安全检查计划、反措计划、工作计划、机组检修计划、生产计划等。并可根据四川杂谷脑水电开发有限责任公司需求，通过系统配置定义新的计划类别。

1）计划类别

定义满足四川杂谷脑水电开发有限责任公司及各电站需要的计划类别，包括类别名称、验收部门、验收人、主管领导、启用日期、停用日期。

支持根据不同的验收部门、验收人员、主管领导设置区分不同计划类别的处理流程。

支持计划的启停日期管理。

2）计划来源

定义生产计划的来源，如生产会议、工作任务、公司领导、专题会议等。体现生产计划产生的依据。

3）计划验收依据

生产计划管理的流程为编制、审核、上报、批准、下达、调整、执行、跟踪、验收的闭环管理模式。其中，验收的依据就显得尤为重要。系统支持定义相关生产计划验收的依据，作为计划是否完成的评判标准。

4）定期计划

水电企业很多的生产计划属于定期的工作计划，如定期上报防汛总结等。系统支持按照执行周期定义计划，自动推送到项目责任人员的事务中心。

5）计划编制

计划编制支持根据四川杂谷脑水电开发有限责任公司自定义计划类别、计划内容，并分解到下属各电站、厂站、机组。借助于综合统计管理对综合计划进行动态跟踪，实现偏差管理、闭环控制。

通过计划管理，可以实现包括计划的申报、审核、批准、上报、预算、分解/下发、追踪等，为领导提供多渠道、多任务的决策依据。

6)计划查询

支持按照多种口径对计划进行查询,如计划类别、流程状态、责任部门、责任人、时间等。支持查询计划完成内容、完成质量、完成事假等要素,同时系统支持按照计划名称关键字进行模糊查询,支持查询结果归集到电站、部门或人员。

5. 技术监督管理

运用科学试验方法,对发电设备进行检测试验和计算分析,发现缺陷和隐患,采取措施使设备处于良好状态,包括继电保护监督、电能质量监督、热工监督、电测监督、绝缘监督、金属监督、化学监督、环保监督、节能监督、水工监督等。

记录监督设备运行状态,记录设备的监督项目,多种方式查询技术监督的情况,为管理人员协调指挥生产提供依据。

重视对各种监测、检验、试验数据的分析,重视对历史数据和当前数据之间的综合比较、分析,通过技术监督的过程管理,在事故发生前发现和解决事故隐患。

功能特点如下:

按技术监督的类别分专业划分受监督设备,从设备台账选取设备增加到各监督类别。

按监督类别、监督设备设置监督项目。

继电保护监督、电能质量监督、热工监督、电测监督、绝缘监督、金属监督、化学监督、环保监督、节能监督、水工监督等监督工作台账的定义、记录、审批、打印。

运用报表编辑工具,根据实际需求定义相应的台账的输出格式和输出内容,具有良好的可维护性和适应性。

1)监督类别设置

可以根据电厂的自身需求,设置不同的技术监督类别,绝缘监督管理、电测监督管理、继电保护及安全自动装置监督管理、节能监督管理、环保监督管理、金属监督管理、化学监督管理、热工及监控自动化监督管理、通自监督管理、水工监督管理、电能质量监督管理等;

支持编码自动生成;

支持上传和下载相关附件。

2)监督项目设置

支持按照对技术监督进行不同的分组,支持设置技术试验的项目及对应的测试范围;

支持附件添加和试验结果的导入导出;

支持按照不同的分组名称和监督类别进行组合查询。

3)监督设备试验

支持按照设备编码结构进行设备试验;

支持对试验单位、试验环境、温度、试验值等进行记录;

对记录的试验结果支持与合理值范围进行对比,并可以对差异等结果进行说明。

4)监督文档查询

支持按照国家标准、电力行业标准、集团标准、公司标准、监督类别标准等不同的监督文档按照上述的分类方式进行树状结构展示。

5)试验设备查询

支持对试验设备按照设备编码、试验设备名称和试验的起止日期进行多种条件的组合查询。

(四) 安全管理子系统

安全管理是"安全第一、预防为主"方针的具体体现,加强安全基础工作,积极采取措施,消除不安全因素,防止设备事故和人身伤亡事故发生。

安全管理包括安全组织结构、安全活动、安全事故、安全总结、安全违章、安全奖惩、安全考试、安全工器具、特殊工种等。安全管理是落实生产过程中安全措施、技术措施的主体,是水电厂生产管理中的日常工作。

1. 安全机构

电力企业一般都成立了各级安全机构,各机构都有负责安全的安全员(安全员一般通过评选产生),如公司安全监督人员,部门安全监督人员及班组安全监督人员。

安全机构模块主要对各级安全机构信息进行维护,支持以树状结构形式展现安全组织机构体系。

2. 安全检查小组

电力企业为了加强安全管理,一般会成立安全监察小组,对企业的安全违章情况进行定期和不定期检查,部分管理严格的电力企业,甚至会对各检查小组提出考核指标。

安全检查小组模块主要对企业的安全检查小组信息进行维护,不包含检查小组考核指标管理。

功能特点如下:

(1)安全检查小组支持版本概念,即支持不同批次的检查小组设置。

(2)支持安全小组人员定义设置。

3. 安全活动

发电企业各部门(或班组)会不定期组织一些安全学习活动,安全活动大部分以会议的形式进行,要求参加的人员一般必须参加,未参加的也会补课。

安全活动后,对活动内容情况进行总结,提出安全方面的相关建议及要求,这些内容需记录在安全活动记录中。

1)安全活动分类

支持定义安全活动分类。

2)安全活动登记

对安全活动的相关信息进行记录,包括安全活动组织的部门、时间、主持人、记录人、参加人员、补课人员、活动主题、活动内容、建议与要求、评价等信息。

功能特点如下:

(1)支持安全活动分类定义,登记不同活动类别的活动内容、总结等信息;

(2)支持工作流及附件功能,对活动内容审核进行流程管理。

4. 安全违章

发电企业安全检查小组定期或不定期对企业的安全情况进行检查,如发现违反安全规定,则对相关的人员或单位进行考核。

(1)安全违章分类,定义安全违章分类。

(2)安全违章登记。

安全违章模块主要对发现的违章违规情况进行登记、审核。

功能特点如下：

（1）支持附件和工作流审批。

（2）支持工作流及附件功能，对活动内容审核进行流程管理。

5. 安全事故

电力企业把出现的重大安全问题称为事故，事故一般分为设备事故、人身事故两种，也有进一步进行细分的，如火灾事故、大型起重机械事故等。

电力企业对安全事故处理比较重视，发生事故时记录安全事故原始报告，相关部门分别根据事故情况对事故进行分析、给出责任报告，最后安全部门根据各部门报告进行总结，对安全问题定性，给出处理意见及防范措施。

1）事故分类

该功能用于对事故进行分类，并对每类事故进行定性描述。

2）安全事故登记

安全事故模块支持安全部门对安全事故的处理结果进行记录，并支持流程审核。

功能特点如下：

（1）支持工作流审批及附件传阅。

（2）灵活定义违章分类，并对各类违章进行详细记录。

6. 安全总结

发电企业会定期对企业内部的安全情况进行大检查（如春季安全大检查、秋季安全大检查），企业各部门对安全情况进行总结记录。

（1）安全总结分类。自定义安全总结分类。

（2）安全总结登记。本模块对企业安全总结内容进行管理。但对安全总结中涉及问题的整改落实过程不做管理。

功能特点如下：支持详细记录安全活动完成情况、安全总结等信息，并支持工作流与附件。

7. 安全奖惩

对企业安全奖惩情况进行记录，并支持流程审批管理。

8. 安全工器具

企业各部门及班组对领用的安全工器具进行台账记录，需周期性地对安全工器具进行检验、检查，对超过使用期限的进行报废处理。

（1）工器具分类，定义工器具类别。

（2）工器具登记。

用于对工器具的年检和安全试验、工器具的报修、报废和添置等进行记录。

9. 特殊工种

对厂里的特殊工种进行登记。

（1）特殊工种分类。定义特殊工种分类。

（2）特殊工种登记。对全厂具有特殊工种证件的员工进行登记。

10. 安规考试成绩

对参加安规考试人员的考试成绩进行登记,可以针对某次考试项目或某个部门参加人员进行批量登记。

(五)事故应急处理预案子系统

应急预案指面对突发事件如自然灾害、重特大事故、环境公害及人为破坏的应急管理、指挥、救援计划等。

1. 预案登记

针对不同的事故,建立对应的应急预案。应急预案信息包含名称、版本号、发布文号、预案类别、重大程度等信息,对预案进行登记以及流程审批。

2. 应急预案演习计划

根据应急预案及各站的实际情况,制订演习计划,并监控计划的实际执行情况。支持将应急预案作为文档库的一个子目录,用户归类汇总、展示相关应急预案,便于员工进行查询。支持应急预案的编制、修改。应急预案演习计划审批应急预案演习计划的信息包括演习计划名称、预案名称、计划开始时间、计划完成时间、组织部门、组织人、完成情况、备注、填报人、填报时间、审核状态等信息。

3. 应急预案演习计划报告

演练报告对应演习计划,在演习计划完成后出具。

应急预案演习计划报告的信息包括报告名称、演练计划、预案名称、计划演练时间、时间演练时间、组织部门、组织人、参与部门及人员、参与人数、备注、填报人、填报时间、审核状态等信息。记录应急演练的参加人员、缺席人员、缺席原因、演练时间、演练主题、演练内容、建议与要求、演练总结。

4. 应急管理网络

建立应急人员信息网,应急管理网络的信息包括员工编号、姓名、性别、组织职务、电话、邮箱、备注等信息。

5. 应急物资

对应急物资的编码、规格、计量单位、分类、期初数量、入库数量、领用量、报废数量、结存数量进行统计。支持应急物资的出入库管理。

6. 预警发布及统计

针对不同的安全威胁,启动对应的预案,规避事故的发生。预案启动信息包含预警名称、预警类型、预警级别、使用的预案、预警区域、启动范围、启动原因、时间、预警来源、预警发布人、预警启动时间、总指挥、副总指挥等信息。

预警发布需走预警发布流程。

(六)经营管理子系统

针对项目公司的经营管理业务,融合了先进的管理理念和丰富的应用经验,可以对计划、采购、库存等进行一条线的集成化管理,从而达到规范物资管理流程、保证物资供应、降低采购费用、减少库存积压和加快资金周转的目的,实现对企业物资的有效管理与控制。

1. 采购管理

采购管理帮助采购管理人员迅速处理采购申请、采购询价、采购批准、采购订单下达,快速接收物品,加强采购资金和采购费用开销的控制。帮助采购人员对采购物资的申请、订货、催货、收货等采购活动实行全过程的动态跟踪管理和分析,确保采购工作高质量、高效率和低成本地进行,使水电企业具有最佳的供货状态,避免物料的积压或短缺。

1) 需求申请管理

物资需求产生后对新物料申请、物料需求申请、需求申请处理、需求申请关闭、需求申请查询的管理。

(1) 新物料申请

编制需求申请时,遇到物资编码库中不存在的物料时,需要先进行新物料的申请。审批过程中,由相关人员对新物料进行编码处理。支持个性化的新物料审批流程;支持新物料的导入操作,可从 Excel 文件批量导入,减少维护人员的工作量;便捷的新物料处理操作,可根据物料辅助编码自动生成物料编码。

(2) 物料需求申请

用于填写业务部门对物资的需求情况,审批结束后方能进行需求物资的分配和采购。支持模糊查询和树状结构的选择方式,物料选取时简单方便;与新物料申请集成,支持选取已生成物料编码的新物料;支持多种物料单价取数方法,满足不同的价格政策;支持个性化的需求申请审批流程;支持多种补库方式,及时发现库存不足并编制采购申请,保证物资的及时供给。

(3) 需求申请处理

计划人员对已批准的申请物资进行库存分配、下达采购等操作。

(4) 需求申请关闭

对由于需求变更而导致无效的需求申请明细进行关闭,释放所占库存数量及预算金额。既可逐条关闭也可批量关闭;关闭时需记录关闭原因、关闭时间和关闭人,便于信息的追溯;对于每条需求申请明细,都可方便地查询出其对应的分配数量、采购数量、领用数量等信息。

(5) 需求申请查询

申请人跟踪追溯需求申请的执行状态及其所处的采购各环节的相关信息。通过"执行状态"清晰了解需求申请的执行情况;需求申请对应的采购各个环节的数量、日期等信息"一目了然";丰富的查询条件和汇总方式,便于用户进行个性化的统计分析。

2) 采购订管理

需求申请下达采购后,对采购申请、询价比价以及生成采购订单的管理,如图 5-23 所示。

(1) 采购申请

计划员根据已经下达采购的需求申请编制采购计划并在流程驱动下完成审批。

(2) 采购询价

采购员进行询价、比价的操作,包括编制询价单、打印询价单、询价结果记录、比价、比价结果审批等。

(3) 请购单调度

对于没有参与询比价的采购申请,可指定供应商、采购员、采购部门等信息。对于已经参与询比价的采购申请,可进行供应商、采购员、采购部门、申请数量及需求日期的调整。

（4）采购订单

用于采购订单的编制与审批。采购订单是水力发电企业与供应商产生购买关系的凭据,是采购管理的重要业务。

（5）采购催货

查询近期应到货、过期未到货的订单信息,为采购员催货提供信息。

（6）采购申请查询

查询采购申请的相关信息。通过"执行状态"可清晰地了解到采购申请的执行情况;双击某条记录可以查看采购申请的详细信息;随时跟踪采购申请对应的订单信息;丰富的查询条件和排序方式,便于用户进行个性化的统计分析。

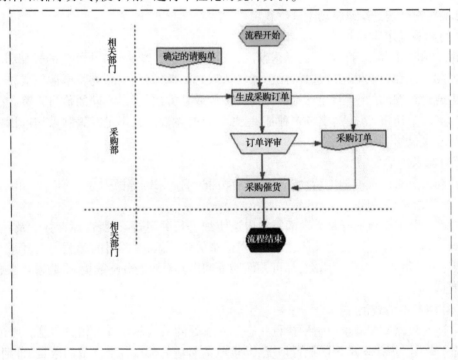

图 5-23　采购订管理流程

3）采购收货管理

供应商到货后,对货物检验、收货的管理。

（1）采购验收单

对供应商送达的货物进行检验,并记录检验结果及合格判定。根据采购订单编制,有效地减少工作量;支持个性化的采购验收流程;支持合格、让步接收、不合格三种检验结果的判定;记录相关检验说明,方便信息的查询与追溯。

（2）采购收货通知单

采购业务中重要的业务单据之一,是采购员通知仓库管理员进行收货的凭证,亦是与供应商结算的重要依据。据采购验收单编制,对于不需质量检验的物资采购可直接根据采购订单编制收货通知单。

4）采购结算管理

管理供应商开具的发票，与收货信息进行核对，对差异进行处理，形成结算台账。

（1）购货发票核对

登记供应商开具的发票的信息，并与收货信息进行核对、处理差异。支持增值税发票、普通发票、运输发票等多种类型的发票；自动根据发票金额与税率计算计税金额与税额；支持开票单位与收款单位不一致的业务模式。

发票核对时，根据开票单位过滤出收货信息供用户选取核对，减少手工二次录入；支持直接补差和单到红冲两种差异处理方式；根据设定的差异处理方式进行差异处理，保证财务账与库存账的一致性。

（2）查询货到票未到明细

查询未到票或部分到票的暂估入库的收货信息。查询结果中集中展示发票数量与金额、差异数量与金额、未到票数量与金额等关键信息；丰富的查询条件和汇总方式，便于用户进行个性化的查询统计。

（3）采购入库结算汇总表

查询采购入库结算的汇总情况。分期初未结金额、入库金额、暂估入库金额、结算金额、冲暂估金额、差异金额和期末未结金额进行查询结果的展示，对财务进行账物处理提供帮助；支持仓库、供应商、物料类别等多种查询对象；支持只显示采购估价及其核销情况，更有针对性；丰富的查询条件，便于用户进行个性化的查询统计。

5）采购付款管理

对付款信息及付款审批的流程进行管理，形成采购付款台账。

（1）采购付款

登记付款的相关信息，并进行流程化的审批。支持个性化的采购付款审批流程；与购货发票核对模块集成，自动带出付款金额等信息，并判断发票号码与付款单位的对应性；自动进行付款金额与发票金额的比对，若超出立即进行提示；与供应商台账集成，自动带出供应商的收款银行、收款账号等信息。

（2）采购付款情况查询

查询已经发生的相关付款信息。支持按采购员、供应商和发票汇总付款信息；丰富的查询条件，便于用户进行个性化的查询统计。

6）采购台账查询

对物料的进价情况、收货单的开票情况、供应商的交货情况进行分析，形成对管理决策有参考价值的分析结果和台账信息。

（1）查询采购进价情况

分析物料的价格变动情况。集中展示价格的各种因素，如平均价格、最低价格、最高价格、最新进价等，方便用户全面了解价格的变动区间及变动趋势；支持入库和结算两种价格、含税和无税两种方式进行分析；丰富的查询条件，便于用户进行个性化的查询统计。

（2）查询收货单开票情况

分析采购收货单的开票情况。集中对收货单的应开票、已开票、未开票情况进行展示；可追溯开票的明细情况，方便进行账务的核实；丰富的查询条件，便于用户进行个性化的查询统计。

2. 库存管理

库存管理主要管理仓库的各种台账和相关的到货登记、验收、收料、领料、退料缴库、退货、转储等业务内容,通过与采购管理相结合实现对物资的各种入出库业务实现流程化管理。通过对物资入出库管理和库存物资盘盈盘亏管理,保障库存物资账、卡、物的一致性。

支持各种出库成本计算方法,包括先进先出、加权平均、移动平均、个别计价等。

支持批次、库位及安全库存管理,提供库存预警和提醒机制,避免人为遗漏和疏忽。

提供及时盘点、定期盘点等,完善的盘盈、盘亏处理方便财务、账务处理。

支持实时查询库存量、可用库存、已分配库存、在途量等。

以采购收货单为依托,对采购物资的价、量、质实施有效控制。

支持购货发票核销审批过程管理,加强采购成本控制。

支持对发票未到的采购业务进行暂估及自动冲销。

1) 领用管理

采购到货后,申请人根据需求申请填写领料单,领料单经过审批后方能出库。

按照需求分配进行定额领料,避免超额领料的发生,保证库存物资的合理使用。

支持个性化的领料单审批流程。

支持退料业务,并与原领料单关联,自动带出原领料单的相关信息,避免信息的二次录入。

支持直接出库,提高工作效率。

2) 入出库管理

对物资日常入出库事务的管理。

外购入库:保管员按照采购收货通知单办理物资入库手续,确认实际入库物资,生成入库单作为物资入库的凭证。

其他入库:仓管员办理除采购外其他入库方式的物资入库登记,并生成入库单作为物资入库的凭证。

领料出库:仓管员按照领料通知单办理物资出库手续,确认实际发出物资,生成出库单作为物资出库的凭证。

其他出库:仓管员办理除领用外其他出库方式的物资出库登记,并生成出库单作为物资出库的凭证。

3) 库存盘点管理

库存管理中的一项重要事务就是对库存中的物资进行盘点,是账物一致的重要保障手段,明确库存中的实物数量,与账面信息比对进行盘盈盘亏的处理。

库存盘点准备:库存盘点时准备工作,包括盘点日期、盘点范围、盘点部门、盘点人等信息的确定及库存冻结的处理。

登录盘点数量:登记盘点后的实际库存数量,并进行盘盈盘亏的处理。

库存调拨管理:将一个仓库中的物资转移到另一个仓库,先进行物资的调拨出库,再进行调拨入库的处理。

调拨出库:处理物资调拨出库业务,并生成出库单据。支持控制物资的调拨只能按照调拨关系进行;支持控制调拨出库单只能作废不能删除,保证库存单据编号的连续性;支持对库存数量的控制,避免产生负库存的现象。

调拨入库:处理物资调拨入库业务,并生成入库单据。支持按调拨出库单编制,减少手工录入的工作量,避免人为因素对数据的影响;支持控制调拨入库单只能作废不能删除,保证库存单据编号的连续性。

4)库存单据审核

财务人员对库存管理中的入出库单据进行审核,审核后的库存单据将不允许进行修改。

丰富的查询条件便于用户进行库存单据的筛选。

支持同时审核或取消审核多张库存单据。

可对库存单据的明细记录进行事务类型的调整。

5)出库成本计算

计算物料出库成本并更新每张出库单出库单价和出库金额,确保出库金额的正确。

6)库存金额调整

由于价格波动等原因造成物料的库存金额与其目前的实际价值偏差较大时,需要对库存金额进行调整。

适用于"库存数量为 0 金额不为 0""库存数量不为 0 金额为 0""库存数量金额符号相反"等多种应用场景。

支持标准成本、平均成本和最新进价三种调整依据。

丰富的查询条件便于用户进行调整范围的筛选。

根据调整金额自动生成调整的库存单据。

3. 库存核算

存货核算是为了查询库存月报、查询领用出库情况、查询采购入库情况、查询物料收发台账。

1)查询库存日报

查询指定条件范围内的期初结存、本期入库、本期出库、期末结存情况。

支持物料类别、物料、仓库等多种分析对象;支持双击查看明细记录对应的库存单据。

2)查询物料收发台账

查询指定条件范围内物料的入库、出库、结存的明细情况。

查询结果按月进行小计和累计,按流水账的形式展示物料的收发情况;支持双击查看明细记录对应的库存单据。

3)查询领用出库情况

按指定的对象汇总领用出库的情况。

支持仓库、部门、供应商、物料类别等多种汇总方式;双击查询结果可以浏览相关明细记录。

4)物料入库组合查询

查询指定条件范围内的物料详细的入库情况。

详细的入库信息,可以满足不同人员对查询结果的需求;双击查询结果可以浏览对应的库存单据。

5) 物料出库组合查询

查询指定条件范围内的物料详细的出库情况。

详细的出库信息,可以满足不同人员对查询结果的需求;双击查询结果可以浏览对应的库存单据。

6) 查询物料库存情况

查询指定条件范围内物料的库存数量、分配数量、可用库存数量等信息。

支持仓库、物料、批号三种汇总方式;实时了解物料的安全库存、库存高限、可用库存等信息。

7) 库存货龄分析

分析库存物资的货龄分布情况。

支持自定义货龄期的天数及名称;统计出各个货龄期的数量、金额及所占比例。

8) 库存周转率分析

分析物料在指定条件范围内的周转情况及本年的周转情况。

支持按仓库、物料类别及物料进行分析;支持次数和天数两种分析指标。

9) 库存资金占用分析

分析所选对象的库存占用金额及比例。

支持按仓库、物料类别、ABC 分类及物料进行分析;支持对分析对象进行上溯及下钻分析;支持饼图展示分析结果,直观掌握各个分析对象所占比例。

10) 库存资金变动分析

分析指定期间内库存的期初、入库、出库及结存金额,并针对某项金额进行趋势分析。

支持对期初金额、入库金额、出库金额及结存金额进行图形化的趋势分析;支持直方图及饼图两种图形分析方式。

11) 查询物料超限情况

查询指定条件范围内物料的库存数量、库存上下限及超限比例等信息。

功能特点如下:

(1) 可实时了解物料的库存情况及超限情况,为补库提供参考。

(2) 可了解物料的最后入库和最后出库日期。

(七) 生产实时系统

生产实时系统通过生产实时数据接口、横向单向物理隔离装置与机组控制系统相连,实现对生产过程的生产实时数据的安全采集、处理、监视及管理,为管理信息系统提供生产实时数据支持,并符合《电力二次系统安全防护规定》的要求。

生产实时数据的及时采集、存储,快速而有效地显示给相关生产人员,为机组的安全经济运行提供有力的保证,并可以为相关的子系统提供所需要的实时数据,更好地服务于电厂安全、经济、运行管理目标。

1. 数据采集

生产实时系统(如机组监控系统、状态监测系统、水情自动测报系统、计量系统、大坝安全监测系统等)通过物理隔离装置与网关机的生产实时数据接口程序进行通信,实现对实时数据的采集、存储、计算等功能。

系统将实现生产数据的实时采集,通过企业 KPI 指标计算模型库,将取得的指标加以计算、分析,形成可用指标进行展示,建立可视化生产管理平台。

1)机组监控接口

及时采集、存储机组监控系统数据,以组态图的形式显示给相关生产人员,为机组的安全经济运行提供有力保证,为相关子系统提供发电负荷、发电量、上网电量、厂用电量等数据,更好地服务于水电企业生产管理。

2)大坝监测接口

动态采集大坝监测系统数据,对数据进行分析处理,对水平位移、竖向位移等监测量进行实时检查,形成大坝综合信息台账。

3)水情测报接口

水情测报接口与水情测报进行集成,采集总雨量、当前雨量、单位时间最大雨量、平均雨量、降雨次数、起始水位、结束水位、最高水位、最低水位、平均水位、水位变化值、水位变化幅度等数据。可随时查询任何时段、任意测站的降雨强度及水位变化,当水库水位出现越限情况时,可迅速报警。

2. 系统组态

提供画面组态工具,用户可使用画面组态工具自行定制组态监视画面,满足个性化需求。

3. 实时曲线

通过系统图、成组参数、趋势曲线、棒图、历史回放等方式显示各机组、系统、设备的运行状态数据,为生产管理人员、现场运行人员提供实时、直观的生产过程数据,为设备的安全经济运行提供有力的保障。

具备以下功能特点:

(1)提供在线组态功能,所见即所得,并支持组态图的权限控制。

(2)支持矢量图元,方便系统图的绘制和编辑。

(3)提供历史数据回放功能,有利于事故的在线分析。

(八)决策支持子系统

1. 统计分析

承继实时数据与生产运营数据应用,统计分析向管理层和决策层及时准确地提供反映生产状况的指标数据和分析结果,为制订生产计划提供依据,系统如图5-24所示。

1)统计指标设置

统计指标设置定义水电厂(站)统计分析指标体系。

设置峰腰谷:将每天的发电时间划分为峰、腰、谷三种性质的时间段,分别计算峰、腰、谷时段的发电量、上网电量、购网电量等电量指标。

指标分组:按指标数据统计周期对统计指标进行分组,设置分组负责人、指标值类型,指标数据类型包括统计值、计划值,指标数据周期包括积数、值、日、月。分配每个指标分组的统计指标、指标值录入人、指标值审核人。分组负责人分配指标分组的统计指标及指标值的录入方式、录入人、审核人。

统计对象:将厂(站)所有统计对象分类管理,包含机组、线路、厂用系统、水工等。

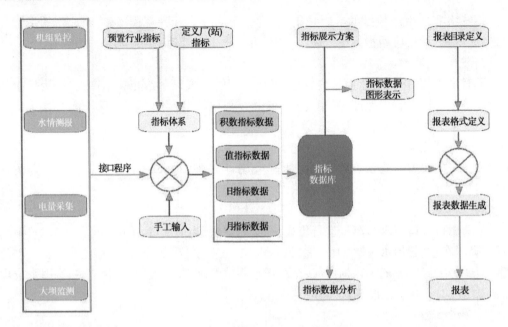

图 5-24

指标设置:将标准统计指标应用到机组、线路等统计对象生成水电行业统计指标,新增厂(站)统计指标,形成满足水电厂(站)需要的统计指标体系,包括积数统计指标、值统计指标、日统计指标、月统计指标。

2)统计指标录入

录入积数指标、值指标、日指标、月指标等多种类型指标数据,指标数据的录入方式包括计算录入、手工录入。

如果指标录入方式为"计算录入"并且设置了取数或计算公式,则按时自动获取指标数据并进行计算。

如果指标录入方式为"手工录入",则由值班人员录入指标数据及计算。

积数指标数据考虑了更换表计,能够延续采集、计算表计更换后的指标数据。

配置用于积数统计指标、值统计指标、日统计指标及月统计指标的服务,根据统计指标分组及周期由系统通过服务自动生成统计指标数据。

3)统计指标分析

对各类型统计指标提供同期、当期、上期的比较分析,分析结果以图表形式展现,包括日指标分析、月指标分析、值指标分析、班指标分析、积数指标分析、日指标月趋势图。

为岗位、人员制定指标数据分析方案,进入功能即显示按方案分析结果。

2.报表管理

报表管理包括报表设置、计算统计、浏览查询,用于运行管理、统计分析及经济指标的报表设置与展示。

1)报表定义

设置编报单位:每份报表必须确定一个编报单位,表示一份报表是由哪个单位出具的。支持三种类型编报单位:一般编报单位、外部编报单位、汇总编报单位。一般编报单位的报表数据在指标管理系统内通过取数公式取数自动生成;外部编报单位的报表数据从外部导入或者手工输入;汇总编报单位报表数据是从其他编报单位的报表数据汇总而来的。

报表目录:建立报表目录和报表目录分级管理体系,建立不同类型的报表,包括日报、周报、旬报、月报、季报、中报、年报和不定期报表。指定报表目录负责人、报表定义人和报表查询人。

报表定义:支持报表样式的定义,提供报表定义向导,一个报表向导代表一种业务报表,为业务报表提供默认报表样式,为业务报表提供可用报表公式清单,报表定义人通过报表样式页面"报表向导"按钮调出报表向导设置报表样式,公式向导可选择使用报表公式清单内公式和报表控件公式。可以不指定、不使用报表向导,由报表定义人自定义报表样式和单元格计算公式。支持报表格式的导出和导入。

2)报表生成

按报表定义的取数公式和计算公式生成报表数据,"报表数据"按钮可查看、编辑报表数据,可调整单元格数据后重新计算或重新取报表样式并计算数据。报表数据生成后提交相关人员审批。

报表数据可按确定的时间、周期定时自动生成、计算。

3)报表查询

报表的查询人可查看审批结束的各期报表数据。

4)报表工作台显示

各类报表结果发送至工作台首页中显示,分为日报表、月报表、年报表、周报表、旬报表、季报和不定期报表分类存放。

报表查询人点击直接查看报表的最新一期,支持查看历史期号的报表。

(九)水工管理子系统

针对项目公司的管理需求,加强水工建筑物以及水工运行的管理内容包括:水工建筑物管理,形成水工建筑物台账;水工运行管理,对大坝进行定期安全检查;水库调度、防汛值班管理以及重要事件登记。

1. 水工建筑物维护管理

水工建筑物是水力发电厂(站)重要设施,是安全生产的重要保障,管理好水工建筑物,保证其可靠、完整、安全运行,充分发挥经济效益和社会效益。

水工维护管理即管理水工建筑物的台账和日常维护,既包括大坝、厂房等水工建筑物,也包括其附属设施,如闸门启闭机。

1)水工建筑物编码管理

对水工建筑物编码是使用信息系统管理水工建筑物的基础工作。制订使用方便的水工建筑物编码规则并按规则对水工建筑物编码,以编码为线索,记录水工建筑物的各种静态信息和动态信息。

水工建筑物编码支持电厂标识系统编码标准,即 KKS 编码标准。

支持水工建筑物的树状结构管理。

支持水工建筑物编码与相关规程、文档资料的关联使用:上传、下载、阅读。

2）水工建筑物台账管理

水工建筑物台账是对静态信息和动态信息的积累和使用,如水工建筑物基本信息、设计参数、备件清单、技改履历、评级鉴定、缺陷信息等,管理人员和技术人员可以根据台账对水工建筑物的健康状况进行分析和监督。

水工建筑物设计、施工、运行过程中的各项资料一般保存在档案室,查询、使用不方便,可将这些资料转换成电子档案,形成水工建筑物的附件,方便使用。

基本信息:记录水工建筑物的设计单位及设计报告、施工单位及施工中的各种资料、竣工日期、安装地点、购置日期、责任部门、责任人、投产日期、使用年限、固定资产编号、原始价格等信息。

设计参数:记录水工建筑物参数项和参数值,如水库的正常蓄水位、死水位、坝高、泄洪建筑物尺寸,包括额定值、最大值、最小值。

备品备件:建立水工建筑物备品备件清单,在检修消缺、排除隐患的时候能够方便查询所需要的备品备件,支持库存数量不足时及时编制备品备件需求申请。

检修维护:根据水工建筑物分类制定维护保养标准,包括维护类型、责任部门、责任班组、维护人、维护标准和维护周期等,将标准在系统中固化,定时生成巡检任务。

评级历史:记录水工建筑物评级情况,形成水工建筑物评级台账。

缺陷信息:集成水工建筑物缺陷信息,形成水工建筑物缺陷台账。

3）水工建筑物巡检管理

定期对水工建筑物进行巡视检查,便于及时发现异常并及时组织处理,水工建筑物巡视检查工作分日常巡视、年度详查、定期检查和特殊检查四种类型。

根据巡查卡设定水工建筑物的巡视检查周期、巡视检查路线、巡视检查区域、详细检查项目。

巡视检查工作结束后,将巡视检查结果反馈到系统中,完成对巡检工作的统计分析,可输出巡检报表,包括巡检到位率、遗漏项统计、合格项或不合格项、缺陷及处理情况分析、渗漏点统计分析。

对水工建筑物巡检结果的记录、统计、分析、查询。

对水情水调系统测报站点的巡视,对测报站点维修记录进行统计、分析、查询。

4）水工建筑物缺陷管理

提供工作流管理,将水工建筑物缺陷管理工作流程化,通过缺陷发现与登记、缺陷判定、缺陷处理、消缺验收、缺陷统计、消缺考核等,使水工建筑物缺陷管理工作得以有序进行,缺陷信息也构成了水工建筑物动态台账的组成部分。

缺陷登记:具备完备的缺陷编辑功能,输入缺陷类别、水工建筑物名称、缺陷部位、缺陷现象、发现时间、发现班组、发现人员、通知人员等信息,以便将缺陷信息发布至相关岗位或人员,将消缺工作严格落实到人,缺陷记录的内容也是缺陷统计分析的条件,方便分类检索和统计分析。

缺陷判定:判定登记的缺陷是新发现缺陷还是已有并且观测中的缺陷,对于新发现的缺陷由谁负责消除,拟定计划完成日期。

缺陷挂起:不具备消缺条件的缺陷做挂起处理,挂起的缺陷怎么处理,审核人可以做出判断,并进入缺陷挂起申请、审批流程。可以按水工建筑物、缺陷类别、缺陷部位、缺陷现象、挂起原因等条件查询和统计挂起的水工建筑物缺陷。

缺陷验收:消缺工作完成后进入缺陷验收事务,对消缺结果进行验收,验收不合格可退回重新消缺,在计划完成时间之前没能消除的缺陷可提供制度规定的考核数据。

缺陷统计:按缺陷分类、水工建筑物、消缺完成时间、缺陷流程状态、责任部门等条件对缺陷进行汇总统计,提供缺陷总数、已消缺数、未消缺数、消缺及时率、未及时消缺数、不及时率、当前挂起缺陷数、曾挂起缺陷数、未挂起缺陷数等统计指标,并支持自定义缺陷指标。

提供缺陷考核的常用指标,支持自定义缺陷考核指标,为绩效考核提供数据。

2. 水工观测管理

水工建筑物受自然因素影响,工况变化大,安全隐患具有隐蔽性和渐变性,对水工建筑物的观测,及时发现隐患,分析原因,改善运行方式;通过对观测资料的分析,掌握水工建筑物的运行规律。

1) 观测仪器管理

观测仪器是观测数据质量的重要保证,应保持仪器处于正常状态。

建立观测仪器和观测设备台账,如经纬仪、水准仪、水准尺等,记录其生产厂家、出厂编号、规格型号、购买日期、投用日期、损伤及修复情况。

记录检验和校正周期,及时预警仪器、设备的检验和校正时间。

2) 观测数据记录

定期提醒水工观测人员及时开展观测工作,记录水工建筑物观测数据。

提供水工建筑物常用观测指标,如气温、水温、水位、高程、垂直位移、水平位移、扬压水柱、扬压力、渗漏流量、伸缩缝等。

按观测周期生成观测指标清单,方便观测数据的输入。

根据水工建筑物工况,支持增加观测指标。

3) 观测数据计算

自动完成观测数据的计算工作,生成各种水工观测报表,并提供观测数据的图表展示。

自动采集大坝安全监测自动化系统的数据与记录人工观测的数据相结合。

支持建立观测成果计算公式,输入原始观测数据后系统即可完成观测数据的计算。

计算时段可按日、月、年,指标包括最大值、最小值、平均值等。

4) 观测数据分析

对观测数据分析,帮助观测人员掌握水工建筑物的安全状况。

提供观测指标数据的分析,既可以分析单项指标的变化情况,又可以对多个具有相关性的观测指标一起分析,分析指标间的相互影响,比如水平位移、环境温度、上下游水位关系,分析结果提供曲线展示。

分析水工建筑物的变形、渗漏、应力应变和内部温度等指标数据,编制各种观测报表,如垂直位移观测报表、大坝扬压力观测报表、大坝渗漏流量观测记录计算表。

提供分析成果的存储、导出,形成水工建筑物安全监测资料。

3. 水库运行调度

在确保水工建筑物安全的前提下,按设计确定的任务、调度原则合理安排水库的蓄、泄、供水方式,充分发挥水库防洪、发电综合效益,发挥水电厂调频、调峰和事故备用作用;合理调度水库,提高水电厂的经济运行水平。

及时、准确地获取流域水文、气象资料,包括雨情信息、水情信息和机组运行情况,对长期积累的历史数据整理与分析,进行水务指标计算,提供防洪和发电的综合调度辅助决策信息。

1) 水文数据管理

对水情信息进行记录及反馈,供决策人员及水工运行人员及时掌握最新的雨情和水情信息。

提供水电行业常用水文指标,包括雨量、水位、流量、发电流量、泄洪流量、排沙流量、发电水量、泄洪水量、排沙水量、空载水量、蒸发水量、渗漏水量、灌溉水量。

提供接口程序与水文遥测系统、水库调度系统等其他系统集成数据,采集雨量、水量、水位信息,包括雨量、单位时间最大雨量、平均雨量、降雨次数、起始水位、结束水位、最高水位、最低水位、平均水位等数据。

当水文遥测站点设备出现异常不能自动采集数据时,支持人工输入指标数据,数据采集或输入的最小时间间隔为一小时。

可随时查询任意测站的降雨强度及水位变化,当水库水位出现越限情况时,可迅速报警。

提供对水情数据的存储、计算和分析,为制订发电计划提供资料。

没有与水情有关的系统运行时,可人工收集、输入水情数据。

2) 水务指标计算

规范水务数据的计算、统计方法,为水库调度积累可靠的运行资料,提高水库调度水平。

采集数据、完成水务指标计算,水务指标包括:机组发电量、上游水位、下游水位、日发电耗水率、日发电流量、日发电耗水量、日泄洪流量、日泄洪水量、日出库流量、日出库水量、耗水率平均值、发电水头、发电综合出力系数、水量利用率、日平均出库流量、日平均入库流量等。

按时生成水库调度报表,如水库运行综合日报表、水库流量计算表等。

为制订、调整短期水库、机组运行计划,提高经济调度水平提供数据,为分析运行情况和绩效考核提供依据。

3) 发电计划管理

水电是绿色能源,国家支持水电行业的发展,"以水定电"的调度模式要求水电企业及时掌握水文资料,根据来水情况编制发电计划,并报电网调度批准,发电调度管理包括发电计划管理和调度报表管理。

发电计划管理,包括日、月发电计划的编制、审核、上报、批准、下达、调整,跟踪发电计划的完成情况。

调度报表管理,包括日、月、年水库调度报表的编制、校核、审核、上报,方便水电企业的经济运行分析,提供调度报表的查询、输出功能。

4) 水工值班管理

水工运行人员是水电企业发电生产的组成人员,遵守交接班制度,记录岗位记事。

实现水工运行人员和防汛值班人员的排班管理、水工建筑物状态和指标的管理。

实现水工运行岗位运行交接班管理及值班日志管理,自动采集与水工建筑物有关的缺陷信息、定期工作信息、工作票信息、操作票信息进入值班记事内容,生成值班记事报表。

提供按值班记事内容的模糊查询。

5）防洪度汛管理

防洪度汛是水工运行人员汛期的重要工作,非汛期配合电网做好水库调度工作,汛期为各级人民政府防汛机构提供辅助决策信息,接受防洪调度指令,做好开闸泄洪操作。

实现防汛值班人员的交接班管理及值班日志管理,记录值班中发生的各种事项,交接班后的值班记事内容不允许修改,便于查询、跟踪。

对收集的气象信息、雨情数据、历史数据进行分析,编制洪水计算表。

接受、登记各级防汛机构下达的调度指令,按照指令开操作票进行泄洪操作,记录、反馈操作过程和操作结果,并提交相关领导批阅,调令存储在系统中备查。

提供防汛制度和防洪应急预案的管理,制度及预案存储在系统中,便于阅读和学习。

支持将年度防洪度汛工作的总结材料和分析报告存储到系统中,便于各方人员下载、阅读。

（十）移动应用 APP

提供一套建立在智能手机终端与企业服务器之间的解决方案,使手机终端上可以实现以下功能:集成平台、设备台账、缺陷维护、定期工作、微报表、采购管理、库存管理、操作票管理、工作票管理。

移动应用与管理信息系统共用一个数据库,共用一个业务处理流程,移动终端上的数据输入和处理结果能够立即反映到管理信息系统中。支持 PC 和移动端同时在线,用户灵活办公,随意切换办公设备。支持 APP 版本自动检测和同步更新,确保客户端版本一致。

APP 界面简洁,聚焦于关键的功能和信息,操作简单。

采用硬件特征码、身份验证、数据加密等安全策略确保移动数据安全;可提供细化到字段级的权限控制,以及用户对系统不同模块、各个菜单功能的不同操作权限(包括查询、新增、修改、删除)及可操作的人员范围;支持 SSL 加密证书,保证数据传送时的加密和隐藏。

移动终端支持二维码扫描、拍照、录音、GPS 定位等环境感知和数据采集功能。

在手机端实现 MIS 系统中相关功能审批以及查询统计的管理要素,同一个业务能够在智能终端,也可在 PC 端实现业务功能的登记、修改、查询等。

1. 集成平台

为移动应用 APP 的基础业务平台,支持自动登录,与 PC 端保持随时在线,方便使用。支持扫描二维码安装和配置,且 APP 版本自动检测和同步更新。

2. 设备台账

建立设备台账,记录和提供设备信息,反映设备的基本参数及维护的历史记录,为设备的日常维护和管理提供必要的信息,可根据设备的在线运行情况和设备台账,对设备出力水平、劣化趋势、设备寿命进行分析。设备台账包括设备基本信息、设备技术规范、设备评级、设备检修历史、设备缺陷记录、设备停复役、设备异动、设备备品备件等功能。通过移动 APP,可以在线实时查询设备台账,了解设备信息。

3. 缺陷维护

通过缺陷单的流转完成入缺、消缺和消缺验收的设备缺陷管理过程,并对设备缺陷进行多种口径的统计。

4. 定期工作

通过设置相关岗位的定期工作,系统根据周期自动生成相关岗位的定期工作,并记录完成情况。具体包括定期工作类别、定期工作内容、登记定期工作、查询定期工作、定期工作预警等。

5. 微报表

采取专业高效的 Web 报表开发工具,能够帮助用户轻松地实现报表浏览、查询、存储等操作,将报表、数据应用全面推向移动时代。通过微报,用户便能随时随地地获取所需报表、指标数据。

6. 采购管理

采购订单主要用于企业录入采购订单、确认采购订单。记录向供应商订货要求的单据,包括外协和外购需求。通过移动终端实现采购订单的审批。

7. 库存管理

通过移动 APP 可实时了解实际库存信息,从而可方便快捷地进行调拨出库入库,并可根据实时订单,统一配货出库,库存信息实时更新,盘点更加轻松精准。

8. 操作票管理

通过移动端选项卡切换的形式显示操作票/操作项/危险点,支持点击勾选框打钩操作项目,危险点表示已执行。实时在线处理操作票审批。

功能特点如下:

(1)支持选项卡切换的形式显示操作票/操作项目/危险点。

(2)支持点击勾选框打钩操作项目,危险点表示已执行。

(3)支持工作流程的提交、退回、撤回处理。

(4)支持在流程提交、退回时签署处理意见,选择下一步的流程事务和处理人。

(5)支持查看流程处理意见列表。

(6)支持切换显示待我处理和我已处理事务列表。

(7)支持选择查询方案,显示查询结果数据。查询方案使用电脑端采购申请模块定义,要求是可以立即执行、不需要补充条件的查询方案。

(8)支持在线查看附件文档内容。

(9)支持拍照、录音、摄像、扫描纸质文件生成 PDF 电子文档上传;支持选择手机本地文件上传,包括图片、音频、视频、PDF、Word、Excel、PPT 和 TXT 文本文件。支持删除附件,支持 Word、Excel、PPT 和 TXT 文本文件的编辑。

9. 工作票管理

支持同一列表页显示不同票种的工作票记录,包括定制工作票,支持选项卡切换的形式显示主表信息/明细信息/措施票信息,支持编辑各明细信息。实时在线审批工作票流程。

功能特点如下:

(1)支持同一列表页显示不同票种的工作票记录,包括定制工作票。

（2）支持选项卡切换的形式显示主表信息/明细信息/措施票信息。

（3）支持编辑各明细信息。

（4）支持工作流程的提交、退回、撤回处理。

（5）支持在流程提交、退回时签署处理意见,选择下一步的流程事务和处理人。

（6）支持查看流程处理意见列表。

（7）支持切换显示待我处理和我已处理事务列表。

（8）支持选择查询方案,显示查询结果数据。查询方案使用电脑端采购申请模块定义,要求是可以立即执行、不需要补充条件的查询方案。

（9）支持在线查看附件文档内容。

（10）支持拍照、录音、摄像、扫描纸质文件生成 PDF 电子文档上传;支持选择手机本地文件上传,包括图片、音频、视频、PDF、Word、Excel、PPT 和 TXT 文本文件。支持删除附件,支持 Word、Excel、PPT 和 TXT 文本文件的编辑(Android)。

(十一)智能移动巡检

1.巡检路线

通过合理规划,将巡检设备串起一条条路线,便于合理安排巡检任务,既保证该巡检设备到位,又为巡检工作提供安全保障。

2.巡检标准

规范设备巡检和预防性检查的依据,规范巡检作业的基本事项,包括巡检设备、巡检部位、巡检项目、巡检周期、巡检方法、巡检结果等。

3.巡检记录

智能移动巡检系统提供服务,定时生成巡检任务,显示在责任人待办事务中,如图 5-25 所示。循环周期,支持根据实际情况选择,可选分、日、周、月;支持设置巡检计划生成的具体时间,可选日、月。

看到待办事务后,责任人使用移动巡检 APP 做设备巡检,记录巡检中观察、采集的数据。

图 5-25

4. 巡检分析

智能移动巡检系统支持对设备巡检数据进行分析,生成设备巡检相关报表,可分析设备巡检到位情况和巡检设备、项目遗漏情况,可选择巡检设备、巡检项目分析一段时间内状态变动情况和运行数据变化情况。

支持的巡检分析包括按路线、设备统计漏检率、设备完好率,按人员统计人员到位率等。

分析结果为上下页显示,上部为巡检设备,下部为巡检的具体项目和巡检结果,点击相关设备即可查看设备对应的巡检项目。

选中巡检项目,提供"作业项目分析",可以查看该项目所有的巡检记录,并通过折线图或柱状图展示历史趋势。

5. 智能移动巡检 APP

目前,物联网技术(IoT)日益成熟,并得到广泛应用。金思维智能移动巡检 APP 结合了移动互联网、二维码、NFC、移动应用等技术,包括点巡检管理、巡检管理、缺陷管理等内容,可对设备的运行情况进行实时反馈,自动记录设备巡检、消缺结果等信息,实现所有设备检查的表格电子化,准确掌握设备状况和运行趋势,实现可视化管理,提高协同工作效率,让现场设备管理搭上"大数据"和"互联网+"的顺风车。

1) 巡检任务接收

点巡检任务通常根据点巡检路线和点巡检标准定时自动生成,生成的点巡检任务自动作为点巡检人员的待办事务,并可自动推送手机通知消息给点巡检人员,无须像一般的点检仪一样执行点巡检任务的下载操作。

一旦当前移动 APP 用户有需要处理的点巡检任务,则在手机主界面的金思维移动 APP 图标上就会显示待处理的点巡检任务数,并可自动推送通知消息。点巡检人员根据数字提示或推送的消息提醒,即可及时进行点巡检任务的处理。

登录移动 APP 后,如果有待处理的点巡检任务,在点巡检的模块图标上也会显示待处理的点巡检任务数。

打开手机 APP 点巡检模块,系统自动默认列出当前点巡检人员当天需要点巡检的任务,也支持切换所有待处理或已处理的点巡检任务。

2) 巡检路线

支持按设备名称、规格模糊查询巡检路线和定位点巡检、消缺任务;支持查看任务的点巡检项目列表、各项的点巡检方法和判定标准,实现智能巡检。

提供进场定位技术巡检的可视化管理,有助于提高巡检签到的便捷性、可靠性以及防伪性。

如果点巡检人员要点巡检多条路线,则可通过切换点巡检路线来列出所选点巡检路线的点巡检任务,按点巡检顺序列出该路线所需点巡检设备。

3) 巡检工作

支持 NFC 识别技术。支持扫描巡检对象 NFC 定位点巡检任务。支持将巡检、维护、缺陷信息以文字、照片、音频、视频的形式记录上传,数据与电脑端实时同步。

4）巡检记录

支持通过移动 APP 在线查看巡检记录情况,不同巡检记录情况通过颜色进行标识,可以方便快捷地查找到异常巡检记录。

四、状态诊断分析系统

状态诊断分析系统可对实时及历史数据库记录的大量设备运行状态数据进行分析和追忆,对各种设备进行集中监测与数据诊断分析,可为设备检修提供丰富的状态信息,及早发现设备中的隐患,将故障消灭在萌芽状态。同时,系统能够深入开发、利用、挖掘各设备数据,在线智能感知设备状态,通过对大量设备运行数据的挖掘、建模,实现设备健康感知、安全感知、性能感知及预测分析。

(一)总体架构

根据对信江枢纽全息监测系统的需求分析,结合信江枢纽当前的实际情况与业务应用现状,我们认为在本项目规划和建设过程中,需具备高度的先进性和可扩展性,满足业务需求不断变化、数据与分析需求不断增加的需求。

因此,整个系统以生产设备为核心,数据高度融合为基础,全息监测应用为目的,包含数据采集、平台服务、应用服务等多层级的服务模式架构,实现基于信江枢纽海量数据的集中管理、数据整合、智能分析、场景应用、全息监测等系统服务功能。信江枢纽全息监测系统总体架构设计如图 5-26 所示。

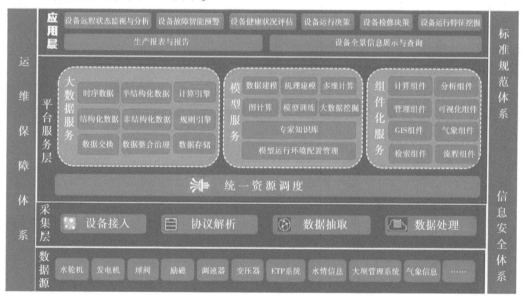

图 5-26　信江枢纽全息监测系统总体架构设计图

1.数据源

(1)电站机组在线监测系统。

(2)电站及泄水闸金结设备在线监测系统。

(3)电站电气设备在线监测系统。

(4)电站重要辅助生产设备在线监测采集装置。

(5)库区泵组在线监测采集装置。

2. 数据获取

1)电站机组在线监测系统数据接入

从在线监测系统中抽取接入到生产数据中心的数据,主要是设备状态类实时型数据,具体包括如下类型数据:①摆度测量数据;②机架振动数据;③压力脉动数据;④气隙系统数据;⑤发电机电气参数数据;⑥水轮机参数数据;⑦机组温度数据。

抽取的在线监测数据包括装置采集的全部数据,经过合理的筛选、压缩,应包括时域波形、频谱数据等。

2)电站及泄水闸金结设备在线监测系统数据接入

从在线监测系统中抽取接入到数据中心的数据,主要是设备状态类实时型数据,具体包括如下类型数据:①振动监测数据;②位移监测数据;③转速监测数据;④其他监测分析数据。

抽取的在线监测数据包括装置采集的全部数据,经过合理的筛选、压缩,应包括时域波形、频谱数据等。

3)电站电气设备在线监测系统数据接入

从在线监测系统中抽取接入到数据中心的数据,主要是设备状态类实时型数据,具体包括如下类型数据:①电气监测数据;②环境监测数据;③声频监测数据;④其他监测分析数据。

抽取的在线监测数据包括装置采集的全部数据,经过合理的筛选、压缩,应包括时域波形、频谱数据等。

4)电站重要辅助生产设备在线监测采集装置数据接入

从采集装置将数据接入到数据中心,主要是设备状态类实时型数据。

抽取的在线监测数据包括装置采集的全部数据,经过合理的筛选、压缩,应包括时域波形、频谱数据等。

5)库区泵组在线监测采集装置数据接入

从采集装置将数据接入到数据中心,主要是设备状态类实时型数据,具体包括如下类型数据:①振动监测数据;②摆度监测数据。

抽取的在线监测数据包括装置采集的全部数据,经过合理的筛选、压缩,应包括时域波形、频谱数据等。

6)辅助分析数据接入

辅助分析数据具体包括:①水库水位;②水库容量;③入库流量;④发电流量;⑤降雨量;⑥弃水量;⑦发电量;⑧上网电量;⑨厂用电量;⑩(油、水、气系统)启停间隔、运行时间、压力监测、液位信号;⑪开机、停机、负荷调节、甩负荷等动态过程数据;⑫冷却润滑系统瓦温、油温、风温、水温、流量、压力;⑬水头、流量、电气量数据、水轮机控制系统数据。

3. 数据采集

数据采集支持接入自动化通信规约,并写入到全息监测系统数据库中。建立一套标准的生产设备监测数据量集合,通过原在线监测系统提供标准通信协议,例如 Modbus、

IEC61850 等协议与数据平台进行通信，由数据平台完成数据的读取工作。若系统具备通信接口，但接口协议不清晰，要求原厂家给出通信协议，双方根据通信协议进行数据通信；通信协议为非标准协议，此种情况可以采取两种方式：由厂家修改通信协议为标准协议，双方进行通信；数据采集服务器端实现非标准协议，双方进行通信。

数据采集应支持以下多种规约协议：

（1）IEC60870—5—101/104 远动通信规约。

（2）IEC60870—6（TASE.2）网络通信规约。

（3）IEC60870—5—102 电能量采集通信规约。

（4）IEC60870—5—103 支持变电站继电保护信息采集。

（5）IEC61850 数字化变电站通信标准。

（6）DL/T 476—92—2012 电力系统实时数据通信应用层协议。

（7）CDT、DISA、DNP3.0、SC1801、M4F、MODBUS、DISA 等常用远动通信规约。

（8）IEEE1344、IEEE Std C37.118、《电力系统实时动态监测系统技术规范》。

数据采集支持以插件方式扩展各种未知通信规约，实现规约插件的即插即用，即添加新的规约不需要修改原有程序架构，只需开发新的规约插件库即可。

对时间序列数据的采集应满足 1 000 Hz 的实时性要求。各时间序列数据采集装置保持时钟同步，时间戳分辨率应低于 1 ms，并有纠错机制。

4. 数据存储

1）机组在线监测数据存储

在线监测数据的分类：包括但不限于特征指标数据、工况识别数据、原始波形数据。特征指标数据要求按时间顺序存储，需时间上与原始波形数据关联。

工况识别由厂站层数据服务器实时辨识，并同步存储。厂站层数据库接收现场的数据后，根据数据实时辨识机组运行工况，同时根据多参量的自动识别（包括突变检测、持续缓变检测、故障特征检测、统计规律变化等）的结果，设置触发器，触发保存机组运行的毫秒级实时数据、放电谱图数据、局放系统原始采集数据等。

需识别的工况包括但不限于：机组开机工况、停机工况、紧急停机工况、甩负荷工况、带载变负荷工况、空载变频率工况（试验）、空转变转速工况（试验）、空载机组增磁工况（试验）、空载机组减磁工况（试验）、负载稳定工况、空载稳定工况（试验）等。工况变化过程所涉及的秒级、毫秒级等数据须有效存储。

2）其他机电设备在线监测数据存储

电站电气设备在线监测、电站及泄水闸金结设备在线监测、电站重要辅助生产设备在线监测、库区泵组设备在线监测数据存储参照机组在线监测数据存储要求执行。

3）其他辅助分析数据的存储

其他数据包括但不限于离线巡检数据、预试数据、缺陷数据等，该类数据应按时间顺序存储，需时间上与在线监测数据关联。

5. 数据处理

机电设备是一个强耦合复杂大系统，大量实例表明，当在一个设备中出现故障时，故障产生的原因可能在其他相关设备或环境中。为了实现精确的故障诊断,必须将全息监测大数据关联并融合起来。

1) 时间同步

时间同步(即将数据的时标对齐)是数据关联的基础,目前采取了硬件或软件对时等手段,确保各系统时钟一致。另外,还要求各系统在进行信号滤波(或数据滤波)时不产生严重的延时。

2) 工况同步

工况同步就是在时标的基础上,通过实时在线自动辨识机组、电站电气设备、电站及泄水闸金结设备、电站重要辅助生产设备、库区泵组设备等的运行工况和运行环境,在状态过程上增加工况、工况参数、环境参数标识,同时同步记录重要操作过程和重要工况过程各系统的状态数据,是开展关联分析的重要依据。机组稳定工况辨识至少包括:停机备用,开机过程,(不同水头下)空载稳定,同期并网,增加/减少负荷,负载稳定以及相应的有功功率、无功功率和水头,增减负荷,解列,发电机灭磁,停机过程等。电站电气设备、电站及泄水闸金结设备、电站重要辅助生产设备、库区泵组设备工况便是要求设计联络会确定。

3) 事件同步

事件同步指的是实时辨识设备异常事件后,各监测单元能够同步进行数据采集与记录,集成数据平台同步进行数据存储。集成模块监测异常事件后,检查相关数据是否存储完整,如果未存储完整且专项监测装置有连续缓存,则向专项监测装置发送命令,提取数据并永久保存。

全息监测的数据关联应至少包括以下内容:

(1)横向关联。采用工况事件和过程、异常事件和过程以及未知事件和过程同步的方法,将相互耦合设备的各方面监测数据通过时间对齐的方法,关联起来,分析与存储。

(2)纵向关联。以工况事件和过程、异常事件和过程、未知事件和过程为线索,采用时间嵌套的方法,将不同时标的各层次数据纵向关联起来。

在数据关联的基础上,实现数据的融合,至少包括以下内容:

(1)设备运行特性的辨识,根据其特性,调整其运行方式,以达到提高其使用寿命,降低检修次数的目的。

(2)根据专家知识或专家经验,辨识相关状态间相互联系、相互作用的特性,为故障检测、诊断和设备健康评估服务。

(3)根据设备性能指标评价体系,计算性能指标,评价设备或系统的运行情况,生成异常事件。

(4)根据异常事件,形成异常数据事件记录库,提取关联数据的特征,采用一定的算法进行模式匹配、智能识别,诊断设备的故障。

(5)应用数据挖掘技术,探索并发现未知的状态关系与特性。

(二)故障诊断及故障预警

全息监测系统具备故障诊断功能,能对常见故障进行分析和诊断,给出故障原因、故障位置,并预测故障发展趋势,对故障处理提出建议措施。故障判定、报警阈值和处理方法应符合国家标准、行业标准、企业标准、企业内控标准和规范,以及强度计算、水力计算、电磁计算等标准计算方法。故障诊断模块应为开放的模块化结构,可根据运行经验、设备维护管理水平不断丰富、完善。

针对具有明确分析诊断模型的故障,系统采用基于故障树的故障诊断方法,建立一套完善的、与电厂机组结构及运行方式相适应的故障诊断知识库,结合全息数据对故障进行分析和诊断;针对尚未有明确诊断模式的故障(或尚很少存在诊断经验的故障),系统应开发机器自学习功能,以海量历史数据为基础,以大数据分析方法与模型为核心,在专家的指导下组态数据及设备运行工况,通过大数据挖掘总结设备正常运行时的参数区间形成健康样本,当参数偏离正常运行区间、出现突变或长时间单向变化时即实现设备故障智能诊断。故障智能诊断并经人工确认后,可生成故障样本,形成故障树,利于后续的故障诊断,自动对标故障树。故障树应为开放的结构,可根据运行经验、设备维护管理水平不断丰富、完善;故障诊断的置信度应能根据历次故障产生的实际原因自动调整、手动调整,不断完善。

全息监测应用能在故障诊断的基础上,根据故障危害程度,进行故障预警。

建立开放详细的专家库系统,对产生的缺陷提供详细的维护检修方案,指导生产,提高效率。专家库系统应为开放的结构,可根据运行经验、设备维护管理水平不断丰富、完善。

应能将电站机组设备、电站电气设备、电站及泄水闸金结设备、电站重要辅助生产设备、库区泵组设备的在线监测数据上传至平台数据库,通过分析各设备的实时数据,进行故障诊断,并给出趋势分析及预报警。

1.机组稳定性故障诊断与预警

全息监测应用具有丰富的机组稳定性故障特征知识库和清晰的诊断推理模型(如故障树模型),能在轴心轨迹与大轴姿态分析、频谱分析、水压脉动分析、特性分析(稳定性随转速变化特性、随励磁电流变化特性、随负荷变化特性、随水头变化特性等)的基础上,自动和辅助专家检测与诊断下列机组稳定性故障:①导水结构流道不对称,如导叶开口不均、卡入异物等;②转轮叶片流道不对称,如叶片断裂、开口不均;③导叶、轮叶协联偏差;④泄水锥松动或脱落;⑤尾水管涡带振动大;⑥高频压力脉动(卡门涡共振);⑦水轮机转子质量不平衡;⑧发电机气隙不均匀;⑨转子磁极松动;⑩转子动平衡;⑪轴线弯曲,如大轴不对中、导轴承不对中、法兰连接松动;⑫轴瓦间隙调整不当;⑬发电机机架刚性不足、机架支撑松动等。

在本系统中,针对已有成熟诊断模型的故障(其诊断案例已有相关报道或已验证),系统将提供的故障样本库、诊断知识库(包含故障预警所必须组态的信息、故障预警指标计算方法、指标与故障类型的映射关系、故障预警规则等),通过预警准确判断出设备是否故障及其严重程度、原因、具体位置。系统将重点完成水电机组紧固件、连接件、支撑件(如大轴连接螺丝、上机架支撑件、顶盖紧固螺丝等)故障诊断、事故预警方法,设计实现诊断的算法,并开发软件。预警将采用报告、指标等形式给出。在报告方式中,报告讲出明确的预警结论,以及指标需与故障直接映射且需给出诊断阈值。

其典型逻辑框图如图 5-27 所示。

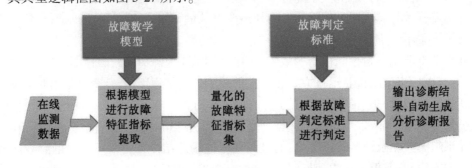

图 5-27　典型逻辑框图

针对尚未有明确诊断模式的故障(或尚很少存在诊断经验的故障),系统将开发机器自学习功能,以海量历史数据为基础,以大数据分析方法与模型为核心,在专家的指导下组态数据及设备运行工况,通过大数据挖掘总结设备正常运行时的参数区间,形成健康样本,当参数偏离正常运行区间、出现突变或长时间单向变化时,即实现设备故障智能诊断。故障预警经人工确认后,可生成故障样本利于后续的故障诊断。

针对设备特定工况(或全部工况)及特定外部环境(或所有外部环境),设备的部分运行或全部参数出现不可预计的变化时(如缓慢的单方向持续变化,定期突变等),系统应能自动检测出设备运行参数的异常变化,并采用智能机器学习方法及大数据挖掘方法,自动回溯设备运行参数的历史趋势,应用统计分析、曲线拟合、回归分析、人工智能等手段,总结、抽象历史趋势的变化特征,并利用总结的特征预测设备参数未来的发展趋势,同时实现故障预警。

1) 活动导叶卡塞导致水力不平衡分析

状态诊断分析综合平台故障诊断功能中含有活动导叶开口不均匀故障模型,为保证算法的通用性及可移植性特将故障诊断算法封装成单独服务供平台服务端进行调用。活动导叶开口不均匀故障发生时,必然会引起沿径向的固定方向的作用于转轮的水推力发生变化。在正常情况下(导叶开口均匀的情况下),转轮径向的力是均匀的(不考虑旋转的不平衡率),因此转轮沿着径向不会有位移,只会有旋转力造成的摆度、振动。但若导叶开口不均匀,则将会在径向产生固定方向的水推力(这个力的方向固定,并不是旋转作用在转轮上的),将必然会导致转轮沿着不平衡的径向力偏移,而且流量越大,负荷越大,偏移越大,具体表现在水导摆度信号中的间隙值会随着机组负荷(在相同水头下)变大,而偏移(在有些情况下,也会伴随有水导摆度 $1X$ 振动分量的变化)。

结合故障机制模型,活动导叶开口不均匀故障能够识别和预警模型如下:

(1)选用相同水头下的数据,考察水导摆度间隙值与机组负荷是否存在单调变化。

(2)如果存在单调变化,而且变化量超过阈值,判断剪断销是否剪断,如果剪断销信号正常,则可以确认存在活动导叶开口不均匀故障。

2）活动导叶开口不均导致水力不平衡分析

（1）故障机制及其典型特征描述

活动导叶开口不均匀，必然会引起沿径向的固定方向的作用于转轮的水推力发生变化。在正常情况下（导叶开口均匀的情况下），转轮径向的力是均匀的（不考虑旋转的不平衡率），因此转轮沿着径向不会有位移，只会有旋转力造成的摆度、振动。但如导叶开口不均匀，则会在径向产生固定方向的水推力（这个力的方向固定，并不是旋转作用在转轮上的），必然会导致转轮沿着不平衡的径向力偏移，而且流量越大，负荷越大，偏移越大，具体表现在水导摆度信号中的间隙值会随着机组负荷（在相同水头下）变大，而偏移（在有些情况下，也会伴随有水导摆度 $1X$ 振动分量的变化）。

另外，活动导叶开口不均匀故障需要排除活动导叶被杂物卡塞故障。排除办法是检查剪断销是否剪断，如果是单纯的导叶开口不均匀，则剪断销状态正常。

（2）故障的识别及预警模型

结合故障机制模型，活动导叶开口不均匀故障的识别和预警模型如下：

①选用相同水头下的数据，考察水导摆度间隙值与机组负荷的关系是否存在单调变化；

②如果存在单调变化，且变化量超过阈值，判断剪断销是否剪断，如果剪断销信号正常，则可以确认存在活动导叶开口不均匀故障，如表 5-24 所示。

表 5-24

故障模型需要采集的数据	机组需安装在线监测系统，数据包括各导叶摆度信号波形数据、剪断销信号和机组工况数据
故障模型给出的结论	活动导叶开口不均匀故障量化指标值

3）转轮叶片损伤、断裂

转轮作为水轮发电机的核心部件，其性能的好坏关系着机组的稳定运行，但由于受到水、泥沙等的影响，特别是气蚀，会对其叶片造成磨损，出现裂纹，严重时会出现叶片断裂现象，严重威胁水电厂的安全、经济运行。

（1）数据准备

对于转轮叶片磨损，通常会导致转轮出现质量不平衡及水力不平衡。同时，会出现叶片的通过频率，而对于更为严重的叶片断裂，会导致机组出现明显的数据突变，产生非常明显的水力不平衡。

因此，对于转轮叶片磨损、断裂，首先需要现场安装在线监测系统，包括的测点有水导摆度、顶盖/水导径向振动。

需要的基础数据有水导摆度、顶盖/水导径向振动波形数据、水轮机叶片数量信息、有功功率、水头、机组转速（键相）。

需要的模型计算指标如表 5-25 所示。

表 5-25　需要的模型计算指标

序号	参数名称	说明
1	1X 分量幅值: A_{1X}	摆度、振动信号的 1X 分量
2	1X 转速相关幂次: O_{1X}	在整个变转速过程中摆度、振动信号的 1X 分量与转速的相关幂次
3	Φ_{1X}	不平衡方位(相对于键相信号)
4	转轮叶片分量幅值: A_{nX}	n=转轮叶片数
5	1X 分量变化幅值: ΔA_{1X}	摆度、振动信号的 1X 分量变化量,水力不平衡量化参数
6	1X 负荷相关幂次: T_{1X}	在整个变负荷过程中摆度、振动信号的 1X 分量与负荷的相关幂次
7	1X 分量日变化幅值: ΔA_{1XD}	摆度、振动信号的 1X 分量日变化量,叶片断裂量化指标
8	动平衡月变化幅值: ΔA_{1XMUB}	摆度、振动信号的动平衡影响量月变化量,用来量化磨损程度
9	水力不平衡月变化幅值: ΔA_{1XMUBH}	摆度、振动信号的水力不平衡影响量月变化量,用来量化磨损程度
10	转轮叶片分量日变化幅值: ΔA_{nXD}	n=转轮叶片数,摆度、振动信号的转轮叶片分量日变化量,叶片断裂量化指标
11	转轮叶片分量月变化幅值: ΔA_{nXM}	n=转轮叶片数,摆度、振动信号的转轮叶片分量月变化量,用来量化磨损指标

(2)故障原理

对于转轮磨损及叶片断裂,其具体表现如下:

①由于转轮的磨损通常是非均匀磨损的,因此就会引起转轮的质量不平衡,引起的故障在变转速过程中,水导摆度和顶盖径向振动或者水导径向振动的 1X 发生明显改变,而且 1X 分量呈现出与转速平方成正比的关系,而且转轮质量不平衡的影响量趋势会随着磨损的增加呈现逐渐增大的趋势,若转轮质量不平衡的影响量幅值月趋势变化量大于设定值,则判定机组存在转轮叶片磨损。

②由于转轮叶片磨损的非均匀性会导致各叶片的叶型产生明显的差异,因此会出现叶片的通过频率,且叶片通过频率的幅值与叶片的磨损程度有关,叶片通过频率的幅值趋势会随着磨损的严重,在相同工况下呈现逐渐增加的趋势,若叶片通过频率幅值变化量、月趋势量大于设定值,则判定机组存在转轮叶片磨损。

③转轮叶片磨损的非均匀性会导致转轮进水边的开口产生不均匀,因此就会引起水

力不平衡故障,引起的故障在负荷过程中,水导摆度和顶盖径向振动或者水导径向振动的 $1X$ 发生明显改变,而且 $1X$ 分量呈现出与负荷成正比的关系,而且水力不平衡的影响量趋势会随着磨损的增加呈现逐渐增大的趋势,若转轮质量不平衡的影响量幅值月趋势变化量大于设定值,则判定机组存在转轮叶片磨损。

④对于叶片断裂,引起的故障首先表现为水力不平衡故障,即在变负荷过程中,水导摆度和顶盖径向振动或者水导径向振动的 $1X$ 及叶片的通过频率发生明显改变,其两者关系成线性;其次表现为相关特征分量的幅值突增,主要是 $1X$ 幅值和叶片通过频率的幅值的短时突增,若日趋势变化量大于设定值(通常这个突变值是个非常大的变化量,建议取至少 2 倍的原始基值)。

⑤在实际的诊断中,区别叶片磨损、断裂与其他单独的"转轮质量不平衡故障"和"水力不平衡故障"的方法,是不仅要存在相关的故障,而且其趋势相关特征量也必须满足才可以。

⑥对于"转轮质量不平衡"和"水力不平衡",故障分析模型见后续相关描述。

(3)故障模型

故障模型如图 5-28、图 5-29 所示。

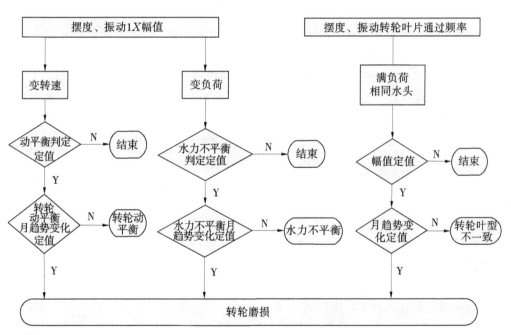

图 5-28　转轮质量不平衡故障模型

(4)故障输出

转轮的叶片损伤是个缓慢的变化过程,通常是首先轻微的磨损、腐蚀,由于其磨损是个非均匀变化量,因此就会导致机组受力的缓慢变化,如转轮动平衡、水力不平衡等,严重时就会出现转轮叶片强度不足直至断裂。虽然其表现的故障现象是水力不平衡和转轮动平衡,但其更重要的体现是趋势变化,体现了其磨损的严重程度及变化过程。

因此,对于转轮叶片损伤,合理地确定其长期趋势变化定值,定值的大小,反映出叶片

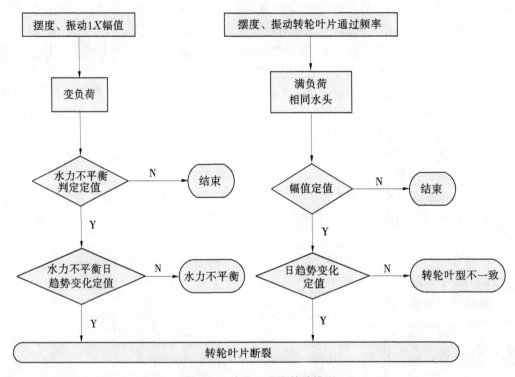

图 5-29　水力不平衡故障模型

磨损的程度,故而能够有效地实现对于转轮叶片损伤的程度判断,此定值可根据经验值进行设定和调整。

对于叶片断裂,通常是机组运行过程中的突发现象,其体现是明显的水力突变,在趋势上来说是一种短时趋势的巨大变化,因此其短时趋势定值通常会是一个大定值,一般建议选取基准值的 2 倍以上为宜。通过确定合理的短时趋势定值,就可以判断是否出现了叶片断裂。

因此,对于此模型,首先通过判别转轮是否存在动平衡、水力不平衡和转轮叶片通过频率,然后再次判断其趋势是否满足要求,如两者均满足就直接输出转轮叶片磨损或转轮叶片断裂。

4)卡门涡共振(固定导叶、活动导叶)

(1)故障机制及其典型特征描述

恒定流束绕过物体时,在出口边的两侧出现漩涡,形成旋转方向相反、有规则交错排列的线涡,进而互相干扰、互相吸引,形成非线型的涡列,俗称卡门涡列。当卡门涡列的冲击频率接近于转动体叶片的固有频率时,将产生共振,并伴有较强的且频率比较单一的噪声和金属共鸣声。对水轮机而言,流体在流动时与固定结构物的相互作用中,通常出现在非流线型物体后部和具有出流厚度的流线型物体尾部的尾迹区域,形成的水流漩涡,称为卡门涡。由于出现的水流漩涡交替地从固定结构物尾部的两侧泄出脱落,在固定结构物上产生一个周期性的作用力并诱发固定结构物振动,引起固定结构物上产生宏观可见的振动和噪声。

卡门涡主要是在活动导叶和固定导叶后形成的,对转轮叶片和导叶都有影响,其振动振幅随过流量增加而明显增大,而且频率较高。在大多数情况下,导叶和叶片的固有频率远高于卡门涡的脱落频率,但当卡门涡频率接近转轮叶片频率或者活动导叶的固有频率时,将会引起叶片或者导叶的共振,一方面会形成强烈的噪声和共鸣声,另一方面引起转轮叶片或者导叶的疲劳破坏,产生裂纹甚至断裂,直接影响机组的安全运行。因此,识别卡门涡引起的转轮叶片或者导叶共振问题对水电站而言是一个非常关键的问题。

（2）故障的识别及预警模型

卡门频率脱落频率经验公式：

$$f = \text{sh} \cdot w / \varPhi$$

式中,sh 为斯特穷哈数,取 $0.18 \sim 0.25$;w 为叶片出水边相对流速;$\varPhi$ 为叶片出水边厚度。

上述公式中参数的流速与机组负荷、水头都有关系,因此卡门涡频率只能在给定的负荷水头下进行估算,很难通过计算获得精确的数据,因此要识别卡门涡引起的共振,还需要从导叶的固有自振频率和转轮叶片的自振频率入手。

对于活动导叶和叶片而言,可以通过模态试验和模态计算确定其自振频率、二阶自振频率等关键频率,在获得上述关键频率之后,对共振的识别可以采用以下方法：

①对水导摆度、顶盖振动、导叶后压力脉动、顶盖下压力脉动等信号以上述自振频率为中心频率进行窄带滤波,求取其滤波后的振动幅值。

②选取相同水头下不同负荷下的上述振动幅值,随着负荷的增长,上述幅值变化不大,并在特定负荷下急剧非线性增长,当该幅值已经超过设定的阈值时,可以认为存在共振;在大多数情况下,在接近满负荷或者满负荷下振幅达到最高值,但是不排除共振并不发生在满负荷区,如果是后者则在负荷高于引起共振的负荷区后,该振幅会快速下降。

一般来说,上述固有频率远高于由压力脉动引起的其他频率成分（如低频涡带、叶道涡）,因此可以认为该共振就是由于卡门涡引起的共振。

故障模型需要采集的数据及结论见表5-26。

表5-26　故障模型需要采集的数据及结论

故障模型需要采集的数据	机组需安装在线监测系统,数据包括水导摆度、顶盖振动、导叶后压力脉动、顶盖下压力脉动等信号波形数据,机组工况数据
故障模型给出的结论	卡门涡共振故障量化指标值

5）转轮质量不平衡故障分析模型

转轮作为水轮发电机的核心部件,其性能的好坏关系着机组的稳定运行,但由于加工、制造的误差,或是运行过程中磨损的不均匀,转轮就会出现动平衡的问题。

（1）数据准备

一个刚性单盘子结构的转子系统,旋转机械的不平衡力是指其转动部分的机械不平衡力,是由旋转机械转动部分质量分布不对称造成的不对称离心力,它遵守下列离心力关系：

$$F_1 = m\omega^2 e$$

式中，F_1 为离心力；m 为不平衡质量；ω 为旋转角速度；e 为不平衡质量的偏心距。

上式告诉我们，单纯由质量分布不对称引起的机械不平衡力和转速频率的平方成比例，和不平衡质量及不平衡质量的位置半径成线性关系。

对于转轮而言，质量不平衡并不常见，但也是最容易判定的故障。对于转速较低的水轮发电机组而言，轴系是一个刚性轴系，可以将转子轴系系统近似看作一个单盘子结构的刚性转子系统，因此转子质量不平衡可以用上式近似描述。由质量不平衡引起的摆度、振动变化与转速的平方接近成正比关系，而其变化成分的频率必定是转速频率($1X$)。

一般来说，对于转轮而言，转轮质量不平衡故障主要通过在靠近转子的机组摆度测点（比如水导摆度）和机架振动的 $1X$ 分量（顶盖振动）的特征辨识，其特征规律如下：在机组开机升速过程、停机降速过程或变转速试验中，摆度和机架振动的 $1X$ 分量随转速上升而变大，且 $1X$ 分量与转速接近平方关系。

（2）故障特征参数及其辨识算法

在实际的在线监测系统中，系统会选择机组正常的自动开机、自动停机过程数据，以及变转速试验过程数据进行故障辨识，在采用机组正常自动开机、自动停机过程数据时通常选择不同转速下的数据。

针对转轮质量不平衡故障，需要根据如表 5-27 所示的三个参数进行故障识别。

表 5-27　识别转轮质量不平衡故障的参数

序号	参数名称	说明
1	$1X$ 分量幅值：A_{1X}	摆度、振动信号的 $1X$ 分量在接近额定转速下的幅值，用以识别是否可能存在质量不平衡。测值过小则不认为是质量不平衡
2	$1X$ 转速相关幂次：O_{1X}	在整个变转速过程中摆度、振动信号的 $1X$ 分量与转速的相关幂次
3	Φ_{1X}	不平衡方位（相对于键相信号）

如果被确认为质量不平衡故障，那么最终的超重角方位为 Φ_{1X}，而配重角则应该是 $\Phi_{1X} + 180°$。

故障模型需要采集的数据及结论见表 5-28。

表 5-28　故障模型需要采集的数据及结论

故障模型需要采集的数据	机组需安装在线监测系统，数据包括水导摆度，顶盖/水导振动波形数据，机组转速信息
故障模型给出的结论	转轮质量不平衡故障量化指标值

6) 水轮机涡带运行振动大

(1) 故障机制及其典型特征描述

尾水管涡带是水轮机的典型特征。形成尾水管低频涡带最基本的条件是水轮机转轮出口水流有一定的圆周分速度。在部分负荷时，由泄水锥开始的螺旋状涡带，在尾水管中形成低频涡带脉动，脉动压力传至各过流部件和结构物，导致机组振动、大轴周期摆动、水轮机顶盖振动、周期性出力摆动、压力管道中水流压力脉动，有时与管道中水体形成共振或倍频共振等。其振动特点、振动强弱与水轮机的运行工况关系较密切。由于涡带波动周期长，波幅大，与水轮机旋转部件接触面积大，易引起机组轴系振动，涡带水流脉动压力经转轮传到水轮机顶盖、蜗壳和压力管道，对这些结构也会造成一定影响。

尾水管涡带在混流式机组的振动信号中期典型频率表现为转速频率的 $1/6 \sim 1/3$，该频率不是一个单一的频率成分，而且随着机组负荷的改变也会略有变化，然而总体应该表现为 $\frac{1}{6}X \sim \frac{1}{3}X$。

(2) 故障的识别及预警模型

从涡带对机组稳定性的影响来看，最直接的影响是尾水管涡带会引起水导摆度、顶盖振动、尾水管进口压力脉动信号的变化，具体表现为出现 $\frac{1}{6}X \sim \frac{1}{3}X$ 的低频成分。因此，识别涡带工况也是主要从上述振动、压力脉动信号的频谱是否出现上述频率成分进行识别。在识别出机组运行在涡带工况之后，则通过持续统计在该工况下的累计运行时间，当该累计运行时间超过设定的阈值之后，则可以认为机组涡带工况运行时间过长。

具体步骤如下：

步骤 1：机组运行在涡带工况的识别。

选取机组并网以后的数据，对水导摆度、顶盖振动、尾水管进口压力脉动、顶盖下压力脉动信号采用 FFT 或者短时 FFT 进行涡带频率分析，提取 $\frac{1}{6}X \sim \frac{1}{3}X$ 的低频成分，计算该频率成分的总幅值 $R_{\text{vortex\_tb}}$、$V_{\text{vortex\_hh}}$、$V_{\text{vortex\_hv}}$、$P_{\text{vortex\_t}}$、$P_{\text{vortex\_h}}$。

其中，$R_{\text{vortex\_tb}}$ 为水导摆度的低频涡带分量幅值；$V_{\text{vortex\_hh}}$ 为顶盖水平振动的低频涡带分量幅值；$V_{\text{vortex\_hv}}$ 为顶盖垂直振动的低频涡带分量幅值；$P_{\text{vortex\_t}}$ 为尾水管进口压力脉动的低频涡带分量幅值；$P_{\text{vortex\_h}}$ 为顶盖下压力脉动的低频涡带分量幅值。

如果
$$\begin{cases} R_{\text{vortex\_tb}} \geqslant R_{\text{l\_vortex\_tb}} \\ V_{\text{vortex\_hh}} \geqslant V_{\text{l\_vortex\_hh}} \\ V_{\text{vortex\_hv}} \geqslant V_{\text{l\_vortex\_hv}} \\ P_{\text{vortex\_t}} \geqslant P_{\text{l\_vortex\_t}} \\ P_{\text{vortex\_h}} \geqslant P_{\text{l\_vortex\_h}} \end{cases}$$
满足条件，那么机组运行在涡带工况。

步骤 2：统计涡带工况运行时间。

如果机组运行在涡带工况，那么统计单次涡带工况持续运行时间 $T_{\text{vortex\_s}}$ 及涡带工况累计总运行时间 $T_{\text{vortex\_t}}$。

其中，$T_{\text{vortex\_s}}$ 为当前机组持续在涡带工况运行的时间；

T_{vortex_t} 为机组累计在涡带工况运行的总时间;

如果 $T_{vortex\_s} \geq T_{l\_vortex\_s}$ 满足条件,那么机组单次持续在涡带工况运行时间过长;

如果 $T_{vortex\_t} \geq T_{l\_vortex\_t}$ 满足条件,那么机组累计涡带工况运行时间过长。

定值、含义说明及定值获取方法见表 5-29。

表 5-29　定值、含义说明及定值获取方法

定值	含义	初始定值设定	建议的定值获取方法
$R_{l\_vortex\_tb}$	最大的能容忍的水导摆度低频涡带分量上限	该定值在初期可按照通常选择 0.3~0.6 倍相关国家标准中的允许值设定	根据稳态工况数据计算的 R_{vortex_tb} 值统计涡带负荷区的数据,根据正态分布规律,采用正态分布的下边界作为其定值
$V_{l\_vortex\_hh}$	最大的能容忍的顶盖水平振动低频涡带分量上限	该定值可在初期按照通常选择 0.3~0.6 倍相关国家标准中的允许值设定	根据稳态工况数据计算的 V_{vortex_hh} 值统计涡带负荷区的数据,根据正态分布规律,采用正态分布的下边界作为其定值
$V_{l\_vortex\_hv}$	最大的能容忍的顶盖垂直振动低频涡带分量上限	该定值可在初期按照通常选择 0.3~0.6 倍相关国家标准中的允许值设定	根据稳态工况数据计算的 V_{vortex_hv} 值统计涡带负荷区的数据,根据正态分布规律,采用正态分布的下边界作为其定值
$P_{l\_vortex\_t}$	最大的能容忍的尾水管进口压力脉动低频涡带分量上限	该定值在初期可按照通常选择 0.3~0.6 倍相关国家标准中的允许值设定	根据稳态工况数据计算的 P_{vortex_t} 值统计涡带负荷区的数据,根据正态分布规律,采用正态分布的下边界作为其定值
$P_{l\_vortex\_h}$	最大的能容忍的顶盖下压力脉动低频涡带分量上限	该定值在初期可按照通常选择 0.3~0.6 倍相关国家标准中的允许值设定	根据稳态工况数据计算的 P_{vortex_h} 值统计涡带负荷区的数据,根据正态分布规律,采用正态分布的下边界作为其定值
$T_{l\_vortex\_s}$	最大的能容忍的单次涡带工况持续运行时间上限	—	需要根据真机数据统计获得;应根据历史数据统计每一个在涡带工况的持续运行时间,根据该统计数据的分布规律,确定单次持续运行时间的上限
$T_{l\_vortex\_t}$	最大的能容忍的累计涡带工况总运行时间上限	—	需要根据真机数据统计评估获得;应根据历史数据统计在一个检修周期内在涡带工况运行的总时间,以此为基础确定 $T_{l\_vortex\_t}$ 的上限

7)转子质量不平衡故障分析

(1)故障机制及其典型特征描述

一个刚性单盘子结构的转子系统,旋转机械的不平衡力是指其转动部分的机械不平衡

力,是由旋转机械转动部分质量分布不对称造成的不对称离心力,它遵守下列离心力关系:

$$F_1 = m\omega^2 e$$

式中, F_1 为离心力; m 为不平衡质量; ω 为旋转角速度; e 为不平衡质量的偏心距。

上式告诉我们,单纯由质量分布不对称引起的机械不平衡力和转速频率的平方成比例,和不平衡质量及不平衡质量的位置半径成线性关系。

对于水轮发电机组而言,质量不平衡是一个发电机经常会遇见的问题,也是最容易判定的故障。对于转速较低的水轮发电机组而言,轴系是一个刚性轴,可以将转子轴系系统近似地看作一个单盘子结构的刚性转子系统,因此转子质量不平衡可以用上式近似描述。由质量不平衡引起的摆度、振动变化与转速的平方接近成正比关系,而其变化成分的频率必定是转速频率(1X)。

一般来说,对于水轮发电机组而言,转子质量不平衡故障主要通过在靠近转子的机组摆度测点(比如上导摆度)和机架振动的 1X 分量(上机架振动、下机架振动)的特征辨识,其特征规律如下:

①在机组停机过程去励磁之后的降速过程、变转速试验、开机升速过程未投入励磁前,摆度和机架振动的 1X 分量随转速上升而变大,且 1X 分量与转速接近平方关系。

②在上述过程中,摆度、机架振动的 1X 分量相位不应该发生突变。

(2)故障特征参数及其辨识算法

在实际的在线监测系统中,系统会选择机组正常的自动动停机过程数据(优选)、自动开机过程数据及变转速试验过程数据进行故障辨识,在采用机组正常自动开机、自动动停机过程数据时通常选择30%~95%转速下的数据,在此转速下,发电机励磁未投入,并且导轴承油膜已形成,正常条件下不存在卡顿或者摩擦问题,是判定质量不平衡故障的最好条件。

针对转子质量不平衡故障需要根据如表 5-30 所示的四个参数进行故障识别。

表 5-30　转子质量不平衡故障识别参数

序号	参数名称	说明
1	1X 分量幅值: A_{1X}	摆度、振动信号的 1X 分量在接近额定转速下的幅值,用以识别是否可能存在质量不平衡。测值过小则不认为是质量不平衡
2	1X 分量空间相位: Φ_{1X}	摆度、振动信号的 1X 分量在接近额定转速下的(相对于键相位置的)空间方位,实际指示超重角方位,配重角应该在反方向
3	1X 转速相关幂次: O_{1X}	在整个变转速过程中摆度、振动信号的 1X 分量与转速的相关幂次。在大多数机组上,相关幂次应接近 2,不应该过大,过大则可能存在松动或者其他故障导致 1X 分量加剧增长,而过小则应排除质量不平衡故障
4	1X 分量空间相位变化量: $\Delta\Phi_{1X}$	在整个变转速过程中摆度、振动信号的 1X 分量相位的最大变化量。不应该过大,过大则可能存在松动或者其他故障

实际的在线辨识算法流程如图 5-30 所示。

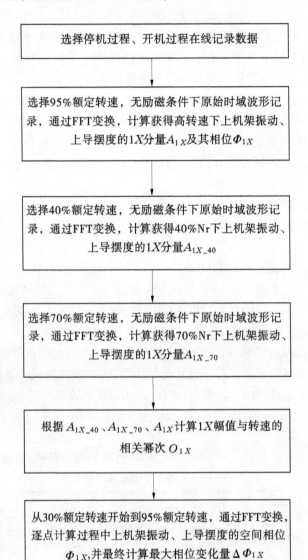

图 5-30　实际的在线辨识算法流程

在经过特征参数辨识以后,质量不平衡故障的判定条件如下:

$$\begin{cases} A_{1X} \geqslant A_{l\_1X} \\ O_{l\_1X} \leqslant O_{1X} \leqslant O_{h\_1X} \\ \Delta\Phi_{1X} \leqslant \Delta\Phi_{l\_1X} \end{cases}$$

定值、含义说明及定值获取方法如表 5-31 所示。

表 5-31

定值	含义	初始定值设定	建议的定值获取方法
A_{l_1X}	最大能容忍的摆度、机架振动的 $1X$ 幅值上限	该定值在初期可按照通常选择 $0.3 \sim 0.6$ 倍相关国家标准中的允许值设定	根据每次开停机过程数据计算获得的 A_{1X} 值采用数据统计方法,根据正态分布规律,获得定值上限(对于蓄能机组需要区分抽水工况和发电工况)
O_{l_1X} O_{h_1X}	幅值与转速的相关幂次	通常 $O_{l\_1X} \geq 1.6, O_{h\_1X} \leq 2.4$;机组额定转速越高,主轴越细长,则 O_{h_1X} 值越大(对于细长轴高转速的机组,甚至接近 3.0,主要原因是离心力会造成主轴弓形弯曲,而弓形弯曲反过来会叠加到不平衡力上)	根据每次开停机过程数据计算获得的 O_{1X} 值采用数据统计方法,根据正态分布规律,获得定值上限。但是,O_{1X} 值有较大变化意味着存在部件松动。需要进行异常点检测(对于蓄能机组需要区分抽水工况和发电工况)
$\Delta\Phi_{h\_1X}$	过程中最大相位变化	$\Delta\Phi_{h\_1X} \leq 40°$	根据每次开停机过程数据计算获得的 $\Delta\Phi_{h\_1X}$ 值采用数据统计方法,根据正态分布规律,获得定值上限,但是 $\Delta\Phi_{h\_1X}$ 不宜过大,较大的 $\Delta\Phi_{h\_1X}$ 意味着存在部件松动或者旋转部件存在卡顿、阻滞(对于蓄能机组需要区分抽水工况和发电工况)

当同时满足上述 3 个条件时,机组才可能被确认为存在转子质量不平衡故障,否则机组不能被确认为质量不平衡故障。

如果被确认为质量不平衡故障,那么最终的超重角方位为 Φ_{1X},而配重角则应该是 $\Phi_{1X} + 180°$。

(3)实际分析诊断案例

图 5-31 是利用本分析诊断算法对甘肃省某混流式机组在线监测的数据,进行质量不平衡故障自动分析后的生成故障分析报告。

（a）

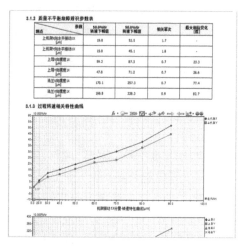
（b）

图 5-31　质量不平衡故障分析报告

　　从图 5-31 中可以看到该机组在上导摆度、上机架振动的 1X 分量与转速接近成平方关系,计算机系统自动判定为机组存在质量不平衡故障,并给出了配重方位。后经实际动平衡配重,机组振动、摆度有明显减小,从而验证自动分析判定的正确性。

　　故障模型需要采集的数据及结论见表 5-32。

表 5-32　故障模型需要采集的数据及结论

故障模型需要采集的数据	机组需安装在线监测系统,数据包括上导摆度、上机架振动波形数据、机组转速信息
故障模型给出的结论	发电机质量不平衡故障量化指标值,配重角度

　　8)转子磁极/磁轭松动故障

　　(1)故障机制及其典型特征描述

　　磁极/磁轭长期受到来自定子的巨大磁拉力作用及离心力作用,另外在长期的振动环境,也容易导致磁轭片和磁极片轻微的伸缩、错位等,相对位移最终达到平衡,从而导致磁极键发生移位,即磁极键产生松动。

　　(2)故障特征参数及其辨识算法

　　当产生磁极/磁轭松动故障后,表现在测量上,会引起产生松动的磁极/磁轭对应的气隙变小,从而引起转子的不圆度发生变化,在排除其他原因的情况下,持续跟踪各个磁极的气隙值变化就可以识别出磁极/磁轭松动故障。但是,引起转子不圆度改变的原因很多,需要选择特定工况的数据进行比较分析。

　　实际检测方法如下:

　　①选择相同机组有功功率(常常是额定负荷)、无功功率下机组热稳定后的所有磁极气隙值,跟踪磁极气隙值的变化量。

　　②当某磁极的气隙值变化量超过给定的阈值时,可以认定为该磁极产生了磁极/磁轭松动现象。

　　故障模型需要采集的数据及结论见表 5-33。

表 5-33　故障模型需要采集的数据及结论

故障模型需要采集的数据	机组需安装在线监测系统,数据包括空气间隙传感器测量数据,机组工况信息
故障模型给出的结论	转子磁极松动故障量化指标参数

　　9)电磁拉力不平衡故障分析诊断

　　(1)故障机制及其典型特征描述

　　电磁不平衡力主要由发电机转子不圆、转子几何中心与旋转中心不一致等原因所引起,其明显特征是不平衡力与励磁电流成正比,发电机空载时电磁不平衡力达到最大。由它引起的摆度、振动可以近似认为与摆度、振动接近成比例关系。当机组并网运行后,可以近似认为电磁力不平衡对机组摆度、振动的影响大小近似是固定的,与机组的负荷(流量)无关系。

由电磁不平衡力引起的振动、摆度并不一定完全是 $1X$ 的变化。由于转子不圆可能引起 $2X$、$3X$、$4X$ 甚至更高频率成分的变化,这取决于转子的形状。

电磁拉力通常分为旋转不平衡磁拉力和固定方向磁拉力两种,旋转不平衡磁拉力通常是由于转子不圆导致的,固定方向磁拉力通常是由于定子、转子不同心造成的。

一般来说,定子、转子气隙状态对机组振动摆度的影响如表 5-34 所示。

表 5-34　定子、转子气隙状态对机组振动摆度的影响

定转子状态	对振动摆度影响频率	影响部位
转子偏心 定转子相对偏心	$1X$	上导摆度、下导摆度、上机架振动、下机架振动、定子铁芯振动、定子基座振动
转子不圆	$2X$、$3X$、$4X \cdots 8X$	上导摆度、下导摆度、上机架振动、下机架振动、定子铁芯振动、定子基座振动
定子不圆	间隙/平均值	上导摆度、下导摆度
定转子相对偏心	间隙/平均值	上导摆度、下导摆度
定子合缝松动、叠片松动等	100 Hz	定子机座(机架)、定子铁芯振动
定子刚度不足	$1X$、$2X \cdots 100$ Hz	定子机座(机架)、定子铁芯振动、上机架振动、下机架振动

一般来说,转子偏心和转子不圆都会引起上导摆度、下导摆度、上机架振动、下机架振动、定子铁芯振动、定子基座振动的改变,而转子偏心主要引起上述测点的 $1X$ 频率分量的改变,而转子不圆则主要引起上述测点的 $2X$、$3X$ 甚至更高频率分量的改变,但在实际的测试分析中,转子偏心和转子不圆往往是伴生的。因此,主要通过对比引起改变的主要频率成分来确定主要的振因。

而定子不圆及定转子相对偏心则主要引起上导、下导部位径向轴位移发生变化,在测试分析时主要观察摆度的间隙值是否发生改变。

定子刚度不足对机组定子振动影响明显,但对外其余测点的影响量较小,表现为投入励磁前后,定子振动整体变化较大。

(2)故障特征参数及其辨识算法

在实际的在线监测系统中,系统会选择机组正常的自动开机、自动动停机过程数据,以及变励磁试验、升压试验过程数据进行故障辨识,在采用机组正常自动开机、自动动停机过程数据时通常选择高转速、无励磁条件下的数据和空载条件下的数据进行比较,辨识不平衡电磁拉力对机组振动摆度的影响特征参数,进而判定机组是否存在电磁拉力不平衡故障。

在高转速无励磁条件和空载条件下,机组转速改变很小,近似认为机组无转速变化,导叶开度也无明显变化,改变的只有发电机无励磁和有励磁条件。因此,在此过程中机组

振动、摆度的改变可以近似认为主要是由于电磁拉力不平衡引起的。

在故障识别过程中需要计算的特征指标如表 5-35 所示。

表 5-35　故障识别过程中计算的特征指标

序号	参数名称	说明
1	无励磁时刻 1X 分量振动矢量：V_{1X}	接近额定转速无励磁条件下摆度、振动信号的 1X 振动矢量
2	无励磁时刻 2X…8X 分量振动矢量：V_{2X}…V_{8X}	接近额定转速无励磁条件下摆度、振动信号的 2X…8X 振动矢量
3	无励磁时刻摆度间隙值：S_{ave}	接近额定转速无励磁条件下摆度的平均间隙值
4	无励磁时刻定子振动值：V_n	接近额定转速无励磁条件下定子振动的通频振动值
5	空载下 1X 分量振动矢量：V_{ul_1X}	空载条件下摆度、振动信号的 1X 振动矢量
6	空载下 2X…8X 分量振动矢量：V_{ul_2X}…V_{ul_8X}	空载条件下摆度、振动信号的 2X…8X 振动矢量
7	空载下摆度间隙值：S_{ul_ave}	空载条件下摆度的平均间隙值
8	空载时刻定子振动值：$V_{ul\_100\,Hz}$	空载条件下定子基座振动、铁芯振动信号的 100 Hz 振动分量
9	空载时刻定子振动值：V_{ul}	空载条件下定子基座振动、铁芯振动信号的通频振动值
10	励磁前后 1X 分量振动变化幅值：ΔA_{1X}	投入励磁前后振动、摆度 1X 分量变化幅值。该幅值大小直接反映定转子偏心故障的影响大小
11	励磁前后 2X…8X 分量振动综合变化幅值：ΔA_{2X_8X}	投入励磁前后振动、摆度 2X…8X 分量综合变化幅值。该幅值大小直接反映转子形状不圆（不规则）故障的影响大小
12	励磁前后摆度间隙值：ΔS_{ave}	投入励磁前后摆度的平均间隙值变化值。该幅值大小直接反映定子不圆（不规则）故障的影响大小
13	励磁前后大轴的偏移方位：$\Delta \Phi_{ave}$	投入励磁前后大轴的偏移方位
14	励磁前后定子振动影响系数：C_v	励磁前后定子振动影响系数表征定子刚度不足对定子振动的影响程度，是投入励磁前后定子振动的比值

其中：

$$\Delta A_{1X} = \left| V_{\mathrm{ul\_1}X} - V_{1X} \right|$$

$$\Delta V_{2X\_8X} = (V_{\mathrm{ul\_2}X} - V_{2X}) + (V_{\mathrm{ul\_3}X} - V_{3X}) + (V_{\mathrm{ul\_4}X} - V_{4X}) + (V_{\mathrm{ul\_5}X} - V_{5X}) +$$
$$(V_{\mathrm{ul\_6}X} - V_{6X}) + (V_{\mathrm{ul\_7}X} - V_{7X}) + (V_{\mathrm{ul\_8}X} - V_{8X})$$

$$\Delta A_{2X\_8X} = \left| \Delta V_{2X\_8X} \right|$$

$$\Delta S_{\mathrm{ave}} = S_{\mathrm{ul\_ave}} - S_{\mathrm{ave}}$$

$$\Delta \Phi_{\mathrm{ave}} = \arctan \left(\frac{\Delta S_{\mathrm{ave\_}Y}}{\Delta S_{\mathrm{ave\_}X}} \right)$$

$$C_{\mathrm{v}} = \frac{V_{\mathrm{ul}}}{V_{\mathrm{n}}}$$

实际的在线辨识算法流程如图 5-32 所示。

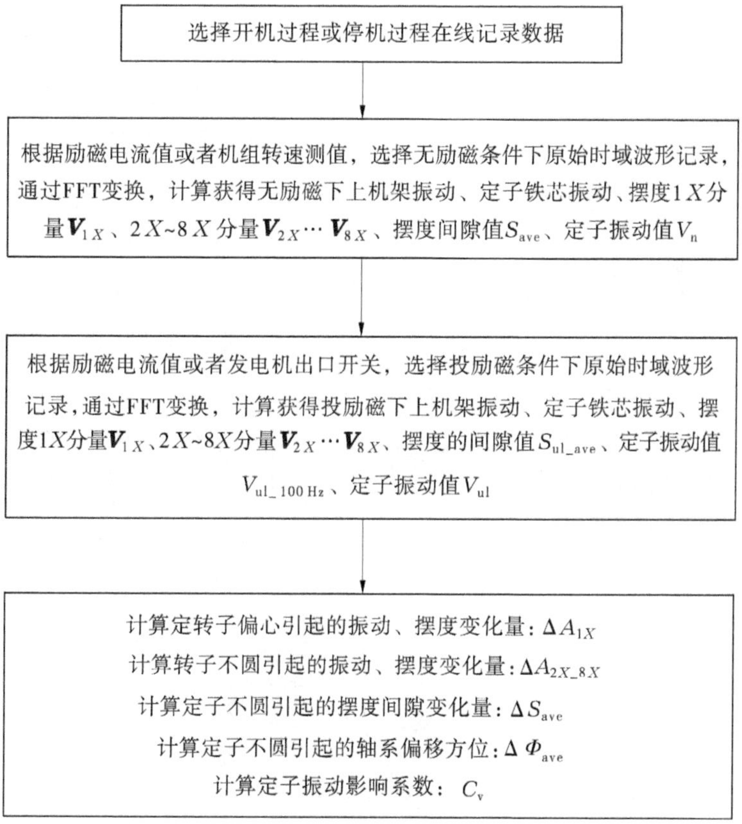

图 5-32　实际的在线辨识算法流程

在经过特征参数辨识以后，电磁拉力不平衡故障的判定条件如下：

如果 $\Delta A_{1X} \geqslant \Delta A_{1\_1X}$ ，那么存在定转子偏心影响；

如果 $\Delta A_{2X\_8X} \geqslant \Delta A_{1\_2X\_8X}$ ，那么存在转子不圆影响；

如果 $\Delta S_{ave} \geqslant \Delta S_{l\_ave}$ ，那么存在定子不圆影响，定子不圆最突出方位在 $\Delta \Phi_{ave}$ 处。

如果 $V_{ul\_100\ Hz} \geqslant V_{l\_100\ Hz}$ ，那么可能存在合缝松动、叠片松动等缺陷。

如果 $C_v \geqslant C_{l\_v}$ ，那么可能存在定子刚度不足等缺陷。

定值、含义说明及定值获取方法如表 5-36 所示。

表 5-36　定值、含义说明及定值获取方法

定值	含义	初始定值设定	建议的定值获取方法
ΔA_{l_1X}	最大能容忍的摆度、机架振动的 $1X$ 幅值变化上限	该定值在初期按照通常选择 0.2~0.5 倍相关国家标准中的允许值设定	根据每次开停机过程数据计算获得的 ΔA_{1X} 值采用数据统计方法，根据正态分布规律，获得定值上限
$\Delta A_{l\_2X\_8X}$	最大能容忍的摆度、机架振动的 $2X \cdots 8X$ 幅值综合变化上限	该定值在初期按照通常选择 0.2~0.5 倍相关国家标准中的允许值设定	根据每次开停机过程数据计算获得的 ΔA_{2X_8X} 值采用数据统计方法，根据正态分布规律，获得定值上限
ΔS_{l_ave}	最大能容忍的间隙变化上限	$\Delta S_{l\_ave} \geqslant 0.5$ 倍轴瓦间隙	根据每次开停机过程数据计算获得的 ΔS_{ave} 值采用数据统计方法，根据正态分布规律，获得定值上限
$V_{l\_100\ Hz}$	最大能容忍定子铁芯、定子机架振动 100 Hz 分量上限	$V_{l\_100\ Hz}$ 参照相关国家标准设定	根据每次开停机过程数据计算获得的 $V_{ul\_100\ Hz}$ 值采用数据统计方法，根据正态分布规律，获得定值上限
C_{l_v}	最大能容忍的定子刚度对定子振动影响系数上限	$C_{l\_v} \geqslant 5.0$	根据每次开停机过程数据计算获得的 C_v 值采用数据统计方法，根据正态分布规律，获得定值上限

（3）实际分析诊断案例

甘肃省某电站轴流转桨式机组一直存在摆度、振动过大的问题，经动平衡配重后振动、摆度也依然偏大。图 5-33 是利用该电站在线监测的数据，进行电磁拉力不平衡故障自动分析后的生成故障分析报告，其中表格红色部分及曲线的红色部分标明通过对机组振动、摆度数据的自动分析，匹配到电磁拉力不平衡故障特征。

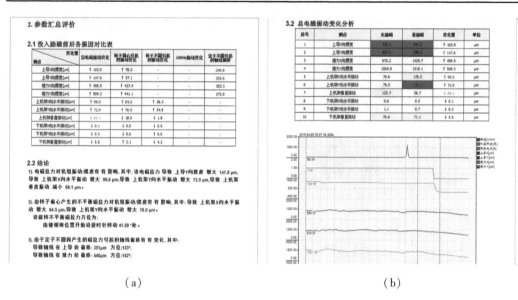

图 5-33

从图 5-33 中可以看到该机组上导摆度、上机架振动在投入励磁前后发生较大变化，主要改变为定转子偏心分量改变较大、定子不圆引起的轴线偏移较大。由计算机自主判定为发电机存在定转子偏心和定子不圆故障。后经机组实际检查发现，该机组的定子与基础的连接固定结构存在问题，导致各个方向变形不一致，从而形成定子不圆、定子中心偏移，证明计算机的自主判断正确。

故障模型需要采集的数据及结论见表 5-37。

表 5-37　故障模型需要采集的数据及结论

故障模型需要采集的数据	机组需安装在线监测系统，数据包括上导摆度、上机架振动波形数据，机组转速、发电机出口开关信息
故障模型给出的结论	电磁拉力不平衡故障量化指标参数

10）轴线弓形弯曲故障分析

（1）故障机制及其典型特征描述

在旋转机械中最理想的工作状态是机组中心、旋转中心和轴线三者重合，最不理想的是机组中心、旋转中心和轴线不重合的状态，介于两者之间的是机组中心和旋转中心重合，而轴线却弯曲的状态。这种状态是由于轴线偏移、转子的弯曲、转子与轴承内隙及承载后转子与轴承变形等引起的。机组轴线弯曲分为以下两种：

①主轴静态弯曲。反映的是机组在停止状态下机组轴线本身的实际弯曲情况。

②主轴动态弯曲。反映的是机组在正常运行过程中机组轴线的姿态。这个轴线姿态是由机械力不平衡力、电磁不平衡力和水力不平衡力等共同影响导致的大轴产生的弹性变形，而形成的动态的弯曲，但是当外部的不平衡力消失后，大轴的弹性变形也消失，弯曲也消失。

因此，从故障诊断角度而言，主要是识别轴线本身是否存在曲折度（弯曲）过大的问题,也就是主要关注主轴的静态初始弯曲问题,初始弯曲过大,那么也会引起附加的机械不平衡力的产生,导致振动、摆度增大。

机组轴线弯曲(轴线直线度)超标也是目前机组经常出现的问题,此问题主要是由于机组在检修回装或是初始安装时,盘车不合格,导致各导瓦不在同一旋转中心,机组各段轴连接后并未在一条直线上,通常此类问题需要机组在检修时重新盘车即可解决问题。

（2）故障特征参数及其辨识算法

利用安装间隙、轴颈半径及各导轴承 X、Y 方向轴振信号的幅值平均值,求出轴径中心相对于轴承中心的偏心距及角度,从而确定出三个导轴承处轴径中心的位置,把这三个中心连接起来,就得到轴径中心的连线——集控间轴线,如图 5-34 所示的轴线 ABC,本质是轴中心线位置分析。

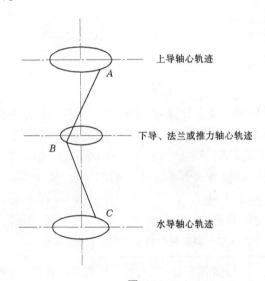

上导轴心轨迹

下导、法兰或推力轴心轨迹

水导轴心轨迹

图 5-34

①弯曲量

各导轴承处弯曲量都是相对另两部导轴承确定的轴心而言,即本导轴承轴心到另两部导轴承轴心所确定的连线延长线的垂直距离。

如图 5-35 所示,折线 ABC 为空间轴线,过 A 点作 CB 延长线的垂直线,垂足为 A' 点,其中 AA' 即为上导处弯曲量;过 B 点作 AC 的垂直线,垂足为 B' 点,其中 BB' 即为下导(法兰或推力)处弯曲量;过 C 点作 AB 延长线的垂直线,垂足为 C' 点,其中 CC' 即为水导处弯曲量。

②弯曲角

由大轴弯曲所确定的弯曲平面与键相块过大轴轴心确定的平面沿机组旋转方向反向夹角,即相应加减垫角度。

如图 5-36 所示,$O_A O_B O_C$ 为空间轴线,由空间轴线确定的平面(弯曲平面)与主轴的相交线为折线 ABC,A、B、C 为上导、下导(法兰或推力)、水导处的交点,设键相在上导、下导(法兰或推力)、水导处的位置为 K_A、K_B、K_C,则上导、下导(法兰或推力)、水导处弯曲角为 $\angle AO_A K_A$、$\angle BO_B K_B + 180°$、$\angle CO_C K_C$。

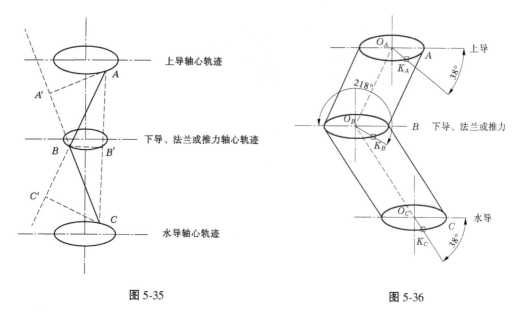

图 5-35　　　　　　　　　　　　图 5-36

③计算方法

系统对机组静态弯曲的测量原理为:利用在上导、下导(或法兰)、水导处安装的三对摆度传感器信号,经过波形合成和矢量计算后可以直接计算出大轴轴线的弯曲大小及其方位;而利用开停机过程机组极低转速下(此时不存在由于电磁拉力影响,并且动平衡、水力不平衡对机组轴线弯曲影响很小)的大轴弯曲量就可以反映出机组大轴的原始静态弯曲量及其方位。

以下导处弯曲量为例说明弯曲量的计算方法:

如图 5-37 所示, 设 L_1 为从上导到下导的距离,L_2 为从下导到水导的距离,A 点为某时刻上导 1X 轨迹上的某一个点,而 B 点为同一时刻下导 1X 轨迹上的点,C 点为同一时刻水导 1X 轨迹上的点。那么做 BB_0 为 B 点到直线 AC 的垂线,那么按照定义,BB_0 的长度就是下导处的弯曲量。实际计算方法如下:

步骤 1:计算获得摆度信号的 1X 分量波形数据。

选择停机过程或开机过程极低转速下的原始波形在线记录数据,对上导摆度 X、上导摆度 Y、下导摆度 X、下导摆度 Y、水导摆度 X、水导摆度 Y 原始波形进行 FFT 计算,获得 1X 分量的波形数据,需根据键相信号同步 1X 分量的波形数据。

步骤 2:固定水导位置不变,将上导轨迹平移到上导旋转中心 O_1。

如图 5-38 所示,上导轨迹上 A 点已经被平移到旋转中心处,而下导的 B 点则改变到 B_1 位置,B_1 的坐标计算如下:

$$x_{B_1} \approx x_B - x_A \frac{L_2}{L_1 + L_2} \quad (L_1、L_2 \text{ 远大于 } x_A、x_B)$$

$$y_{B_1} \approx y_B - y_A \frac{L_2}{L_1 + L_2} \quad (L_1、L_2 \text{ 远大于 } y_A、y_B)$$

其中,x_A 为上导轨迹某一时刻轴心在 A 点的 X 向的坐标,根据上导 X 向摆度 1X 波形

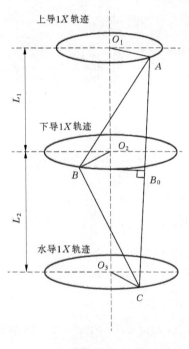

图 5-37

获得;其中 y_A 为上导轨迹同一时刻轴心在 A 点的 Y 向的坐标,根据上导 Y 向摆度 1X 波形获得;x_B 为下导轨迹同一时刻轴心在 B 点的 X 向的坐标,根据下导 X 向摆度 1X 波形获得;y_B 为下导轨迹某一时刻轴心在 B 点的 Y 向的坐标,根据下导 Y 向摆度 1X 波形获得。

步骤 3:固定上导位置不变,将水导轨迹平移到上导旋转中心 O_3。

如图 5-39 所示,水导轨迹上 C 点已经被平移到旋转中心处,而下导的 B_1 点则改变到 B_2 位置,B_2 的坐标计算如下:

$$x_{B_2} \approx x_{B_1} - x_C \frac{L_1}{L_1 + L_2} \quad (L_1 \text{、} L_2 \text{ 远大于 } x_C \text{、} x_{B_1})$$

$$y_{B_2} \approx y_{B_1} - y_C \frac{L_1}{L_1 + L_2} \quad (L_1 \text{、} L_2 \text{ 远大于 } y_C \text{、} y_{B_1})$$

其中,x_C 为水导轨迹同一时刻轴心在 C 点的 X 向的坐标,根据水导 X 向摆度 1X 波形获得;y_C 为水导轨迹某一时刻轴心在 C 点的 Y 向的坐标,根据水导 Y 向摆度 1X 波形获得。

步骤 4:计算下导弯曲量和弯曲角。

任意时刻瞬时弯曲量:$L_{LB\_1X\_t} \approx \sqrt{x_{B_2}^2 + y_{B_2}^2}$。

弯曲量(旋转一周的平均弯曲量):$L_{LB\_1X} = \frac{1}{n} \sum_{i=1}^{n} L_{LB\_1X\_i}$。

弯曲角,采用键相信号起始时刻($t = 0$)的 1X 波形数据计算获得在轨迹平面中的角度:$\Phi_{LB\_1X} = \arctan\left(\dfrac{y_{B_2}}{x_{B_2}}\right)$。

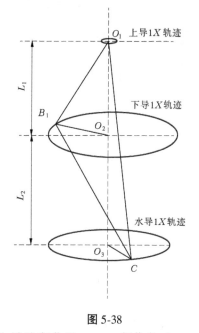

图 5-38

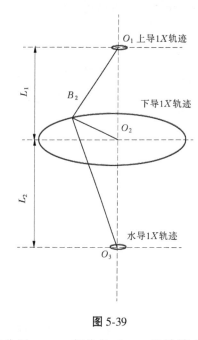

图 5-39

上导处弯曲量 L_{UB_1X}、弯曲角 Φ_{UB_1X}、水导处弯曲量 L_{TB_1X}、弯曲角 Φ_{TB_1X} 的计算方法类似。

在获得轴线弯曲指标以后,对于轴线初始静态弯曲的判定条件如下:

如果 $L_{UB\_1X} \geqslant L_{1\_UB\_1X}$ 或者 $L_{LB\_1X} \geqslant L_{1\_LB\_1X}$ 或者 $L_{TB\_1X} \geqslant L_{1\_TB\_1X}$,那么存在机组轴线弯曲故障;而轴线弯曲的方位则在与键相块位置反方向旋转 Φ_{B_1X} 角度处。

(3)定值、含义说明及定值获取方法如表 5-38 所示。

表 5-38　定值、含义说明及定值获取方法

定值	含义	初始定值设定	建议的定值获取方法
$L_{1\_UB\_1X}$	最大能容忍的上导处弯曲量上限	$L_{1\_UB\_1X} \geqslant 0.5$ 倍上导轴瓦间隙	根据每次开停机过程数据计算获得的 L_{UB_1X} 值采用数据统计方法,根据正态分布规律,获得定值上限
$L_{1\_LB\_1X}$	最大能容忍的下导处弯曲量上限	$L_{1\_LB\_1X} \geqslant 0.5$ 倍下导轴瓦间隙	根据每次开停机过程数据计算获得的 L_{LB_1X} 值采用数据统计方法,根据正态分布规律,获得定值上限
$L_{1\_TB\_1X}$	最大能容忍的水导处弯曲量上限	$L_{1\_TB\_1X} \geqslant 0.5$ 倍水导轴瓦间隙	根据每次开停机过程数据计算获得的 L_{TB_1X} 值采用数据统计方法,根据正态分布规律,获得定值上限

(4)实际分析诊断案例

图 5-40 是利用本分析诊断算法对贵州某混流式水轮发电机组进行静态轴线弯曲自

动分析后生成的分析报告。

（a）

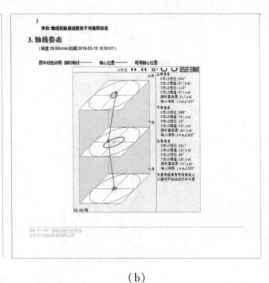

（b）

图 5-40

从图 5-40 中可以看出,该机组在极低转速下,轴线的弯曲数值只有 34 μm,处于可以接受的状态。

故障模型需要采集的数据及结论见表 5-39。

表 5-39　故障模型需要采集的数据及结论

故障模型需要采集的数据	机组需安装在线监测系统,数据包括上导摆度 X、Y 方向摆度,下导/法兰摆度 X、Y 方向摆度,水导摆度 X、Y 方向摆度波形数据、转速、发电机出口开关、负荷等机组工况信息
故障模型给出的结论	轴线弓形弯曲故障量化指标参数

11) 轴瓦间隙不均匀

（1）故障机制及其典型特征描述

轴瓦间隙不均匀将会导致各轴瓦受力不一致,因而会导致 X/Y 方向的摆度大小不一致,X/Y 方向的机架振动也不一致,从轴心轨迹上看,该导轴承处的轴心轨迹将会是一个椭圆形甚至是卡顿的不连续轨迹。同时,导轴承各瓦的温度也会产生明显的差异,受力大的轴瓦温度高,受力小的轴瓦温度低。

轴瓦间隙不当大致包括以下几种形式:

①瓦间隙不均匀,相邻瓦温的温差较大;

②瓦间隙偏小,机组振动数值较大,摆度数值偏小,同时伴有瓦温偏高的现象;

③瓦间隙偏大,机组振动数值非常小,摆度数值很大或摆度也不大,瓦温偏低。

（2）故障特征参数及其辨识算法

定义:

瓦温平均温度 T_{b_ave} 为导轴承导瓦中所有瓦温的平均温度;

瓦温温差 ΔT_{b_max} 为导轴承导瓦中瓦温最大值与最小值的差;

瓦温极差 ΔT_{b_diff} 为导轴承相邻瓦之间的温度差值最大值;

油温平均温度 $T_{b\_oil\_ave}$ 为导轴承油槽温度的平均温度;

导轴承承载系数 F_1 为导轴承对应机架振动峰峰值与导轴承摆度峰峰值的比值;

导轴承摆度 R_x、R_y 为导轴承 X、Y 向摆度;

导轴承处机架振动 V_x、V_y 为机架径向 X、Y 向振动;

导轴承摆度偏差系数 C_R 为 X、Y 方向的摆度差值与两者平均值之间的比值;

机架振动偏差系数 C_V 为 X、Y 方向的振动差值与两者平均值之间的比值。

对导轴承间隙不均匀故障的检测判断流程如下:

步骤 1:读取数据计算基础指标。

选取机组开机热稳定后的数据(取出口开关从开始闭合起,到有功功率稳定在满负荷 2 h 以后满负荷附近,负荷波动不大于 2 WM 的数据),并根据读取的基础数据计算瓦温平均温度 T_{b_ave},瓦温温差 ΔT_{b_max},瓦温极差 ΔT_{b_diff},油温平均温度 $T_{b\_oil\_ave}$,导轴承承载系数 F_1,导轴承摆度 R_x、R_y,导轴承处机架振动 V_x、V_y,导轴承摆度偏差系数 C_R、机架振动偏差系数 C_V。

步骤 2:故障判断。

如果 $\begin{cases} \Delta T_{b\_max} \geqslant \Delta T_{l\_b\_max} \\ \Delta T_{b\_diff} \geqslant \Delta T_{l\_b\_diff} \\ C_R \geqslant C_{l\_R} \\ C_V \geqslant C_{l\_V} \end{cases}$ 满足,那么导轴承间隙不均匀。

如果 $\begin{cases} F_1 \geqslant F_{l\_l} \\ T_{b\_ave} \geqslant T_{l\_b\_ave} \\ V_x \geqslant V_l \\ V_y \geqslant V_l \end{cases}$ 满足,那么导轴承间隙偏小。

如果 $\begin{cases} F_1 \leqslant F_{u\_l} \\ T_{b\_ave} \leqslant T_{u\_b\_ave} \\ R_x \geqslant R_l \\ R_y \geqslant R_l \end{cases}$ 或 $\begin{cases} F_1 \leqslant F_{u\_l} \\ T_{b\_ave} - T_{b\_oil\_ave} \leqslant T_{u\_diff\_ave} \\ R_x \geqslant R_l \\ R_y \geqslant R_l \end{cases}$ 满足,那么导轴承间隙偏大。

定值、含义说明及定值获取方法如表 5-40 所示。

表 5-40　定值、含义说明及定值获取方法

定值	含义	初始定值设定	建议的定值获取方法
$\Delta T_{l\_b\_max}$	最大能容忍的瓦温温差上限	$\Delta T_{l\_b\_max} \geqslant 5\ ℃$	根据热稳定后、稳态工况数据计算的 ΔT_{b_max} 采用数据统计方法,根据正态分布规律,获得定值上限

续表 5-40

定值	含义	初始定值设定	建议的定值获取方法
$\Delta T_{l\_b\_diff}$	最大能容忍的瓦温极差上限	$\Delta T_{l\_b\_diff} \geqslant 5 \ ℃$	根据热稳定后、稳态工况数据计算的 ΔT_{b_diff} 采用数据统计方法,根据正态分布规律,获得定值上限
C_{l_R}	最大能容忍的摆度偏差系数上限	$C_{l\_R} \geqslant 2$	根据热稳定后、稳态工况数据计算的 C_R 采用数据统计方法,根据正态分布规律,获得定值上限
C_{l_V}	最大能容忍的振动偏差系数上限	$C_{l\_V} \geqslant 2$	根据热稳定后、稳态工况数据计算的 C_V 采用数据统计方法,根据正态分布规律,获得定值上限
F_{l_l}	最大能容忍的承载系数上限	$F_{l\_l} \geqslant 0.8$	根据热稳定后、稳态工况数据计算的 F_l 采用数据统计方法,根据正态分布规律,获得定值上限
F_{u_l}	最小能容忍的承载系数下限	$F_{u\_l} \leqslant 0.2$	根据热稳定后、稳态工况数据计算的 F_l 采用数据统计方法,根据正态分布规律,获得定值下限
V_l	机架水平振动预报警上限	可参考 GB/T 11348 规范等标准	根据热稳定后、稳态工况数据的 V_x、V_y 采用数据统计方法,根据正态分布规律,获得定值上限
$T_{u\_b\_ave}$	最小能容忍的瓦温下限	$T_{u\_b\_ave} \leqslant 35 \ ℃$	根据热稳定后、稳态工况数据计算的 T_{b_ave} 采用数据统计方法,根据正态分布规律,获得定值下限
R_l	摆度预报警上限	可参考 GB/T 11348 规范等标准	根据热稳定后、稳态工况数据的 R_x、R_y 采用数据统计方法,根据正态分布规律,获得定值上限
$T_{u\_diff\_ave}$	最小能容忍的瓦温油温之差下限	$T_{u\_diff\_ave} \leqslant 5 \ ℃$	根据热稳定后、稳态工况数据的 $T_{b\_ave} - T_{b\_oil\_ave}$ 采用数据统计方法,根据正态分布规律,获得定值下限

12)发电机机架刚度不足/支撑件松动

(1)机制及其典型特征描述

一般来说,由于上机架为非承重机架,主要承受转子径向机械不平衡力和因定子、转子空气间隙不均匀而产生的单边磁拉力,上机架—定子机座系统受径向力后产生的径向位移,可看成是上机架和定子机座的椭圆性变形。因此,上机架及定子机座抵抗变形能力的大小即其刚度的大小,就成了影响上机架水平振动大小的主要因素。如果上机架的刚度不足(支臂本身又比较单薄),因此在承受较大的径向力时,最容易发生椭圆性变形,所以加固上机架,就应该加强支臂之间的相互连接。

另外,从设计来说,除悬式机组外,由于上机架非承重机架,其本身的刚度就不高,很多上机架的一阶模态不大于 20 Hz,在这个频率范围,很容易与机组的转速频率的某一个倍频接近从而产生共振。为了避免共振的产生,提高其刚度的办法是,增加机架与基础之间的支撑。但如果机架的支撑产生了松动,就会导致机架整体的刚度大大降低,则由于机组的某个倍频产生共振的可能性也会大大增加。

(2)故障特征参数及其识别算法

对于上机架刚度不足的故障,少有上机架原始设计自身刚度不足的情况出现,主要产生的原因是机架与基础之间的支撑松动,引起机架刚度大大降低。对于这类故障,支撑整体松动的可能性较小,部分支撑松动,引起的刚度不一致。

这种故障从机制上分析看,由于沿圆周方向刚度的不一致,就会出现如下几个特征:

①上机架 X 向水平振动与上机架 Y 向水平振动在振动峰峰值上存在较明显的差异;

②刚度降低的支架,在振动上会产生高次谐波如 $2X$、$3X$ 等,甚至会有共振现象出现;

③此类故障与轴瓦不同心有相似处,都会产生振动沿水平方向的不一致,也会有 $2X$ 分量产生,区分其与轴瓦不同心故障的表现主要有如下两个方面:

在温度上,轴瓦不同心存在明显的温度上的特征,即温度上存在温差(最大最小瓦温差),但不存在极差(相邻瓦温温差不明显),且上机架刚度不足不会引起瓦温的差异。

对于轴瓦不同心,通常仅限于 $2X$ 分量会较为明显,不会引起共振,但上机架刚度不足不仅会引起 $2X$,甚至会有 $3X$ 及共振频率产生,但这种信号只会在刚度降低的方向产生,也就是对于高频段的振动分量也存在差异。

对于此故障模型识别,其前提是存在振动数值超标现象,否则上述故障理论不可用于此模型判定。

在故障识别过程中需要计算的特征指标如表 5-41 所示。

表 5-41　故障识别过程中需要计算的特征指标

序号	参数名称	说明
1	上机架 X 向水平振动幅:值 V_X	满负荷时机组上机架 X 向水平振动峰峰值
2	上机架 Y 向水平振动幅:值 V_Y	满负荷时机组上机架 Y 向水平振动峰峰值
3	上机架 X 向水平振动 $2X\cdots8X$ 分量振动幅值:V_{X2-8}	采用带通滤波后,提取上机架 X 向水平振动 $2X\cdots8X$ 频段机组满负荷运行时峰峰值
4	上机架 Y 向水平振动 $2X\cdots8X$ 分量振动幅值:V_{Y2-8}	采用带通滤波后,提取上机架 Y 向水平振动 $2X\cdots8X$ 频段机组满负荷运行时峰峰值
5	上机架 X/Y 向振动水平振动峰峰值比值:$K_{X/Y}$	满负荷时机组上机架 X 向水平振动峰峰值与上机架 Y 向水平振动峰峰值比值
6	上机架 X/Y 向水平振动 $2X\cdots8X$ 分量振动幅值比值:$K_{X/Y2-8}$	满负荷时机组上机架 X 向水平振动峰峰值与上机架 Y 向水平振动 $2X\cdots8X$ 分量幅值比值

对于特征参数 $K_{X/Y}$，其计算方法如下：若 $V_X > V_Y$，则 $K_{X/Y} = V_X/V_Y$；若 $V_X < V_Y$，则 $K_{X/Y} = V_Y/V_X$。

对于特征参数 $K_{X/Y2-8}$ 其计算方法如下：若 $V_{X2-8} > V_{Y2-8}$，则 $K_{X/Y2-8} = V_{X2-8}/V_{Y2-8}$；若 $V_{X2-8} < V_{Y2-8}$，则 $K_{X/Y2-8} = V_{Y2-8}/V_{X2-8}$。实际的在线辨识算法流程如图 5-41 所示。

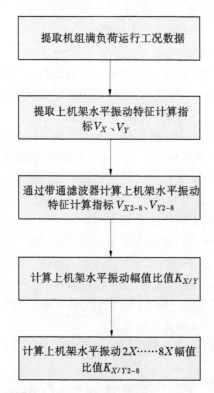

图 5-41　实际的在线辨识算法流程

在经过参数识别后，上机架刚度不足/支撑件松动的判定条件如下：

$$\begin{cases} V_X > V_L \text{ 或 } V_Y > V_L \\ K_{X/Y} > K_{L-X/Y} \\ K_{X/Y2-8} > K_{L-X/Y2-8} \end{cases}$$

定值、含义说明及定值获取方法如表 5-42 所示。

表 5-42　定值、含义说明及定值获取方法

定值	含义	初始定值设定	建议的定值获取方法
V_L	最大能容忍的机架水平振动峰峰值上限	改定值以国标允许值，机组设计值及机组长期运行的振动数值为基准	根据机组在满负荷运行时机组上机架振动的峰值，采用数据统计方法，根据正态分布规律，获得定值上限

续表 5-42

定值	含义	初始定值设定	建议的定值获取方法
$K_{L-X/Y}$	最大能容忍的上机架振动幅值偏差上限	定值可在初期按照 3~5 设定	可根据实际机组案例、机组运行状态在实际中进行相应调整
$K_{L-X/Y2-8}$	最大能容忍的上机架振动的 $2X\cdots8X$ 幅值偏差上限	定值可在初期按照 3~5 设定	可根据实际机组案例、机组运行状态在实际中进行相应调整

若上述条件同时满足,则输出上机架刚度不足/支撑件松动,并且给出机架支撑松动的方位(上机架水平振动 X/Y 幅值大的方向为支撑松动方向)。

2. 发电机故障诊断与预警

全息监测应用中应建立信江电站发电机及其励磁系统(含励磁变)的相关参数、特性和故障特征及其计算模型、故障诊断推理模型(如故障树模型)知识库,如:

(1)发电机及其励磁系统结构参数、工作参数。

(2)对发电机及其励磁系统所有部件、模块和系统进行失效模式、影响与危害分析,建立失效影响与危害分析模型。

(3)在失效影响与危害分析模型的基础上,建立发电机及其励磁系统故障特征知识库及计算各种稳定性故障特征的模型库。

(4)在失效影响与危害分析模型的基础上,建立诊断分析发电机及其励磁系统故障的故障树模型。

(5)在失效影响与危害分析模型的基础上,建立消除发电机及其励磁系统故障的处理方法知识库。

在此基础上,全息监测应用应能自动和辅助专家检测与诊断发电机下列故障:

(1)检测并诊断温度异常升高故障(定子铁芯温度、上层或下层线棒温度、上导轴承瓦温、推力轴承瓦温、热风温度、冷风温度、滑环温度、励磁变温度、整流屏温度或可控硅温度、缓冲电容温度等)。

(2)机架振动幅值增大或出现新的频率成分。

(3)导轴承处大轴摆度增大。

3. 水轮机及调速器故障诊断与预警

全息监测应用中应建立信江电站水轮机及其调速器(含调速压力油系统)的相关参数、特性和故障特征及其计算模型、故障诊断推理模型知识库,如:

(1)水轮机及其调速系统结构参数、工作参数。

(2)水轮机特性与特性参数(如效率特性曲线、综合运行特性曲线、水轮机稳定性特性和水轮机空化特性)等。

(3)对水轮机及其调速系统所有部件、模块和系统进行失效模式、影响与危害分析,(失效影响与危害分析),建立失效影响与危害分析模型。

（4）在失效影响与危害分析模型的基础上，建立水轮机及其调速系统故障特征知识库和计算各种稳定性故障特征的模型库。

（5）在失效影响与危害分析模型的基础上，建立诊断分析水轮机及其调速系统故障的故障树模型。

（6）在失效影响与危害分析模型的基础上，建立消除水轮机及其调速系统故障的处理方法知识库。

在此基础上，全息监测应用应能自动和辅助专家检测与诊断水轮机及其调速系统下列故障：

（1）水轮机能量转换效率下降。

（2）水轮机导叶、轮叶协联关系异常。

（3）机组甩负荷动态过程中水压超过水轮机调节保证值检测与诊断。

（4）压力脉动异常。

（5）水导瓦温异常升高。

（6）机械液压系统振荡检测与诊断。

（7）机械液压系统漏油检测与诊断。

（8）开机过程长或开机失败。

（9）机组停机蠕动检测与诊断。

（10）机组溜负荷检测与诊断。

4. 其他机电设备故障诊断与故障预警

电站电气设备、电站及泄水闸金结设备、电站重要辅助生产设备、库区泵组设备的故障诊断与故障预警参照机组要求。

（三）故障维修指导

基于故障树、历史维修经验等，建立专家系统，对产生的缺陷提供详细的维护检修方案，指导生产，提高效率。

（四）系统故障追溯

系统故障或事故发生时，各种信号、简报十分杂乱，运行人员难以通过纷繁的信息第一时间找出事件发生原因。当电站全息监测系统感知到系统故障或事故后，能利用现有数据模型对数据进行推理、分析，找出故障或事故发生的真实原因，展示出故障或事故发生的时间演进图。

（五）设备健康评估

全息监测应用将建立设备健康评估模型，根据设备状态关联特征分析、全寿命期疲劳计算理论及专业寿命评估算法等，进行量化评分和状态评级，自动评估设备健康状态。设备健康评估模型能明确关联特征，且能够灵活配置，能够通过经验累积不断提高模型的准确性和泛化能力。能自动生成设备健康评估报告，为运行、检修与管理决策提供支持，报告可兼容 Word、WPS 等格式，且可以由用户进行定制。

该健康评估内容将涉及电站机组设备、电站电气设备、电站及泄水闸金结设备、电站重要辅助生产设备、库区泵组设备等。

系统采用开放式设计方法，支持用户自行设计的设备健康评估规则，在系统平台上，用户可自行组态数据平台上的任何数据,自行设计合理的评估规则,系统能按用户设计的规则对设备健康状态进行评估。

系统将参照《水电站设备状态检修管理导则》(DL/T 1246)评估水电设备健康状态,并将结合专家经验及大数据挖掘技术,自动生成各部件的权重、分值建议,提供权重、分值的分权限编辑修改功能。

状态评价模块功能如图 5-42 所示。

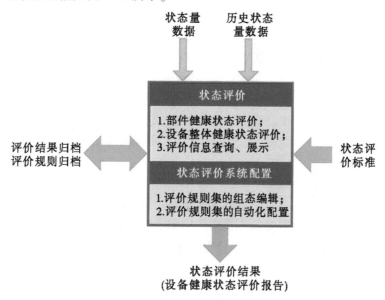

图 5-42　状态评价模块功能简图

(1)模块输入

①各类设备状态量数据。

②各类设备状态量历史数据。

(2)模块功能

①部件健康状态评价。

依据设备状态评价标准,建立设备健康状态评价算法模型和评价规则。结合设备状态量的横向(同类型设备)和纵向(历史数据)比较结果,对影响设备各组成部件健康状态的状态量逐项评分,量化评价设备各部件健康状态。

②设备整体健康状态评价。

根据部件状态评价结果,结合部件对设备整体功能的影响程度,采用适当的算法得出设备整体健康状态等级。

③评价信息查询。

可查询设备及各部件健康评价结果,并可详细了解评价过程及各状态量评价信息。

④评价规则集的组态编辑。

评价规则的组态编辑模块,可自由增删改评价规则的权重、分值、状态量等,另外部件、设备的评价方法也可以指定。

⑤评价规则集的自动化配置。

依据《水电站设备状态检修管理导则》（DL/T 1246）、《输变电设备状态评价导则》，根据设备失效模型、劣化模型，结合专家经验，通过对历史状态数据的大数据挖掘技术，不仅自动化生成水电站设备评价的状态评价规则集，而且对每个规则中的权重、分析也依据大数据挖掘技术实现自动化的配置。

（3）模块输出

设备状态评价结论，包括设备健康状态等级（或分值）、依据和解释，并最终形成报告。

1. 机组稳定性健康评估

全息监测应用能为人工评估机组稳定性提供数据支持，宜自动评估固定流道水力平衡性能、转轮水力平衡性能、尾水涡带情况、动平衡性能、电磁力平衡性能、导轴承性能等。

2. 发电机健康评估

全息监测应用能评估主要发电机的健康状态：定子温升特性、转子温升特性、发电机冷却器和推力冷却器的冷却效率、定子绕组绝缘性能、转子绕组绝缘性能、机械紧固性能、励磁系统控制性能等。

3. 水轮机及调速器健康评估

全息监测应用能评估主要水轮机的健康状态：固定流道水力稳定性、水轮机效率、水轮机空蚀状况、水密封性能、导叶操作机构响应速动性和准确性、水轮机调节控制性能、集油槽及三部轴承透平油油质、调速油系统密封性能（外漏及内漏）、气系统密封性能、压油泵输油效率等。

4. 其他机电设备健康评估

电站电气设备、电站及泄水闸金结设备、电站重要辅助生产设备、库区泵组设备的健康评估参照机组要求，具体由设计联络会确定。

（六）设备运行特征挖掘

系统可提供专用的、开放式的数据挖掘平台，用户能利用平台对整合后的历史数据进行挖掘，总结设备在不同运行工况、不同运行条件下的运行状况，获得不同运行参数间的关联关系，同时积累设备健康标准与故障样本，便于后续决策与诊断模型的构建。

特征参数的计算，由波形及参数需计算的特征参数，如频谱特征、空间轴线特征、几何不对称特征、温度分布特征等。设备启停特征参数结合生产管理的特征分析。

系统能根据设备一段较长时间的正常运行数据，并结合专业机制知识，制订故障预警定值挖掘策略，自动获取诊断定值，并能根据工况实时调整相应定值。

1. 设备运行特征挖掘功能设计

1）功能设计框图

设备特征指标挖掘功能逻辑示意图见图 5-43。

（1）模块输入

①由场站侧数据采集前置机传送来的实时特征指标数据；

②历史特征指标数据。

（2）模块功能

①基于大数据模型故障特征定值的挖掘模型；

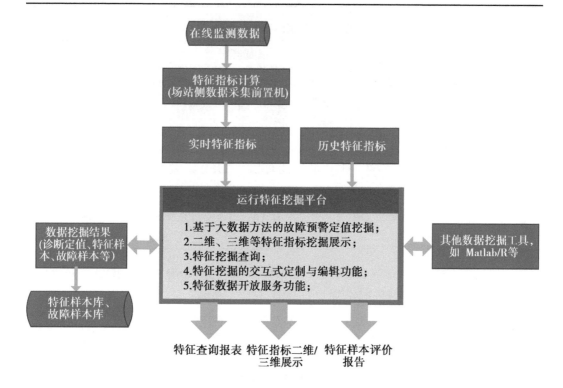

图 5-43　设备特征指标挖掘功能逻辑示意图

②二维、多维数据的挖掘功能;

③挖掘结果查询和展示功能;

④数据挖掘的交互式定制与编辑功能;

⑤特征数据开放服务功能。

（3）模块输出

①数据挖掘结果的查询结果展示。

②二维、三维曲线、曲面以及柱状图等各类自定义展示图表。

③特征数据挖掘结果的评价报告。

④数据挖掘结果（如定值、典型特征样本、故障样本）保存到样本数据库。

2）特征指标计算

在本系统设计中,特征指标计算功能部署在场站侧数据采集前置机上。该前置机采集设备在线监测系统的数据根据设备故障机制、失效机制计算特征指标,然后通过网络系统实时传送到全息监测平台。

特征指标参数根据原始采集到的振动、摆度、压力、气隙等测点的原始波形及参数需计算的特征参数（频谱特征、空间轴线特征、几何不对称特征、温度分布特征等）进行计算。

详细的特征指标集包括如表 5-43 所示的内容。

表 5-43　详细的特征指标集

数据源	特征值
摆度数据	峰峰值、均值、有效值、1X、1X 相位、2X、2X 相位、2X~8X 幅值、涡带区振动幅值,转轮叶片分量、导叶倍频分量、导轴承瓦分量、桨叶叶片分量;基于 Hilbert 变换的摆度冲击幅值
振动数据	峰峰值、均值、有效值、1X、1X 相位、2X、2X 相位、2X~8X 幅值、涡带区振动幅值,转轮叶片分量、导叶倍频分量、导轴承瓦分量、桨叶叶片分量;基于 Hilbert 变换的振动冲击幅值
气隙数据	平均气隙、最小气隙(磁极号)、最大气隙(磁极号)、各个磁极的气隙值,转子圆度、定子圆度、定转子偏心、各磁极变形量、气隙变形不均匀度
压力数据	峰峰值、均值、有效值、1X、1X 相位、2X、2X 相位、涡带区脉动幅值,转轮叶片分量、导叶倍频分量、导轴承瓦分量、桨叶叶片分量,卡门涡频率及幅值
温度数据	各导轴承瓦温、温差及极差,油温,油位,定子铁芯温度,空冷器温度,推力瓦温、温差及极差
辅助工况数据	有功功率、无功功率、转速、励磁电流、励磁电压、机组水头、上游水位、下游水位、导叶开度、桨叶开度、机组流量
主变色谱数据	过热值特征、局部放电特征、电弧放电特征、总烃与负荷关联度
其他数据	主轴弯曲量、弯曲角,主轴与镜板不垂直度、镜板波浪度、抬机量均值、峰峰值、轴承承载系数(同一部位振动与摆度的幅值比值)、大轴旋转中心偏移量及偏移方位等

3)故障预警定值的挖掘

对于故障预警定值的挖掘采用基于大数据模型的挖掘模型,包括多元回归模型、SVM 回归模型、正态统计模型、相关性分析、临近算法模型(KNN)、K-Means 聚类分析、人工神经网络分析等分析方法。

系统可根据设备一段较长时间的正常运行数据,并根据不同设备专业机制知识,确定相关的约束工况条件,制定故障特征预警数据挖掘策略(如采用回归模型、正态分布模型),可以获得不同工况下(如不同负荷、不同水头)的特征指标数据分布规律,以上述分布规律为基础,自动确定故障预警定值,而且可根据工况实时调整相应定值。

4)平台提供的可视化特征指标挖掘功能

平台可提供二维、多维数据的挖掘功能,能用二维曲线、散点图、三维曲面(或多维曲面)等方式显示数据挖掘成果。平台上,用户只要定义时间、所关联信息等资料,平台即可自动生成数据挖掘结论。

系统提供的可视化特征指标挖掘功能支持人机交互页面的定制与编辑功能,提供人机交互页面的开放式设计方法,提供文本控件、二维及三维图形控件、时间控件、表格控件等多样工具,用户可采用拖拽方式自行设计人机交互页面,页面上通过简单的数据链接即可实现数据展示与趋势查询等,用户的人机交互页面设计、编辑、数据展示等都不涉及系统的源代码。

系统提供了多类公式和算法,包括以下内容:

(1)数学运算。如加减乘除、指数、对数、三角函数、积分微分等。

(2)逻辑运算。如与、或、非、流程控制等。

(3)机器学习算法。如回归模型、SVM、神经网络等。

(4)自定义算法。用户可以根据实际需求添加自定义的算法。

(5)可视化控件。文本控件、二维控件、三维控件、时间控件、表格控件等。

5)平台提供的特征数据开放式挖掘功能

本系统平台为第三方平台提供全面的特征数据调用访问接口,通过该调用接口,用户在不修改系统的内部代码情况下,通过在自建可视化图像或其他文本程序(如 Matlab 和 R 等),调用本系统的特征指标数据,挖掘设备运行状况与工况间的关联关系,以实现扩展的数据挖掘功能。

6)挖掘结果的查询及评级功能

系统可对挖掘成果进行动态评价与定期评价,生成报告,并支持将挖掘成果添加至故障样本库及数据库功能。

2.设备运行特征值和指标体系设计方案

1)基于指标-故障模型模式的诊断系统

本系统最基本的两项任务是对被监测设备(对象)进行状态分析评价和设备故障确认定位、故障处理尽可能提供全面的技术手段和支持。前者解决设备运行状态好坏的评价问题,后者解决故障识别、故障定位、故障处理问题。因此,状态监测系统设计的各种功能全部围绕着设备状态分析评价和故障诊断展开。

基于故障模型诊断系统指标体系的建立就是为了实现故障定位,从而为故障处理和状态检修提供依据。其基本原理是将在线监测采集的原始数据根据故障模型理论进行特征指标的提取,形成针对不同模型的量化指标集,对量化的特征指标集结合判定标准实现对故障的准确定位,并将最终的故障报告以自动报告的形式量化显示,如图 5-44 所示。

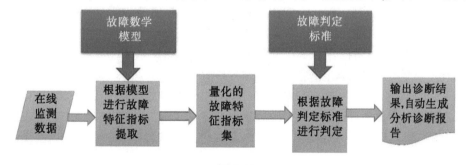

图 5-44

2)基于故障模型诊断系统指标体系建立的目标

水电机组是水电站的核心设备,运行的稳定性是其工作性能中的重要指标,提高机组的稳定性可延长机组寿命,这一直是中外学者不遗余力研究的主要方向。基于故障模型诊断系统指标体系建立的最终目标就是为了准确定位机组故障,提高机组运行稳定性。因此,建立基于故障模型诊断系统指标体系的目标主要有以下几个方面:

(1)针对机组的常见故障建立明确的故障辨识模型。

故障诊断模型是指标的基础,指标是针对模型的指标,两者紧密相关,因此要建立完整的基于故障模型的指标体系,首先要明确有哪些故障模型。

(2)构建完全量化的故障指标集。

构建完全量化的故障指标集的最终目标是为了实现故障的准确定位,这也是关系到系统最终功能是否可靠和实用的关键一步。目前大部分的故障诊断系统能够提取的特征指标非常有限,大部分指标都停留在原始数据的 1 次提取状态,这种指标虽然可以反映故障的发生,但在故障定位方面存在明显的缺陷,因为这种指标通常对应的故障就是多个,如没有进一步的指标规范,就无法做出准确判断。因此,构建完全量化的故障指标集,就是要通过指标的多次提取计算,针对每个不同的故障模型,确定针对此模型的一套可以唯一指向的指标。因此,指标的建立最终决定了故障定位的准确性。

(3)参照机组历史数据采用大数据分析和国家标准确立故障指标的判定标准。

对于故障输出的判定,必须有一个明确的量化依据,什么数量级的影响量可以代表此故障已经对机组运行稳定性产生了影响,必须有一个明确的判定标准,鉴于水电机组运行工况相对复杂的特点,即使是同一电站不同机组间都经常存在较明显的差异,因此仅参照国家标准作为评判标准就会显得不够灵活,也不能有效地消除机组运行差异对于故障判定的影响。因此,采用依照国家标准并参照机组历史数据的方法确定评判标准就是一个较为灵活合理的确定评价标准的方式。

(4)利用在线监测系统实时采集的数据,实现故障特征自动提取、自动标准判定,实现机组故障的在线自动化诊断和故障报警。

通过建立基于故障模型诊断系统指标体系,实现故障特征自动提取、自动标准判定,实现机组故障的在线自动化诊断和故障报警。

3)构建完全量化的指标集的原则

对于基于故障模型的诊断系统在建设过程中最主要的问题是指标提取的不完整,目前提取的指标非常的有限,仅仅是简单振摆、压力的峰峰值及均值,$1X$ 幅值等,这种较为简单的指标输入,导致在后续的故障识别过程中无法精确定位到故障点上,因此也无法发挥其功效。因此,指标集搭建的是否完善决定了最终系统的实用性及可靠性。

构建完全量化的指标集应遵循以下原则:

(1)全面性。量化的指标要完整、完善,才能更好地服务于故障模型。

(2)针对性。量化的指标是为了故障模型服务,因此指标的指向应与模型对应。

(3)精细化。量化的指标要细致,可以有效地区分各种模型,尽量避免输出结果的模糊。

(4)扩展性。对于指标集,要有良好的扩展性,增加故障模型输出,仅需增加指标及判据即可。

(5)智能化。对于大部分故障模型,若要其输出结果可靠,经常需要对原始数据进行二次或更多次计算,方可输出一个精确结果,因此这就需要系统支持二次智能计算的能力。

3.量化指标体系

水电站主要设备包括水轮发电机组、主变压器、开关站设备、辅助设备等,每种设备工作原理和运行特点运行差异较大,其对应的诊断模型和指标也各异。

以水轮发电机组为例,它是一个运行相对复杂的设备,其运行过程中主要受水力、机械力和电磁力三个力的合力影响。随着国内外专家的研究,目前影响机组稳定运行的机制已经趋于成熟,因此搭建完全量化的指标集的理论依据已经具备。

根据指标集的搭建原则,参照水轮机故障的模型,这里采用分结构、分部件的方式建立量化的指标集,以立式机组为例,具体量化过程如下:

第一步:根据水轮机组故障发生的部位,将单台水轮机组分为发电机、水轮机、轴系三大部分。

第二步:根据故障模型及故障机制,进一步的细化。发电机部分拆分为上导轴承、上机架、下导轴承、下机架、转子、定子;水轮机拆分为水导轴承、顶盖、转轮、导叶、桨叶、尾水管、蜗壳等;轴系拆分为上导轴承、上机架、下导轴承、下机架、推力轴承等。

第三步:根据子部件按照故障模型理论,建立针对故障模型的指标集,这个指标集能够最终实现故障模型与指标集的一一对应。也就是说,对于一个特定故障模型,其所需要的指标数量是一定的、明确的,而通过一定的、确切指向的指标能够有且唯一的对应出一个故障。

(七)报表与报告

1.功能概述

系统能针对生产管理的各种统计口径需求,从实用出发,实现定制企业所需的各种固定式和非固定式生产报表,完成企业生产信息的自动汇总与统计,在简化生产信息报送工作的同时,能够实现对全公司范围内的各类生产进行统计和分析功能。

生产报表与报告功能逻辑框图如图5-45所示。

1)模块输入

(1)历史特征数据(在线监测历史数据、离线巡检历史数据、离线预试历史数据、设备缺陷数据等)。

(2)最新实时数据(在线监测实时数据、离线巡检实时数据)。

(3)其他生产过程数据等。

2)模块功能

(1)预定义报表。通过对生产过程数据、历史数据进行处理以形成全公司生产数据分析的固定格式报表。在本系统中主要提供日常运行类报表/报告、安全生产报表/报告、检修类报表/报告。

(2)自定义报表。以基于组件式自定义报表功能的设计方法,建立基于组件技术的自定义报表功能模型、组件层次模型以及实现框架,通过设计各类型组件实现用户可自定义报表数据项和报表界面的功能。自定义报表的内容、格式、数据计算公式等均可实现用户自主配置,如机组的振动月度分析报表,某泵类设备的启停时间报表。

自定义报表模块包括报表/报告设计模块、报表/报告生成模块、报表/报告模板管理

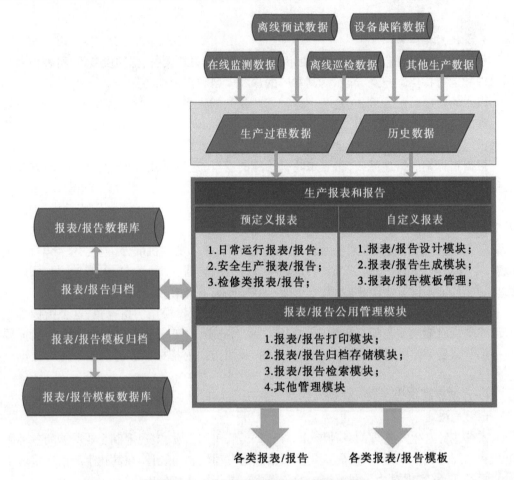

图 5-45　生产报表与报告功能逻辑框图

模块;其中设计模块通过交互式设计过程定制完成报表/报告的模板,而报表/报告生成模块则依据报表/报告模板调用各类数据,计算统计指标绘制生成报表/报告;而报表/报告模板管理模块则主要完成报表/报告模板的查询、修改、删除等功能。

(3)报表/报告公用管理模块。提供报表/报告打印、存储归档、查询、展示等功能。

3)模块输出

(1)各类生产报表/报告,并归档存储到数据平台。

(2)各类自定义生产报表/报告模板,并归档存储到数据平台。

2. 预定义报表/报告

在本系统中,预定义报表/报告是内嵌于系统中的固定格式的报表。通过对生产过程数据、历史数据进行处理以形成全公司生产数据分析的固定格式报表。在本系统中主要提供日常运行类报表/报告、安全生产报表/报告、设备检修类报表/报告;支持日报、周报、月报、季报、年报以及自定义时间段报表/报告的制作。

以下详细展示各类报表/报告的示例。

1)日常运行类报表/报告

运行发电量统计报表/报告如表 5-44~表 5-50 所示。

表 5-44　运行发电量统计报表

机组日发电量模板						单位:kW·h
序号	记录日期	机组				合计
		1F	2F	3F	4F	
1						
2						
3						
4						
5						
6						
7						
8						
9						

表 5-45　运行日报表示例

运行日报表模板						
序号	项目	1F	2F	3F	4F	说明
1	前 1 d 发电量					
2	当日 08:00 水位					
3	前 1 d 机组运行小时					
4	机组检修情况					
5						
6						
7						
8						
9						
10						
11						
12						
13						
14						
15						

注:机组实时状态参考生产技术部上送信息。

表 5-46　运行日志报表示例

运行日志报表模板

序号	记事日期	记事时间	值别	记事类型	记事内容
1					
2					
3					
4					
5					
6					
7					
8					
9					
10					
11					
12					
13					
14					
15					

表 5-47　运行半月报表示例

运行半月报表模板

序号	项目	记录内容			
1	累计发电量				
2	机组检修情况				
3	重大操作				
4	缺陷情况				
5					
6					
7					
8					

表 5-48　运行月报表示例

运行月报表模板

序号	项目	1F	2F	3F	4F	合计
1	月累计发电量					
2	月累计运行时间					
3	月完成操作票数					
4	月完成工作票数					
5	机组检修情况					
6	重大操作					
7	缺陷情况	缺陷填报数		消缺率		
8	月初 0:00 水位					
9	月末 24:00 水位					
10	月累计降雨量					
11	月累计来水量					

表 5-49　运行年报表示例

运行年报表模板

序号	项目	1F	2F	3F	4F	合计
1	年累计发电量					
2	年累计运行时间					
3	年累计完成操作票数					
4	年累计完成工作票数					
5	年完成缺陷情况	缺陷填报数		消缺率		
6	机组启停次数					
7	年累计检修时间					
8	年累计降雨量					
9	年累计来水量					

表 5-50　运行机组状态报表示例

机组运行状态报表模板

序号	记录日期	解列时间	并列时间	说明
1				
2				
3				
4				
5				
6				
7				
8				
9				
10				

2）安全生产类报表/报告

（1）设备状态评价类报表/报告

生产智能分析决策系统包含的生产报表及报告如表 5-51 所示。

表 5-51　生产智能分析决策系统包含的生产报表及报告

序号	报告名称	报告内容简介
1	设备实时运行状态评价报告	设备最新实时状态中的实时值及报警状态,趋势预警状态等
2	振摆、气隙、磁通量的综合状态评价报告	分部件根据振动、摆度、压力脉动、气隙等参数对机组的状态进行优差评价
3	振摆、气隙、磁通量与机组负荷的相关特性评价报告	分水头,统计不同负荷下振动、摆度、压力脉动、气隙的数据分布,并对不同水头、负荷下的参数进行优差评价
4	振摆、气隙、磁通量的状态趋势状态评价报告	设备状态参数的趋势状态评价报告,报告中对各状态参数的趋势做明确判定;该报告根据机组负荷、水头等参数对趋势数据做网格化处理
5	开停机过程状态评价报告	对发电机组开停机过程的振动、摆度、气隙等状态参数做分析和评价。检测开停机过程振动、摆度、气隙等状态有无报警
6	水力能量参数特性分析报告	分水头,统计不同负荷下机组(相对)效率、耗水率、机组流量的数据分布
…	…	…

a. 设备实时运行状态评价报告

设备实时运行状态评价报告主要利用当前设备实时测量的振动、摆度、压力(脉动)、气隙、磁通量等值完成对设备当前运行状态的评价,如图 5-46~图 5-48 所示。其目的是,引导用户通过该报告快速全面掌握设备各个实时数值的当前状态及报警状态、趋势预警状态等,以达到指导设备运行的目的。

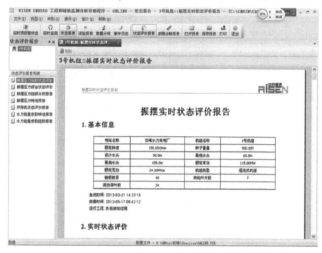

图 5-46 设备实时运行状态评价报告

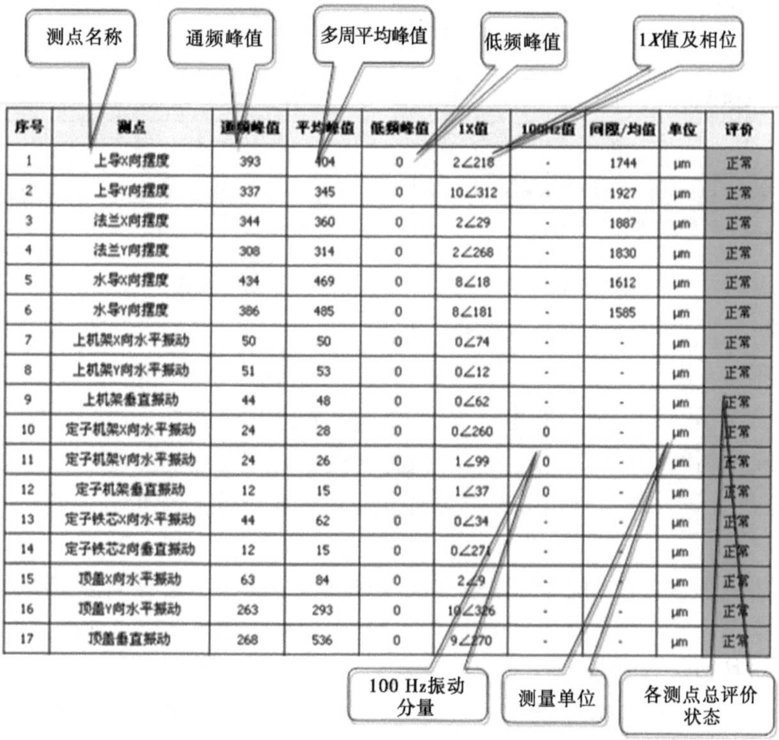

序号	测点	通频峰值	平均峰值	低频峰值	1X值	100Hz值	间隙/均值	单位	评价
1	上导X向摆度	393	404	0	2∠218	·	1744	μm	正常
2	上导Y向摆度	337	345	0	10∠312	·	1927	μm	正常
3	法兰X向摆度	344	360	0	2∠29	·	1887	μm	正常
4	法兰Y向摆度	308	314	0	2∠268	·	1830	μm	正常
5	水导X向摆度	434	469	0	8∠18	·	1612	μm	正常
6	水导Y向摆度	386	485	0	8∠181	·	1585	μm	正常
7	上机架X向水平振动	50	50	0	0∠74	·	·	μm	正常
8	上机架Y向水平振动	51	53	0	0∠12	·	·	μm	正常
9	上机架垂直振动	44	48	0	0∠62	·	·	μm	正常
10	定子机架X向水平振动	24	28	0	0∠260	0	·	μm	正常
11	定子机架Y向水平振动	24	26	0	1∠99	0	·	μm	正常
12	定子机架垂直振动	12	15	0	1∠37	0	·	μm	正常
13	定子铁芯X向水平振动	44	62	0	0∠34	0	·	μm	正常
14	定子铁芯2向垂直振动	12	15	0	0∠27	0	·	μm	正常
15	顶盖X向水平振动	63	84	0	2∠9	·	·	μm	正常
16	顶盖Y向水平振动	263	293	0	10∠326	·	·	μm	正常
17	顶盖垂直振动	268	536	0	9∠270	·	·	μm	正常

图 5-47 评价报告中的振摆实时状态评价表

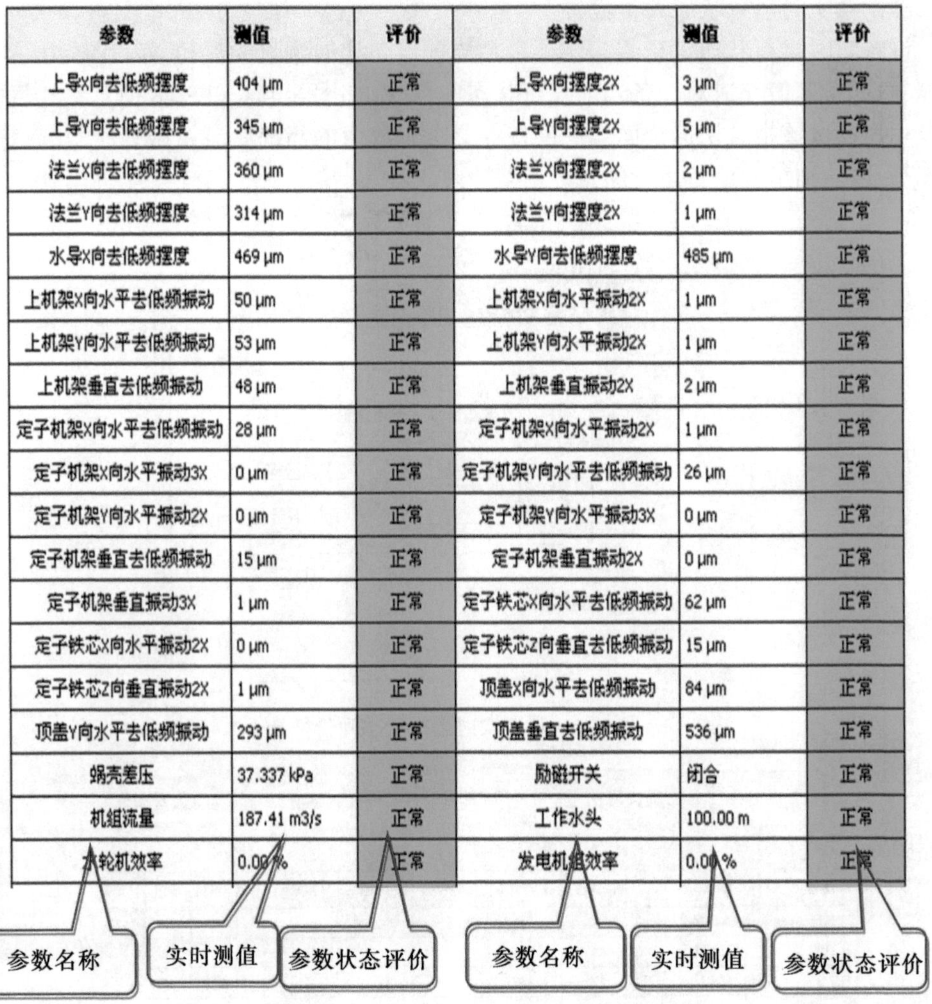

参数	测值	评价	参数	测值	评价
上导X向去低频摆度	404 μm	正常	上导X向摆度2X	3 μm	正常
上导Y向去低频摆度	345 μm	正常	上导Y向摆度2X	5 μm	正常
法兰X向去低频摆度	360 μm	正常	法兰X向摆度2X	2 μm	正常
法兰Y向去低频摆度	314 μm	正常	法兰Y向摆度2X	1 μm	正常
水导X向去低频摆度	469 μm	正常	水导Y向去低频摆度	485 μm	正常
上机架X向水平去低频振动	50 μm	正常	上机架X向水平振动2X	1 μm	正常
上机架Y向水平去低频振动	53 μm	正常	上机架Y向水平振动2X	1 μm	正常
上机架垂直去低频振动	48 μm	正常	上机架垂直振动2X	2 μm	正常
定子机架X向水平低频振动	28 μm	正常	定子机架X向水平振动2X	1 μm	正常
定子机架X向水平振动3X	0 μm	正常	定子机架Y向水平去低频振动	26 μm	正常
定子机架Y向水平振动2X	0 μm	正常	定子机架Y向水平振动3X	0 μm	正常
定子机架垂直去低频振动	15 μm	正常	定子机架垂直振动2X	0 μm	正常
定子机架垂直振动3X	1 μm	正常	定子铁芯X向水平去低频振动	62 μm	正常
定子铁芯X向水平振动2X	0 μm	正常	定子铁芯Z向垂直去低频振动	15 μm	正常
定子铁芯Z向垂直振动2X	1 μm	正常	顶盖X向水平去低频振动	84 μm	正常
顶盖Y向水平去低频振动	293 μm	正常	顶盖垂直去低频振动	536 μm	正常
蜗壳差压	37.337 kPa	正常	励磁开关	闭合	正常
机组流量	187.41 m3/s	正常	工作水头	100.00 m	正常
水轮机效率	0.00 %	正常	发电机组效率	0.00 %	正常

参数名称　　　实时测值　　　参数状态评价　　　参数名称　　　实时测值　　　参数状态评价

图 5-48　评价报告中的其他参数状态评价表

b. 振摆、气隙、磁通量的综合状态评价报告

该评价报告主要利用系统存入数据库的振摆、气隙、磁通量等稳态工况下历史数据完成对机组全工况运行稳定健康状态的评价,见图 5-49。其目的是,引导用户通过该报告快速全面掌握某段时间内机组振摆、气隙、磁通量等在不同运行工况下的健康状态,分部件根据振动、摆度、压力脉动、气隙等参数对机组的状态进行优差评价以达到指导机组运行的作用。

综合状态评价报告使用了评价体系对机组振摆、气隙及磁通量的健康状态进行评价。该评价体系来源于长期实践工程中积累的大量统计数据与现有行业标准相结合,并提供高级用户配置接口。在评价中区分机组结构形式(如混流式机组、轴流式机组等)、发电机组额定转速结合机组实际负荷等参数条件,完成对机组运行健康状态的评价。

综合状态评价部分以表格的形式直接反映了各部件振摆、气隙、磁通量的综合评价健康状态。该状态是综合了所有负荷、水头下的振摆、气隙、磁通量的评价状态后综合得出

图 5-49　生成的综合状态评价报告

的,目的是让使用者有一个直观的、一目了然的、综合的对机组运行状态的了解。

c.振摆、气隙、磁通量与机组负荷的相关特性评价报告

该评价报告主要利用系统存入数据库的振摆、气隙、磁通量等稳态工况下历史数据完成对机组全工况相关特性的分析和评价,见图 5-50。其目的是,引导用户通过该报告快速全面掌握某段时间内机组状态在不同水头下振摆、气隙、磁通量与机组负荷、导叶开度或流量的关系,以及掌握机组的振动区的分布特点,该数据可以直接应用于指导机组的调度运行。

图 5-50　振摆、气隙、磁通量与机组负荷的相关特性评价报告

本评价报告使用用户指定时间内的稳态工况数据制作相关特性分析报告。

相关特性:用来描述被测参数与另外一个约束参数之间的相互关系,用以反映被测参数与约束参数之间的相互关联程度。

具体到水轮发电机组而言,由于受到机械不平衡、电磁不平衡、水力不平衡力的影响,机组振动、摆度、压力脉动与机组的负荷(开度、流量)有直接的关系。因此,寻找振摆、压力(脉动)与负荷(开度、流量)之间的关系,成为机组在线监测系统的重要任务之一。而

振摆、压力(脉动)与负荷(开度、流量)之间的关系描述就是机组稳定性相关特性。

机组稳定性相关特性用振摆、压力(脉动)与负荷(或开度,或流量)的二维曲线来描述,就是相关特性曲线,见图 5-51;用振摆、压力(脉动)与负荷(或开度,或流量)的二维表格来描述,就是相关特性表。相关特性曲线有直观、明了的特点,因而在实际测试分析中使用较多。

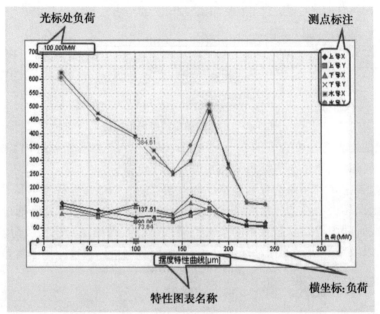

图 5-51　某水头机组摆度随负荷变化的特性曲线

另外,机组振动、摆度、压力脉动不仅与机组负荷(开度、流量)存在直接的关系,而且与机组的工作水头、下游水位也直接相关。表现出来的特点是在不同工作水头下,机组振动、摆度、压力(脉动)与负荷(开度、流量)之间的关系也不完全一样,简单来说是一个水头一个特性。因此,真正的稳定性相关特性是个多维的特性关系。

在实际的工作中,为了简化复杂的关系描述,常常采用一个工作水头,绘制一个特性曲线或者特性表格的做法,因此真正的相关特性,应该是多个特性曲线或特性表格,每个曲线或者表格代表一个水头分段。

了解机组稳定性相关特性是掌握机组振动区的重要手段。在掌握了机组振动区(不稳定区)的分布后,电站就可以利用该数据指导机组调度运行,避免机组在振动区长时间运行,以提高机组运行的稳定性、延长机组的运行寿命。

d. 振摆、气隙、磁通量的状态趋势状态评价报告

该评价报告主要利用系统存入数据库的振摆、气隙、磁通量等稳态工况下历史数据完成对机组全工况发展趋势的分析和评价,见图 5-52。其目的是,引导用户通过该报告快速全面掌握某段时间内机组振动振摆、气隙、磁通量在不同运行工况下的发展趋势,以达到早期预警和提早发现机组缺陷的目的。

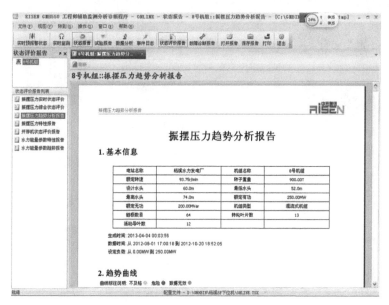

图 5-52　振摆压力趋势分析报告

振摆、气隙、磁通量的状态趋势评价报告中的趋势分析部分,主要以趋势曲线的形式表现振动、摆度压力的发展趋势,见图 5-53。状态趋势曲线以测点为单位,对设定的机组各工作水头、各负荷下的测值和状态作逐一绘制趋势曲线,并针对在趋势曲线中直接标注出评价为不合格、危险及数据无效的趋势点。

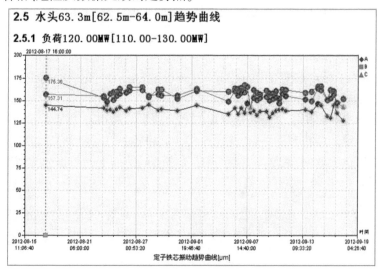

图 5-53　振摆、气隙、磁通量的状态趋势报告

e. 开停机过程状态评价报告

该评价报告主要利用系统存入数据库的振动、摆度、压力(脉动)开停机过程历史数据完成对机组开停机过程的状态分析评价,见图 5-54。其目的是,引导客户通过该报告快速掌握某段时间内机组振动摆度、压力(脉动)在开停机过程中的变化规律及诊断、摆度、压力(脉动)的健康状态。

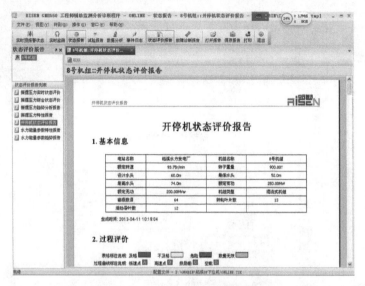

图 5-54　开停机过程状态评价报告

停机工况数据:指机组在停机过程(包括减负荷、断开出口开关、去励磁、关导叶、降转速、制动停机等阶段)中由在线监测系统自动采集和记录的振动、摆度及压力数据。在该过程中,由于机组经历了断开出口开关、去励磁、关导叶、降转速、制动停机等阶段的多个过程,并且在停机过程中导叶完全关闭,因此能反映出机组机械不平衡力、电磁拉力不平衡力对机组稳定性的影响。

开机过程状态评价根据选定的开机过程数据,分别统计和计算 10%Nr,20%Nr,30%Nr,40%Nr,50%Nr,60%Nr,70%Nr,80%Nr,90%Nr,无励磁、有励磁、空载工况下振动摆度、压力脉动的测值和状态评价。

另外,还包括了振动摆度、压力(脉动)在开机过程中的变化曲线图。

f. 水力能量参数特性分析报告

该评价报告主要利用系统存入数据库的水力能量参数稳态工况下历史数据完成对机组全工况运行稳定健康状态的评价,见图 5-55。其目的是,引导用户通过该报告快速全面掌握某段时间内机组效率、耗水率、机组流量等在不同负荷下的数据分布情况。

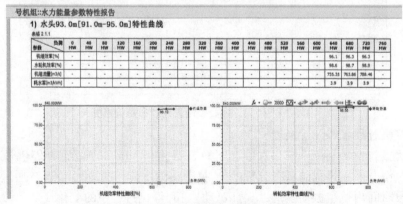

图 5-55　水力能量参数特性分析报告

g. 机组振动摆度统计评价表

机组振动摆度统计评价表见表 5-52。

表 5-52　机组振动摆度统计评价表

检查起始时间：　　年　月　日至　　年　月　日　　　　　　　　　制表日期：

机组号　1#机组　　　　　　　　　　　　　　　　　　　　　　　　电站名称：

测点	负荷																							
	0 MW				50 MW				100 MW				150 MW				200 MW				250 MW			
	最小	最大	平均	评价	最小	最大	平均	评价	最小	最大	平均	评价	最小	最大	平均	评价	最小	最大	平均	评价	最小	最大	平均	评价
上导 X 向摆度	240	310	260	合格	320	390	340	合格	520	610	570	不合格	430	520	460	不合格	209	240	221	合格	120	180	150	优秀
上导 Y 向摆度																								
…																								
…																								

h. 机组摆度状态日报表

根据有功、开度、水头相对稳定情况下选取输入时间前一日稳定运行时段的某一时间点，将该点的各项数据记录在表 5-53 中。

表 5-53　机组运行背景信息、机组摆度

摆度状态日报表

	记录日期	2018-01-08
	记录时间	19:51:21
	记录人	
	机组状态	
	有功功率/MW	99.102
	导叶开度/%	81.218
	水头/m	79.635
背景信息	机组转速/(r/min)	150
	上导油位	
	上导最高瓦温	
	下导油位	
	下导最高瓦温	
	推力轴承油位	
	推力瓦最高瓦温	
	水导油位	
	水导最高瓦温	

续表 5-53

摆度状态日报表		
上导 X 向摆度 报警值:180 μm/225 μm/281 μm	间隙/μm	1 572.108
	幅值/μm	96.27
	报警信息	未报警
	测点状态	正常
上导 Y 向摆度 报警值:180 μm/225 μm/281 μm	间隙/μm	1 761.833
	幅值/μm	92.909
	报警信息	未报警
	测点状态	正常
下导 X 向摆度 报警值:　/ μm	间隙/μm	—
	幅值/μm	—
	报警信息	—
	测点状态	
下导 Y 向摆度 报警值:　/ μm	间隙/μm	—
	幅值/μm	—
	报警信息	—
	测点状态	—
法兰 X 向摆度 报警值:300 μm/375 μm/469 μm	间隙/μm	2 218.244
	幅值/μm	219.719
	报警信息	未报警
	测点状态	正常
法兰 Y 向摆度 报警值:300 μm/375 μm/469 μm	间隙/μm	2 519.478
	幅值/μm	217.233
	报警信息	未报警
	测点状态	正常
水导 X 向摆度 报警值:180 μm/225 μm/281 μm	间隙/μm	1 487.577
	幅值/μm	62.459
	报警信息	未报警
	测点状态	正常

续表 5-53

摆度状态日报表

水导 Y 向摆度 报警值:180 μm/225 μm/281 μm	间隙/μm	1 616.937
	幅值/μm	67.768
	报警信息	未报警
	测点状态	正常
推力轴承背景量	推力轴承油位	
	推力轴承油温 1	
	推力轴承油温 2	
	推力轴承瓦温 1	
	推力轴承瓦温 2	
	推力轴承瓦温 3	
	推力轴承瓦温 4	
	推力轴承瓦温 5	
	推力轴承瓦温 6	
	推力轴承瓦温 7	
	推力轴承瓦温 8	
	推力轴承瓦温 9	
	推力轴承瓦温 10	
上导轴承背景量	上导轴承油位	
	上导轴承油温 1	
	上导轴承油温 2	
	上导瓦温 1	
	上导瓦温 2	
	上导瓦温 3	
	上导瓦温 4	
	上导瓦温 5	
	上导瓦温 6	
	上导瓦温 7	
	上导瓦温 8	

续表 5-53

摆度状态日报表		
水导轴承背景量	水导轴承油位	
	水导轴承油温 1	
	水导轴承油温 2	
	水导瓦温 1	
	水导瓦温 2	
	水导瓦温 3	
	水导瓦温 4	

提出:　　　　　审核:　　　　　　批准:

i. 机组摆度状态日报表

根据有功、开度、水头相对稳定情况下选取输入时间前一周内稳定运行时段的某一时间点,将该点的各项数据记录在表 5-54 中。

表 5-54　机组振动、水压脉动及周小结

机组振动		
上机架水平振动 报警值:90 μm/113 μm/141 μm	幅值(μm)	33.466
	主频(Hz)	2.501
	报警信息	未报警
上机架垂直振动 报警值:70 μm/88 μm/109 μm	幅值/μm	24.599
	主频/Hz	22.511
	报警信息	未报警
下机架水平振动 报警值:　/μm	幅值/μm	—
	主频/Hz	—
	报警信息	—
下机架垂直振动 报警值:　/μm	幅值/μm	—
	主频/Hz	—
	报警信息	—
定子基座水平振动 报警值:60 μm/75 μm/94 μm	幅值/μm	9.856
	主频/Hz	0.625
	报警信息	未报警

续表 5-54

机组振动		
顶盖水平振动 报警值:70 μm/105 μm/158 μm	幅值/μm	38.164
	主频/Hz	0.782
	报警信息	未报警
顶盖垂直振动 报警值:90 μm/135 μm/230 μm	幅值/μm	16.543
	主频/Hz	2.501
	报警信息	未报警
蜗壳进口压力脉动 报警值:/kPa	均值/kPa	8.613
	幅值/kPa	—
	报警信息	未报警
	测点状态	正常
尾水进口水压脉动 报警值：/kPa	均值/kPa	11.276
	幅值/kPa	—
	报警信息	未报警
	测点状态	正常
本周总结		
本周在线监测系统运行状况	共安装测点 16 个,正常测点 16 个,正常率 100%	
上下位机网络通信情况		
本周机组重点关注部位情况		
本周异常及处置情况		
上周通报问题整改情况		
联络人/电话		

提出:　　　　　　审核:　　　　　　　　批准:

j. 机组状态监测报警周报告

根据有功、开度、水头相对稳定情况下选取输入时间前一周内稳定运行时段的某一时间点,将该点的各项数据记录在表 5-55 中。

表 5-55

稳定性整体情况概述:在线监测装置故障情况:_____。

■机组运行情况:本周 1 号机瓦温、油位正常与否:_____,其他辅助设备有无异常。

状态监测报警情况:本周 1 号机报警情况统计:

报警时刻	测点名称	报警类型	报警时刻数据

数据异常测点:_____

其余状态监测各测点正常、无报警。

■机组运行情况:本周 2 号机瓦温、油位正常与否:_____,其他辅助设备有无异常。

状态监测报警情况:本周 2 号机报警情况统计:

报警时刻	测点名称	报警类型	报警时刻数据

数据异常测点:_____

其余状态监测各测点正常、无报警。

■机组运行情况:本周 3 号机瓦温、油位正常与否:_____,其他辅助设备有无异常。

状态监测报警情况:本周 3 号机报警情况统计:

报警时刻	测点名称	报警类型	报警时刻数据

数据异常测点:_____

其余状态监测各测点正常、无报警。

■机组运行情况:本周 4 号机瓦温、油位正常与否:_____,其他辅助设备有无异常。

状态监测报警情况:本周 4 号机报警情况统计:

报警时刻	测点名称	报警类型	报警时刻数据

数据异常测点:_____

其余状态监测各测点正常、无报警。

k. 各水电站稳定性评价对比表

各水电站稳定性评价对比表见表5-56。

表5-56　各水电站稳定性数据评价对比表

检查起始时间：　　年　月　日至　　年　月　日　　　　　　　　　　　　　　制表日期：

水电站名称	机组编号	非涡带工况(协联工况)					涡带工况(非协联工况)				
		上导摆度 $X/\mu m$	上导摆度 $Y/\mu m$	上机架振动 $X/\mu m$	上机架振动 $Y/\mu m$	…	上导摆度 $X/\mu m$	上导摆度 $Y/\mu m$	上机架振动 $X/\mu m$	上机架振动 $Y/\mu m$	…
	$1^\#$	209 及格	183 及格	299 危险	309 危险	…					
	$2^\#$										
	…										
	$1^\#$										
	$2^\#$										
	…										

l. 各水电站故障数据总结表

各水电站故障数据总结表见表5-57。

表5-57　各水电站故障数据总结表

检查起始时间：　　年　月　日至　　年　月　日　　　　　　　　　　　　　　制表日期：

序号	事件类型	发生时间(年-月-日 T 时:分:秒)	事件内容	事件原因	是否处理	处理结果	所属机组编号	所属电厂名称
1	二级报警	2012-09-01 T10:23:46	上机架振动 $X(219\ \mu m)$	上导轴瓦间隙不均	是(调整瓦间隙)	恢复正常:上机架振动 $X(45\ \mu m)$	$1^\#$	×××水电站
2							$2^\#$	
3								
4								

m. 其他安全生产报表/报告

其他安全生产报表/报告见表5-58~表5-61。

表5-58　电量指标报表示例　　　　　　　　　　　　单位:万 kW·h

公司	发电量			上网电量				厂(场)购入电量		厂(场)用电			综合厂(场)用电		
	多年平均同期月	当月	年累计	当月	年累计	年计划	年完成/%	月	年累计	月用电量	月用电率/%	年累计用电量	月用电量	月用电率/%	年累计用电量
合计															

表 5-59　水库水文指标表示例

电站名称：

年初水库水位：

月份	多年平均同期月降水量/mm	实际降水量/mm		来水量/万 m³		月发电用水量/万 m³	月弃水量/万 m³	最高水位/m		最低水位/m		月末水位/m	月末库容/万 m³	月末蓄能值/万 kW·h
		本月	年累计	本月	年累计			水位	出现时间	水位	出现时间			
1														
2														
3														
4														
5														
6														
7														
8														
9														
10														
11														
12														
合计														

注：各电站填报。

表 5-60　安全指标统计表示例

公司及电站	安全日累计	当年事故记录次数	说明
			本列写每次事故、事件简述

注：1. 上报人身轻伤及以上事件、一般及以上电力安全事件和事故。

　　2. ××公司需上报 I 类障碍及以上事件。

表 5-61　发电设备可靠性指标报表

××水电

序号	机组名称	时间	投产日期	铭牌容量/MW	计划停运小时 POH	强迫停运小时 FOH	非计划停运小时 UOH	启动成功次数 SST	强迫停运次数 FOT	非计划停运次数 UOT	等效可用系数 EAF/%	等效强迫停运率 EFOR/%	启动可靠度 SR/%
1		2016 年 12 月											
2		2016 年 12 月											
3		2016 年 12 月											
4		2016 年 12 月											
5		2016 年 12 月											
6	合计	2016 年 12 月											
…	…	…	…	…	…	…	…	…	…	…	…	…	…
1		2016 年 1~12 月											
2		2016 年 1~12 月											
3		2016 年 1~12 月											
4		2016 年 1~12 月											
5		2016 年 1~12 月											
6	合计	2016 年 1~12 月											

3）设备检修类报表/报告

设备检修类报表/报告如表 5-62、表 5-63 所示。

表 5-62　水轮机状态评价及检修建议表格示例

设备资料					
单位名称		电站名称		设备编码	
机组编号		制造厂家		型号	
出厂序号		投运日期		最近检修日期	
评价时间		备注			

部件评价结果					
部件	评价项数	扣分项数	单项最高扣分	合计扣分	部件定级	备注
转轮与大轴						
主轴密封及其供水系统						

续表 5-62

部件	评价项数	扣分项数	单项最高扣分	合计扣分	部件定级	备注
水导轴承及其油冷却系统						
导水机构						
蜗壳与座环						
压水回水系统						
尾水管						
水轮机坑其他设备						
合计						

总体评价结果（根据部件或严重状态确定）

总体状态定级		单项最高扣分		总体扣分	
存在问题与运行风险（部件或设备）					
运维建议（针对设备存在的问题及运行风险提出，是对设备的总体运维建议）	巡维				
	检修				
	改造				
评价人					
审核	批准				

表 5-63　断路器状态评价及检修建议表格示例

设备资料	安装地点		运行编号		型号	
	制造厂		额定电压		额定电流	
	额定短路开断电流		机构形式		出厂编号	
	出厂日期		投运日期		上次检修日期	

部件评价结果

评价指标	本体	操动机构	合闸电阻	并联电容
单项最大扣分				
合计扣分				
状态				

评价结果：
　　□正常状态 □注意状态 □异常状态 □严重状态

扣分状态量 状态描述	主要扣分情况： 　　描述重要状态量扣分项情况，如一般状态量评价为最差状态时也应描述
检修策略	

评价时间：年 月 日

评价人：	审核：

3. 自定义报表/报告

以基于组件式自定义报表功能的设计方法，并建立基于组件技术的自定义报表功能模型、组件层次模型及实现框架，通过设计各类型组件实现用户可自定义报表数据项和报表界面的功能，自定义报表的内容、格式、数据计算公式等均可实现用户自主配置，如机组的振动月度分析报表，某泵类设备的启停时间报表。

自定义报表/报告模块包括报表/报告设计模块、报表/报告生成模块、报表/报告模板管理模块。

1) 报表/报告设计模块

功能：通过交互式设计过程定制完成报表/报告的模板；通过设计模块各实现用户可自定义报表数据项和报表界面的功能，自定义报表的内容、格式、数据计算公式等均可实现用户自主配置。

其中设计内容包括以下方面：

(1) 数据内容。可以指定用于统计计算的数据源，包括所有特征指标数据以及数据检索条件。

(2) 格式。可以指定为文本、数值、表格项、曲线等。

（3）数据计算公式。

（4）数学运算，如加减乘除。

（5）函数。包括特征指标原值、最大值、最小值、平均值、累计值、均方差、散度、指数值、平方值、数学运算，如加减乘除、指数、对数、三角函数、积分微分等。

（6）报表/报告设计模块输出生成统计报表/报告的模板。该模板被存储到数据平台，供报表/报告生成模块使用。

2）报表/报告生成模块

依据报表/报告模板解析模板中的各统计项，执行以下操作：

（1）依据设定的数据源、数据检索条件，获得基础统计数据。

（2）根据统计项中设定的数据计算公式计算统计结果。

（3）依据统计项设定的格式，根据统计项计算结果，绘制统计项。

（4）遍历所有设定的统计项，绘制总统计报表/报告。

（5）该报表/报告被存储到数据平台，供后期查询、调阅。

3）报表/报告模板管理模块

主要完成报表/报告模板的查询、修改、删除等功能。

（八）开发及调试

1. 应用开发

在开发过程中，需要与数据库厂商联合完成专用数据库系统标准化操作 API 从需求到测试，数据平台的程序控件、接口的完善，以及其他为顺利完成本项目可能需要配合的内容，可能会涉及部分费用，费用应包含在开发总价中。

根据技术要求提出详细的开发进度控制表。

2. 应用部署

完成系统数据处理及分析、数据展示（画面、曲线、日志、报表）、设备分析、诊断、评估功能开发，完成系统专家库建设。

3. 系统性能测试

测试系统通信是否正常，画面、数据库、数据查询、日志、报表、分析诊断功能是否正常，数据实时性是否满足要求，数据展示方式是否满足要求。

4. 设备全景信息展示与查询

在本系统中，将以设备为中心对设备各方面信息进行全景展示，通过定位具体设备展示、查询设备的全景信息。系统在定位设备基础上，通过自定义时间段，查询设备任何离线、在线监测数据、巡点检数据的变化趋势。系统可便捷查询设备各在线监测测点的安装信息、安装情况、关联的报警策略、报警值等。

设备全景信息将通过三维立体展示，针对混流式机组、灯泡贯流式机组、轴流转桨式机组建立不同的展示模型。温度、振动、摆度、电流、电压、压力、负荷等实时数据需显示在三维立体界面中。

设备全景信息三维立体展示的响应时间将在 3 s 以内，查询 3 个月以内的数据变化趋势响应时间在 3 s 以内。

设备全景信息查询展示功能逻辑框图如图 5-56 所示。

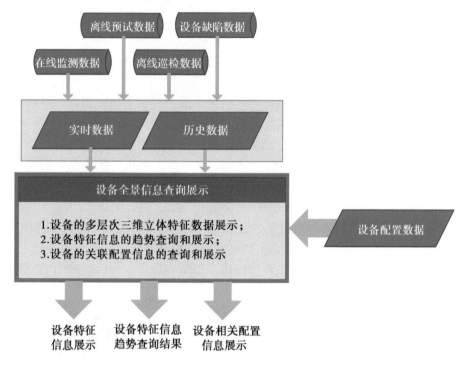

图 5-56　设备全景信息查询展示功能逻辑示意图

1）模块输入

（1）历史特征数据（在线监测历史数据、离线巡检历史数据、离线预试历史数据、设备缺陷数据等）。

（2）最新实时数据（在线监测实时数据、离线巡检实时数据）。

（3）设备配置数据等。

2）模块功能

（1）设备的多层次三维立体特征数据展示。针对混流式机组、灯泡贯流式机组、轴流转桨式机组建立不同的展示模型。温度、振动、摆度、电流、电压、压力、负荷等实时数据需显示在三维立体界面中。

（2）设备特征信息的趋势查询和展示。系统在定位设备基础上，通过自定义时间段，查询设备任何离线、在线监测数据、巡检数据的变化趋势。

（3）设备的关联配置信息的查询和展示。系统可便捷查询设备各在线监测测点的安装信息、安装情况，关联的报警策略、报警值等。

3）模块输出

（1）设备特征数据的三维立体展示结果。

（2）设备特征数据的趋势查询展示结果。

（3）设备关联配置信息的查询展示结果。

五、三维仿真培训系统

(一) 系统硬件配置

1. 硬件结构

江西信江航运枢纽工程三维可视化仿真培训系统采用基于以太网的网络系统结构，采用开放的系统硬件和软件架构。系统具有开放性的通信接口，实现与外部系统的信息通信，同时预留后期项目的扩展接口，包括外部接口多种协议、底层 PLC 接入、设备检修、外部硬接线等。为今后本项目工程的扩展和使用维护打下良好的基础。

2. 硬件配置

本系统按照功能设计要求，配置硬件为：学员、教员工作站，交换机，投影工作站，三维投影及幕布，3D 眼镜，穿戴式动捕设备。实现 3D 数字化展示，仿真培训，沉浸式互动操作培训等功能。系统仿真数据服务、历史数据服务功能部署在云中心服务平台上。系统配置 20 台教员、学员仿真培训站和 1 套沉浸式虚拟现实设备，布置在培训仿真室。系统硬件设备结构图如图 5-57 所示。

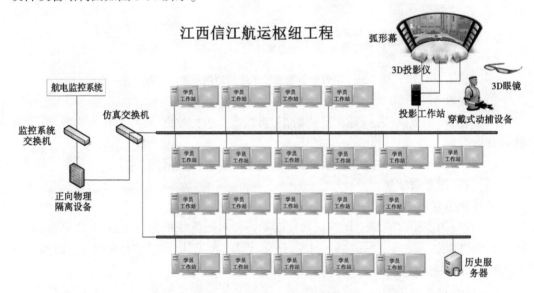

图 5-57　系统硬件结构图

硬件设备配置及说明如下。

1) 三维图形工作站

三维图形工作站作为三维虚拟现实场景计算、渲染工作站，向投影仪提供三通道输出信号。本系统配置 2 台 HP Z8 G4 图形工作站，具体配置参数如下：

CPU 处理器：两颗 E5-2603 V3,6 核处理器，字长 64 位；

主频：1.7 GHz；

高速缓存：15 MB；

内存：16 GB；

硬盘：1 TB 7200RPM SATA 硬盘；

显卡:Quadro M2000;

光盘驱动器:可读写 DVD-ROM;

网络接口:2 个 1 000 MB 以太网接口;

操作系统:Windows7 64 位操作系统;

网络支持:IEEC802.3z,TCP/IP;

鼠标、键盘 1 套;

3 年原厂服务。

2) 学员/教员工作站

本系统配置 20 台 HP Z4 G4 工作站作为学员/教员工作站,供学员培训学习、教员管理教学使用,具体配置参数如下:

CPU 处理器:E5-1603 V4,4 核处理器,字长 64 位;

主频:2.8 GHz;

高速缓存:10 MB;

内存:8 GB;

硬盘:1 TB 7200RPM SATA 硬盘;

显卡:Quadro K620;

光盘驱动器:SuperMulti DVDRW;

网络接口:2 个 1 000 MB 以太网接口;

图形界面支持:OSF/Motif 或 X-Window。

操作系统:Windows7 64 位操作系统;

网络支持:IEEC802.3z,TCP/IP;

鼠标、键盘 1 套;

2 台 21.5 in HP V223 液晶显示器;

3 年原厂服务。

3) 三通道柱幕虚拟场景生成系统

三维数字化平台配置 1 套三通道柱幕虚拟场景生成系统及通道立体融合和几何校正设备,提供沉浸式虚拟现实互动环境,具体配置参数如下:

三维投影仪:系统配置 3 台丽讯 RU47723 三维投影仪;

投影类型:3D 投影;

3D 实现技术:DLP Link 3D 技术;

亮度 6 500 流明;

分辨率 1 920×1 200;

对比度:20 000:1

灯泡寿命:20 000 h;

多通道立体融合设备:系统配置 1 台创凯 CK4MX-Y0303RBG 立体融合设备;

DVI/HDMI/VGA/YPbPr/VIDEO/SDI/S-Video/IP 流媒体/DP/HDBase-T/光纤,输入通道数量:三路;

同时兼容特殊定制超高 4 K 大分辨率,支持刷新率为 120 Hz 的立体信号;

HDMI/DVI/VGA 输出,支持主动立体 120 Hz 信号输出,输出通道数量:三路;

1 920×1 200/60 Hz/120 Hz(向下兼容普清分辨率),自定义任意分辨率输出;

电源:100 VAC~240 VAC,50/60 Hz;

3D 眼镜:虚拟场景生成系统配置 20 副 3D 眼镜,眼镜支持红外或 DLP_LINK,与投影仪配套使用。

落地柱幕:

品牌:思维恒心,规格:根据现场安装空间确定,不超过 2.0×8.5 m;

弧形幕参数:高增益,宽视角,最大增益/视角平衡、增益可调(0.8~3.0);

高度比度:完整 256 灰阶(白/灰);

色彩还原真实、艳丽,色温 5 000~6 500 K,色带更宽,色彩更饱和、纯正;

RGB 比例准确:1∶1∶1;

增益/视角比平衡:0.8~1.2 增益 175 度视角;

无任何物理和化学拼接,整张板材;

幕面喷涂技术:数控喷涂;

幕面喷涂均匀度:99%;

核心材料:"还原-结晶体";

材料制作工艺:化学结晶工艺;

涂层表面可多次清水冲洗;

可卷曲材料,方便运输;

田字型加强模块,使幕面更安全更完美;

阻燃性:阻燃达到国际 B1 标准(GB 8624—1997B1)。

4)人体运动传感装置

系统采用诺亦腾 PERCEPTION NEURON 体感动作捕捉设备对交互者的肢体运动进行捕捉,得到运动轨迹数据来驱动虚拟巡视员的动作,具体配置参数如下:

32 Neuron 传感器;

1Hub 主节点;

2Neuron 防磁硅钢盒;

1USB 电源线;

1USB 数据线;

1 身体载具;

2 手指载具;

6 手套衬里(S/M/L 尺寸各一双);

5 传感器防尘塞;

2 插头防尘塞;

Neuron 传感器子节点;

32 节点,节点采用高性能 9 轴惯性传感器;

静态精度:俯仰角与横滚角精度为±1°,航向角精度为±2°;

大测量范围:角速度±2 000 dps,加速度±16g;

硬件连接方式:6 针 Pogo-pin 针脚;

输出接口：UART 3 Mbps, TTL 电平及 CMOS 电平兼容;

工作电压：3.3 V;

功耗：20~50,随着内部计算速率略有变化;

外壳:铝合金;

尺寸：12.5 mm×13.1 mm×4.3 mm;

质量：1.2 g;

Hub 主节点;

通过 USB 接口进行供电以及数据传输;

内含 Wi-Fi 无线传输模块;

60/120 fps 欧拉角、四元素、原始数据输出;

60/120 fps BVH 格式实时数据流输出。

5)虚拟现实头盔

本系统配置 1 套 Htc vive 虚拟现实头盔,其性能参数如下:

分辨率:2 880×1 600;

刷新率 90 Hz;

视场角 110°;

3.5×3.5 m 的空间定位追踪;

支持无线。

6)交换机及网络配件

本系统配置 1 台华为 S5700-24TP-SI 网络交换机及网络双绞线、水晶头等组网配件。交换机具体参数如下:

产品类型：千兆以太网交换机;

应用层级：三层;

背板带宽:256 Gbps;

包转发率:72 Mpps;

传输模式:全双工/半双工自适应;

端口描述:24 个 10/100/1 000 Base-T 端口。

7)灯泡贯流式水轮发电机组模型

(1)规格尺寸

模型本体 3 000×2 000 mm,其他系统设备按比例加工。

(2)模型功能及原理展示

灯泡贯流式水轮发电机组及其厂房建筑物按比例制作:以水轮机、发电机、厂房剖视段整套生产装置系统建筑为中心机组段所有部件外壳、连接构件以及创面选用焊接工艺。能反映机组厂房总体结构,如厂房排架、吊车梁、行车、墙屋面楼板、水轮机、发电机、励磁机、进水口、尾水管、辅助设备等。

①厂房部分

厂房共有运行层、水机及电缆廊道层、水轮机基坑层等三层。

流道及出口设备布置:流道进口,包括拦污栅、检修闸门及其所属的启闭设备和进口闸墩、胸前及桥面结构;流道中段,包括布置灯泡式水轮发电机组;流道出口,包括布置工作门及其启闭设备。

主厂房布置:布置各种水轮机附属设备(调速器、油压装置、起重设备及防飞逸设备)。

运行层设备布置:包括机旁盘,调速柜,楼梯,水机及电缆廊道布置,油、气、水管道,水轮机层上、下游侧过道,挡水墙(上游挡水墙、下游挡水墙、左右侧向挡水墙)。

②水轮机部分

灯泡贯流式水轮发电机组以管形壳上、下支柱为主要支撑,结构包括埋入部分(管形壳、转轮室、尾水管、上、下导流板)、导水机构、导叶装置、转动部分、辅助部分、主轴密封、水导轴承、受油器、回复机构。

③发电机部分

两支点双悬臂结构:主支撑-管形座垂直支撑, 水平支撑防震平衡主要结构有定子、机架、转子、冷却套、灯泡头、进人孔、组合轴承。

④设备功能

发电机组及厂房剖视:外壳全透明,可以清楚地看到水轮发电机的结构,通电转动;在机组内部合适的位置隐藏蓝绿色灯泡,开机显示光源散发的场景;导叶机构可以操作,模拟导叶机构的开度。

文字说明:机组主要设备上标识有文字标牌,在展台适当位置安装有机组参数简介(简介词由需方提供)。

模型展台:模型台座根据办公楼展馆装修色调,采用实木结构、装饰板间色铺面,优化设计,造型美观,组合制作。

(3)模型材质

进口有机玻璃、进口UHU、PVC工程塑料、金属构件、钢材、钢管、进口哑光烤漆、控制柜。

(4)模型各系统主要技术参数要求

①整体系统布局完整,内容全面,比例正确,本体内部结构详细、分色、细节要求体现到螺丝螺帽;钢材、钢管等采用数控激光切割机加工,各零部件采用焊接组成,采用角磨机打磨成型;表面防锈处理、漆面为哑光汽车烤漆;剖视结构处纵横面板材厚实度采用分色标识;整体感为一微缩剖视板"室内仿真工厂"。

②要求达到仿真实训的目的,可就各类部件。

③为方便展示内容系统,以及控制转动作业模型的动态演示;控制柜安装在模型台座右前侧,总体模型显得干净而不杂乱;本系统全景展示了转动作业整体机构与演示原理,用剖示方法诠释了设备系统的主要结构内容,并以电控按钮作为控制器,用电动旋转的方法动态演示了各主要系统的工作过程。

(二)软件功能及配置

OTS 2000培训仿真系统包含了实现本项目相关功能的全部软件,本项目将以貊皮岭电站为对象,实现水电站、泄水闸、船闸三维数字化展示、虚拟设备在线演示、虚拟漫游、虚拟巡视、虚拟操作、仿真培训操作案例三维互动操作及评分等功能。对流域真实地形地貌（山体、水库、河流）、主要建筑（大坝、厂房、船闸、泄水闸、鱼道）及电厂内部各个设备（如主变、机组、开关站等）进行三维建模。三维模型与一体化平台及仿真计算引擎数据通信，可展现水文信息，可真实再现设备正常运行状态的变化、设备故障现象等。系统同时模拟虚拟运行操作人员在三维场景中完成设备巡检、倒闸操作、故障处理动作行为等。在高度沉浸感的虚拟水电厂环境中，真实地模拟水电厂运行中的各种操作，增强受训人员的直观感受，提升培训效果。

OTS 2000 培训仿真系统采用"一机多模"的实现方式，实现多学员用户仿真数据的并发请求与响应，模型的仿真内容包含了主要的控制系统和装置及其控制和监视所涉及的有关仿真对象设备。Simu3D 通用水电三维数字化仿真系统平台，实现水电流域及电厂三维数字全仿真，可模拟现地操作、巡视、事故/故障处理等。系统可满足流域三维展示、水电站运维人员（含新员工）运行技能培训、技能鉴定考核等工作需要，具备远程培训功能，同时还可以作为水电运行专业技能竞赛平台。

1. 设计原则

流域三维展示及航电枢纽三维仿真培训系统开发应遵循以下设计原则。

（1）统一性原则

建设过程中遵守信江智慧枢纽运维一体化管理平台项目建设总体技术框架，保证规范、接口、数据标准统一，以便于与一体化平台其他业务系统互联互通，将平台建设成为通用的三维数字化虚拟现实平台，可接入不同的业务数据进行展示。

（2）先进实用原则

建设注重先进性和实用性的统一，以实用为目的，合理选用各类成熟、先进技术。在体系结构、功能算法等诸多方面都应采用先进计算机技术和理论，应用功能应体现其实用性。

（3）动态扩展原则

虚拟现实技术、三维地理信息技术及水电站三维数字化应用需求的不断深化、技术的进一步发展要求平台具备相应的适应能力，因此在硬件平台、网络结构、支撑软件、系统功能等遵循开放、可扩充的原则。计算机、网络设备、外部设备、操作系统、开发环境、平台功能软件和平台系统软件等应选用符合模块化设计、遵循国际标准的产品（包括产品的各种接口），方便系统的扩展性、互操作性和可维护性，最大限度地提高系统的使用寿命。

（4）运维方便原则

系统提供方便、友好的管理、维护工具及界面，方便运行管理人员对系统进行相应的设置、修改、管理、维护及二次开发。

（5）开放性原则

系统应具有标准开放接口，功能组件能被其他系统调用并进行二次开发，满足公司不同业务应用的需求。

2. 软件总体结构

三维可视化仿真培训系统平台软件由四大模块软件组成，见图5-58，分别是监控仿真系统、培训考核管理及测评系统、SimuStudio 可视化建模系统及 Simu3D 虚拟现实系统。

各模块既能独立运行,也能与其他模块组合。

图 5-58　三维可视化仿真系统组成

平台软件按结构层次可分为四层,分别是人机接口软件、应用平台软件、数据接口软件、数据库及数据管理软件。人机接口软件包括供学员、教员、开发人员及维护人员使用的软件;应用平台软件基于监控平台,并开发有教员子系统、学员子系统、仿真模型驱动引擎及三维虚拟现实平台;数据库包括历史数据库、实时数据库及模型算法库;数据接口软件为数据库与应用平台间提供数据交互服务。软件系统结构如图 5-59 所示。

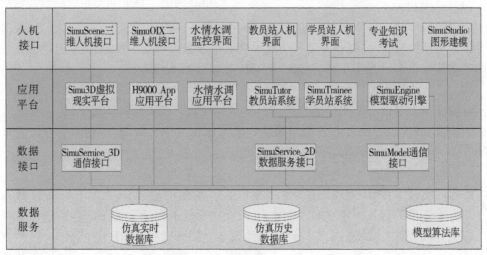

图 5-59　软件系统结构

3. 软件配置

本系统配置软件可分为三维数字化平台软件、仿真基本软件、监控仿真软件、接口软件及工具软件等部分。

1) 三维数字化平台软件

本系统三维数字化软件 Simu3D 采用高效并可控的三维仿真开发引擎,实现对各种三维模型的驱动展示、三维地理信息数据驱动展示、沉浸式三维场景人机交互。

Simu3D 仿真功能实现基于 OTS 2000 培训仿真系统,三维数字化平台负责三维场景管理与显示、三维交互、沉浸式交互设备接口,并与 OTS 2000 培训仿真系统的一体化接口,实现互联与互操作。沉浸式虚拟现实系统交互设备包括各种动感传感器、定位传感器、立体显示设备,如数据手套、环幕、立体眼镜、立体投影等。Simu3D 三维数字化平台体系结构如图 5-60 所示。

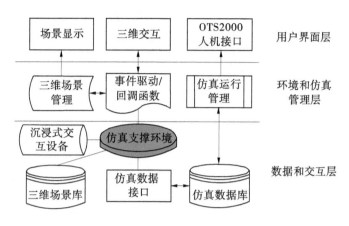

图 5-60　Simu3D 虚拟现实平台体系结构图

　　系统按照 1:1 的尺寸对流域及电站进行三维建模,包括流域地形及水库、大坝、厂房等。对现场设备所有具有运动属性(位移运动、状态切换)的设备建立其运动模型。三维模型的运动属性可进行配置定义,其运动结果由模型运算值确定。主要实现如下功能:

　　(1)流域全景仿真

　　根据流域真实地形地貌及地理信息数据,建立流域三维地理信息模型,建立流域内水雨工情遥测站点模型、水库及水电大坝模型、河流河道模型。真实地反映流域的海拔高度情况,用于水位的展示、淹没过程展示,并根据汛线水位进行着色处理,以表示出电站的防汛薄弱点。三维地理信息模型上显示查询水雨情、流量等信息。

　　(2)场景漫游、巡视

　　系统可以构建 3D 电厂虚拟场景。操作员可通过 SimuScene 软件及计算机辅助设备如鼠标、键盘等,实现在虚拟电厂中的漫游与巡视,支持碰撞检测,如图 5-61 所示。

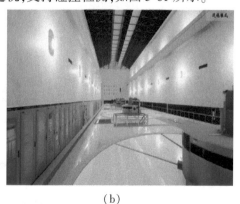

(a) 　　　　　　　　　　　　　　　　　　　　(b)

图 5-61　电站地理外形及厂房

(3)重要设备操作

针对水电站培训的实际需要,对部分设备进行 3D 模型的搭建,将其纳入 3D 电厂中,并在虚拟现实平台中结合后台数据实现设备的主要操作仿真。实现部分设备的仿真运行结果数据变化在虚拟现实平台中的实时体现。模拟三维场景中的所有现场设备操作过程,如开/关柜门、解锁/上锁、分/合闸、操作按钮、装设/拆除保险、切换操作把手、投/退保护压板、退出/移入小车式和抽屉式断路器、悬挂/拆除接地线和标示牌、装/拆安全围栏、开/关阀门等,可通过鼠标控制人物角色在三维场景中进行操作,实现人物角色与设备动作的同步,并能在现地设备及监控系统上进行相应的反馈(如设备状变、动作过程、简报信息、信号及位置反馈等)。隔刀分、合状态展示如图5-62所示。

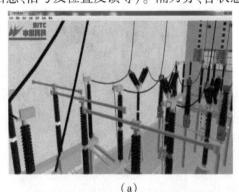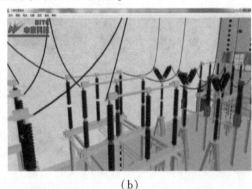

（a）　　　　　　　　　　　　　　　　（b）

图 5-62　隔刀分、合状态展示

（4）环境仿真

提供交互操作环境,让操作员有身临现场操作的感觉,包括声音仿真。可以模拟设备的运行声音,同时距离运行设备越近,设备声响越大,与现场保持一致。

（5）丰富的设备、操作提示

在3D场景中,为了区分电站中相似设备,Simu3D可用文字提示信息对不同3D设备进行标注,如图5-63所示。

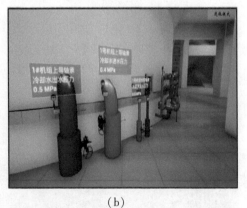

（a）　　　　　　　　　　　　　　　　（b）

图 5-63　三维虚拟设备操作与显示

（6）现地设备操作

完成与各种现地控制盘柜有关的现地操作模拟,如监控系统LCU盘、励磁系统盘、调速器盘等,通过盘柜上的各种模拟把手、按钮完成有关操作与控制,如图5-64所示。

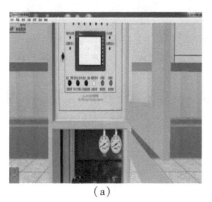
（a）

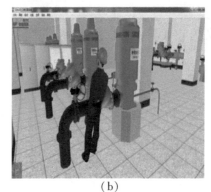
（b）

图 5-64　现地设备操作

（7）视点导航

因为水电站三维场景大、设备多，所以在 Simu3D 中自定义一些常用场景视点，以便在使用过程中直接进行视点切换，还可以在监控系统图上进行设备的定位导航，将三维视点切换到该设备。

可在二维系统中通过导航，直接在 3D 系统中对设备进行导航定位，如图 5-65 所示。

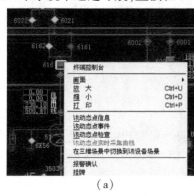
（a）

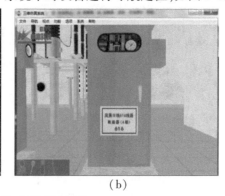
（b）

图 5-65　二维、三维互动切换

（8）安全工器具仿真

主要仿真安全工器具室中的各种工具（包括验电器、绝缘杆、绝缘手套、绝缘靴、安全帽、安全带、万用表、绝缘摇表、接电线、挂牌、安全围栏等）的选取和使用等，另外还包括安全行为的标准操作，如图 5-66 所示。

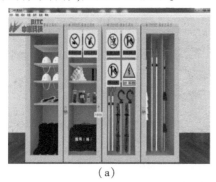
（a）

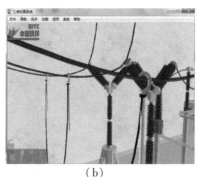
（b）

图 5-66　安全工器具仿真及使用

在仿真现场设备巡视或检修操作过程中,需要用到各种安全工器具。Simu3D 系统对常用的安全工器具及使用进行仿真模拟。根据项目实际应用需求,安全工器具库可进行扩充。

(9)沉浸式三维虚拟现实展示

随着虚拟现实(VR)技术的发展,采用 VR 技术为水电厂仿真系统构造虚拟环境,将大大提高水电厂场景的真实感和沉浸感,为水电厂仿真培训工作带来飞跃。

本项目利用三维投影系统、大型环幕及三维眼镜,让受训人员在虚拟水电厂中进行巡视和虚拟操作,在高度沉浸感的虚拟水电厂环境中,真实地模拟水电运行中的各种操作,大大增强学员的直观感受,有效地提升培训效果,如图 5-67 所示。

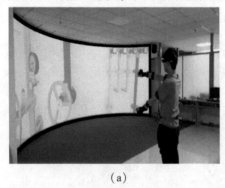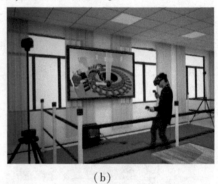

(a)　　　　　　　　　　　(b)

图 5-67

2)仿真基本软件

(1)SimuEngine 仿真模型驱动引擎

SimuEngine 首先装载仿真对象描述数据库,通过周期扫描仿真模型库,捕捉各种实时发生的事件,如学员或教员下发的指令、模拟的各种现场事故信号、故障信号、过程信号或定时信号等,根据流程和模型的特性解析运行,实时输出有关模型的各种输出信号,如过程变化参数、状态变位信号等,必要时,触发其他任务进程运行,如图 5-68 所示。上述参数或状态被送入 H9000 监控系统及实时数据库,实现监控系统对仿真电站有关设备的数据采集、数据库存储及报警处理、画面显示等监控系统功能。

为了保证仿真数据计算结果的连续性,计算步长一般选得比较小,如 0.02 s。

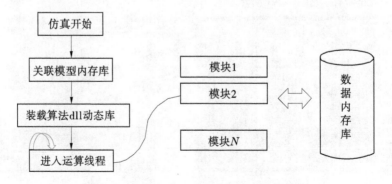

图 5-68　SimuEngine 仿真引擎的运行示意图

（2）SimuTutor 教员系统软件

教员站是仿真运行的管理平台，通过教员仿真管理程序设置系统参数、向学员下达仿真培训任务、配置工况库与案例库、管理监视学员学习情况、对仿真进度进行控制。

仿真系统以任务为管理单元，一个开机过程可以是一个任务，一个调节过程也可以是一个任务，众多任务的并行运行及相互作用构成水电厂现场设备的仿真。培训仿真系统管理员可监视相关进程的运行情况，必要时可对学员的任务执行情况进行人工干预。

教员站软件包含如下功能：学员信息管理；仿真运行及监视管理；故障管理；工况管理；单点工况（状态）初始化；工况批处理初始化；工况库的维护；工况库的调用；任务管理；在线操作管理。

（3）SimuTrainee 学员系统软件

SimuTrainee 的功能主要包括用户管理、模型管理、仿真进度控制、教员下达的任务的接收、在线操作考核、仿真系统设置、模式选择、登录信息查询、历史记录查询等。

（4）SimuScore 评分系统软件

SimuScore 评分系统软件功能包括评分策略的定义和操作考试的评分。

在添加操作任务的时候，可同时定义以下信息：该任务的相关操作步骤及操作顺序；该操作任务的评分策略（每一步操作步骤的分值）；产生的报警信息的评分策略。

每项操作完成后，系统可根据以下方式自动评分：按照定义好的操作任务评分策略，执行正确一步就得到一步相应的分数，如果有错误，进行相应扣分；在执行一条任务过程中如果产生报警，将按照报警信息评分策略扣除相应的分数。最后，系统将各步骤的分数相加自动给出任务总分；由系统自动评分所得成绩，可由考官或教员根据学员操作的记录进行修正，修正后的成绩为学员最终成绩。

（5）SimuPKE 专业知识测评软件

OTS2000 系统的 SimuPKE 是为进行专业知识考试而开发的专用功能子系统，为教员操作水平等生产技能考核提供了一个有效的量化手段。专业知识考试具有教员出题、题库管理、学员考试、考试成绩管理等功能。

①出题、题库及题库管理

SimuScore 支持单选题、多选题、判断题、填空、简答及技能操作等题型，也可支持绘图题型。提供考题的增加、删除、修改等编辑功能。教员可以选择考题的内容、题型、知识点类型、难度、默认分值、标准答案等。

②智能出卷与试卷管理

教员可编辑试卷，包括试卷名称、考卷类别、考试时间、总分等，教员可方便地从题库中选择该试卷的题目，定义每一道题的分值。支持对试卷的增加、删除、修改等管理功能，也可以根据题目的难度、题量等来智能自动出题形成相应难度、分值的试卷。

③专业知识考试

教员站 SimuTutor 可以向学员下发考试指令，指定考卷，学员进入考试系统后加入指定考试。

专业考试题库包括理论题库和操作题库，教员可对题库进行增减、编辑、组卷。理论知识考试题库涵盖基础知识、管理、机械专业、电气专业、自动专业等试题，每道试题包括试题编号、难易度等级、所属专业目录、试题、答案等内容。操作考试题库分为正常操作和事故故障处理操作,正常操作如手动开停机、设备检修转运行/运行转检修、倒厂用电、接力器充/排油、零起升压、倒母线等;事故故障处理试题包括发变组、直流、厂用电、开关站、水轮机、辅助设备、调速器、快速门、保护等相关操作处理,如各种保护动作、变压器着火、发电机着火、集水井水位异常升高、发电机振荡、母线电压消失、短路故障、机组过速、瓦温过高故障、剪断销剪断、顶盖淹水等。

根据教员站的考试安排,学员通过 SimuTrainee 考试功能进行上机考试。学员交卷后,由 SimuScore 评分系统进行自动评分,并将考试成绩发布、存档等。

OTS 2000 系统支持多学员同时在线考试。

(6)SimuToolkit 仿真集成开发工具软件

SimuToolkit 是 OTS 2000 系统的仿真支持工具软件包,主要包括下列模块:

IPM:OTS 2000 人机联系与图形开发工具软件;

DEtool:H9000/OTS 2000 系统数据工程软件;

PDC:综合数据计算工具软件;

ControlLock:控制操作闭锁软件。

3)监控仿真软件

监控仿真软件以 H9000 监控系统基础软件包为基础,实现对仿真现场有关设备及模型的监视与控制。监控仿真系统软件的功能主要包括:

数据采集:仿真数据采集,物理仿真模型数据采集等;

数据通信:包括内、外部通信,数据与指令传输等;

实时数据库管理:实时数据库的生存与维护,读写接口库等;

报警信号处理:各类信号报警与处理,语音、短信报警等;

人机联系:OIX 操作员界面,浏览界面,报表、打印等;

系统管理:如系统诊断与处理,双机切换,网络切换,自启动等;

高级应用:水电站及流域 AGC/AVC。

4)仿真一体化平台软件

本系统采用 SimuStudio 仿真一体化平台软件。SimuStudio 是中水科技自主开发的可视化仿真支撑平台,该平台采用全图形化的建模方式,增强了系统建模的可视化程度,并实现组件化、模块化的系统建模,显著提高建模及调试效率。主要技术特点如下:

(1)支持面向对象的模块化建模,技术先进,自动化程度高。

(2)用户不用直接修改源程序,通过配置组态即可实现模块的选择组合、增添及模块间的连接和参数改变等工作。

(3)支持对模型软件的离线和在线调试、修改、扩充,包括对参数和模型的修改。

(4)支持和管理数据库,仿真程序与数据库统一管理。

(5)通过事件、标志、事件等手段,可实现实时同步控制,实现有关模型软件的实时运行。全部功能、模块、模型的参数可在线实时监视。

5)仿真接口软件

本系统的三维数字化平台需分别与仿真后台数据接口、与实时监控数据接口、与沉浸式虚拟现实设备接口及与应急指挥系统接口。主要实现功能如下：

（1）三维模型动态数据接口

在建立流域及水电站静态模型、动态模型、事故故障模型的基础上，开发三维模型的动态接口，在静态模型上展现动态运行效果，开发三维虚拟现实系统与数字仿真的数据接口程序，在三维虚拟现实中对设备操作，经通信接口将命名发送给数字仿真模型，模型接收命令后执行；数字仿真模型计算的结果信息送给虚拟现实系统，在三维虚拟现实系统展示指示灯、仪表、阀门、开关等设备的状态及动作过程，实现仿真数据的三维展示及仿真培训操作案例的三维互动操作及评分。

（2）虚拟设备在线演示接口

通过一体化平台，获取监控系统现场实时数据，开发三维模型对实时数据的驱动演示，实现设备的虚拟运行，将现场实时生产设备的状态信息、动作变化过程、事故故障信息在三维虚拟现实系统中实时展现。

三维虚拟现实软件采用三维视景、图像、图片、声音、文字结合的多媒体方式对设备的巡视、操作、异常、事故场景进行展现，包括开关站、水机、电气、辅助系统设备。可按照电厂规程及特定要求的巡回检查路线进行开关站内设备、回路、厂内各层、各室主要设备的巡视，包括巡视所用的专用工具，按照现场的运行规程进行操作，逼真地仿真设备的正常与异常状态，达到身临其境的效果。

（3）沉浸式虚拟现实设备接口

通过虚拟现实技术构建出逼真的水电站场景及生产施工环境，通过虚拟化身在虚拟环境下完成动作进行任务训练，由沉浸感环境充分体现水电厂工作的难度和危险性，以此提高受训人员在复杂现场正确操控的能力，强化学员操控技能，提升学员在日常工作过程中的专业水平和心理适应能力，提高学员应对复杂危险工作时的效率，缩短上岗适应期。

沉浸式虚拟现实系统中，人体动作的识别和跟踪是人机交互的核心问题。运动捕捉系统是一种用于准确测量运动物体在三维空间运动状况的高技术设备。它基于计算机图形学原理，通过排布在空间中的数个视频捕捉设备将运动物体（跟踪器）的运动状况以图像的形式记录下来，然后使用计算机对该图像数据进行处理，得到不同时间计量单位上不同物体（跟踪器）的空间坐标。

（4）流域三维展示信息接口

三维可视化平台与流域水情系统通信，真实反映流域的海拔高度情况、水雨工情遥测站点信息等，供流域应急指挥决策、会商使用。

（三）系统建设内容

本项目以项目流域及貉皮岭枢纽为对象，构建一个三维仿真培训系统，实现流域及航电枢纽三维展示、虚拟设备在线演示、虚拟漫游、虚拟巡视、虚拟操作、仿真培训操作案例三维互动操作及评分等功能。对流域真实地形地貌（山体、水库、河流）、主要建筑（大坝、厂房、船闸、泄水闸、鱼道）及电厂内部各个设备（如主变压器、机组、开关站等）进行三维建模。三维模型与一体化平台及仿真计算引擎数据通信，可展现水文信息，可真实再现设备正常运行状态的变化，设备故障现象等。系统同时模拟虚拟运行操作人员在三维场景中完成设备巡检、倒闸操作、故障处理动作行为等。在高度沉浸感的虚拟水电站环境中，真实地模拟航电枢纽运行中的各种操作,增强受训人员的直观感受,提升培训效果。

三维平台系统作为一个独立的系统,在航电枢纽运行仿真数学模型开发基础上,可通过接口开发,实现与运行仿真数学模型通信连接,在三维虚拟现实环境中进行操作,与运行仿真系统实现联动;也可直接与监控实时系统建立连接,展示现场设备的实时运行或故障状态,实现在线演示。

1. 三维立体建模内容

1) 流域三维地理信息模型

根据信江流域真实地形地貌及地理信息数据,建立流域三维地理信息模型,如图 5-69 所示。建立水库及水电大坝模型、河流河道模型、船闸模型、电站厂房、其他水工建筑物、周边道路等。

图 5-69　大坝鸟瞰图

2) 水电厂主体建筑物

根据设计资料及外观资料,依照实际结构和布置构建水电厂主体建筑物模型。包括大坝坝体、厂房、其他水工建筑物、闸门、溢洪道等。制作主体建筑物上的附属设备模型,如上下库闸门、事故闸门、检修闸门、溢洪道闸门等。可在坝顶巡游环视整个三维场景,如图 5-70 所示。

图 5-70　坝顶巡游示例

3）厂房内部构造

按照厂房内布置位置分层分室建模，包括水轮机层、发电机层、尾水层、廊道层等，真实再现厂房内部各层各室的位置、内部构造、装修布置等内容。

如图 5-71 所示的三维数字厂房内部构造，再现了厂房的房间结构、设备分布、楼梯、走廊灯光、宣传标语等内部布置。

图 5-71　厂房内部三维展示

4）水轮机及其附属设备系统模型

根据设计图纸、布置图及外观资料等，依照水轮机结构构建水轮机模型，包括转子、定子、机架、推力轴承、导轴承、冷却器、制动器等主要部件，以及水轮机顶盖、控制环、剪断销、导叶接力器、水导油盆、主轴密封等机构的三维模型。

构建水轮机组上下游设备的三维模型，包括压力钢管、蜗壳（见图 5-72）、筒阀、导叶、尾水管等过水部件。

（a）　　　　　　　　　　　　　　　（b）

图 5-72　蜗壳层三维场景

三维模型可以形象展现水轮机组在工作、停机、检修各个工况下的工作场景，以及与水轮机机组生产发电密切相关的引水系统模型，如球阀、检修闸门、引水管道、压力钢管等。

5）调速器及压油装置系统模型

以设计图纸、布置图及外观资料等资料为基础,构建调速器系统的三维模型,包括调速器电气柜、机械柜、压油罐、回油箱、油泵、控制柜、动力柜、油管路、阀门、电磁阀组等设备,及其保护、控制、测量、信号等二次系统,如图 5-73 所示。

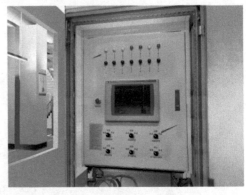

（a）　　　　　　　　　　　　　　　　　（b）

图 5-73　调速器油压及漏油装置控制屏三维模型

6）发电机、励磁系统模型

以设计图纸、布置图及外观资料等资料为基础,构建发电机系统的三维模型。电气部分包括发动机定子、转子、滑环室、发电机 GCB 组合电器、母线、电压/电流互感器、中性点接地变压器等。非电气部分包括发电机测温系统,上导、下导、推力油盆及发电机冷却系统,机械制动系统,顶转子装置等。

励磁系统的三维建模范围包括励磁变压器及其断路器、电压/电流互感器、微机励磁调节器、励磁功率柜、起励装置、灭磁开关、过压保护装置等设备。

7）主变压器及其附属设备系统

以设计图纸、布置图及外观资料等资料为基础,构建主变压器及其附属设备系统的三维模型。建模范围包括主变压器本体设备及其冷却系统、消防系统,封闭母线、互感器、避雷器等电气一次设备,以及保护、控制、测量、信号等二次系统。

8）辅助系统

按照电厂布置图、设计图及外观资料等制作辅助系统的三维模型。

建模范围包括筒阀系统、机组 UPS 系统、技术供水系统、顶盖排水系统、推力外循环系统、机组在线监测系统、机组振摆保护系统、机组进水口闸门系统等。

9）开关站等电气模型

按照开关站的布置位置制作全站一次设备的三维场景,具体三维建模对象包括开关站系统电气一次设备［包括 SF6 气体绝缘组合开关设备（断路器、隔离开关、快速接地开关、检修接地开关及其液压操作机构、汇控柜）、母线、电流互感器、电压互感器、避雷器、线路、SF6 空气套管等］,以及保护、控制、监视、测量、信号系统控制柜等二次设备的三维建模,示例如图 5-74 所示。

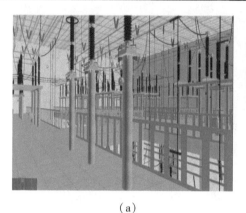

（a）　　　　　　　　　　　　　　　　（b）

图 5-74　室内开关站三维模型示例

10）厂用电设备系统

按照厂房布置图制作厂用电一次设备及二次设备（控制柜、保护装置、备自投装置等）的三维场景。三维建模的范围包括：机端高厂变,10 kV 配电柜（小车断路器、接地刀闸、控制柜及保护装置）,母线,互感器,10 kV 厂用电系统 LCU 现地柜及备自投装置,10 kV 厂用变压器,400 V 开关、配电盘柜、控制柜及备自投装置、负荷开关,以及地方电源、柴油发电机组等,示例如图 5-75 所示。

图 5-75　厂用电设备三维模型示例

11）直流设备系统

建立机组、坝区、开关站及继电保护、公用及事故照明等直流系统设备的三维场景模型。

三维建模的范围包括蓄电池组、充电柜（含充电模块、电池巡检仪、交流进线电源）、主馈电柜及直流分盘（直流母线、切换刀闸、微机绝缘监测装置、空气开关、测量仪表及指示灯等）。

12）公用设备系统

建立中/低压气系统,检修/渗漏排水系统,透平油、绝缘油系统,厂房消防系统等设备的三维场景模型。

分别制作油、水、气辅助系统管道模型,多种型号的电机、阀门、风闸模型。示例如图 5-76 所示。

图 5-76　三维管路及阀门模型

13）继电保护及安全自动装置

依据原始资料和外观图纸构建继电保护及安全自动装置的三维模型,包括发电机、变压器、线路、断路器、母线、厂用电等系统的继电保护及安全自动装置。建模局部应细化到对各保护柜内的保护压板、电源空开、保险、刀闸、指示灯、电流端子、保护装置控制面板等。

14）坝区闸门设备系统

依据电厂提供的设计资料和图纸,构建坝区闸门系统设备三维模型,仿真范围包括冲沙底孔、溢流表孔弧形闸门,液压启闭系统(含动力柜、油箱、阀组等)、油管路、阀门、接力器以及控制柜上的各种开关、切换把手、表计、指示灯、按钮、触摸屏、柜内元器件等。

15）鱼道系统

通过建立三维仿真模型,模拟展现鱼道过鱼原理及过程,包括鱼道闸门和小型启闭机。

2. 三维仿真对象动态建设内容

构建水电流域水流动态模型、洪水淹没动态模型、汛线水位报警动态模型,设置水电站机械装置,电气一次设备、二次设备、仪器仪表等三维仿真对象的动态。在三维数字化水电站中模拟设备在各个工况下的工作状态,模拟运维人员对设备的操作,可通过在三维场景的操作对后台仿真引擎下令。

对象动态分为以下几类。

1）水流、水位动态模型

依据水流流向、流速进行流体动态建模,并在三维地理信息模型上根据预警阈值或设定条件进行重点变色显示,建立闸门泄洪水流动态模型,建立洪水淹没过程动态模型等,如图 5-77、图 5-78 所示。

2）机械、液压装置

依据实际设备工作形态,建立各机械液压活动机构的三维动态。如设备的启停动态,水轮机转动、振动,接力器位移,风扇的转动,闸门的启闭动作,提门落门的动作等。

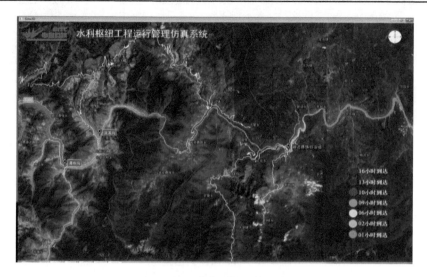

图 5-77　洪峰到达时间动态图

图 5-78　闸门泄洪水流动态图

3）电气装置

依据实际设备，建立水电厂内各类电气装置的三维动态。例如断路器、隔离开关、刀闸合分的三维动态，小车断路器工作位/试验位/检修位摇入摇出，开关站等设备的远方/就地/集控方式的仿真切换操作。电气设备的动作特性，以及设备现地指示各表计能够显示电气量、温度、压力等信号，数值和状态变化与实际情况一致。

图 5-79 是小车断路器的三维动态，包括小车断路器的合分、摇入摇出、把手切换、表计与指示灯的变化等。

图 5-80 是隔离开关操作箱设备，三维动态设置包括远方/就地切换把手的切换、合分停操作按钮按下弹起的动作、合分指示灯的亮灭、电源空开的合分等。

图 5-79　小车断路器三维动态

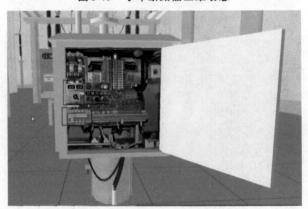

图 5-80　隔离开关操作箱动态

4）油、水、气管路

依据实际设备,建立油、水、气管路中各类阀门、测量仪表、把手等动态三维模型。

5）控制柜、保护柜内部

包括控制柜、保护柜上的各种开关、切换把手、表计、指示灯、按钮、保护压板、装置控制面板等操作动态模型。能够根据控制回路逻辑和保护逻辑,实现对装置的设置、投退、启动等操作,相关表计和指示灯显示应与模拟对象保持一致。

3.三维仿真故障效果展现建设内容

三维数字化建设将模拟水电厂由于运行人员操作不当,或设备质量原因发生的故障与事故。本次系统升级将根据原系统故障库和用户新增需求,在虚拟三维平台上展现设备或系统的事故和故障,具体包括如下内容:

（1）水轮发电机组的机械和电气故障、事故。

（2）高低压气系统的故障、事故。

（3）技术供水、排水系统的故障、事故。

（4）油压装置系统的故障、事故。

（5）调速器系统的故障、事故。

（6）励磁系统的故障、事故。

（7）监控系统的故障、事故。

（8）发变组保护系统的故障、事故。

（9）变压器和冷却器的故障、事故。

（10）厂用电系统的故障、事故。

（11）直流电系统的故障、事故。

（12）开关站的故障、事故。

（13）自动控制系统的故障、事故。

（14）电网系统故障、事故（如安稳动作、电网低频振荡等）。

（15）通过着火、烟雾、闪光、液体泄漏、声音等手段，将事故和故障现象生动地展示出来，给培训人员带来身临其境的感受。

图 5-81 展示了一个故障示例——主变短路着火故障。

图 5-81　发现确认着火点

在确定相关断路器已跳开，设备处于失电状态后，操作人员可启用喷淋设备灭火，如图 5-82、图 5-83 所示。

图 5-82　操作喷淋设备

图 5-83　着火点被扑灭

4. 应急物资、安全工器具三维模拟操作建设

三维数字化包括对应急指挥及应急响应处置人员对应急处置过程及应急抢险设施、物资等操作使用的三维模拟,电站技术人员运维检修过程中的操作及相关安全措施进行三维模拟。包括安全工器具的取用,检修过程中对设备挂牌、验电、挂接地线、设置围栏等操作的三维模拟,如图 5-84 ~ 图 5-86 所示。能够满足过去二维仿真无法实现的操作培训。

 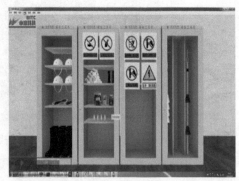

图 5-84　安全工器具的取用

取到的工具显示在屏幕的左下角。

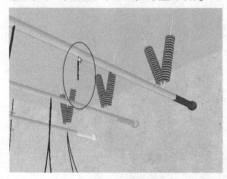 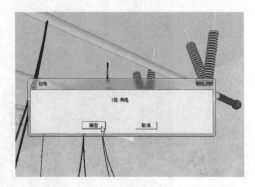

图 5-85　验电棒的使用

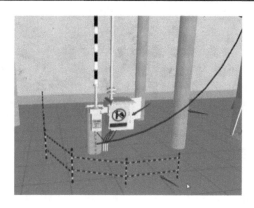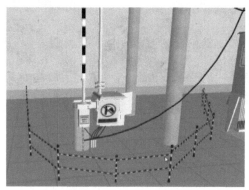

图 5-86　挂牌、挂接地线、设置围栏模拟操作

5. 运行培训仿真

本系统通过开发配置三维数字化软件、仿真模型驱动引擎、监控仿真软件、教员站、学员站及评分考核软件等,建立一套标准化的水电运行人员仿真培训系统,可仿真被控对象的各种运行工况,并将其运行状态以开关量、电气量和非电气量模拟量等形式进行数据采集处理,将学员、教练员、高级应用软件等发出的控制与调节指令下达到有关被控对象,实现仿真闭环控制与调节,指令执行情况可通过被控对象数学模型的响应和实时数据采集的实现来反馈。因此,学员可通过仿真系统完成水电厂运行设备的仿真操作,进而开展事故模拟演练、技能竞赛等培训项目。

1) 监控系统仿真

凡是能在中控制室内进行的运行监视、控制、操作及其所涉及的仿真对象均可进行仿真,含所有模拟量、开关量及二次参数的单点、成组、棒图、报警、趋势、操作指导及机组启/停画面、控制回路状态显示等,如图 5-87 所示。

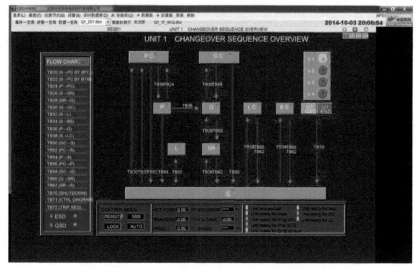

图 5-87　监控仿真运行监视

（1）运行监视

运行监视包括上/下游水位、出入库流量等水情信息，开关站运行方式及潮流变化（母线电压、频率，线路电压/电流、有/无功，联络变各侧电压/电流等）；机组运行参数（有/无功、导叶开度、定子电压/电流、励磁电压/电流、功率因数等）及运行工况（流量、振动、摆度、油温、瓦温等）；主变压器运行参数（有/无功、一二次侧电压/电流、绕组温度及油温等）及冷却器运行状态监视；机组辅助设备系统运行工况（温度、压力、液位、流量等）及状态变化等；公用设备系统运行工况及状态变化监视等。

（2）控制及操作

按照监控系统上、下位机不同的监视与功能实现对各对象的监视与控制功能，包括：开/停机、有/无功负荷调整、AGC、AVC、厂站及设备控制权限切换、断路器及隔离开关分/合闸操作、闸门远方操作等，含操作及闭锁条件、顺控流程、控制子菜单等。

（3）记录报告

记录报告包括事件、操作、设备故障及事故等记录。可通过图形及运行曲线监视仿真设备系统的运行状态，记录和查看运行实时曲线、历史曲线、历史及当前故障和操作记录。

（4）事故/故障报警

事故/故障报警包括简报信息及机组、主变压器、开关站、辅机设备、公用设备等全厂设备系统的光字、事故/故障报警、语音信息等。

2）生产技能培训与鉴定

（1）分层级技能培训

按照水电厂运行人员鉴定等级划分，将培训对象分为初级或新员工、中级工、高级工、技师及高级技师。根据各层级的技能要求，确定不同层级的培训目标和仿真培训实现方式，实现员工分层培训。

（2）技能鉴定及竞赛

应分理论考试和实操考试两种考核方式，理论方面以理论题库方式随机抽题与组卷，实操方面则以标准工况为基础，进行正常操作或事故处理，系统能自动评分。题目的难易程度则按考核对象层级不同进行分级，实现不同等级被鉴定人员在给定的不同工况、不同故障下的运行操作、事故处理，操作处理过程与生产现场一致。竞赛功能与鉴定的实现方式相同，在竞赛模式下，能实现分组竞赛。

3）培训管理

培训仿真系统平台通过 OTS 2000 教员站软件 SimuTutor 对所有注册学员信息进行管理，包括用户名、密码、个人身份信息、技能水平等级等，并对学员学习内容、学习时间进行统计。

培训学习资料应能进行分类存放管理，资料库内容包括专业理论知识文档、设备原理资料、图纸资料、系统运行手册/规程、视频资料、培训课件等，如图 5-88 所示。

图 5-88　操作题库

6. 仿真数学模型建设

本系统采用 SimuStudio 图形可视化建模方式,对运行仿真对象数学建模并建立起水电站常用设备数学模型库。

仿真系统以 5 座电站的设备系统(水轮发电机组、开关站、主变压器、厂用电、辅机设备、公用设备等)为模型进行仿真开发,其中瀑布沟、深溪沟两厂仿真数学模型(脚本)已建立,需对模型进行可视化升级重建,猴子岩、大岗山、枕头坝 3 个电站对主要设备系统的功能、工作原理、运行特性及彼此间的动/暂态过程进行仿真,既包括水电站水–机–电主设备系统,又包括油、水、气等辅助设备系统,及其相关联的控制、保护、测量、监视、信号等二次系统。

仿真模型能实现机组各种运行工况的仿真,包括各种启停操作、正常运行、工况转换和故障运行工况的仿真,运行人员在仿真系统上的操作结果(正确操作或误操作)与实际机组相一致,能够完全复现实际机组的逻辑关系,包括控制逻辑、各种联锁保护逻辑等。仿真系统的数学模型按物理机理建立,以原型的结构、特性及参数为依据,严格遵守工作物质的能量、质量和动量守恒定律,各调节阀门的仿真以现场提供的特性曲线为依据,能真实再现执行机构的调节特性。

1) 水轮机

仿真对象:轴流转桨式和混流式水轮机。

仿真范围:主要包括压力钢管、蜗壳、筒阀、导叶、水轮机、尾水管等过水部件,以及水轮机顶盖、控制环、剪断销、导叶接力器,水导油盆,主轴密封等。

仿真程度:提供以水轮机为仿真对象的机制型数学模型。

根据水力学原理、水轮机运转特性曲线、空化特性、压力脉动特性、力特性等进行水轮机(包含引水系统、泄水系统)数学模型建模,能正确仿真水轮机水头、流量、效率、吸出高度、转速、导叶开度、压力脉动等之间的动态联系,并计入动态力矩、转动惯量,使水轮机主要运行参数与仿真对象一致。

准确仿真水轮机运行特性,包括:蜗壳压力、尾水管真空度、气蚀、振动、摆度、飞逸、抬机等。

准确仿真水轮机各种运行工况,对于手动、自动方式开停机过程中的升/减速及增/减负荷、紧急停机等动态运行特性应与实际运行情况一致,并能显示、存储和打印相关特性曲线及运行数据。

准确仿真不同负荷下的紧急停机或甩负荷过程中的水轮机动/暂态运行特性,机组转速上升率、引水(泄水)管水压上升(下降)率应与实际运行情况一致。

准确仿真水轮机主要运行参数动态变化过程,包括:水轮机转速、振动、摆度、蜗壳及尾水压力、水导油盆油位/油温/瓦温、机组流量等,并具有参数越限报警功能。

2)调速器及压油装置系统

仿真范围:主要包括调速器电气柜、机械柜,压油罐、回油箱、油泵、控制柜、动力柜、油管路、阀门、电磁阀组等设备,及其保护、控制、测量、信号等二次系统。主要设备参数及配置情况参照所选仿真对象。

仿真程度:按照调速器系统原理图、控制程序及传递函数进行数学模型建模,能准确仿真调速器动/暂态运行特性,能实现手动、自动方式开/停机操作、导叶开度/开限控制、负荷调整、事故紧急停机及甩不同负荷后的机组转速控制等。

按照调速器压油装置系统原理图、控制程序及流网原理进行数学模型建模,能正确反映油压、油位与阀门开度位置、主/备用油泵自动启停控制等之间的动态联系。

实现油泵手/自动方式控制、阀门操作及压油罐油压、油位的运行监视和报警,准确仿真调速器接力器动作与油压、油位、油泵启/停等之间的动态联系。

准确仿真调速器及压油装置系统各种故障和事故,其产生现象、动作情况、造成影响、处理过程及发生事故时相关联设备系统的动态/暂态运行特性等应与实际情况一致。

3)发电机(非电气部分)

仿真范围:包括发电机测温系统,上导、下导、推力油盆及发电机冷却系统,机械制动系统,顶转子装置等。

仿真程度:对发电机各油盆供、排油及冷却水管路、阀门、表计、流量计、油位计进行仿真,实现对发电机油、水、气系统的运行操作、监视、报警等,能正确反映出阀门位置状态、冷却水水压/流量、油盆油位与轴瓦温度、发电机定/转子温度、冷热风等运行参数之间的动态联系。

对制动系统管路、阀门、表计、电磁阀、指示灯、风闸及其相互之间的动态联系进行仿真,能实现手/自动方式下投退风闸操作,制动系统自动投/退流程、控制逻辑、风闸投/退动态变化过程以及风闸投入后转速下降趋势等运行特性应与实际情况一致。

正确仿真发电机负荷与机组振动、摆度、轴瓦温度、定/转子温度等运行参数之间的动态联系。

4)发电机(电气部分)

仿真范围:包括发动机定子、转子、滑环室、发电机 GCB 组合电器、母线、电压/电流互感器、中性点接地变压器等。

仿真程度:发电机数学模型应采用机电暂态微分方程组描述,包括发电机转子运动方程、电压电流方程以及励磁系统数学模型等,能准确、实时地反映出发电机空载运行特性、短路特性、调节特性以及不同功率因数下的负载运行特性。

实时仿真发电机有/无功功率、定子电压/电流、励磁电压/电流、功率因数等运行参数间的动态联系,发电机空载运行、并列、解列、增/减速、调整有/无功、甩负荷、进相运行等工况下的运行特性应与实际情况一致;

对发电机各种运行工况和倒闸操作过程进行仿真,发电机解/并列、有/无功功率调节、运行方式倒换操作(运行转检修、检修转备用等)应与实际运行情况一致,能准确反映发电机有/无功、电压、频率以及功率因数等运行参数对发电机温升的影响;

正确、实时地仿真发电机各种异常运行状态、故障及事故,相关运行参数变化、保护动作及报警情况、事故处理过程等应与实际运行情况一致,能正确反映机组甩负荷、过速、主变事故、系统振荡、安稳切机等对发电机运行造成的影响。

5)发电机励磁系统

仿真范围:仿真对象为静止可控硅自并励励磁系统,仿真范围包括:励磁变压器及其断路器、电压/电流互感器、微机励磁调节器、励磁功率柜、起励装置、灭磁开关、过压保护装置等设备。

仿真程度:按照励磁系统软件框图、控制原理图和传递函数进行数学建模,能对微机励磁调节器、励磁变压器、整流装置、起励装置等运行特性精确仿真;

准确模拟励磁系统手动、自动控制及其操作、调节过程,其控制逻辑、操作方式、励磁电压/电流变化情况等应与仿真对象一致;

正确模拟励磁系统各种运行方式及其切换过程,包括恒机端电压、恒励磁电流、恒无功、恒功率因数等,能正确反映主/从套励磁调节器及其手/自动通道切换逻辑、切换过程;

正确仿真励磁系统各种保护及限制功能(如最大励磁电流限制、过励限制、欠励限制、定子电流限制、V/Hz限制、TV断线保护等),其产生现象、动作过程及结果、动作逻辑关系等与实际运行情况一致;

正确仿真励磁系统各种故障和事故(如起励失败、风机电源故障、调节器故障、灭磁开关偷跳、空载误强励等),故障和事故发生后,其测量、保护、信号、报警以及对相关联设备系统造成的影响和后果应与实际运行情况一致。

6)主变压器及其附属设备系统

仿真范围:包括主变压器本体设备及其冷却系统、消防系统,封闭母线、互感器、避雷器等电气一次设备,以及保护、控制、测量、信号等二次系统。

仿真程度:精确仿真变压器的能量平衡关系及空载、负载特性,正确反映变压器在不同运行工况下(包括正常空载/负载运行、主变空载投入、主变分接开关调整)一、二次侧电压/电流的动态变化关系;

正确模拟主变压器各种运行方式及运行操作(主变停/复电、主变冲击试验、冷却系统投/退等),其操作方法、主要设备运行参数、现地及监控画面上的设备状态变化、简报信息等与实际运行情况一致;

准确仿真负荷变化、环境温度及冷却器投/退对主变压器绕组、油温的影响,正确反映主变冷却器投入或故障退出时各部分温升的动态过程；

正确仿真主变压器各种电气量、非电气量故障和事故(含主变压器火灾、喷油等事故)，故障及事故的现象、动作情况、造成后果、处理过程及发生事故时相关联设备系统的动态/暂态变化过程应与实际运行情况一致。

7)筒阀系统

仿真范围：包括压油罐、回油箱、油泵、控制柜、动力柜、阀组、接力器、油管路等设备，以及保护、控制、测量、信号等二次系统。主要参数及设备配置情况参照所选仿真对象。

仿真程度：按照筒阀系统控制逻辑及流网原理进行数学建模，能正确反映出油压、油位与阀门开度位置、主/备用泵启停控制的动态联系，筒阀启/闭顺控流程及动作过程应与仿真对象一致；

对筒阀控制柜上相关指示仪表、信号、按钮、切换开关及控制触摸屏等进行仿真，能准确模拟筒阀各种运行操作，其操作方法、动作过程及结果应与仿真对象一致；

实现油泵手/自动方式控制、阀门操作及油泵运行状态变化、压油罐油压/油位的监视和报警，能准确仿真筒阀接力器动作与油压、油位及油泵启动的动态联系；

准确仿真筒阀系统各种故障和事故，其产生现象、动作情况、造成后果、处理过程及发生事故时相关联设备系统的动态/暂态变化过程应与实际情况一致。

8)机组 UPS 系统

仿真范围：包括机组 UPS 系统柜内充电机、蓄电池、电压/电流表、空气开关、指示灯及重要负荷等。

仿真程度：正确仿真机组 UPS 系统运行方式及操作，正确反映进线电源、电压/电流表、空气开关及指示灯之间的动态联系；

机组 UPS 系统故障(或重要负荷)失电时，对相关设备系统或机组的影响、变化趋势及造成后果应与实际运行情况一致。

9)机组技术供水、顶盖排水系统

仿真范围：包括供/排水管路、各类型阀门、测量表计(流量、压力、温度、差压、液位)、顶盖排水泵以及控制柜、动力柜上的各种空气开关、切换把手、表计、指示灯、按钮等。

仿真程度：按照机组技术供水系统、顶盖排水系统的控制逻辑、原理图及流网原理进行数学模型建模；

仿真技术供水系统各种运行方式及操作，正确反映出水头、阀门开度与机组技术供水流量、压力的动态联系及对用户的影响(各油盆油温/瓦温，发电机定/转子温度，主轴密封等)，相关的控制、报警、监视及水机保护配置等应与仿真对象一致；

仿真顶盖排水系统各种运行方式及操作，正确反映顶盖水位与水泵启停的控制逻辑、动态联系及水泵启/停运行特性，相关的控制、报警、监视应与仿真对象一致；

准确仿真机组技术供水、顶盖排水系统各种故障和事故(技术供水流量中断、压力低,顶盖水位高/过高等)，其产生现象、动作情况、造成后果、处理过程及发生事故时对相关联设备系统的影响等应与实际运行情况一致。

10)机组在线监测及振摆保护系统

仿真范围：包括机组在线监测及振摆保护系统屏柜、压板、传感器。

仿真程度：正确、实时地仿真振动、摆度与机组运行状态之间的动态联系；

准确仿真机组在线监测及振摆保护系统的监视、报警、保护功能，如机组穿越振动区时的振动、摆度值变化趋势及超标报警等。

11) 机组进水口闸门系统

仿真范围：包括机组进水口事故门、检修门、拦污栅、液压油启闭系统（含动力柜、控制柜、回油箱、阀组等）、管路、阀门、接力器及控制柜上各种开关、切换把手、触摸屏、指示灯、表计、按钮、柜内元器件等。

仿真程度：按照机组进水口闸门系统控制逻辑、原理图及水力学原理进行数学模型建模，手/自动方式提门、落门、快速落门及运行过程中下滑自动提门等运行特性应与实际运行情况一致；

准确、实时地反映提门、落门过程中闸门位置信号、闸门开度信号的动态变化过程，液压启闭系统运行特性、油泵电机启停特性及提门/落门操作过程应与实际运行情况一致；

准确仿真小开度提门操作及机组压力钢管充水过程，充水时间、水位上升趋势、蜗壳压力变化等应与实际运行情况一致；

正确仿真机组进水口闸门系统各种故障和事故，如拦污栅差压大、接力器有压腔油管路漏油、人为误操作落门、闸门运行过程中下滑等，其产生的现象、闸门动作情况、造成后果、处理过程及发生事故时对运行机组的影响应与实际情况一致。

12) 开关站设备系统

仿真范围：主要包括 500 kV 及 220 kV 开关站系统电气一次设备及其保护、控制、监视、测量、信号系统等。

仿真对象：主要包括 SF6 气体绝缘组合开关设备（断路器、隔离开关、快速接地开关、检修接地开关及其液压操作机构、汇控柜）、母线、电流互感器、电压互感器、避雷器、线路、SF6 空气套管等。

仿真程度：开关站电气模型正确反映电力系统与厂站间相互作用、相互影响的动态关系，仿真软件实现：倒闸操作、网络拓扑计算、潮流计算、机电暂态过程计算、故障计算、继电保护与自动装置动作仿真等功能。

准确仿真开关站各种工况下的运行方式，主要设备运行参数（母线电压、频率，线路有无/功、电流、电压等）的动态变化与实际运行情况一致。

实现开关站设备远方/就地/集控方式下仿真操作，其操作方法及顺控流程、开关动作特性、潮流变化、设备现地指示及监控画面状态变化与实际运行情况一致。能正确反映断路器、隔离开关、接地开关之间的闭锁逻辑及联锁关系，其闭锁逻辑和联锁关系可在教员站上人为投退。

13) 厂用电设备系统

仿真范围：包括 10 kV 及 400 V 厂用电系统。

仿真对象：主要有机端高厂变，10 kV 配电柜（小车断路器、接地刀闸、控制柜及保护装置），母线，互感器，10 kV 厂用电系统 LCU 现地柜及备自投装置，10 kV 厂用变压器，400 V 开关、配电盘柜、控制柜及备自投装置、负荷开关，以及地方电源、柴油发电机组等。

仿真程度：正确仿真厂用电系统正常、异常工况下的运行方式和倒闸操作，其操作方法、控制流程与闭锁逻辑、设备间连锁关系、动作过程、操作前后运行方式变化(如现地设备、盘柜及监控画面上的电压、电流监测及潮流分布变化),小车断路器、地刀、互感器、负荷开关的状态及位置信号变化与实际运行情况一致。

准确仿真厂用电系统各种故障及事故。故障及事故仿真可通过误操作引发,也可进行人为设置,其动作过程、事故现象、后果及其处理过程应与实际运行情况一致,相应设备的保护、控制、监测、信号等系统动态变化情况及备自投装置动作结果正确无误。厂用电系统母线(或重要负荷)失电时,对相关设备系统或机组的影响、变化趋势及造成后果应与生产实际情况一致。

准确模拟机端高厂变及厂用变压器的运行特性,正确反映厂用变压器负荷、温度及一、二次侧电流/电压等运行参数间的动态联系。

实现 10 kV、400 V 负荷开关保护定值查阅、设置及其他保护功能的仿真,便于真实模拟厂用电系统发生故障、事故时的运行工况。厂用电系统备自投逻辑、动作过程及结果应与模型设备一致,符合生产实际运行情况。

柴油发电机组运行特性、启/停操作、运行方式等应与模型设备一致,能满足水电站黑启动演练仿真培训。

厂用电动机(尤其是大功率电机)启动特性及其主要运行参数动态变化过程符合现场实际,能正确反映大功率电机启动瞬间对厂用电系统的影响。

14)直流设备系统

仿真范围:包括机组、坝区、开关站及继电保护、公用及事故照明等直流系统。

主要仿真对象:蓄电池组、充电柜(含充电模块、电池巡检仪、交流进线电源)、主馈电柜及直流分盘(直流母线、切换刀闸、微机绝缘监测装置、空气开关、测量仪表及指示灯等)。

仿真程度:准确仿真直流系统正常、异常工况下的运行方式及操作。充电模块运行特性、蓄电池充/放电过程、直流系统运行参数变化及直流负荷监测等应与生产实际一致。

准确模拟直流系统各种异常及故障,其发生原因、现象、后果及故障查找/处理方法应与实际运行情况一致。能正确反映直流电源消失、直流电源回路接地(或绝缘降低)等故障现象及对关联设备造成的影响,如引起保护及自动控制装置拒动或误动,测量、监视、控制以及信号回路异常等。

15)公用设备系统

仿真范围:包括中/低压气系统,检修/渗漏排水系统,透平油、绝缘油系统,厂房消防系统等。

仿真程度:对透平油及绝缘油系统管路、阀门、储油罐、油泵及其他油处理设备进行仿真,可实现对用户的供油、排油模拟操作,能正确反映油压、油位动态变化过程及阀门位置开度对油压、油位的影响。

对中/低压气系统空压机、储气罐、管路、各种阀门、仪表及控制柜上按钮、空气开关、切换把手、触摸屏、控制菜单等进行仿真,能实现各种运行仿真操作,空压机操作、自动启/停控制逻辑、阀门位置与压力的动态联系、用户用气时对储气罐压力及空压机启动频次的影响等应与实际运行情况一致。

按照检修排水、渗漏排水系统原理图,控制逻辑及流网原理进行建模,集水井水位与水泵启/停控制逻辑、水泵运行特性以及相应的控制、报警、监视应与模型设备一致。对管路、各类阀门、测量表计、排水泵及控制柜、动力柜上各种开关、切换把手、表计、指示灯、按钮等进行仿真,实现各种运行模拟操作。

16)继电保护及安全自动装置

仿真范围:包括发电机、变压器、线路、断路器、母线、厂用电等系统的继电保护及安全自动装置,其规格型号、数量、保护策略、定值等按照模型设备的原始资料进行配置。

仿真程度:继电保护及自动装置系统应由量测、逻辑和出口三个环节组成,应参照保护原理框图、保护整定值进行数学建模,保证其运行特性与模型设备一致;

对各保护柜内的保护压板、电源空开、保险、刀闸、指示灯、电流端子、保护装置控制面板及菜单等进行仿真,能实现保护定值查阅、设置以及保护功能投/退等操作;

按照所选模型设备配置的继电保护装置主要功能进行仿真开发,当设备发生故障或事故时,各保护系统的启动条件、动作逻辑、保护范围、保护动作信息、光字报警、音响、表计指示等应与模型设备一致;

准确仿真继电保护及安全自动装置发生故障时对相关设备的影响及动/暂态变化过程,如PT/CT回路故障引起拒动、误动等。

17)测量、控制及同期系统

仿真范围:测量系统,包括用于表计、调速器、励磁、保护、监控系统的电流、电压量测回路,含电压/电流互感器、熔断器、端子、空气开关等。

控制系统,包括机组、变压器、线路、母线、闸门、辅助设备等系统的控制回路,仿真对象有控制开关、切换开关、按钮、继电器及信号指示灯等。

同期系统,包括手/自动同期回路、继电器、同期装置、整步表、同期闭锁回路及相关切换开关、按钮等。

仿真程度:正确仿真量测系统的正常及故障运行工况,正确反映CT断线、PT回路接地、二次回路故障等对相关设备(如励磁、调速器、保护以及测量用表计等)的影响;

正确模拟各设备控制系统的控制逻辑,相应的动作情况、状态变化、信号灯指示等应与模型设备一致。

按照同期装置原理图、控制逻辑、同期闭锁条件进行数学建模,能实现手/自动同期并网操作,能正确反映同期条件检查时电压、电流调节及并网过程,相关的操作方法、同期参数采样、动作过程等应与模型设备一致。

18)坝区闸门设备系统

仿真范围:包括左/右冲沙底孔、溢流表孔弧形闸门,液压启闭系统(含动力柜、油箱、阀组等)、油管路、阀门、接力器及控制柜上的各种开关、切换把手、表计、指示灯、按钮、触摸屏、柜内元器件等。

仿真程度:按照闸门系统控制逻辑、原理图及水力学原理进行数学建模,手/自动控制方式提门、落门等运行特性应与实际运行情况一致;

仿真闸门系统运行操作,正确、实时地反映提门/落门过程中闸门位置信号、闸门开度动态变化过程,液压启闭系统运行特性、油泵电机启停特性以及提门/落门操作过程应与

实际运行情况一致;

正确仿真闸门系统的各种故障和事故,如运行过程中不能建压、接力器有压腔油管路漏油、提门/落门过程中双接力器行程偏差大等,其产生的现象、动作情况、造成后果、处理过程以及发生事故时对相关联设备系统的影响应与实际运行情况一致。

19)船闸系统

仿真范围:包括船闸机械液压系统、闸门控制系统。

仿真程度:按照船闸系统控制逻辑、原理图及水力学原理进行数学建模,手/自动控制方式开关人字门等运行特性应与实际运行情况一致;

仿真船闸系统运行操作,正确、实时地反映开门/关门过程中船闸位置信号、船闸开度动态变化过程,液压系统运行特性、油泵电机启停特性以及开门/关门操作过程应与实际运行情况一致;

正确仿真船闸系统的各种故障和事故,如运行过程中不能建压、接力器有压腔油管路漏油、开门/关门过程中双接力器行程偏差大等,其产生的现象、动作情况、造成后果、处理过程以及发生事故时对相关联设备系统的影响应与实际运行情况一致。

20)鱼道系统

仿真范围:包括鱼道闸门和小型启闭机。

仿真程度:按照闸门和小型启闭机系统控制逻辑、原理图及水力学原理进行数学建模,手/自动控制方式开关人字门等运行特性应与实际运行情况一致;

仿真闸门和小型启闭机系统运行操作,正确、实时地反映开门/关门过程中闸门位置信号、闸门开度动态变化过程,液压系统运行特性、油泵电机启停特性及开门/关门操作过程应与实际运行情况一致;

正确仿真闸门系统的各种故障和事故,如运行过程中不能建压、接力器有压腔油管路漏油、开门/关门过程中双接力器行程偏差大等,其产生的现象、动作情况、造成后果、处理过程及发生事故时对相关联设备系统的影响应与实际运行情况一致。

7. 培训考核题库建设

系统按专业及面向不同等级学员,对学习资料进行分类存放到资料库,资料库内容包括专业理论知识文档、设备原理资料、图纸资料、系统运行手册/规程、视频资料、培训课件等。

题库包括理论题库和操作题库,教员可对题库进行增减、编辑、组卷。理论知识考试题库涵盖基础知识、管理、机械专业、电气专业、自动专业等试题,每道试题包括试题编号、难易度等级、所属专业目录、试题、答案等内容。操作考试题库分为正常操作和事故故障处理操作,正常操作如手动开停机、设备检修转运行/运行转检修、倒厂用电、接力器充/排油、零起升压、倒母线等,事故故障处理试题包括发变组、直流、厂用电、开关站、水轮机、辅助设备、调速器、快速门、保护等相关操作处理,如各种保护动作、变压器着火、发电机着火、集水井水位异常升高、发电机振荡、母线电压消失、短路故障、机组过速、瓦温过高故障、剪断销剪断、顶盖淹水等。

8. 沉浸式虚拟现实环境建设

通过虚拟现实技术构建出逼真的水电站场景及生产施工环境,通过虚拟化身在虚拟环境下完成动作进行任务训练,由沉浸感环境充分体现水电厂工作的难度和危险性,以此提高受训人员在复杂现场正确操控的能力,强化学员操控技能,提升学员在日常工作过程中的专业水平和心理适应能力,提高学员应对复杂危险工作时的效率,缩短上岗适应期。

沉浸式虚拟现实系统中,人体动作的识别和跟踪是人机交互的核心问题。运动捕捉系统是一种用于准确测量运动物体在三维空间运动状况的高技术设备。它基于计算机图形学原理,通过排布在空间中的数个视频捕捉设备将运动物体(跟踪器)的运动状况以图像的形式记录下来,然后使用计算机对该图像数据进行处理,得到不同时间计量单位上不同物体(跟踪器)的空间坐标。

本项目构建一个沉浸式水电流域及水电站仿真培训系统,并开发沉浸式虚拟现实设备购置及与三维数字化水电厂互动接口,受训者通过虚拟人化身与环境交互。利用体感动作捕捉设备对受训者的肢体运动进行捕捉,得到运动轨迹数据来驱动虚拟操作员的动作。对水电站的各个设备(如主变压器、断路器、隔离开关等)进行三维建模,加入设备状态的变化,定义各类虚拟人行为,虚拟操作人员在三维场景中完成设备巡检、倒闸操作等。受训人员在虚拟水电站中进行巡视和虚拟操作,在高度沉浸感的虚拟环境中,真实地模拟水电厂运行中的各种操作,大大增强学员的直观感受,有效地提升培训效果。

9. 仿真培训室二次装修

装修效果示意图如图 5-89 所示。

图 5-89　装修效果示意图

1)范围

仿真培训室采购安装,包括:教员、学员站桌椅,防静电地板。

实训室的改造装饰装修,包括:拆除原有部分设施;电线、网线等重新布线,防静电地板安装,插孔、网络等所有相关的衔接设计及安装,以及其他相应的全部施工等。

2)设备指标要求

设备指标如表 5-64 所示。

表 5-64　设备指标要求

序号	项目名称	项目特征	单位	数量	备注
1	电脑桌	$L1\,000×W800×H750$ mm,高密度板、三聚氰胺防火板制成,环保油漆	个	21	
2	办公椅	高度 1 170 mm,三防布,布面柔软度好,深蓝色;海绵软硬适中,回弹性能好,不变形;底座结构牢固,调节轻便,具有同步倾仰、追背、背升降等多种功能选择;不锈钢五星脚,气压棒,升降时基本无声响	个	21	
3	线路铺设	含布置电源线、网线、接口等	项	1	
4	静电地板安装	原有地面安装静电地板	m²	100	

10. 模型整合与动画

(1)对工程参建各方已完成的 BIM 三维模型,进行整合及渲染优化;对未建模的部分,进行建模及渲染优化。

(2)按招标文件要求针对水轮发电机组、生态鱼道过鱼、船闸过船、泄水闸工作及泄洪四个专项制作实体模型动画,每个动画均要兼顾真实模拟及科普介绍,时长不少于 3 min。动画流程及解说词报买方审查,买方审查通过后再进行详细制作。

(四)性能技术指标

1. 三维平台性能指标

本项目建设的三维数字化平台能在不同地理尺度下进行三维展示,实现同一平台内展示尺度最宽范围的变化,既可基于区域流域尺度进行 3D 地理信息的管理分析,也可下探到一个完整电站场景进行漫游巡视,还可深入到厂房对水机电设备展示、操作,通过 3D 模型、计算机监控系统和机电设备数理模型仿真机电设备的实时运行状况。

1)流域地理信息数据精度

区域大范围地形高程采用 1:25 万 DEM 数据,局部详细地采用 1:5 万数字高程数据,为真实地了解区域细节,采用分辨率优于 1.5 m 影像作为地形纹理。

2)数字化电站及设施设备模型

设施设备模型严格按照产品手册和图纸进行 1:1 全尺寸三维建作,整体精度在 5 cm 以内,局部精度满足精确操控和显示要求。所有模型应该具有真实感效果,体现透视、光照、明暗、阴影、纹理等细节。

3)三维数字化平台性能指标

三维虚拟场景运行应清晰流畅,无拖拽、发卡现象。支持高精度地形加载、多级多分辨率模型调度、设施设备模型动态展现、特效集成、场景漫游等功能;集成三维立体眼镜显示、多通道大屏幕显示和交互等功能。

支持同时在线用户不少于 100 人,并发三维显示系统用户不少于 20 人。用户界面响应时间不大于 3 s,初始三维场景数据加载时间不大于 10 s。

4)沉浸式环境设备性能指标

支持数据驱动的虚拟实时运动,全身运动帧速率不低于 25 帧/s。

支持典型动作识别和行为(动作序列)识别,实现完全肢体动作驱动的人机交互,实现多种运动模式、典型操作和自然交互。

支持手部运动跟踪和手势识别,实现精细动作的稳定识别和再现。

2. 仿真性能指标

OTS 2000 培训仿真系统平台采用先进的可视化仿真支撑平台软件 SimuStudio,全图形化的编辑界面,用户可方便地修改水、机、电仿真模型的结构、参数、系数等,对控制系统也可方便地在线进行组态、修改、调试,无须编程即可实现。当电厂设备大修对现场系统改造后,能对仿真系统开关量、画面及参数等进行修改。仿真模型全部以物理过程为基础,真实地反映仿真范围内的动、静态过程,因此对运行人员的各种操作,自动控制和保护动作,故障发生后的动态影响能与实际机组发生的过程相似度较高。其报警、音响效果与现场情景一致,按仿真机组运行规程实现机组启停操作及事故处理,其运行方式,各负荷下的状态参数、操作时间、速率与现场具有较高相似度。仿真机模型中所有的控制、继保逻辑、全部监视和操作设备与实际一致。

本仿真系统满足《水电厂培训仿真系统基本技术条件》(DL/T 1972—2019)、《水电仿真机技术规范》(DL/T 1024—2006)的对应要求。

计算机监控部分满足《水电厂计算机监控系统基本技术条件》(DL/T 578—2008)的要求。

1)静态运行指标

关键参数在稳定状态下,与仿真对象相应参数值的偏差不超过±2%。典型的关键参数主要包括系统频率、系统电压、发电机有功功率、发电机无功功率、机组转速、导叶、轮叶的开度、电站上下游水位、发电机定转子温度、发电机励磁系统电流和电压、水轮发电机组各轴承温度和油位、油压装置压力和油位、厂用电系统电压电流、冷却水压力、制动装置压力、压缩空气系统压力;

非关键参数在稳定状态下,与仿真对象相应参数值的偏差不超过±5%;

仿真系统的仪表误差,不大于参考对象相应的仪表、变送器及有关仪表系统的误差。

2)暂态运行指标

对仿真系统暂态性能指标的考核以仿真对象或相同类型仿真对象的暂态特性、运行和试验数据,以及由运行经验和工程分析所估计得到的暂态特性为依据。OTS 2000 系统可满足下列要求:

正常、非正常运行过程中,仿真参数的变化趋势应符合仿真对象的动态特性、运行和试验数据以及运行经验和工程分析所估计得到的动态特性,不应违反基本物理定律;

运行过程中,报警、自动装置动作仿真结果与仿真对象相一致;

相同的运行工况和操作情况下,关键参数的动态特性与用户提供的仿真对象相应参数的动态特性相比,偏差小于±20%。

仿真系统暂态运行包括各种大小扰动、非正常运行、故障等工况,仿真系统能满足下述要求：

各参数的动态变化符合对有关暂态过程分析结果，不违反物理定律；

模型与算法有良好的收敛性；

电力系统故障往往导致局部电网电压与频率不正常，所以电力系统模型应能用于相当宽的电压与频率范围；

保护和自动装置的动作与实际一致；

扰动和故障情况下设备现象、电网参数的变化、故障录波与现场一致；

仿真系统的报警与参考系统一致。

3）实时性

仿真系统实时性满足如下指标要求：

仪表、监控系统反应顺序、速度与实际系统相同；

对学员台的操作，系统响应速度与实际系统相同；

快过程模型运算的周期≤0.01 s，最大不大于 0.05 s；

慢过程模型运算周期≤0.1 s；

全系统数据刷新周期≤5 s；

遥信变位时间≤1 s；

开关变位告警响应时间≤1 s；

画面调用响应时间≤1 s；

三维场景漫游和实时交互操作运行流畅、画面清晰。

4）系统可靠性

系统可靠性指标包括：

仿真计算机主机及网络通信两次故障平均时间（MTBF）大于 8 640 h；

输入输出接口系统两次故障平均时间（MTBF）大于 4 320 h；

仿真机启停及死机后，恢复操作简单快捷，不停机恢复；

168 h 可用性试验，整机可用率不小于 99.9%；

仿真机系统可连续稳定运行。

第六节　实体运行环境建设

一、大屏幕显示系统

在集控中心、八字嘴枢纽综合楼各设置大屏幕显示系统。

大屏幕显示系统具有先进、高速的图像处理技术，能够实现多路高速视频信号的处理，应使用先进的液晶显示技术、嵌入式硬件拼接技术、多屏图像处理技术、信号切换技术等，形成一个拥有高亮度、高清晰度、高色域、低功耗、高寿命、操作方法先进的大屏幕系统，现采用全彩 LED 显示屏（P2.5~P4）。

大屏幕显示系统的组成包括全彩 LED 显示屏、显示屏控制器、大屏幕控制软件及安装附件、连接线缆等。大屏幕系统可以显示任何电脑画面及所有视频监控画面。

二、电源系统

集控中心服务器、工作站、交换机、路由器、防火墙、隔离装置等由貊皮岭电站 UPS 电源供电。

(一) 交流不间断电源 UPS

采用赫芝特 HT 系列电力专用工业级 UPS,是一款纯正弦波输出的双变换在线式不间断电源系统,为重要负载提供不受电网干扰、稳压、稳频的电力供应的电源设备。当市电掉电后,UPS 将电池能量逆变输出到负载,实现不间断输出。

本系列 UPS 采用输出隔离变压器的高频双变换结构和先进的全数字控制技术,实现稳定、干净、不间断电源输出。同时,还提供多样化的通信方案,以及友好的人机界面,方便用户对机器进行设置及监控。

通信部分提供 MODBUS、RS232 及可扩展的智能插槽。

1. 基本组成

本系列 UPS 系统主要由整流模块和逆变模块组成交流到直流再到交流的双变换电路、静态旁路、维修旁路、电池充放电回路等几个主要的模块组成。市电与旁路通过反向并联的可控硅作为切换开关来进行切换。系统架构图如图 5-90 所示。

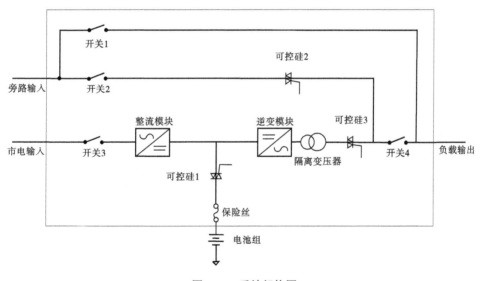

图 5-90　系统架构图

2. 工作模式

对系统架构图进行简化后分别对每种工作模式进行说明。

1) 市电工作模式 (LINE MODE)

在市电模式下,市电输入经过整流模块变换成直流并滤波后,一方面经过 SPWM 逆变模块输出交流电供给输出;另一方面给电池进行充电。此时,旁路输入处于备用状态,如图 5-91 所示。

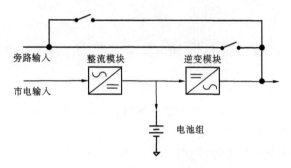

图 5-91 市电工作模式

2)电池工作模式（BATTERY MODE）

当市电输入出现异常,系统自动无间断切换到电池工作模式时,由电池通过逆变模块输出交流电给输出。此时,旁路输入处于备用状态。如果市电恢复正常,系统自动不间断地切回市电模式,如图 5-92 所示。

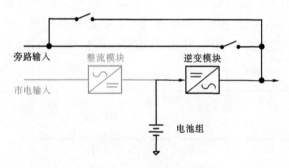

图 5-92 电池工作模式

3)旁路工作模式（BYPASS MODE）

旁路工作可以被启用和被禁用,但默认是启动的。机器除交流输出短路、接线错误、逆变静态开关短路、旁路静态开关短路、过载、过温故障外,其他故障模式下系统会自动切换到旁路向负载供电。待异常情况消除后,系统自动恢复正常工作模式,如图 5-93 所示。

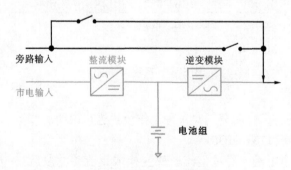

图 5-93 旁路工作模式

4)ECO 工作模式（ECO MODE）

ECO 模式可以被启用和禁用,默认是禁用。如果负载对电源的质量要求不是很高,而对系统的效率要求较高时,可以启用"ECO 工作模式"。在这种模式下,旁路输入正常时系统通过静态旁路给负载供电,市电这一路也同时在工作,并给电池进行充电,只是输出的静态开关属于断开状态。当旁路输入异常,系统会自动切换到市电或电池模式供电,切换时间少于 10 ms。当旁路输入恢复正常,系统又切回到旁路供电。在很大程度上提升了系统供电效率,如图 5-94 所示。

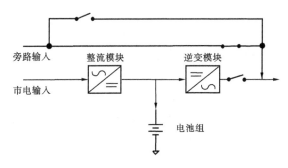

图 5-94　ECO 工作模式

5) 维修旁路工作模式(M-BYPASS MODE)

当 UPS 系统需要进行维护,但又不希望负载供电中断时,可以先断开机器市电输入和电池输入开关,此时机器会转入旁路工作模式。然后合上维修旁路开关,再断开旁路开关,此时旁路输入通过维修旁路继续给负载供电,实现 UPS 内部不带电而对负载仍然供电的维修工作模式,如图 5-95 所示。

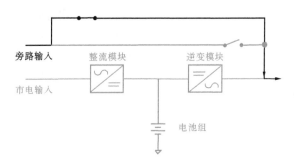

图 5-95　维修旁路工作模式

6) 其余模式说明

除以上几种工作模式外,还存在 STANDBY 模式、POWER OFF 模式及 FAULT 模式。

STANDBY 模式为等待模式,当不满足输出条件,机器则处于此模式下,在此模式下市电可以对电池充电。

当机器处于 STANDBY 模式下,等待一段时间后无其他模式可以转换,则会进入POWER OFF 模式。当 UPS 进入此模式,机器不能再次被开启,需要等待机器完全断电后再启动。

当 UPS 出现故障后会进入 FAULT 模式,进入此模式后机器需要断电后,再重新开启才可以消除。

7）单/双电源输入

本系列 UPS 提供旁路输入和市电输入两路输入，用户可以根据实际情况，将两路输入分别接入不同的市电系统，构成双电源输入；也可以共享同一市电系统，构成单电源输入。

3. 技术特点

1）安全可靠性

系统安全可靠运行是每一个电力系统最根本的要求，而电源（后备电源或保安电源）系统安全可靠性更是系统的命脉，对自动化程度很高的设备来说，电源系统运行的安全可靠性尤为重要。

赫芝特 HT 系列电力专用工业级 UPS，保证了部件的安全可靠性，在机柜的设计上，充分考虑了机柜的接地、通风、防潮等设计，使整个系统可靠性在硬件上得到了大大提高。

赫芝特电气在软件上采用结构化、模块化设计，增强了系统的分级容错设计，防止系统进入被动性失控状态，加强了故障检测报警及应急处理功能，提高了系统的安全性。

2）实时性

赫芝特 UPS 核心控制芯片采用美国原装高性能数字信号处理器及分散控制系统，相对于传统的采用微处理器构成的设备，UPS 输出电压的质量更高，动态性能更好，实时性更佳，拥有更迅速的突发性事件处理能力，因此更为适应恶劣的电网环境，整机的可靠性有了质的提高。

3）易操作性

系统的人机操作设计充分考虑其方便、美观、实用，用户接口及界面设计充分考虑人体结构特征及视觉特征进行优化设计；界面美观大方，操作简便实用的 LCD 液晶显示界面采用中英文可选显示界面，是赫芝特公司针对不同地区用户所专门设计、制造的。

4）易维护性

赫芝特电源装置采用功能模块式设计，保证了系统的易维护性，缩短了系统的平均维护时间（MTTR<0.5 h）。

5）先进性

在满足整体运行要求及安全可靠的前提下，系统的主设备选型符合计算机技术及电力电子技术的发展趋势，可以保证在今后相当长的一段时间内不需要更新换代，以便将来实现系统平滑升级和扩展的要求。

6）开放性

系统主设备的选用考虑了与计算机监控系统的组网，监控系统具有良好的硬件和软件接入功能，硬件和软件均具有良好的开放性，保证了电源系统与其他系统的互连性、系统扩展性。

7）抗干扰性

本电源系统主设备外部接口设计采用了专用的抗静电、抗高压脉冲串、抗雷击设计，电气设备全部可靠接地，软件采取了自诊断措施，采用超隔离技术等，有效地防止电磁波、无线电和静电等干扰侵入电源系统主设备内部，以免造成系统设备的损坏和误动作。

4. 主要的技术参数

主要的技术参数如表 5-65～表 5-72 所示。

表 5-65　市电输入

型号	HT10K31 220	HT20K31 220	HT30K31 220	HT40K31 220	HT60K31 220	HT80K31 220
额定容量	10 kVA	20 kVA	30 kVA	40 kVA	60 kVA	80 kVA
	8 kW	16 kW	24 kW	32 kW	48 kW	64 kW
额定电压	3×380VAC/400VAC/415VAC (3Ph + N)					
额定频率	50 Hz/60 Hz					
电压范围	304～456 V (Ph-Ph)					
频率范围	46～54 Hz @ 50 Hz；56～64 Hz @ 60 Hz					
额定每相电流	20 A	38 A	55 A	73 A	110 A	146 A

表 5-66　电池参数

型号	HT10K31 220	HT20K31 220	HT30K31 220	HT40K31 220	HT60K31 220	HT80K31 220
电池节数	16～20 PCS (12 V 串联)					
额定电压	192～240 VDC					
充电电流	默认 10 A；最大＝容量/总电池电压		默认 10 A；　最大 40 A		默认 20 A；最大 80 A	
浮充电压	13. 5 VDC /每节(12 V)					
高压保护	14. 5 VDC /每节(12 V)					

表 5-67　逆变输出

型号	HT10K31 220	HT20K31 220	HT30K31 220	HT40K31 220	HT60K31 220	HT80K31 220
输出波形	标准正弦波					
额定电压	220 V					
误差	±1% (平衡负载)					
额定频率	50/60 Hz±1%					
电压谐波	线性负载<2%；PF0. 8 非线性负载<5%					
过载能力	110%～150%,10HTn～60 s；>160%,200 ms					

表 5-68　静态旁路

型号	HT10K31 220	HT20K31 220	HT30K31 220	HT40K31 220	HT60K31 220	HT80K31 220
额定电压	220 V					
额定频率	50 Hz/60 Hz					
电压范围	176~264 V					
频率范围	46~54 Hz @ 50 Hz;56~64 Hz @ 60 Hz					
转换时间	同步切换：0 ms					
过载能力	150%~180%　1 h~30 s;180%~>200% 30 s~200 ms					

表 5-69　省电模式(默认关闭)

型号	HT10K31 220	HT20K31 220	HT30K31 220	HT40K31 220	HT60K31 220	HT80K31 220
额定电压	220 V					
额定频率	50 Hz/60 Hz					
电压范围	176~264 V					
频率范围	46~54 Hz@ 50 Hz;56~64 Hz@ 60 Hz					
转换时间	<10 ms					

表 5-70　环境参数

型号	HT10K31 220	HT20K31 220	HT30K31 220	HT40K31 220	HT60K31 220	HT80K31 220
工作温度范围	0~55 ℃					
存储温度范围	−15~60 ℃					
海拔高度	0~1 000 m					
湿度	5%~95%无凝露					
IP 等级	IP21					
冷却方式	强制风冷					
通信方式	RS232, USB, RS485, intelligent slot					

表 5-71 结构参数

型号	HT10K31 220	HT20K31 220	HT30K31 220	HT40K31 220	HT60K31 220	HT80K31 220
宽度/mm	800					
深度/mm	600/800 可选					
高度/mm	1 800/2 260 可选					
净重量/kg	360	450	500	600	835	1 000

表 5-72 并机规格

型号	HT10K31 220	HT20K31 220	HT30K31 220	HT40K31 220	HT60K31 220	HT80K31 220
单机容量	10 kVA/8 kW	20 kVA/16 kW	30 kVA/24 kW	40 kVA/32 kW	60 kVA/32 kW	80 kVA/64 kW
	最大并联数量 4				最大并联数量 2	
最大输出功率/VA	40 kVA	80 kVA	120 kVA	160 kVA	120 kVA	160 kVA
最大输出功率/W	32 kW	64 kW	96 kW	128 kW	96 kW	128 kW
空载环流	<3 A					
功率不平衡率	<5%@ 100% Load					
通信协议	CAN					
转换时间	0 ms					

(二)配电系统

1.性能特点

外观采用标准化机柜设计,大屏幕彩色中文触摸屏,使用户更直观地监测与管理电能质量数据。

实时显示母线三相电压、三相电流、频率、有功功率、无功功率、功率因数、电度、谐波含量等电气参数。

采用高性能微处理器的测控装置,实现智能化的监控及信息管理平台。

7.0 in 动态彩色触摸操控屏,友好的人机界面,操作简单、直观。

监控装置实现多级权限管理、有效防止误操作。

采用分散控制集中管理的集散控制模式,形成网络集成式全分布控制系统,以满足系统运行的实时、快速及可靠性要求

采用 RS485 接口,采用 MODBUS 通信协议。

具有完善的故障和事件自诊断、分析功能,操作数据、告警数据可保存 1 000 条历史

记录信息。

具有分时下电功能。

硬件便于扩展,可实现检测多达 320 个状态信息。

提供多路常开无源触点输出,可作为分类报警使用。

监控装置具有断电自恢复功能,所有信息在断电时自动保存。

丰富的告警功能:主路包括过压,欠压,缺相,掉电,过流,电压/电流超高/超低阈值,频率异常;支路包括过流超高/超低阈值,开关功能。

可提供双电源自动或手动切换。

所有关键元器件采用国际知名品牌。

简洁的母排系统为配电设备提供安全的方案。

2. 监控系统构成

监控系统构成如图 5-96 所示。

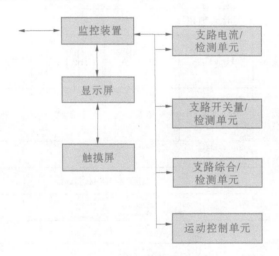

图 5-96　监控系统构成

3. 技术参数

技术参数如表 5-73 所示。

表 5-73　技术参数

额定电流	100～600 A
交流输入电压	323～418 VAC
交流输入频率	47.5～52.5 Hz
LCD	彩色触摸屏,带 RS232/485 接口
告警方式	声光报警
输入回路	单路电源输入/双路电源输入(可选)
输入 ATS	100～630 A(选配)
输出回路	单相、三相(可选)

续表 5-73

防雷	B 级、C 级、B 级+C 级(可选)
监控显示	液晶显示触摸屏、普通智能电量仪(可选)
液晶显示触摸屏尺寸	7 in
支路状态监测、告警	选配,需要这项必须选配液晶显示触摸屏
支路电流监测、告警	选配,需要这项必须选配液晶显示触摸屏
分时下电检测	选配,需要这项必须选配液晶显示触摸屏
环境温度	0~40 ℃
相对温度	0~95% 不凝露
海拔高度	<2 000 m
防护等级	IP20
接地系统	TN-S(三相五线)
规格尺寸(宽×深×高)mm	定制

(三)蓄电池

活性物质:高纯电解精铅;

板栅:铅、锡、钙多元耐蚀和金;

额定工作电压:2 V、6 V、12 V;

浮充电设计寿命:6 V&12 V,12 年;2 V,18 年;

标称使用温度:-15~45 ℃;

安全操作温度:-30~55 ℃;

浮充电压:2.27~2.30 V(20~30 ℃);

均充电压:2.35~2.40 V(20~30 ℃);

充电电压温度补偿系数:每单体-3~-5 mV/℃;

蓄电池槽、盖材料:高强度 ABS 工程塑料;

安全阀:EPDM 橡胶;

开阀压力:20~30 kPa;

封闭压力:8~10 kPa;

蓄电池采用全密封防泄漏结构,正常工作时无酸雾逸出。

三、二次防雷系统

(一)总体要求

(1)二次系统的雷电电磁脉冲防护(简称为防雷)做到统筹规划、整体设计,从接地、屏蔽、均压、限幅及隔离五个方面采取综合防护措施。

(2)二次系统雷电防护区的划分符合《建筑物电子信息系统防雷技术规范》(GB 50343—2004)的要求,根据雷电防护区的划分原则,二次系统的防雷工作应减少直击雷(试验波形 10/350 μs)和雷电电磁脉冲(试验波形 8/20 μs)对二次系统造成的危害。

（3）信号系统的 SPD 选用限压型和具有限压特性的组合型 SPD。

（4）二次系统的雷电防护遵循从加强设备自身抗雷电电磁干扰能力入手，以加装 SPD 防雷器件为补充的原则。

（二）信号系统防雷

（1）在时间同步系统的天线接口处安装最大放电电流不小于 15 kA（8/20 μs）的相应信号 SPD。

（2）监控系统与其他系统的通信线（如 RS232、RS485 等）在两端安装标称放电电流不小于 2 kA（8/20 μs）的相应信号 SPD。

（3）从高压场地到控制室的通信线路（如 RS232、RS485、CAN 总线等）在控制室相应屏柜处安装标称放电电流不小于 5 kA（8/20 μs）的信号 SPD。

（4）SPD 正常或故障时，有能正确表示其状态的标志或指示灯，且具备远程监测的接点。

（三）电源系统防雷

（1）直流充电屏的交流充电电源入口处安装具备相线与地线（L-PE）、中性线与地线（N-PE）保护模式的标称放电电流不小于 10 kA（8/20 μs）的交流电源电压限制型 SPD（电涌保护器）。

（2）直流屏的直流母线输出端安装具有正极对地、负极对地保护模式的标称放电电流不小于 10 kA（8/20 μs）的直流电源 SPD。

（3）在交流不间断电源系统输入端配置相对地、中性线对地保护模式标称放电电流不小于 10 kA（8/20 μs）的交流电源限压 SPD。

参考文献

[1] 王霞. 网络管理接口适配方法及实现技术[D]. 北京:北京邮电大学,2004.

[2] 闫晓风,赵艳领,韩丹涛. 基于 OPC UA 通用数据采集模块设计[J]. 仪器仪表标准化与计量,2015(6):26-27,40.

[3] 邢涛,王侃侃,张华良,等. 一种 OPC UA 数据服务网关装置及其实现方法:2014 10835886.1[P]. 2016-07-27.

[4] 王辛辛,陈云,闫如忠,等. 基于 Web 的机电设备远程监控系统的实现[J]. 计算机工程,2005,31(2):231-232.

[5] Lee S, Jeon T G, Kim M, et al. Design and Implementation of Wireless Sensor Based-Monitoring System for Smart Factory[C]// Computational Science & Its Applications-iccsa, International Conference, Kuala Lumpur, Malaysia, August. DBLP, 2007.

[6] Hodek S, Schlick J. Ad hoc field device integration using device profiles, concepts for automated configuration and web service technologies:Plug & Play field device integration concepts for industrial production processes[C]// International Multi-conference on Systems. 2012.

[7] 沈熠. 跨协议设备远程监控系统架构的设计与实现[D]. 上海:上海大学,2014.

[8] 桑静,王宜怀. 基于 XML 文件组织的嵌入式监控组态软件设计[J]. 计算机系统应用,2013,22(1):134-137.

[9] 武智强. 面向智慧工厂的柔性数据采集监控系统的研究[D]. 济南:山东大学,2017.

[10] 王林玉. 面向智慧城市建设的道路照明监控管理系统研究与开发[D]. 杭州:浙江大学,2013.

[11] 阳熹,杨源. 智慧型海上风电场一体化监控系统方案设计[J]. 南方能源建设,2019,6(1):42-48.

[12] 郑炎杰,汪宇. 智慧水务供水管网实时监控系统[C]// 2019(第七届)中国水利信息化技术论坛.

[13] 杨铁树. 感知+物联+智慧+CIM 防洪堤坝综合监控管理系统设计[J]. 水科学与工程技术,2019(2):27-29.

[14] 李贵文,冯兴林. 公路智慧能源监控管理平台系统设计分析[J]. 绿色环保建材,2019(8):107.

[15] 张浩. 智慧综合管廊监控与报警系统设计思路研究[J]. 现代建筑电气,2017,8(4):17-20.

[16] Ting C J, Schonfeld P. Effects of Tow Sequencing on Capacity and Delay at a Waterway Lock[J]. Journal of Waterway, Port, Coastal, and Ocean Engineering, 1996, 122(1):16-26.

[17] Bandy D B. Fox River Locks SLAM Simulation Model[C]// Simulation Conference. IEEE, 1988.

[18] 张晓盼,齐欢,袁晓辉,等. 三峡工程两坝联合通航调度的混合模拟退火算法[J]. 控制理论与应用,2008,25(4):708-710.

[19] 冯宏祥,肖英杰,孔凡邨. 基于支持向量机的船舶交通流量预测模型[J]. 中国航海,2011(4):62-66.

[20] 刘延涛,王进,赵筠,等. 潮汐性船闸节能调度智能系统研究[J]. 中国水运,2016(1):54-56.

[21] 周春辉,黄立文,胡适军,等. 船闸管理系统中的多模式信息集成方法[J]. 武汉理工大学学报(交通科学与工程版),2013,37(5):947-950.

[22] 钱江,张桂荣,何平,等. 高港船闸智能化调度管理系统的设计与研制[J]. 中国水运(下半月),2018,18(11):54-56.

［23］蒲皓，刘羴. 基于绿色船闸的智能能效管理平台及关键技术应用研究［J］. 中国资源综合利用，2018(8):117-119.

［24］王澎涛. 基于进化算法和气象信息的三峡—葛洲坝通航调度研究［D］. 武汉:华中科技大学,2016.

［25］罗智鹏. 最大水资源利用模型在清远水利枢纽船闸联合调度系统中的应用研究［J］. 广东水利水电, 2019(7):78-81.

［26］苏玲. 基于 BIM 的数字化电厂全生命周期信息管理研究［D］. 北京:华北电力大学,2016.

［27］Redmond A, Hore A, Alshawi M, et al. Exploring how information exchanges can be enhanced through Cloud BIM［J］. Automation in Construction, 2012, 24(4):175-183.

［28］Amarnath C B , Sawhney A , Maheswari J U . Cloud computing to enhance collaboration, coordination and communication in the construction industry［C］// Information and Communication Technologies (WICT), 2011 World Congress on. IEEE, 2011.

［29］Fayyad U M , Piatetsky-Shapiro G , Smyth P . The KDD Process for Extracting Useful Knowledge from Volumes of Data［J］. Communications of the ACM, 1996, 39(11):27-34.

［30］Halfawy M M R , Froese T M . Component-Based Framework for Implementing Integrated Architectural/Engineering/Construction Project Systems［J］. Journal of Computing in Civil Engineering, 2007, 21(6):441-452.

［31］Cowell R G. Probabilistic Networks and Expert Systems［J］. Springer, 1999, 6(8):32-45.

［32］耿清华. 浅谈基于大数据的智慧水电厂建设［J］. 水电与新能源, 2018, 32(10):36-38.

［33］蒋雄杰,沙万里,芮杰,等.智慧电厂挂轨机器人巡检管理系统的开发与应用［J］.自动化与仪器仪表,2018(9):153-155.

［34］杨燕.智慧电厂一体化大数据平台关键技术及应用分析［J］.中小企业管理与科技(中旬刊),2019(5):130-131.

［35］侯子良,潘钢. 建设数字化电厂示范工程加快火电厂信息化进程［J］. 中国电力, 2005, 38(2):78-80.

［36］Qili Huang . Understanding and Practice on Smart Hydropower Plant［J］. Energy Technology & Economics, 2011.

［37］Hajizadeh A , Golkar M A . Intelligent power management strategy of hybrid distributed generation system［J］. International Journal of Electrical Power and Energy Systems, 2007, 29(10):783-795.

［38］王勇, 马光锋, 马承翰. 从系统性看技术创新及对企业的启示［J］. 工业工程, 2002, 5(3):34-36.

［39］魏国梁, 沈金福. ABC 分析法在管理应用中的对象计算与分类选择问题［J］. 兵器装备工程学报, 2001, 22(3):38-40.

［40］赵成澎. 数字电站一体化信息管理整合平台顶层业务架构设计及应用［D］. 北京:华北电力大学,2015.

［41］张峰. 基于 UML 的"学籍一体化"艺术学校管理信息系统的设计与实现［D］. 长春:吉林大学,2013.

［42］姜国义,郭宝财. 基于网络技术实现信息系统集成接口智能监控管理［J］. 企业管理, 2016(S2):509-510.

［43］栾华龙, 曾智, 刘雁翼,等. 河长制下信江流域保护与治理主要对策及思考［J］. 水利水电快报,2019,40(4):12-15,20.

［44］张余庆. 基于 SWAT 模型的信江流域水沙模拟研究［D］.南京:南京信息工程大学,2014.

［45］刘贵花, 朱婧瑄, 熊梦雅,等.基于变动范围法(RVA)的信江水文改变及生态流量研究［J］. 水文,2016, 36(1):51-57.

［46］张余庆, 陈昌春, 姚鑫, 等. 江西省信江流域极端降水时空变化特征［J］. 水土保持研究, 2015, 22 (4): 189-194.

［47］邓晓宇, 张强, 孙鹏, 等. 气候变化和人类活动对信江流域径流影响模拟［J］. 热带地理, 2014, 34 (3): 293-301.